專技高考

職業衛生技師歷屆考題彙編

第三版

作者簡歷

蕭中剛

職安衛總複習班名師，人稱蕭技師為蕭大或方丈，是知名職業安全衛生 FB 社團「Hsiao 的工安部屋家族」版主，多年來整理及分享的考古題和考試技巧，幫助無數考生通過職安考試。

學　歷 健行科技大學工業工程與管理系

專業證照 工業安全技師、職業衛生技師、通過多次職業安全管理甲級、職業衛生管理甲級及職業安全衛生管理乙級。

余佳迪

於半導體公司從事職業安全衛生管理工作 20 年以上，同時也於大專院校及安全衛生教育訓練機構擔任職業安全衛生相關課程講師，協助講授職安衛法規、工業衛生、衛生管理實務等課程。

學　歷 國立台灣大學職業醫學與工業衛生研究所碩士

專業證照 職業衛生技師、工業安全技師、職業安全衛生管理系統主導稽核員證照、製程安全評估人員、勞工作業環境監測暴露評估訓練合格。

作者簡歷

劉鈞傑

大專院校工安 / 工礦技師班具有多年教學經驗，對於近年來環境、職安、衛生、消防等考試皆有研究。

學　歷 國防大學理工學院國防科學研究所博士

專業證照 工業安全技師、職業衛生技師、消防設備士、職業安全管理甲級、職業衛生管理甲級、職業安全衛生管理乙級、物理性作業環境測定乙級、室內裝修工程管理乙級、就業服務乙級、甲級廢水處理專責人員、ISO 45001 主導稽核員、ISO 14001 主導稽核員。

鄭技師

97 年至今從事職場安全衛生工作具有多年實務經驗，對於職業安全衛生精進、職場安全文化提昇等皆有研究，並具有大專院校技師班教學經驗。

學　歷 國防大學理工學院應用物理研究所碩士

專業證照 職業衛生技師、工業安全技師、職業衛生管理甲級、職業安全管理甲級、職業安全衛生管理乙級、甲級廢棄物處理技術員、物理性因子作業環境測定乙級、ISO 45001 主導稽核員。

作者簡歷

徐英洲

職業安全衛生 FB 社團「職業安全衛生論壇（考試 / 工作）」版主，不定期提供職安衛資訊包含職安人員職缺、免費宣導會、職安衛技術士參考題解等，目前服務於環境監測機構，並在北部、中部的安全衛生教育訓練機構、大專院校擔任職安衛課程講師。

學　歷 明志科技大學五專部化學工程科（目前為交通大學碩專班研究生）

專業證照 職業衛生技師、工業安全技師、職業衛生管理甲級、職業安全管理甲級、職業安全衛生管理乙級、製程安全評估人員、施工安全評估人員、固定式起重機操作人員、移動式起重機操作人員、堆高機操作人員、ISO 45001 主導稽核員。

葉日宏

多年環安衛工作經驗，並通過企業講師訓練，曾於事業單位、安全衛生教育訓練機構及科技大學擔任職安衛課程講師。

學　歷 國立中央大學環境工程研究所

專業證照 工業安全技師、職業安全管理甲級、職業衛生管理甲級、職業安全衛生管理乙級、乙級廢棄物清除（處理）技術員、甲級空氣污染防治專責人員、甲級廢水處理專責人員。

作者簡歷

徐　強

從事職業安全衛生稽核及輔導工作 10 年以上，曾於大專院校擔任職業安全衛生講師。

學　歷　國立交通大學碩士

專業證照　工業安全技師、職業衛生技師、甲級職業安全管理、甲級職業衛生管理、乙級職業安全衛生管理、非破壞檢測師（VT/PT 中級）

章家銘

目前服務於半導體晶圓製造公司，擔任工業安全工程師。

學　歷　臺北醫學大學公共衛生研究所（環境衛生組）

專業證照　職業衛生技師、甲級職業衛生管理、乙級職業安全衛生管理

劉　誠

具職業安全衛生、消防管理多年實務經驗，並於大專院校、科技大學擔任職業安全衛生課程講師。

學　歷　國立陽明交通大學產業防災碩士

專業證照　職業衛生技師、工業安全技師、消防設備師、消防設備士、甲級職業安全管理師、甲級職業衛生管理師、甲級廢棄物處理技術員、乙級職業安全衛生管理員、製程安全評估人員

序

「水往低處流，人往高處爬」，芸芸眾生之人世間，每一個人打從出生之後，就要不斷提升自己，才能在現今充滿競爭的社會當中增加自己的不可取代性來取得生存，也就是「物競天擇，適者生存」的最佳寫照，尤其對職安衛相關工作的從業人員來說，成為「職業衛生技師」是從事職業安全衛生相關工作人員一生夢想之一，也是最能發揮工作價值的表徵及專業能力的肯定，代表從事有關職業衛生之規劃、設計、研究、分析、監測、檢驗、評估、鑑定、改善及計畫管理等業務的核心能力達到一定的水準。

考選部於 108 年 6 月 18 日公告專門職業及技術人員高等考試職業衛生技師考試，將原先行之有年的工礦衛生技師更名為職業衛生技師，而考試應試科目除了原先工礦衛生技師的「作業環境控制工程」、「作業環境監測」維持不變之外，另將「工業安全衛生法規」與「工業安全概論」兩個考科，合併為「職業安全衛生法規與職業安全概論」一個考科、「工業衛生」與「衛生管理實務」兩個考科，合併為「職業衛生與健康管理實務」一個考科，另外新增加「危害辨識與職業病概論」及「暴露與風險評估」二個考科，變化不謂不大。

歷年來眾多考生參加工礦 / 職業衛生技師考試時，多因六項考科所涵蓋的命題範圍極為廣大，市面上也沒有相關的補習班可以上課，也無專屬的參考書籍，因此無法掌握出題方向與題型趨勢，必須購買相當多的各式教科書與參考書研讀，但龐大的書籍資料卻使考生有越讀越繁雜，沒有系統且雜亂無章之感，加上近年來修訂之職業安全衛生相關法規日新月異，更使考生心力交瘁甚至望而生畏。

「鑑古知今」方可「挑戰未來」，因為歷年的考試題目多為出題老師參考的重要依據，所以對於參照歷屆考題，熟悉出題方向，一直是考生準備考試的重要功課，為使考生能在最短時間之內掌握答題方向順利通過考試，作者群結合多年教學及工礦 / 職業衛生技師考試輔導經驗，特別彙編最近十年歷屆試題並嘗試盡可能製作參考題解，本書中除針對

序

各考科皆有重點提示或考試準備之經驗分享，考題亦依照命題大綱分類並加註出題年份依序排列，參照最新修訂之職安衛法規修正歷年參考題解之答題內容，惟近年來法令修訂頻繁，讀者在閱讀本書時應隨時注意最新法令規定與歷屆考題的差異性及其修正說明，避免以舊法令去回覆試題，如甲苯與甲醛之容許濃度已於 114 年修正。作者群念茲在茲，皆為合力打造最優質之職業衛生技師考試參考書籍，協助考生突破困境，順利圓夢，是為初衷。

雖然撰寫過程，作者群皆兢兢業業不敢大意，但疏漏難免，若本書之中尚有錯誤或不完整之處，尚祈讀者先進多多包涵並不吝提供指正或建議予出版社或作者群，在此致上十二萬分的感謝！

最後，預祝各位考生金榜題名，試試順利，未來在職安衛的領域裡能發揮所長，進而創造美麗的前程。

作者群

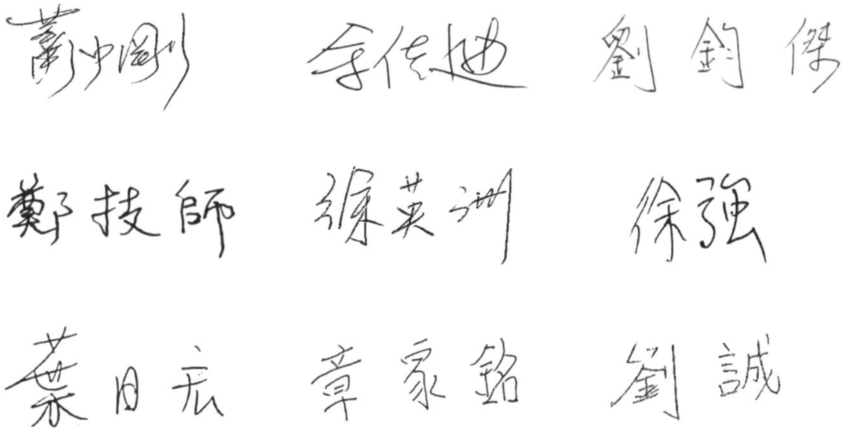

謹誌

目錄

目錄

目錄

專門職業及技術人員高等考試職業衛生技師考試命題大綱

1

專門職業及技術人員高等考試職業衛生技師考試命題大綱

中華民國 93 年 3 月 17 日考選部選專字第 0933300433 號公告訂定
中華民國 108 年 6 月 18 日考選部選專二字第 1083300983 號公告修正
（修正技師類科名稱、科目名稱及命題大綱）

專業科目數		共計 6 科目
業務範圍及核心能力		從事有關職業衛生之規劃、設計、研究、分析、監測、檢驗、評估、鑑定、改善及計畫管理等業務。
編號	科目名稱	命題大綱
一	職業安全衛生法規與職業安全概論	一、職業安全衛生法規 (一) 職業安全衛生法及相關子法 (二) 其他相關法規 二、職業安全概論 (一) 本質安全與災害預防原理 (二) 製程安全與系統安全分析 (三) 機械與電氣安全 (四) 火災與爆炸控制 (五) 工作場所安全 (六) 營造安全

專業科目數		共計 6 科目
二	危害辨識與職業病概論	一、危害辨識 (一) 物理性危害 (二) 化學性危害 (三) 生物性危害 (四) 人因性危害 (五) 職場身心壓力及其他危害 (六) 環境毒理學 二、職業病概論 (一) 勞動生理學 (二) 職業病概論
三	職業衛生與健康管理實務	一、職業衛生管理計畫 (一) 職業安全衛生管理系統與績效評估 (二) 物理性、化學性、生物性危害因子之管理 (三) 人因性及職業身心壓力危害因子之管理 二、職業健康危害之預防與管理 (一) 個人防護 (二) 教育訓練 (三) 健康管理
四	作業環境控制工程	一、通風控制技術及設計 (一) 通風控制技術及原理 (二) 整體換氣系統效能設計與評估 (三) 局部排氣系統效能設計與評估 二、職業危害因子之控制工程 (一) 物理性危害之控制工程 (二) 化學性危害之控制工程 (三) 生物性危害之控制工程 (四) 人因性危害之控制工程 (五) 其他危害因子之控制工程

專業科目數		共計6科目
五	作業環境監測	一、 作業環境監測之規劃與策略 二、 危害因子之測量與評估 (一) 物理性危害之測量與評估 (二) 化學性危害之測量與評估 (三) 生物性危害之測量與評估 (四) 人因性危害之測量與評估
六	暴露與風險評估	一、 定量風險評估 二、 半定量風險評估 三、 模式推估 四、 暴露風險分級 五、 生物偵測 六、 生物統計及流行病學概論
備註		表列各應試科目命題大綱為考試命題範圍之例示，惟實際試題並不完全以此為限，仍可命擬相關之綜合性試題。

職業安全衛生法規與職業安全概論

2

2-0 重點分析

依據考選部於 108 年 6 月 18 日公告專門職業及技術人員高等考試職業衛生技師考試應試科目命題大綱，將原本工礦衛生技師的「工業安全衛生法規」與「工業安全概論」兩個考科，合併為「職業安全衛生法規與職業安全概論」一個考科，對此將原本 200 分的配分縮減至 100 分。

雖然考試範圍增大配分減少，但是「職業安全衛生法規與職業安全概論」這科仍然算是蠻關鍵的一個科目，歷屆考試的經驗告訴我們，「法規是一切出題之根本」，所有職安衛考試的準備作業，還是要以「法規」作為基礎啦！基礎打的好，建築自然就穩固，也就是大自然當中「種樹」理論，只要「養分」夠充分，「樹苗」自然能夠長得又高又大！

本考科章節的編排係按照「命題大綱」進行規劃，並加註「出題年度」，以利讀者通盤瞭解職業衛生技師考試出題趨勢，使考生在最短時間掌握答題方向。

綜觀 104 年迄今的考題，依照職業安全衛生法規與職業安全概論的「命題大綱」來劃分，可以發現考題還是集中於「職業安全衛生法及相關子法」及「火災與爆炸控制」這二個的範疇當中，因此建議考生：

1. 請把「職業安全衛生法」及「職業安全衛生法施行細則」背熟，最好能夠到達可以「默寫」的境界，然後再來詳讀「職業安全衛生設施規則」，對此法規之「詳讀」，建議善用網路資源，搜尋「職業安全衛生設施規則圖例解說」，以相關資料其中之「圖像」來加強「法條文字」的理解，進而成為「長期記憶」。

2. 有鑑於現今社會的快速變遷，現行職業安全衛生法規對於各類型新興行業可能發生的職業災害的防範措施，常有不足或疑義現象產生，為此，政府相關機關會制定相關的「技術指引」來加以規範，以防範災害發生，例如最近發布的「高風險工廠火災爆炸危害預防指引」、「執行職務遭受不法侵害預防指引（第四版）（114.02.21 修正）」、「事業單位爆炸性危險區域之防爆電氣設備設置作業指引」、「高氣溫戶外作業勞工熱危害預防指引（112.06.01 修正）」等，即是政府相關機關為因應此新興行業常發生的職業災害所採取之措施，而專技高考很喜歡「結合時事」的前例印證，所以最近三年內新修訂的「法規」如「女性勞工母性健康保護實施辦法」（113.05.31 修正）、「優先管理化學品之指定及運作管理辦法」（113.06.06 修正）、「鉛中毒預防規則」（113.06.13 修正）、「職業安全衛生設施規則」（113.08.01 修正）及「勞工作業場所容許暴露標準」（114.04.11 修正）等及各式的「技術指引」，都請考生在考前都務必要再詳讀一遍。

3. 職業安全概論與法規合併成一門考科，建議加強觀念才能順利答題，簡述如下：

   (1) 本質安全與災害預防原理：骨牌理論、職業災害調查與預防設施。

   (2) 製程安全與系統安全分析：故障樹、作業安全分析、自動檢查、製程安全管理常考製程安全資訊與設備完整性。

(3) 機械與電氣安全：機械防護原理及方法、電焊作業、電氣設備短路、感電、靜電。

(4) 火災與爆炸控制：燃燒或爆炸原理、爆炸界限估計、防爆電氣設備、滅火原理。

(5) 危險性工作場所、營造業安全、安全觀察、承攬管理、教育訓練。

2-1 一般安全衛生法規

2-1-1 職業安全衛生法及相關子法

依據「女性勞工母性健康保護實施辦法」之規定，請分別說明何謂「母性健康保護」及「母性健康保護期間」；又，請說明事業單位勞工人數在三百人以上，其勞工於「母性健康保護期間」應實施「母性健康保護」的工作項目包括那些？而雇主應使職業安全衛生人員會同從事勞工健康服務之醫護人員辦理那些事項？（20 分）

【104】

(一) 依據「女性勞工母性健康保護實施辦法」第 2 條之規定，本辦法用詞，定義如下：

1. 母性健康保護：指對於女性勞工從事有母性健康危害之虞之工作所採取之措施，包括危害評估與控制、醫師面談指導、風險分級管理、工作適性安排及其他相關措施。

2. 母性健康保護期間：指雇主於得知女性勞工妊娠之日起至分娩後 1 年之期間。

(二) 依據「女性勞工母性健康保護實施辦法」第 3 條之規定，事業單位勞工人數依「勞工健康保護規則」第 3 條或第 4 條規定，應配置醫護人員辦理勞工健康服務者，其勞工於保護期間，從事可能影響胚胎發育、妊娠或哺乳期間之母體及嬰兒健康之下列工作，應實施母性健康保護：

1. 工作暴露於具有依國家標準 CNS 15030 分類，屬生殖毒性物質第一級、生殖細胞致突變性物質第一級或其他對哺乳功能有不良影響之化學品。
2. 易造成健康危害之工作，包括勞工作業姿勢、人力提舉、搬運、推拉重物、輪班、夜班、單獨工作及工作負荷等。
3. 其他經中央主管機關指定公告者。

(三) 依據「女性勞工母性健康保護實施辦法」第 6 條之規定，雇主對於母性健康保護，應使職業安全衛生人員會同從事勞工健康服務醫護人員，辦理下列事項：

1. 辨識與評估工作場所環境及作業之危害，包含物理性、化學性、生物性、人因性、工作流程及工作型態等。
2. 依評估結果區分風險等級，並實施分級管理。
3. 協助雇主實施工作環境改善與危害之預防及管理。
4. 其他經中央主管機關指定公告者。

雇主執行前項業務時，應依附表一填寫作業場所危害評估及採行措施，並使從事勞工健康服務醫護人員告知勞工其評估結果及管理措施。

依據「危害性化學品評估及分級管理辦法」，雇主使勞工製造、處置或使用之化學品，符合國家標準 CNS 15030 之化學品分類，具有健康危害者，應評估其危害及暴露程度，劃分風險等級，並採取對應之分級管理措施。請問依據相關辦法之定義，何謂「暴露評估」及「分級管理」？而雇主對於暴露評估之結果，應如何定期實施評估？又，雇主對於相關之評估結果，應如何採取控制或管理措施？（20 分） **【104】**

(一) 依據「危害性化學品評估及分級管理辦法」第 2 條之規定，本辦法用詞，定義如下：

1. 暴露評估：指以定性、半定量或定量之方法，評量或估算勞工暴露於化學品之健康危害情形。

2. 分級管理：指依化學品健康危害及暴露評估結果評定風險等級，並分級採取對應之控制或管理措施。

(二) 依據「危害性化學品評估及分級管理辦法」第 8 條第 2 項之規定，對於暴露評估之結果，依下列規定，定期實施評估：

1. 暴露濃度低於容許暴露標準二分之一之者，至少每 3 年評估一次。

2. 暴露濃度低於容許暴露標準但高於或等於其二分之一者，至少每年評估一次。

3. 暴露濃度高於或等於容許暴露標準者，至少每 3 個月評估一次。

(三) 依據「危害性化學品評估及分級管理辦法」第 10 條之規定，雇主對於化學品之暴露評估結果，應依下列風險等級，分別採取控制或管理措施：

1. 第一級管理：暴露濃度低於容許暴露標準二分之一者，除應持續維持原有之控制或管理措施外，製程或作業內容變更時，並採行適當之變更管理措施。

2. 第二級管理：暴露濃度低於容許暴露標準但高於或等於其二分之一者，應就製程設備、作業程序或作業方法實施檢點，採取必要之改善措施。

3. 第三級管理：暴露濃度高於或等於容許暴露標準者，應即採取有效控制措施，並於完成改善後重新評估，確保暴露濃度低於容許暴露標準。

依據民國 103 年 6 月所修正發布之「職業安全衛生法施行細則」，其對於校園安全衛生之可能影響為何？（20 分） **【104】**

（一）因職安法施行後將適用各業，學校校園中之指定適用範圍擴大，校園整體將均屬職安法所轄管，適用於指定適用之實驗（習）場所教職員工生，包含：工讀生、兼任助理及各科系教職員。

（二）因應少子化的趨勢，各級學校未來規模都可能縮減，各校的員工數也勢必漸少，為因應此一法令實施，各校在組織編制與法令符合的部分，需重新檢視「職業安全衛生管理辦法」等相關法令規定，確認原設置之職業安全衛生組織及管理人員，能否符合法令規範。

（三）在職業災害預防工作上，教職員工生等於校園中從事各項工作時應在合理可行範圍內，採取必要之預防設備或措施，使教職員工生免於發生職業災害。

（四）對機械、設備、器具、原料、材料等物件之設計、製造或輸入者及工程之設計或施工者，應於設計、製造、輸入或施工規劃階段實施風險評估，致力防止此等物件於使用或工程施工時，發生職業災害。

（五）各校應對於「職業安全衛生法施行細則」所指具有危害性之化學品之分級管理模式及研究中所產生的新化學物質採取因應作為。

（六）在身心保護的工作上，各校應檢視能否順應法令規定，設置特約醫護人員（醫師、護理人員）、急救人員。

關於特殊作業，請依據「職業安全衛生法」及其相關標準之定義，分別說明何謂「精密作業」、「異常氣壓作業」及「高架作業」；又，依據「高溫作業勞工作息時間標準」，所謂的「輕工作」所指為何？而應如何計算「綜合溫度熱指數」？（20 分）【104】

（一）1. 精密作業：依據「精密作業勞工視機能保護設施標準」第 3 條規定，本標準所稱精密作業，係指雇主使勞工從事下列凝視作業，且每日凝視作業時間合計在 2 小時以上者。

(1) 小型收發機用天線及信號耦合器等之線徑在 0.16 毫米以下非自動繞線機之線圈繞線。

(2) 精密零件之切削、加工、量測、組合、檢試。

(3) 鐘、錶、珠寶之鑲製、組合、修理。

(4) 製圖、印刷之繪製及文字、圖案之校對。

(5) 紡織之穿針。

(6) 織物之瑕疵檢驗、縫製、刺繡。

(7) 自動或半自動瓶裝藥品、飲料、酒類等之浮游物檢查。

(8) 以放大鏡、顯微鏡或外加光源從事記憶盤、半導體、積體電路元件、光纖等之檢驗、判片、製造、組合、熔接。

(9) 電腦或電視影像顯示器之調整或檢視。

(10) 以放大鏡或顯微鏡從事組織培養、微生物、細胞、礦物等之檢驗或判片。

(11) 記憶盤製造過程中，從事磁蕊之穿線、檢試、修理。

(12) 印刷電路板上以人工插件、焊接、檢視、修補。

(13) 從事硬式磁碟片（鋁基板）拋光後之檢視。

(14) 隱形眼鏡之拋光、切削鏡片後之檢視。

(15) 蒸鍍鏡片等物品之檢視。

2. 異常氣壓作業：依據「異常氣壓危害預防標準」第 2 條規定，本標準所稱異常氣壓作業，種類如下：

(1) 高壓室內作業：指沉箱施工法或壓氣潛盾施工法及其他壓氣施工法中，於表壓力超過大氣壓之作業室或豎管內部實施之作業。

(2) 潛水作業：指使用潛水器具之水肺或水面供氣設備等，於水深超過 10 公尺之水中實施之作業。

3. 高架作業：依據「高架作業勞工保護措施標準」第 3 條規定，本標準所稱高架作業，係指雇主使勞工從事之下列作業：

(1) 未設置平台、護欄等設備而已採取必要安全措施，其高度在 2 公尺以上者。

(2) 已依規定設置平台、護欄等設備，並採取防止墜落之必要安全措施，其高度在 5 公尺以上者。

（二）依據「高溫作業勞工作息時間標準」第 4 條規定，本標準所稱輕工作，指僅以坐姿或立姿進行手臂部動作以操縱機器者。

（三）依據「高溫作業勞工作息時間標準」第 3 條規定，綜合溫度熱指數計算方法如下：

1. 戶外有日曬情形者。

綜合溫度熱指數 = 0.7×(自然濕球溫度) + 0.2×(黑球溫度) + 0.1×(乾球溫度)

2. 戶內或戶外無日曬情形者。

綜合溫度熱指數 = 0.7×(自然濕球溫度) + 0.3×(黑球溫度)。

時量平均綜合溫度熱指數計算方法如下：

$$\frac{\text{第 1 次綜合溫度熱指數} \times \text{第 1 次工作時間} + \text{第 2 次綜合溫度熱指數} \times \text{第 2 次工作時間} + \cdots\cdots + \text{第 n 次綜合溫度熱指數} \times \text{第 n 次工作時間}}{\text{第 1 次工作時間} + \text{第 2 次工作時間} + \cdots\cdots + \text{第 n 次工作時間}}$$

依前 2 項各測得之溫度及綜合溫度熱指數均以攝氏溫度表示之。

依據「作業環境監測指引」，請分別說明何謂「採樣策略」及「相似暴露群」；而依據該指引，雇主應訂定含採樣策略之監測計畫，其項目及內容包括那些事項？（20 分）【104】

(一) 依據「作業環境監測指引」第 3 條規定，本指引用詞，定義如下：

1. 採樣策略：於保障勞工健康及遵守法規要求之前提下，運用一套合理之方法及程序，決定實施作業環境監測之處所及採樣規劃。

2. 相似暴露族群：指工作型態、危害種類、暴露時間及濃度大致相同，具有類似暴露狀況之一群勞工。

(二) 依據「作業環境監測指引」第 10 條規定，雇主應訂定含採樣策略之監測計畫，其項目及內容應包括下列事項：

1. 危害辨識及資料收集：依作業場所危害及先期審查結果，以系統化方法辨識及評估勞工暴露情形，及應實施作業環境監測之作業場所，包括物理性及化學性危害因子。

2. 相似暴露族群之建立：依不同部門之危害、作業類型及暴露特性，以系統方法建立各相似暴露族群之區分方式，並運用暴露風險評估，排定各相似暴露族群之相對風險等級。

3. 採樣策略之規劃及執行：規劃優先監測之相似暴露族群、監測處所、樣本數目、監測人員資格及執行方式。

4. 樣本分析：確認實驗室樣本分析項目及執行方式。
5. 數據分析及評估：依監測數據規劃統計分析、歷次監測結果比較及監測成效之評估方式。

雇主應依作業場所環境之變化及特性，適時調整採樣策略。

事業單位違反「職業安全衛生法」中的那些規定，可處新臺幣二十萬元以上二百萬元以下之罰鍰？（8分）此外，工作者發現何種情形，得向雇主、主管機關或勞動檢查機構申訴？（8分）而主管機關或勞動檢查機構接到申訴案又該採取何種措施？（4分）【105】

(一) 依據「職業安全衛生法」第44條之規定，違反下列規定者（第7條第1項、第8條第1項、第13條第1項或第14條第1項），處新臺幣20萬元以上200萬元以下罰鍰：

1. 製造者、輸入者、供應者或雇主，對於中央主管機關指定之機械、設備或器具，其構造、性能及防護非符合安全標準者，不得產製運出廠場、輸入、租賃、供應或設置。
2. 製造者或輸入者對於中央主管機關公告列入型式驗證之機械、設備或器具，非經中央主管機關認可之驗證機構實施型式驗證合格及張貼合格標章，不得產製運出廠場或輸入。
3. 製造者或輸入者對於中央主管機關公告之化學物質清單以外之新化學物質，未向中央主管機關繳交化學物質安全評估報告，並經核准登記前，不得製造或輸入含有該物質之化學品。
4. 製造者、輸入者、供應者或雇主，對於經中央主管機關指定之管制性化學品，不得製造、輸入、供應或供工作者處置、使用。

（二）依據「職業安全衛生法」第 39 條第 1 項之規定，工作者發現下列情形之一者，得向雇主、主管機關或勞動檢查機構申訴：

1. 事業單位違反本法或有關安全衛生之規定。
2. 疑似罹患職業病。
3. 身體或精神遭受侵害。

（三）依據「職業安全衛生法」第 39 條第 2 項之規定，主管機關或勞動檢查機構為確認前項雇主所採取之預防及處置措施，得實施調查。

前項之調查，必要時得通知當事人或有關人員參與。

依據我國「職業安全衛生法施行細則」之規定，事業單位與承攬人、再承攬人分別僱用勞工共同作業時，為防止職業災害，原事業單位應設置協議組織，並定期或不定期進行那些事項之協議？請詳述之。（20 分） **【105】**

依據「職業安全衛生法施行細則」第 38 條規定，本法第 27 條第 1 項第 1 款規定之協議組織，應由原事業單位召集之，並定期或不定期進行協議下列事項：

（一）安全衛生管理之實施及配合。

（二）勞工作業安全衛生及健康管理規範。

（三）從事動火、高架、開挖、爆破、高壓電活線等危險作業之管制。

（四）對進入局限空間、危險物及有害物作業等作業環境之作業管制。

（五）機械、設備及器具等入場管制。

（六）作業人員進場管制。

（七）變更管理。

(八) 劃一危險性機械之操作信號、工作場所標識（示）、有害物空容器放置、警報、緊急避難方法及訓練等。

(九) 使用打樁機、拔樁機、電動機械、電動器具、軌道裝置、乙炔熔接裝置、氧乙炔熔接裝置、電弧熔接裝置、換氣裝置及沉箱、架設通道、上下設備、施工架、工作架台等機械、設備或構造物時，應協調使用上之安全措施。

(十) 其他認有必要之協調事項。

為強化勞工健康保護及提升健康檢查成效，勞動部於 105 年 3 月 23 日修訂發布「勞工健康保護規則」，請詳述此次修法的重點。（20 分）【105】

勞動部於 105 年 3 月 23 日修訂發布「勞工健康保護規則」，修法的重點詳述如下列：

(一) 增列溴丙烷、1,3- 丁二烯、甲醛與銦及其化合物等四類特別危害健康作業，及其特殊體格（健康）檢查項目，以強化相關作業勞工之保護。

(二) 增訂從事勞工健康服務醫護人員之在職教育訓練課程與時數，強化其執行相關業務之知能。

(三) 增訂部分臨時性或短期性之一般性工作，得免實施體格檢查。

(四) 修正雇主辦理勞工特殊健康檢查之通報作業方式與內容。

提示：

勞動部於 110 年 12 月 22 日修訂發布「勞工健康保護規則」為現行法規內容，修法重點如下：

一、 為解決同一事業單位之勞工因所處不同工作場所，而影響其享有健康服務之權益，原以事業單位同一工作場所為適用範圍，刪除「同一工作場所」，並以事業單位勞工人數，計算應僱用或特約從事勞工健康服務之醫護人員及相關人員之人力。

二、 為強化事業單位從事特別危害健康作業勞工之健康服務，爰依事業單位規模及從事該作業之勞工人數，修正醫師臨場服務頻率。

三、 定明事業單位特約從事勞工健康服務人員時，應委託特定之機構安排符合資格之人員為之，並修正從事勞工健康服務醫護人員及相關人員資格之規定，以強化勞工健康服務品質。

四、 為因應第二類或第三類事業，其部分事業單位具分散性質，且不同產業別之工作型態及健康風險有別，爰增訂該類型事業單位得以訂定勞工健康管理方案，採取多元之健康服務模式辦理。

五、 鑑於部分事業單位工作場所分散或微型企業等配置急救人員有實務上困難，爰依事業單位之危害風險類別，修正急救人員配置規定，以符實務。

六、 修正游離輻射作業勞工於健康檢查時，所提供予醫師之作業環境監測紀錄及危害暴露情形等資料，應依游離輻射防護法相關規定辦理，以資明確。

七、 為強化勞工特殊健康檢查之分級評估及管理機制，修正雇主使勞工從事特別危害健康作業時，應建立暴露評估資料，及針對第四級管理者之工作場所危害暴露評估，應由職業醫學科專科醫師為之。

八、 基於勞工人數在 50 人以上未達 100 人之事業單位，配合勞工健康服務制度之施行及本規則修正所需行政作業時間，爰明定其施行日期。

依據我國「有機溶劑中毒預防規則」之規定，請列出容許消費量計算式及其應用上之注意事項。（10 分）在那些情況下，當有機溶劑消費量小於容許消費量時，可免除該規則中之設施、管理及防護措施之限制？（10 分） **【105】**

（一）依據「有機溶劑中毒預防規則」第 5 條第 2 項規定之有機溶劑或其混存物之容許消費量，依下表之規定計算。

有機溶劑或其混存物之種類	有機溶劑或其混存物之容許消費量
第一種有機溶劑或其混存物	容許消費量 = 1/15 × 作業場所之氣積
第二種有機溶劑或其混存物	容許消費量 = 2/5 × 作業場所之氣積
第三種有機溶劑或其混存物	容許消費量 = 3/2 × 作業場所之氣積

（二）有機溶劑或其混存物之容許消費量計算式及其應用上之注意事項如下列：

1. 上表中所列作業場所之氣積不含超越地面 4 公尺以上高度之空間。
2. 容許消費量以公克為單位，氣積以立方公尺為單位計算。
3. 氣積超過 150 立方公尺者，概以 150 立方公尺計算。

（三）依據「有機溶劑中毒預防規則」第 5 條第 1 項規定，雇主使勞工從事「有機溶劑中毒預防規則」第 2 條第 3 款至第 11 款之作業，合於下列各款規定之一時，得不受第 2 章（設施）、第 18 條至第 24 條（管理及防護措施）規定之限制：

1. 於室內作業場所（通風不充分之室內作業場所除外），從事有機溶劑或其混存物之作業時，1 小時作業時間內有機溶劑或其混存物之消費量不超越容許消費量者。
2. 於儲槽等之作業場所或通風不充分之室內作業場所，從事有機溶劑或其混存物之作業時，一日間有機溶劑或其混存物之消費量不超越容許消費量者。

職業安全衛生相關法規中，有那些法規規定之事項可由執業工礦衛生技師辦理？請列出法規名稱及事項。（16 分）為了符合以上執業需求，執業之工礦衛生技師應參加何種教育訓練（含時數）？（4 分） **【105】**

職業安全衛生相關法規規定可由執業職業衛生技師辦理之法規名稱、事項及教育訓課程與時數如下表：

項次	法規名稱	執業辦理事項	執業教育訓練課程(時數)
1	勞工作業環境監測實施辦法	擔任作業環境監測人員、研訂作業環境監測計畫	勞工作業環境監測及暴露評估訓練課程（54 小時）
2	危險性工作場所審查及檢查辦法	辦理危險性工作場所之製程安全評估簽證	製程安全評估人員安全衛生教育訓練課程（82 小時）
3	製程安全評估定期實施辦法	辦理從事石油裂解之石化工業及從事製造、處置或使用危害性之化學品數量達中央主管機關規定量以上工作場所之定期製程安全評估簽證	
4	職業安全衛生顧問服務機構與其顧問服務人員之認可及管理規則	工業通風、暴露評估技術或職業安全衛生管理顧問服務。	勞工作業環境監測及暴露評估訓練課程（54 小時）

某學術機關欲利用五氯酚（Pentachlorophenol）作為試驗或研究的藥劑，請說明依法雇主使勞工利用該物質應辦理的事項。（20 分） **【106】**

（一）依據「管制性化學品之指定及運作許可管理辦法」第 6 條之規定，運作者於運作管制性化學品前，應向中央主管機關申請許可，非經許可者，不得運作。

(二) 依據「管制性化學品之指定及運作許可管理辦法」第 7 條之規定，運作者申請前條管制性化學品運作許可，應檢附下列資料：

1. 運作者基本資料：
   (1) 運作者登記資料。
   (2) 運作場所資料。
   (3) 聯絡人資料。
2. 管制性化學品運作資料：
   (1) 化學品辨識資料。(含危害成分辨識)
   (2) 實際運作資料。
   (3) 暴露控制措施。
   (4) 相關文件

前項之申請，應依中央主管機關公告之方法，登錄於指定之資訊網站，並依中央主管機關公告之收費標準繳納費用。

某製造商要製造屬於中央主管機關公告之化學物質清單以外之化學物質，請問該公司應完成什麼程序才可以製造開始製造該物質，並說明中央主管機關得予公開的資訊內容。(20 分) 【106】

(一) 依據「新化學物質登記管理辦法」第 5 條規定，製造者或輸入者對於公告清單以外之新化學物質，應向中央主管機關繳交化學物質安全評估報告(以下簡稱評估報告)，並經核准登記後，方得製造或輸入含有該物質之化學品。

(二) 依據「新化學物質登記管理辦法」第 27 條規定，中央主管機關審查申請人檢送之評估報告後，得公開化學物質之下列資訊：

1. 新化學物質編碼。
2. 危害分類及標示。

3. 物理及化學特性資訊。

4. 毒理資訊。

5. 安全使用資訊。

6. 為因應緊急措施或維護工作者安全健康，有必要揭露予特定人員之資訊。

前項第 6 款之資訊範圍如下：

1. 新化學物質名稱及基本辨識資訊。

2. 製造或輸入新化學物質之數量。

3. 新化學物質於混合物之組成。

4. 新化學物質之製造、用途及暴露資訊。

某事業單位的勞工人數為 350 人，為預防勞工於執行職務時，會因他人行為導致身體或精神上不法侵害的問題，請說明雇主依法應如何執行預防暴力措施的內容與作為。（20 分）【106】

依據「職業安全衛生設施規則」第 324-3 條，雇主為預防勞工於執行職務，因他人行為致遭受身體或精神上不法侵害，應採取下列暴力預防措施，作成執行紀錄並留存 3 年：

(一) 辨識及評估危害。

(二) 適當配置作業場所。

(三) 依工作適性適當調整人力。

(四) 建構行為規範。

(五) 辦理危害預防及溝通技巧訓練。

(六) 建立事件之處理程序。

(七) 執行成效之評估及改善。

（八）其他有關安全衛生事項。

前項暴力預防措施，事業單位勞工人數達 100 人以上者，雇主應依勞工執行職務之風險特性，參照中央主管機關公告之相關指引，訂定執行職務遭受不法侵害預防計畫，並據以執行；於勞工人數未達 100 人者，得以執行紀錄或文件代替。

請依據「勞工健康保護規則」之規定，說明雇主應使醫護人員執行臨廠服務時辦理之事項。（20 分）【106】

依據「勞工健康保護規則」第 9 條規定，雇主應使醫護人員及勞工健康服務相關人員臨場辦理下列勞工健康服務事項：

（一）勞工體格（健康）檢查結果之分析與評估、健康管理及資料保存。

（二）協助雇主選配勞工從事適當之工作。

（三）辦理健康檢查結果異常者之追蹤管理及健康指導。

（四）辦理未滿 18 歲勞工、有母性健康危害之虞之勞工、職業傷病勞工與職業健康相關高風險勞工之評估及個案管理。

（五）職業衛生或職業健康之相關研究報告及傷害、疾病紀錄之保存。

（六）勞工之健康教育、衛生指導、身心健康保護、健康促進等措施之策劃及實施。

（七）工作相關傷病之預防、健康諮詢與急救及緊急處置。

（八）定期向雇主報告及勞工健康服務之建議。

（九）其他經中央主管機關指定公告者。

請依據「製程安全評估定期實施辦法」之規定，說明事業單位每5年應再實施製程安全評估的事項及評估報告的內容。（20分）

【106】

依據「製程安全評估定期實施辦法」第4條規定，事業單位應每5年就下列事項，實施製程安全評估：

(一) 製程安全資訊。

(二) 製程危害控制措施。

實施前項評估之過程及結果，應予記錄，並製作製程安全評估報告及採取必要之預防措施，評估報告內容應包括下列各項：

(一) 實施前項評估過程之必要文件及結果。

(二) 勞工參與。

(三) 標準作業程序。

(四) 教育訓練。

(五) 承攬管理。

(六) 啟動前安全檢查。

(七) 機械完整性。

(八) 動火許可。

(九) 變更管理。

(十) 事故調查。

(十一) 緊急應變。

(十二) 符合性稽核。

(十三) 商業機密。

依據「勞工作業場所容許暴露標準」，何謂「短時間時量平均容許濃度」？本標準所稱時量平均濃度，其計算方式為何？何謂相加效應？若作業環境空氣中有二種以上有害物存在，且有相加效應時，應如何判斷是否超出容許濃度？（20 分）【107】

(一) 依據「勞工作業場所容許暴露標準」第 3 條之規定，短時間時量平均容許濃度係指附表一符號欄未註有「高」字及附表二之容許濃度乘以下表變量係數所得之濃度，為一般勞工連續暴露在此濃度以下任何 15 分鐘，不致有不可忍受之刺激、慢性或不可逆之組織病變、麻醉昏暈作用、事故增加之傾向或工作效率之降低者。

(二) 依據「勞工作業場所容許暴露標準」第 4 條規定，本標準所稱時量平均濃度，其計算方式如下：

$$\frac{C_1 \times T_1 + C_2 \times T_2 + \ldots + C_n \times T_n}{T_1 + T_2 + \ldots + T_n} = TWA$$

式中 TWA = 時量平均濃度　C = 某有害物空氣中濃度　T = 工作時間

(三) 依據「勞工作業場所容許暴露標準」第 9 條規定，作業環境空氣中有二種以上有害物存在而其相互間效應非屬於相乘效應或獨立效應時，應視為相加效應。

(四) 依據「勞工作業場所容許暴露標準」第 9 條規定，相加效應依下列規定計算，其總和大於一時，即屬超出容許濃度。

$$\text{總和} = \frac{\text{甲有害物成分之濃度}}{\text{甲有害物成分之容許濃度}} + \frac{\text{乙有害物成分之濃度}}{\text{乙有害物成分之容許濃度}} + \frac{\text{丙有害物成分之濃度}}{\text{丙有害物成分之容許濃度}}$$

依據「勞工作業環境監測實施辦法」之規定，請分別解釋「作業時間短暫」、「作業期間短暫」、「臨時性作業」及「監測計畫」。（20分） **【107】**

依據「勞工作業環境監測實施辦法」第2及10條規定，如下列：

(一) 作業時間短暫：指雇主使勞工每日作業時間在1小時以內者。

(二) 作業期間短暫：指作業期間不超過1個月，且確知自該作業終了日起6個月，不再實施該作業者。

(三) 臨時性作業：指正常作業以外之作業，其作業期間不超過3個月，且1年內不再重複者。

(四) 監測計畫：為實施作業環境監測前，就作業環境危害特性、監測目的及中央主管機關公告之相關指引，規劃採樣策略，並訂定含採樣策略之作業環境監測計畫（簡稱監測計畫）。

依據「職業安全衛生法」第20條及相關規定，雇主於僱用勞工時，應施行之體格檢查包括那些項目？又，依據「職業安全衛生法」及「職業安全衛生法施行細則」之相關規定，輪班、夜間工作、長時間工作等可能引起之效應為何？為預防之應規劃事項為何？（20分） **【107】**

(一) 依據「勞工健康保護規則」附表九所定，雇主於僱用勞工時，應施行之一般體格檢查之檢查項目如下列：

1. 作業經歷、既往病史、生活習慣及自覺症狀之調查。
2. 身高、體重、腰圍、視力、辨色力、聽力、血壓及身體各系統或部位之身體檢查及問診。
3. 胸部X光（大片）攝影檢查。

4. 尿蛋白及尿潛血之檢查。
5. 血色素及白血球數檢查。
6. 血糖、血清丙胺酸轉胺酶（ALT）、肌酸酐（creatinine）、膽固醇、三酸甘油酯、高密度脂蛋白膽固醇之檢查。
7. 其他經中央主管機關指定之檢查。

(二) 輪班、夜間工作、長時間工作等異常工作負荷會引起促發疾病之效應。

依據「職業安全衛生設施規則」第 324-2 條規定，雇主使勞工從事輪班、夜間工作、長時間工作等作業，為避免勞工因異常工作負荷促發疾病，應採取下列疾病預防措施，作成執行紀錄並留存 3 年：

1. 辨識及評估高風險群。
2. 安排醫師面談及健康指導。
3. 調整或縮短工作時間及更換工作內容之措施。
4. 實施健康檢查、管理及促進。
5. 執行成效之評估及改善。
6. 其他有關安全衛生事項。

依據「高溫作業勞工作息時間標準」，「高溫作業」之定義及涵蓋之作業型態為何？又如何區分輕工作、中度工作及重工作、並說明作業分配及休息時間。（20 分）【107】

(一) 依據「高溫作業勞工作息時間標準」第 2 條，本標準所定高溫作業，為勞工工作日時量平均綜合溫度熱指數達第 5 條連續作業規定值以上之下列作業：

1. 於鍋爐房從事之作業。

2. 灼熱鋼鐵或其他金屬塊壓軋及鍛造之作業。

3. 於鑄造間處理熔融鋼鐵或其他金屬之作業。

4. 鋼鐵或其他金屬類物料加熱或熔煉之作業。

5. 處理搪瓷、玻璃、電石及熔爐高溫熔料之作業。

6. 於蒸汽火車、輪船機房從事之作業。

7. 從事蒸汽操作、燒窯等作業。

8. 其他經中央主管機關指定之高溫作業。

前項作業，不包括已採取自動化操作方式且勞工無暴露熱危害之虞者。

(二) 依據「高溫作業勞工作息時間標準」第 4 條規定：

所稱輕工作，指僅以坐姿或立姿進行手臂部動作以操縱機器者。

所稱中度工作，指於走動中提舉或推動一般重量物體者。

所稱重工作，指鏟、掘、推等全身運動之工作者。

(三) 依據「高溫作業勞工作息時間標準」第 5 條規定，分配作業及休息時間如下表：

時間比例 每小時作息	時量平均綜合溫度熱指數值 °C		
	重工作	中度工作	輕工作
連續作業	25.9	28.0	30.6
25% 休息 75% 作業	27.9	29.4	31.4
50% 休息 50% 作業	30.0	31.1	32.2
75% 休息 25% 作業	32.1	32.6	33.0

基於源頭自主管理之精神，請詳述職業安全衛生法對機械類與化學品須依法辦理的主要規定。（30 分）【108】

（一）「職業安全衛生法」對機械類須依法辦理的主要規定如下列：

1. 第 7 條規定，製造者、輸入者、供應者或雇主，對於中央主管機關指定之機械、設備或器具，其構造、性能及防護非符合安全標準者，不得產製運出廠場、輸入、租賃、供應或設置。

   製造者或輸入者對於第 1 項指定之機械、設備或器具，符合前項安全標準者，應於中央主管機關指定之資訊申報網站登錄，並於其產製或輸入之產品明顯處張貼安全標示，以供識別。

2. 第 8 條規定，製造者或輸入者對於中央主管機關公告列入型式驗證之機械、設備或器具，非經中央主管機關認可之驗證機構實施型式驗證合格及張貼合格標章，不得產製運出廠場或輸入。

3. 第 9 條規定，製造者、輸入者、供應者或雇主，對於未經型式驗證合格之產品或型式驗證逾期者，不得使用驗證合格標章或易生混淆之類似標章揭示於產品。

4. 第 16 條規定，雇主對於經中央主管機關指定具有危險性之機械或設備，非經勞動檢查機構或中央主管機關指定之代行檢查機構檢查合格，不得使用；其使用超過規定期間者，非經再檢查合格，不得繼續使用。

（二）「職業安全衛生法」對化學品須依法辦理的主要規定如下列：

1. 第 10 條規定，雇主對於具有危害性之化學品，應予標示、製備清單及揭示安全資料表，並採取必要之通識措施。

   製造者、輸入者或供應者，提供前項化學品與事業單位或自營作業者前，應予標示及提供安全資料表；資料異動時，亦同。

2. 第 11 條規定，雇主對於前條之化學品，應依其健康危害、散布狀況及使用量等情形，評估風險等級，並採取分級管理措施。

3. 第 13 條規定，製造者或輸入者對於中央主管機關公告之化學物質清單以外之新化學物質，未向中央主管機關繳交化學物質安全評估報告，並經核准登記前，不得製造或輸入含有該物質之化學品。但其他法律已規定或經中央主管機關公告不適用者，不在此限。

4. 第 14 條規定，製造者、輸入者、供應者或雇主，對於經中央主管機關指定之管制性化學品，不得製造、輸入、供應或供工作者處置、使用。但經中央主管機關許可者，不在此限。

   製造者、輸入者、供應者或雇主，對於中央主管機關指定之優先管理化學品，應將相關運作資料報請中央主管機關備查。

5. 第 15 條第 2 款規定，有下列情事之一之工作場所，事業單位應依中央主管機關規定之期限，定期實施製程安全評估，並製作製程安全評估報告及採取必要之預防措施；製程修改時，亦同：

   二、從事製造、處置或使用危害性之化學品數量達中央主管機關規定量以上。

為預防工作人員從事搬運作業之人因危害，請詳述職業安全衛生設施規則中搬運危害預防之相關規定。（20 分） **【108】**

（一）依據「職業安全衛生設施規則」第 155 條規定，雇主對於物料之搬運，應儘量利用機械以代替人力，凡 40 公斤以上物品，以人力車輛或工具搬運為原則，500 公斤以上物品，以機動車輛或其他機械搬運為宜；運輸路線，應妥善規劃，並作標示。

（二）依據「職業安全衛生設施規則」第 324-1 條規定：雇主使勞工從事重複性之作業，為避免勞工因姿勢不良、過度施力及作業頻率過高等原因，促發肌肉骨骼疾病，應採取下列危害預防措施，並將執行紀錄留存 3 年：

1. 分析作業流程、內容及動作。
2. 確認人因性危害因子。
3. 評估、選定改善方法及執行。
4. 執行成效之評估及改善。
5. 其他有關安全衛生事項。

為防止原料、化學品等的危害，職業安全衛生法及相關法規要求雇主必須對具危害性化學品實施那些措施？實施時有那些相關標準或規則須優先適用？（25 分）【109】

（一）依據「職業安全衛生法」第 10~12 條規定：

1. 雇主對於具有危害性之化學品，應予標示、製備清單及揭示安全資料表，並採取必要之通識措施。
2. 雇主對於前條之化學品，應依其健康危害、散布狀況及使用量等情形，評估風險等級，並採取分級管理措施。
3. 雇主對於中央主管機關定有容許暴露標準之作業場所，應確保勞工之危害暴露低於標準值。雇主對於經中央主管機關指定之作業場所，應訂定作業環境監測計畫，並設置或委託由中央主管機關認可之作業環境監測機構實施監測。

（二）依據「危害性化學品評估及分級管理辦法」第 3 條規定，本辦法所定化學品，優先適用下列相關標準或規則：

1. 特定化學物質危害預防標準。

2. 有機溶劑中毒預防規則。

3. 四烷基鉛中毒預防規則。

4. 鉛中毒預防規則。

5. 粉塵危害預防標準。

職業安全衛生法基於「源頭管制」的立場指定特定機械、設備或器具，其構造、性能及防護必須符合安全標準。請問申報者要如何佐證該產品符合安全標準？目前依該法第 7 條被指定之機械、設備（耗材及機械安全裝置除外）有那幾項？（25 分）【109】

(一) 依據「機械設備器具安全資訊申報登錄辦法」第 4 條規定，申報者依本法第 7 條第 3 項規定，宣告其產品符合安全標準者，應採下列方式之一佐證，以網路傳輸相關測試合格文件，並自行妥為保存備查：

1. 委託經中央主管機關認可之檢定機構實施型式檢定合格。
2. 委託經國內外認證組織認證之產品驗證機構審驗合格。
3. 製造者完成自主檢測及產品製程一致性查核，確認符合安全標準。

防爆燈具、防爆電動機、防爆開關箱、動力衝剪機械、木材加工用圓盤鋸及研磨機，以採前項第 1 款規定之方式為限。

第 1 項第 3 款應符合下列規定：

1. 自主檢測，由經認證組織認證之檢測實驗室實施。
2. 產品製程一致性查核，由經認證組織認證之機構實施。
3. 檢測實驗室之檢測人員資格條件，依附表一之規定。

（二）依據「職業安全衛生法施行細則」第 12 條規定，本法第 7 條第 1 項所稱中央主管機關指定之機械、設備或器具如下：

1. 動力衝剪機械。
2. 手推刨床。
3. 木材加工用圓盤鋸。
4. 動力堆高機。
5. 研磨機。
6. 研磨輪。
7. 防爆電氣設備。
8. 動力衝剪機械之光電式安全裝置。
9. 手推刨床之刃部接觸預防裝置。
10. 木材加工用圓盤鋸之反撥預防裝置及鋸齒接觸預防裝置。
11. 其他經中央主管機關指定公告者。

「製程安全評估定期實施辦法」適用於那些種類的工作場所？所稱「製程安全評估」定義為何？「製程修改」的定義又如何？評估報告內容包括那些項目？（25 分）【110】

（一）依據「製程安全評估定期實施辦法」第 2 條規定，本辦法適用於下列工作場所：

1. 勞動檢查法第 26 條第 1 項第 1 款所定從事石油產品之裂解反應，以製造石化基本原料之工作場所。
2. 勞動檢查法第 26 條第 1 項第 5 款所定製造、處置或使用危險物及有害物，達勞動檢查法施行細則附表一及附表二規定數量之工作場所。

（二）依據「製程安全評估定期實施辦法」第 3 條規定：

1. 本辦法所稱「製程安全評估」，指利用結構化、系統化方式，辨識、分析前條工作場所潛在危害，而採取必要預防措施之評估。

2. 本辦法所稱「製程修改」，指前條工作場所既有安全防護措施未能控制新潛在危害之製程化學品、技術、設備、操作程序或規模之變更。

（三）依據「製程安全評估定期實施辦法」第 4 條第 2 項規定，實施前項評估之過程及結果，應予記錄，並製作製程安全評估報告及採取必要之預防措施，評估報告內容應包括下列各項：

1. 實施前項評估過程之必要文件及結果。
2. 勞工參與。
3. 標準作業程序。
4. 教育訓練。
5. 承攬管理。
6. 啟動前安全檢查。
7. 機械完整性。
8. 動火許可。
9. 變更管理。
10. 事故調查。
11. 緊急應變。
12. 符合性稽核。
13. 商業機密。

請依照職業安全衛生管理辦法的規定，回答下列問題：

(一) 何種事業單位，應另訂定職業安全衛生規章？（5 分）

(二) 符合何種條件的事業單位，雇主應依國家標準 CNS 45001 同等以上規定，建置適合該事業單位之職業安全衛生管理系統，並據以執行？（20 分）【111】

(一) 依據「職業安全衛生管理辦法」第 12-1 條第 2 項規定，勞工人數在 100 人以上之事業單位，應另訂定職業安全衛生管理規章。

(二) 依據「職業安全衛生管理辦法」第 12-2 條規定：下列事業單位，雇主應依國家標準 CNS 45001 同等以上規定，建置適合該事業單位之職業安全衛生管理系統，並據以執行：

1. 第一類事業勞工人數在 200 人以上者。
2. 第二類事業勞工人數在 500 人以上者。
3. 有從事石油裂解之石化工業工作場所者。
4. 有從事製造、處置或使用危害性之化學品，數量達中央主管機關規定量以上之工作場所者。

前項安全衛生管理之執行，應作成紀錄，並保存 3 年。

請依照危險性機械及設備安全檢查規則的規定，說明何謂 (一) 壓力容器？（15 分）(二) 高壓氣體容器？（15 分）【111】

(一) 依據「危險性機械及設備安全檢查規則」第 4 條第 2 款規定，壓力容器：

1. 最高使用壓力超過每平方公分 1 公斤，且內容積超過 0.2 立方公尺之第一種壓力容器。
2. 最高使用壓力超過每平方公分 1 公斤，且胴體內徑超過 500 公厘，長度超過 1,000 公厘之第一種壓力容器。

3. 以「每平方公分之公斤數」單位所表示之最高使用壓力數值與以「立方公尺」單位所表示之內容積數值之積，超過 0.2 之第一種壓力容器。

(二) 依據「危險性機械及設備安全檢查規則」第 4 條第 4 款規定，高壓氣體容器：指供灌裝高壓氣體之容器中，相對於地面可移動，其內容積在 500 公升以上者。但下列各款容器，不在此限：

1. 於未密閉狀態下使用之容器。
2. 溫度在攝氏 35 度時，表壓力在每平方公分 50 公斤以下之空氣壓縮裝置之容器。
3. 其他經中央主管機關指定者。

請說明我國對於作業場所局部排氣系統之相關規範。(25 分)

【112】

我國對於作業場所局部排氣裝置之設置、安裝、檢查、測試及維護規定依「有機溶劑中毒預防規則」、「粉塵危害預防標準」、「特定化學物質危害預防標準」、「鉛中毒預防規則」及「四烷基鉛中毒預防規則」規定，

(一) 雇主設置局部排氣裝置的氣罩及管道部分，應依下列規定辦理：

危害物預防法規 / 局部排氣系統規範	特定化學物質危害預防標準	有機溶劑中毒預防規則	粉塵危害預防標準	四烷基鉛中毒預防規則	鉛中毒預防規則
氣罩應置於每一氣體、蒸氣或粉塵發生源；如為外裝型或接受型之氣罩，則應儘量接近各該發生源設置。	V	V	V		置於每一鉛、鉛混存物、燒結礦混存物等之鉛塵發生源。

危害物預防法規 局部排氣系統規範	特定化學物質危害預防標準	有機溶劑中毒預防規則	粉塵危害預防標準	四烷基鉛中毒預防規則	鉛中毒預防規則
應儘量縮短導管長度、減少彎曲數目，且應於適當處所設置易於清掃之清潔口與測定孔。	V	V	另外，肘管數應儘量減少。	僅規範導管應為易於清掃及測定之構造，並於適當位置開設清潔口及測定孔。	僅規範導管應為易於清掃及測定之構造，並於適當位置開設清潔口及測定孔。
氣罩應視作業方法、有機溶劑蒸氣或鉛塵散布之擴散狀況及有機溶劑之比重等，選擇適於吸引該有機溶劑蒸氣或鉛塵之型式及大小。		V			V
設置有除塵裝置、廢氣處理或空氣清淨裝置裝置者，其排氣機應置於該裝置之後。但所吸引之氣體、蒸氣或粉塵無爆炸之虞且不致腐蝕該排氣機者，不在此限。	V	V	排氣機，應置於空氣清淨裝置後之位置。無但書。		排氣機，應置於空氣清淨裝置後之位置。無累積鉛塵之虞者，不在此限。
1. 排氣口應置於室外。 2. 有機溶劑作業對未設空氣清淨裝置之局部排氣裝置（限設於室內作業場所者）或第 11 條第 3 款第 1 目之排氣煙囪等設備，應使排出物不致回流至作業場所。	V	V	但移動式局部排氣裝置或設置於附表一乙欄（七）所列之特定粉塵發生源之局部排氣裝置設置過濾除塵方式或靜電除塵方式者，不在此限。		但設有移動式集塵裝置者，不在此限。

局部排氣系統規範 ＼ 危害物預防法規	特定化學物質危害預防標準	有機溶劑中毒預防規則	粉塵危害預防標準	四烷基鉛中毒預防規則	鉛中毒預防規則
作業時間內有效運轉，降低空氣中有害物濃度至勞工作業場所容許暴露標準以下。	V	V	V		V
應置於使排氣或換氣不受阻礙之處，使之有效運轉。		V	V		V
雇主設置之局部排氣裝置，應由專業人員妥為設計，並維持其性能。	V	V	V	V	V
1. 雇主設置局部排氣裝置時，應指派或委託經中央主管機關訓練合格之專業人員設計，並製作局部排氣裝置設計報告書。 2. 局部排氣裝置，應於氣罩連接導管適當處所，設置監測靜壓、流速或其他足以顯示該設備正常運轉之裝置。	依法規附表內容製作局部排氣裝置設計報告書。				V

（二）有關通風排氣裝置之檢修維護部分，依「職業安全衛生管理辦法」及前開法規相關規定，雇主對局部排氣裝置、空氣清淨裝置、除塵裝置或吹吸型換氣裝置應依規定實施定期或重點檢查：

1. 「特定化學物質作業主管」或「鉛作業主管」保存每月檢點局部排氣裝置及其他預防勞工健康危害之裝置一次以上之紀錄。

2. 雇主對局部排氣裝置、空氣清淨裝置及吹吸型換氣裝置應每年定期實施檢查一次。

3. 雇主對設置於局部排氣裝置內之空氣清淨裝置，應每年定期實施檢查一次。

4. 雇主對局部排氣裝置或除塵裝置，於開始使用、拆卸、改裝或修理時，應實施重點檢查。

請說明我國對於化學設備及其附屬設備之相關規範。（25 分）

【112】

（一）依據「職業安全衛生設施規則」第 194 條規定，雇主對於建築物內設有化學設備，如反應器、蒸餾塔、吸收塔、析出器、混合器、沉澱分離器、熱交換器、計量槽、儲槽等容器本體及其閥、旋塞、配管等附屬設備時，該建築物之牆壁、柱、樓板、樑、樓梯等接近於化學設備周圍部分，為防止因危險物及輻射熱產生火災之虞，應使用不燃性材料構築。

（二）依據「職業安全衛生設施規則」第 195 條規定，雇主對於化學設備或其配管存有腐蝕性之危險物或閃火點在 65°C 以上之化學物質之部分，為防止爆炸、火災、腐蝕及洩漏之危險，該部分應依危險物、化學物質之種類、溫度、濃度、壓力等，使用不易腐蝕之材料製造或裝設內襯等。

（三）依據「職業安全衛生設施規則」第 196 條規定，雇主對於化學設備或其配管，為防止危險物洩漏或操作錯誤而引起爆炸、火災之危險，應依下列規定辦理：

1. 化學設備或其配管之蓋板、凸緣、閥、旋塞等接合部分，應使用墊圈等使接合部密接。

2. 操作化學設備或其配管之閥、旋塞、控制開關、按鈕等，應保持良好性能，標示其開關方向，必要時並以顏色、形狀等標明其使用狀態。

3. 為防止供料錯誤，造成危險，應於勞工易見之位置標示其原料、材料、種類、供料對象及其他必要事項。

(四) 依據「職業安全衛生設施規則」第 197 條規定，雇主對於化學設備或其附屬設備，為防止因爆炸、火災、洩漏等造成勞工之危害，應採取下列措施：

1. 確定為輸送原料、材料於化學設備或自該等設備卸收產品之有關閥、旋塞等之正常操作。
2. 確定冷卻、加熱、攪拌及壓縮等裝置之正常操作。
3. 保持溫度計、壓力計或其他計測裝置於正常操作功能。
4. 保持安全閥、緊急遮斷裝置、自動警報裝置或其他安全裝置於異常狀態時之有效運轉。

(五) 依據「職業安全衛生設施規則」第 198 條規定，雇主對於化學設備及其附屬設備之改善、修理、清掃、拆卸等作業，應指定專人，依下列規定辦理：

1. 決定作業方法及順序，並事先告知有關作業勞工。
2. 為防止危險物、有害物、高溫液體或水蒸汽及其他化學物質洩漏致危害作業勞工，應將閥或旋塞雙重關閉或設置盲板。
3. 應將前款之閥、旋塞等加鎖、鉛封或將把手拆離，使其無法擅動；並應設有不准開啟之標示或設置監視人員監視。
4. 拆除第 2 款之盲板有導致危險物等或高溫液體或水蒸汽逸出之虞時，應先確認盲板與其最接近之閥或旋塞間有無第 2 款物質殘留，並採取必要措施。

請說明我國職業安全衛生法及其相關法規對於作業場所之整體換氣要求之相關規定，請寫出法規名稱及其主要相關內容（特別是對換氣量有要求者，請加以敘明）。（20 分）【113】

我國對於作業場所整體換氣之相關法規名稱及其對換氣量有要求之主要相關內容如下列：

（一）「職業安全衛生設施規則」第 312 條規定，雇主對於勞工工作場所應使空氣充分流通，必要時，應依下列規定以機械通風設備換氣：

1. 應足以調節新鮮空氣、溫度及降低有害物濃度。
2. 其換氣標準如下：

工作場所每一勞工所佔立方公尺數	每分鐘每一勞工所需之新鮮空氣之立方公尺數
未滿 5.7	0.6 以上
5.7 以上未滿 14.2	0.4 以上
14.2 以上未滿 28.3	0.3 以上
28.3 以上	0.14 以上

（二）「有機溶劑中毒預防規則」第 15 條第 1 項規定，雇主設置之整體換氣裝置應依有機溶劑或其混存物之種類，計算其每分鐘所需之換氣量，具備規定之換氣能力。

「有機溶劑中毒預防規則」第 15 條第 2 項之換氣能力及其計算方法規定如下：

消費之有機溶劑或其混存物之種類	換氣能力
第一種有機溶劑或其混存物	每分鐘換氣量＝作業時間內 1 小時之有機溶劑或其混存物之消費量 ×0.3
第二種有機溶劑或其混存物	每分鐘換氣量＝作業時間內 1 小時之有機溶劑或其混存物之消費量 ×0.04

消費之有機溶劑或其混存物之種類	換氣能力
第三種有機溶劑或其混存物	每分鐘換氣量＝作業時間內 1 小時之有機溶劑或其混存物之消費量 ×0.01

(三)「鉛中毒預防規則」第 32 條規定，雇主使勞工從事第 2 條第 2 項第 10 款規定之作業，其設置整體換氣裝置之換氣量，應為每一從事鉛作業勞工平均每分鐘 1.67 立方公尺以上。

請列舉引用我國職業安全衛生法第 6 條第 3 項所公告之附屬法規，至少舉出 5 種相關規範，並說明該法規主要意旨。(20 分)

【113】

依據「職業安全衛生法」第 6 條第 3 項所公告之附屬法規及該法規主要意旨如下列：

(一)「職業安全衛生設施規則」第 324-1 條規定主要意旨為雇主使勞工從事重複性之作業，為避免勞工因姿勢不良、過度施力及作業頻率過高等原因，促發肌肉骨骼疾病，應採取危害預防措施。

(二)「職業安全衛生設施規則」第 324-2 條規定主要意旨為雇主使勞工從事輪班、夜間工作、長時間工作等作業，為避免勞工因異常工作負荷促發疾病，應採取疾病預防措施。

(三)「職業安全衛生設施規則」第 324-3 條規定主要意旨為雇主為預防勞工於執行職務，因他人行為致遭受身體或精神上不法侵害，應採取下列暴力預防措施。

(四)「職業安全衛生設施規則」第 324-4 條規定主要意旨為雇主對於具有顯著之濕熱、寒冷、多濕暨發散有害氣體、蒸氣、粉塵及其他有害勞工健康之工作場所，應於各該工作場所外，設置供勞工休息、飲食等設備。

(五)「職業安全衛生設施規則」第 324-5 條規定主要意旨為雇主對於連續站立作業之勞工，應設置適當之坐具，以供休息時使用。

（六）「職業安全衛生設施規則」第 324-6 條規定主要意旨為雇主使勞工從事戶外作業，為防範環境引起之熱疾病，應視天候狀況採取危害預防措施。

（七）「職業安全衛生設施規則」第 324-7 條規定主要意旨為雇主使勞工從事外送作業，應評估交通、天候狀況、送達件數、時間及地點等因素，並採取適當措施，合理分派工作，避免造成勞工身心健康危害。

請說明何謂甲類及丁類危險性工作場所。（10 分）【113】

（一）依據「危險性工作場所審查及檢查辦法」第 2 條第 1 項規定，甲類：指下列工作場所：

1. 從事石油產品之裂解反應，以製造石化基本原料之工作場所。
2. 製造、處置、使用危險物、有害物之數量達本法施行細則附表一及附表二規定數量之工作場所。

（二）依據「危險性工作場所審查及檢查辦法」第 2 條第 4 項規定，丁類：指下列之營造工程：

1. 建築物高度在 80 公尺以上之建築工程。
2. 單跨橋梁之橋墩跨距在 75 公尺以上或多跨橋梁之橋墩跨距在 50 公尺以上之橋梁工程。
3. 採用壓氣施工作業之工程。
4. 長度 1.000 公尺以上或需開挖 15 公尺以上豎坑之隧道工程。
5. 開挖深度達 18 公尺以上，且開挖面積達 500 平方公尺以上之工程。
6. 工程中模板支撐高度 7 公尺以上，且面積達 330 平方公尺以上者。

2-1-2 其他相關法規

依據「勞動檢查法」及其相關之認定標準，有立即發生中毒、缺氧危險之虞，是指那些情事？（20 分）【107】

依據「勞動檢查法第 28 條所定勞工有立即發生危險之虞認定標準」第 7 條規定，有立即發生中毒、缺氧危險之虞之情事如下：

（一）於曾裝儲有機溶劑或其混合物之儲槽內部、通風不充分之室內作業場所，或在未設有密閉設備、局部排氣裝置或整體換氣裝置之儲槽等之作業場所，未供給作業勞工輸氣管面罩，並使其確實佩戴使用。

（二）製造、處置或使用特定化學物質危害預防標準所稱之丙類第一種或丁類物質之特定化學管理設備時，未設置適當之溫度、壓力及流量之計測裝置及發生異常之自動警報裝置。

（三）製造、處置或使用特定化學物質危害預防標準所稱之丙類第一種及丁類物質之特定化學管理設備，未設遮斷原料、材料、物料之供輸、未設卸放製品之裝置、未設冷卻用水之裝置，或未供輸惰性氣體。

（四）處置或使用特定化學物質危害預防標準所稱之丙類第一種或丁類物質時，未設洩漏時能立即警報之器具及除卻危害必要藥劑容器之設施。

（五）在人孔、下水道、溝渠、污（蓄）水池、坑道、隧道、水井、集水（液）井、沉箱、儲槽、反應器、蒸餾塔、生（消）化槽、穀倉、船艙、逆打工法之地下層、筏基坑、溫泉業之硫磺儲水桶及其他自然換氣不充分之工作場所有下列情形之一時：

1. 空氣中氧氣濃度未滿 18%、硫化氫濃度超過 10ppm 或一氧化碳濃度超過 35ppm 時，未確實配戴空氣呼吸器等呼吸防護具、安全帶及安全索。

2. 未確實配戴空氣呼吸器等呼吸防護具時，未置備通風設備予以適當換氣，或未置備空氣中氧氣、硫化氫、一氧化碳濃度之測定儀器，並未隨時測定保持氧氣濃度在 18% 以上、硫化氫濃度在 10ppm 以下及一氧化碳濃度在 35ppm 以下。

勞工職業災害保險及保護法已於民國 110 年 4 月 30 日公布，施行日期為 111 年 5 月 1 日，本保險之給付種類有那些？在何種條件之下可以請領保險給付？（25 分）【110】

(一) 依據「勞工職業災害保險及保護法」第 26 條規定，本保險之給付種類如下：

1. 醫療給付。
2. 傷病給付。
3. 失能給付。
4. 死亡給付。
5. 失蹤給付。

(二) 依據「勞工職業災害保險及保護法」第 27 條規定：

1. 被保險人於保險效力開始後停止前，遭遇職業傷害或罹患職業病（以下簡稱職業傷病），而發生醫療、傷病、失能、死亡或失蹤保險事故者，被保險人、受益人或支出殯葬費之人得依本法規定，請領保險給付。
2. 被保險人在保險有效期間遭遇職業傷病，於保險效力停止之翌日起算 1 年內，得請領同一傷病及其引起疾病之醫療給付、傷病給付、失能給付或死亡給付。

2-2 職業安全概論

2-2-1 本質安全與災害預防原理

根據下列職災發生的過程，回答以下問題：

某槽車駕駛人員於民國〇年〇月〇日上午 10 時，由地下液態氨儲槽以管線卸裝液態氨至槽車。因地下室貯槽聯接閥洩漏，該名勞工由地面跳入位於 1.5 米深之貯槽坑檢視，不慎跌倒撞擊金屬管線昏倒於槽坑中，不幸被洩漏之液態氨噴濺臉部導致凍死。

請分析此職災之「直接原因」、「間接原因」、「根本原因」分別為何？（25 分）　**【104】**

（一）直接原因：

槽車駕駛人員不慎跌倒撞擊金屬管線昏倒於槽坑中，不幸被洩漏之液態氨噴濺臉部導致凍死。

（二）間接原因：

1. 不安全環境：地下室貯槽聯接閥洩漏、未設置使勞工安全上下之設備、不充分或不適當的照明。
2. 不安全行為：未配戴適當個人防護具（安全帽等）。

（三）根本原因：

1. 未施以從事工作及預防災變所必要之安全衛生教育訓練。
2. 未設置監視人員。
3. 未訂定書面的安全衛生工作守則。
4. 未實施工作安全分析。

2-2-2 製程安全與系統安全分析

依據「職業安全衛生管理辦法」，自動檢查分成五類：「機械之定期檢查」、「設備之定期檢查」、「機械、設備之重點檢查」、「機械、設備之作業檢點」、「作業檢點」。

案例：某金屬瓶爪蓋工廠主要製程包括：

1. 以含有甲苯、二甲苯等有機成分之調薄劑和油墨進行瓶蓋印刷，再於高溫爐烘烤，並以局部排氣裝置抽除有機蒸氣，通過活性碳吸附床清淨排氣
2. 以衝剪床進行金屬圓形爪蓋壓模
3. 爪蓋半成品以機械式輸送帶運送
4. 調配 PVC 粉末與可塑劑，以高速攪拌機製備 PVC 原料製備爪蓋內側膠條

（一）請寫出四種上述案例中依法必須每年及每二年完成自動檢查之機械與設備名稱，並寫出檢查頻率。

（二）上題完成之檢查紀錄依法須保存多久？（20 分） **【104】**

（一）1. 每年完成自動檢查之機械與設備名稱：

高溫爐、局部排氣裝置、活性碳吸附床、衝剪床，電氣設備。

2. 每 2 年完成自動檢查之機械與設備名稱：

高速攪拌機。

（二）依據「職業安全衛生管理辦法」第 80 條規定，雇主依第 13 條至第 49 條規定實施之定期檢查、重點檢查應就下列事項記錄，並保存 3 年。

1. 檢查年月日。
2. 檢查方法。
3. 檢查部分。

4. 檢查結果。

5. 實施檢查者之姓名。

6. 依檢查結果應採取改善措施之內容。

下圖為甲烷燃燒事故之失誤樹分析，（每小題 10 分，共 20 分）

【105】

（一）請說明圖中各符號。（鐘罩型符號、盔形符號、菱形符號、長方形符號、圓形符號）

（二）請說明此事故分析圖中所代表之意義以及圖片所傳遞之訊息。

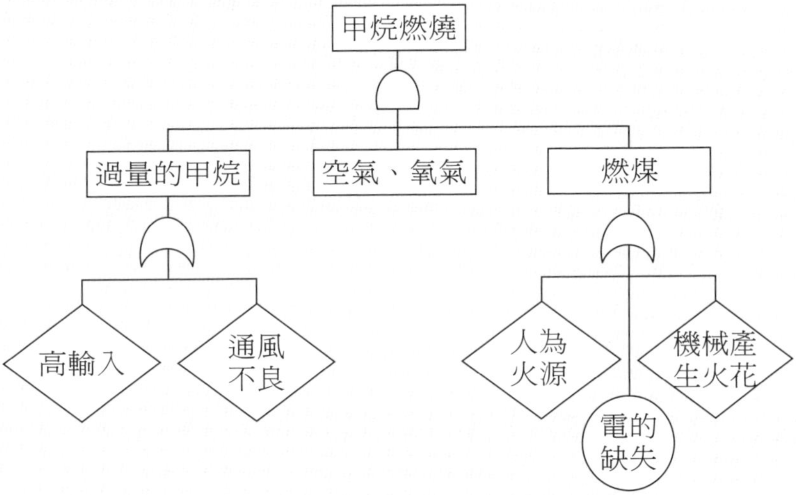

（一）1. 鐘罩型符號：

且邏輯閘（AND Gate）：失誤樹分析中兩個或兩個以上原因同時發生，才會導致某一中間事件或頂端事件發生。

2. 盔形符號：

或邏輯閘（OR Gate）：失誤樹分析中兩個或兩個以上原因其中之一發生，就會導致某一中間事件或頂端事件發生。

3. 菱形符號：

未發展事件（undeveloped event）：失誤樹分析中因系統邊界或分析範圍之限制，未繼續分析之事件。

4. 長方形符號：

(1) 頂端事件（Top Event）：指重大危害或嚴重事件，如火災、爆炸、外洩、塔槽破損等，是失誤樹分析中邏輯演繹推論的起始。

(2) 中間事件（Middle Event）：失誤樹分析中邏輯演繹過程中的任一事件。

5. 圓形符號：

基本事件（Basic Event）：失誤樹分析中邏輯演繹的末端，通常是設備或元件故障或人為失誤。

（二）1. 分析圖代表之意義：

甲烷的燃燒係由可燃物（過量的甲烷）、助燃物（空氣、氧氣）及點火源（燃煤）同時存在才會發生，而高輸入或通風不良皆會導致過量的甲烷發生，另外人為火源、電的缺失或機械產生火花皆會導致燃煤發生。

2. 圖片所傳遞之訊息：

甲烷的燃燒係由上述三個中間事件同時存在才會發生，亦即只要任何一個中間事件不發生，就不會導致甲烷的燃燒，觀察發現只要避免高輸入及改善通風不良，就能防止過量的甲烷發生，應該是較為可行的改善方向。

參考所附之失誤樹圖，計算頂上事件（Top Event）A 發生的機率。（25 分）【106】

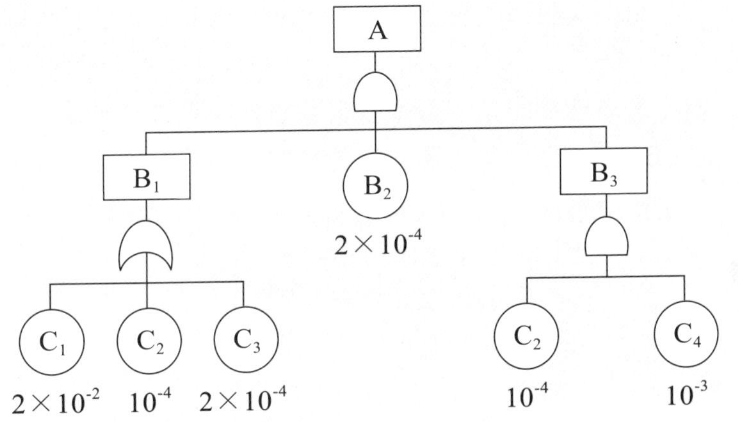

（一）此失誤樹最小分割集合運算分析如下：

$$A = B_1\times B_2\times B_3 = (C_1+C_2+C_3)\times B_2\times(C_2\times C_4)$$

$$= [(C_1\times B_2\times C_2\times C_4)+ (C_2\times B_2\times C_2\times C_4)+ (C_3\times B_2\times C_2\times C_4)]$$

$$= [(C_1\times B_2\times C_2\times C_4)+(C_2\times B_2\times C_4)+(C_3\times B_2\times C_2\times C_4)]$$

$$= C_2\times B_2\times C_4$$

經計算得知，此失誤樹之頂端事件 A 的最小切集合為 $C_2\times B_2\times C_4$

（二）頂端事件 A 之發生機率計算如下：

$$A = C_2\times B_2\times C_4$$

$$= 10^{-4}\times 2\times 10^{-4}\times 10^{-3}$$

$$= 2\times 10^{-11}$$

某製程設備失誤樹分析（Fault Tree Analysis）的結果如下圖所示，該圖中各事故之發生機率顯示於下表。【108】

（一）請找出該失誤樹的最小切集合（minimum cut set）。（10 分）

（二）根據最小切集說明，欲降低頂端事件 T 的發生機率時，降低 A、B、C、D 中的那幾個會具有較高的效率。（10 分）

（三）求出頂端事件（Top Event）的發生機率。（5 分）

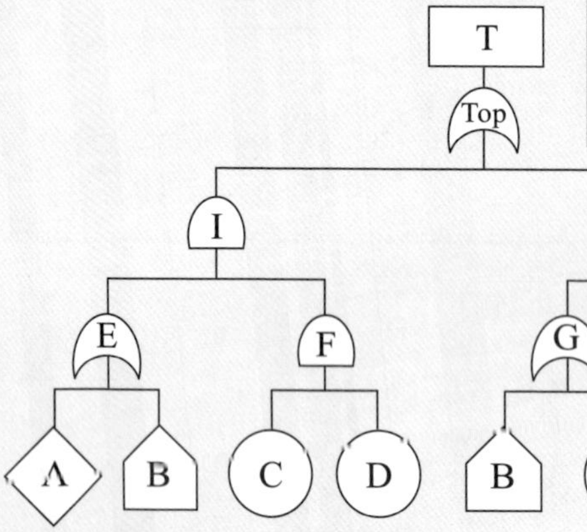

基本事件	A	B	C	D
機率	0.3	0.2	0.1	0.1

（一）該失誤樹的最小切集合（minimum cut set）化簡如下：

$T = I + J = (E \times F) + (G \times H) = (A + B) \times (C \times D) + (B + C) \times (A \times C \times D)$

$= (A \times C \times D) + (B \times C \times D) + (B \times A \times C \times D) + (C \times A \times C \times D)$

$= (A \times C \times D) + (B \times C \times D)$

（二）根據最小切集說明，欲降低頂端事件 T 的發生機率時，降低 C、D 會具有較高的效率。

（三）該頂端事件（Top Event）的發生機率。

失誤樹頂端事件 P(T) 之失誤率 =

$P(M_1) + P(M_2) = 1 - [1 - P(M_1)] \times [1 - P(M_2)]$

$$P(M_1) = P(A \times C \times D) = (3 \times 10^{-1}) \times (1 \times 10^{-1}) \times (1 \times 10^{-1}) = 3 \times 10^{-3}$$

$$P(M_2) = P(B \times C \times D) = (2 \times 10^{-1}) \times (1 \times 10^{-1}) \times (1 \times 10^{-1}) = 2 \times 10^{-3}$$

$$P(T) = 1 - [(1 - 3 \times 10^{-3}) \times (1 - 2 \times 10^{-3})]$$

$$= 1 - (1-0.003) \times (1-0.002)$$

$$= 1 - 0.997 \times 0.998 = 1 - 0.995006 = 4.994 \times 10^{-3}$$

若有一溫度控制裝置與高溫警示的化學反應系統如圖所示。其發生冷卻異常機率為每年一次，運作系統之安全機能有下列四種：系統發出溫度異常警示、操作員發現溫度異常、操作員重啟冷卻系統、操作員關閉化學反應系統。此四種安全機能系統失效之機率分別為：0.02、0.25、0.15、0.1。請利用事件樹分析其潛在危害風險。（25 分） **【112】**

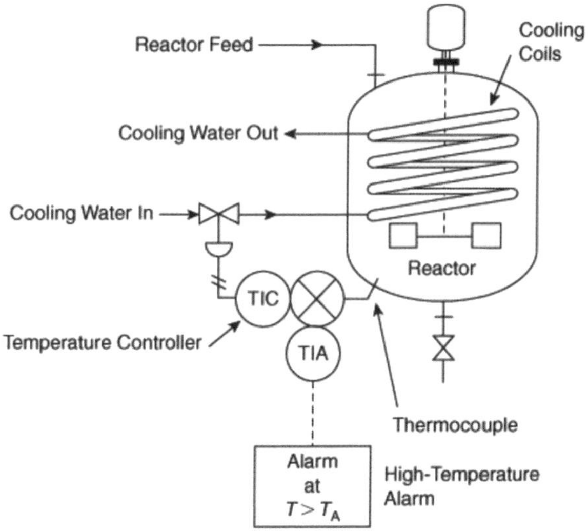

（一）事件樹

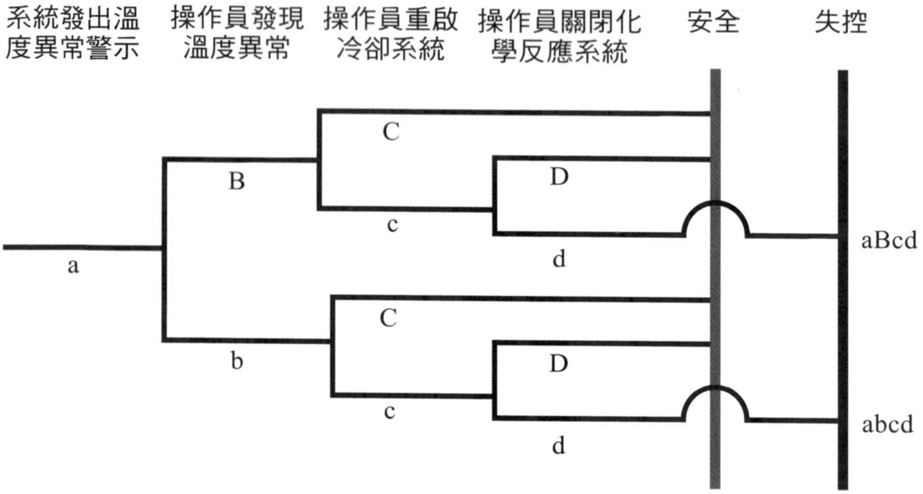

（二）反應器失控反應（Runaway reaction）的機率計算如下列：

$P = a \times B \times c \times d + a \times b \times c \times d = (a \times c \times d) \times (B+b)$

$\because (B+b) = 1 \quad \therefore = (a \times c \times d) \times (1)$

$= (2 \times 10^{-2}) \times (1.5 \times 10^{-1}) \times (1 \times 10^{-1}) \times (1)$

$= 3 \times 10^{-4} \times (1)$

$= 3 \times 10^{-4}$/年

2-2-3 機械與電氣安全

> 有關短路現象，請回答下列問題：
> (一) 何謂短路？（5 分）
> (二) 何謂短路電流？（5 分）為何電器線路應裝設有充分遮斷容量之斷路器予以保護？（5 分）
> (三) 請列舉短路事故的原因。（10 分） 【104】

(一) 短路（Short circuit）是指在正常電路中電勢不同的兩點不正確地直接碰接，或被阻抗（或電阻）非常小的導體接通時的情況。

(二) 1. 短路電流（Short-circuit current）電力系統在運行中，相與相之間或相與地（或中性線）之間發生非正常連接（即短路）時流過的電流。

2. 短路電流其值可遠遠大於額定電流，並取決於短路點距電源的電氣距離，例如，在發電機端發生短路時，流過發電機的短路電流最大瞬時值可達額定電流的 10 ～ 15 倍，大容量電力系統中，短路電流可達數萬安培，這會對電力系統的正常運行造成嚴重影響和後果，故電器線路應裝設有充分遮斷容量之斷路器予以保護。

(三) 1. 電流過載：電流如超過電線之安培容量時，因焦耳熱之關係，內部導線產生過熱，導致短路。

2. 被覆破損：電線外部被覆破損時，電線上所流通的電流未經過用電負載，即經由破損處裸露之正負極導線互相接觸而短路。

3. 拉扯重壓：當拉扯、重壓電源線時，容易使花線類導線之芯線部分斷裂、斷線的狀態稱為「半斷線」；通電時在斷線處的導體截面積減少，導體的電阻值相對增高，造成電流流經此處時產生過熱，導致短路。

4. 接觸不良：電線間之接續部或電線與電器之接續部不良，因接觸電阻之故，當電流流通時產生局部過熱，導致短路。

5. 積污導電：插頭插刃間表面附著有水分及灰塵或含有電解質之液體、金屬粉塵等導電性物質時，絕緣物的表面會流通電流而產生焦耳熱，結果引起表面局部性水分之蒸發，而該等帶電之附著物間，發生小規模的放電，周而復始，絕緣物表面的絕緣性因此受到破壞，形成異極間導電通路。

靜電有時會造成工廠的災害，故靜電的控制及防護是相對重要的，請試舉三種控制與防範的方法並說明之。（20 分）　【105】

（一）接地及搭接：

減少金屬物體之間以及物體和大地之間的電位差，使其電位相同，不致產生火花放電的現象。

（二）增加濕度：

採用加濕器、地面撒水、水蒸氣噴出等方法，維持環境中相對濕度約 65%，可有效減低親水性物質的靜電危害產生。

（三）使用抗靜電材料：

在絕緣材料的表面塗佈抗靜電物質（如碳粉、抗靜電劑等）、在絕緣材料製造過程中加入導電或抗靜電物質（如碳粉、金屬、抗靜電劑、導電性纖維等）。

（四）使用靜電消除器：

利用高壓電將空氣電離產生帶電離子，由於異性電荷會互相吸引而中和，可使帶靜電物體的電荷被中和，達成電荷蓄積程度至最低，因此不會發生危害的靜電放電。

(五) 降低或限制速度：

若易燃性液體中未含有不相容物，則液體流速應限制小於 7 m/s，在一般的工業製程中都能依據此原則進行製程設計與生產操作。

試以適當的文字與圖形說明漏電斷路器之運作原理。(25 分)

【106】

電器接往電源之兩條線路之電流量在正常時應相同，如下圖中 $I_1=I_2$。

漏電時電流透過故障點傳至人體，並通往大地，該電流為 I_3，亦即 I_1-I_2。

電驛感應 I_1 與 I_2 間有差異，當此差異造成之訊號（或感應電流）之強度足以使電驛發生跳脫動作時，即時讓電源造成斷路而達保護人體之作用。

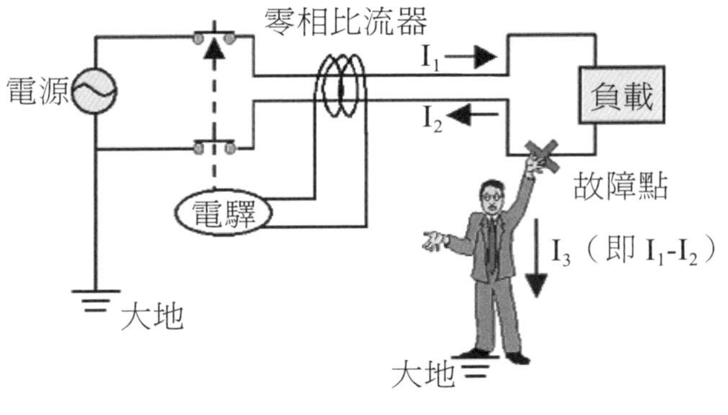

漏電斷路器示意圖

> 職業安全衛生設施規則，對離心機等 6 種機械或部位有危及勞工之虞者，應設置護罩、護圍或具有連鎖（interlock）性能安全門。試以數學式及 / 或圖說明連鎖機制及其所以能確保安全的理由。（25 分）**【109】**

(一) 連鎖機制能確保安全的理由說明如下：

設置安全連鎖機制，是以時間分離停止為原則的安全防護，僅在危險區域關閉的期間才可啟動機械，危險區域開啟時則機械必須是停止狀態。

(二) 連鎖機制數學式與圖說明如下：

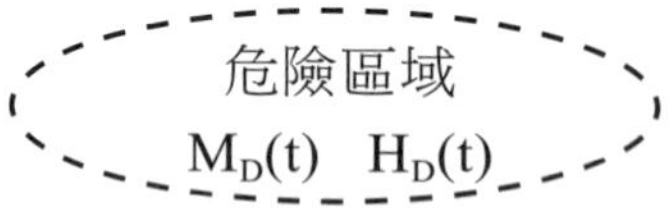

上圖中：$M_D(t) = 1$ 表示機械能量於時間 t 時在危險區域。

$H_D(t) = 1$ 表示作業人員於時間 t 時在危險區域。

當 $M_D(t) \times H_D(t) = 0$ 時，表示作業人員與機械能量不同時存在於危險區域內，連鎖機制成立。

> 有關機械防護原理及技巧，會造成機械意外傷害的原因有那些？並請詳細說明機械防護的方法。（25 分）**【110】**

(一) 造成機械意外傷害的主要原因歸納如下列：

1. 機械本身不安全、缺乏妥善的安全防護。
2. 人為疏忽或缺乏安全意識。

（二）機械設備的安全防護有各種不同形式，一般常見的防護方法說明如下列：

1. 安全防護物

(1) 固定全罩式：將機械設備之皮帶、鏈條或齒輪等動力傳輸的危險部位，利用蓋子或其他障礙物全部予以罩住，以避免身體與之接觸。

(2) 固定開口式：為了進料或工作件進出的需要，某些機械設備的危險部位無法以固定全罩防護而必須有個開口，此一開口大小是固定且無法隨時調整者。

(3) 固定可調整開口式：上述固定開口可隨著物料或工作件的規格加以調整者。

(4) 動力連鎖式：利用機械、電氣或兩者合併的連鎖原理，當打開或取下防護物時，立即切斷機械設備電源或機械動力，而停止操作。

(5) 可移動柵欄（門）式：當機械設備停止操作或危險狀況不存在時，自動移開柵欄（門），進行上料或卸料工作。當機械開始操作或危險狀況出現之前，自動關閉柵欄（門）。

(6) 警示障礙物：在機械設備危險區域的周圍或前緣，架設鍊條、繩索或張掛危險警告標示，以提醒作業人員注意。

2. 安全裝置

(1) 感應式：在進入機械設備危險區前的位置裝置感應器（Sensor），當身體之任何部分接近危險區時，立即停止機械設備操作或使其無法起動。

(2) 機械式：以雙手操控機械起動按扭或藉機械連桿的拉開、掃開和拉住等作用，防止作業人員的手部進入危險區的一種安全裝置。

(3) 搖控式：以遙控裝置操控機械設備，使作業人員與危險區保持適當安全距離。

(4) 操作改善式：其他改善進料和出料的方式避免受傷。例如使用足夠長度之手工具來防止作業人員的手部進入操作點而受傷。

下圖為在 60 赫茲（Hz）電流源的條件下，人體潮濕時的身體電阻（千歐姆，kΩ）與電壓（伏特，V）之間的關係圖。已知人體感電時的不可逃脫電流為 16 毫安培（mA），請問根據下圖的資料，操作電器時的安全電壓大約為多少伏特？（20 分）【111】

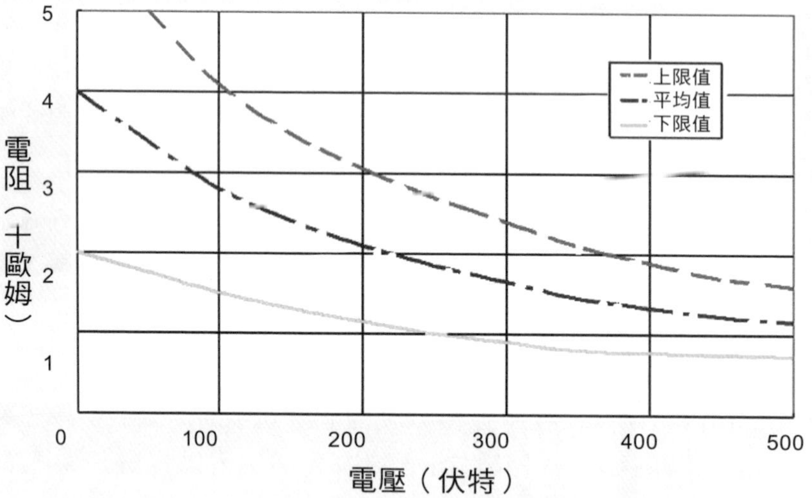

(一) 依據歐姆定律可知，I x R = V，當圖示之電壓值分別為 100~500 V 時，初估其相對之電阻值後並計算出其電流值如下表：

	100 V 時	200 V 時	300 V 時	400 V 時	500 V 時
上限值（電阻）	4.2 kΩ	3.0 kΩ	2.4 kΩ	1.9 kΩ	1.6 kΩ
上限值（電流）	**23.8 mA**[*1]	**66.6 mA**[*4]	**125 mA**	**210.5 mA**	**312.5 mA**

	100 V 時	200 V 時	300 V 時	400 V 時	500 V 時
平均值（電阻）	2.7 kΩ	2.1 kΩ	1.7 kΩ	1.3 kΩ	1.2 kΩ
平均值（電流）	**37.0 mA**[*2]	**95.2 mA**[*5]	**176.4 mA**	**307.6 mA**	**416.6 mA**
下限值（電阻）	1.5 kΩ	1.2 kΩ	0.9 kΩ	0.8 kΩ	0.7 kΩ
下限值（電流）	**66.6 mA**[*3]	**166.6 mA**	**333.3 mA**	**500 mA**	**714.2 mA**

經計算後，可知在電壓值分別為 100~500 V 時，均會超過不可逃脫電流（16 mA）；而當電流為 100 mA 時，為可能導致心臟麻痺的電流值，故僅有 *1~*5 處未超過 100 mA。

（二）將未超過 100 mA 的部分，再以其電阻值乘上電流 16 mA（為人體感電時的不可逃脫電流值）計算出相對應之電壓值，如下表所示：

上限值（電阻）	**4.2 kΩ**	**3.0 kΩ**
上限值（電流）	16.0 mA	16.0 mA
上限值（電壓）	67.2 V	48.0 V
平均值（電阻）	**2.7 kΩ**	**2.1 kΩ**
平均值（電流）	16.0 mA	16.0 mA
平均值（電壓）	43.2 V	33.6 V
下限值（電阻）	**1.5 kΩ**	**-**
下限值（電流）	16.0 mA	-
下限值（電壓）	24.0 V	-

（三）綜上，可得知為防止人員有發生感電時的不可逃脫電流（16 mA），其操作電器時的安全電壓，應在其電阻下並控制電壓值如下表：

上限值（電阻）	**4.2 kΩ**	**3.0 kΩ**
上限值（電壓）	**< 67.2 V**	**< 48.0 V**

平均值（電阻）	**2.7 kΩ**	**2.1 kΩ**
平均值（電壓）	**< 43.2 V**	**< 33.6 V**
下限值（電阻）	**1.5 kΩ**	**-**
下限值（電壓）	**< 24.0 V**	**-**

註：假設當人體因潮濕而使電阻值降到 1 kΩ，該電壓值仍不會使操作電器的電流值超過心臟麻痺（100 mA）而可能引發人員致死的風險。

2-2-4　火災與爆炸控制

試回答下列與火災爆炸有關之問題：

（一）請問爆炸五要素為何？（5 分）

（二）火災發生時，一般採用的滅火方法有四種：隔離法、窒息法、冷卻法和抑制法，請分別說明之。（4 分）

（三）某液化石油之組成為乙烷 20%（C_2H_6, LEL=3%, UEL=12.5%）；丙烷 40%（C_3H_8, LEL=2.2%, UEL=9.5%）；丁烷 40%（C_4H_{10}, LEL=1.8%, UEL=8.4%），請依勒沙特列（Le Chatelier）定律計算此液化石油氣之爆炸上限與爆炸下限。（11 分）　**【105】**

（一）爆炸五要素：

1. 可燃物。
2. 助燃物。
3. 點火源。
4. 局限空間。
5. 混合散布。

(二) 滅火原理

1. 隔離法：將燃燒中的物質移開或斷絕其供應，使受熱面積減少，以削弱火勢或阻止延燒，以達滅火的目的。

2. 冷卻法：將燃燒物冷卻，使其熱能減低，亦能使火自然熄滅。

3. 窒息法：使燃燒中的氧氣含量減少，以達到窒息火災的效果。

4. 抑制法：在連鎖反應中的游離基，可用化學乾粉或鹵化碳氫化合物除去。

(三) 1. 依勒沙特列（Le Chatelier）定律此液化石油氣在空氣中的爆炸下限（LEL）計算如下：

$$LEL=\frac{100}{\frac{V_1}{L_1}+\frac{V_2}{L_2}+\frac{V_3}{L_3}}=\frac{100}{\frac{20}{3.0}+\frac{40}{2.2}+\frac{40}{1.8}}=\frac{100}{6.67+18.18+22.22}=\frac{100}{47.07}=2.12\%$$

2. 依勒沙特列（Le Chatelier）定律此液化石油氣在空氣中的爆炸上限（UEL）計算如下：

$$UEL=\frac{100}{\frac{V_1}{U_1}+\frac{V_2}{U_2}+\frac{V_3}{U_3}}=\frac{100}{\frac{20}{12.5}+\frac{40}{9.5}+\frac{40}{8.4}}=\frac{100}{1.6+4.21+4.76}=\frac{100}{10.57}=9.46\%$$

已知甲醇燃燒下限為 7.5mol%，請估計甲醇的閃火點（以 °C 表示）（25 分）

【提示】Antoine 方程式 $\ln P^{sat} = A - \frac{B}{T+C}$

其中 P^{sat} 為該液體的飽和蒸汽壓（mmHg），T 為液體溫度（K）。甲醇的 Antoine 方程式係數為 A=18.5857、B=3626.55 與 C=-34.29。 **【106】**

（一） $LEL = 100 \times \frac{P^{sat}}{P_0}$

式中： P^{sat}：閃火點溫度下液體之飽和蒸汽壓 (bar)

P_o：液體表面蒸氣與空氣混合成混合氣體之總壓力 (bar)

$$7.5 = 100 \times \frac{P^{sat}}{1} \rightarrow P^{sat} = \frac{7.5}{100} = 0.075\ (bar)$$

$P^{sat} = 0.075(bar) \times 760 = 57$ (mmHg)

（二） $T = \frac{B}{A - \ln P^{sat}} - C$

式中： P^{sat}：閃火點溫度下液體之飽和蒸汽壓 (mmHg)

T：液體溫度 (K)

$$T = \frac{3626.55}{18.5857 - \ln 57} - (-34.29) = \frac{3626.55}{18.5857 - 4.0431} + 34.29 = 283.66\ (K)$$

283.66(K) – 273 ≅ 10.66 (°C)

經估算得知，甲醇的閃火點約為 11°C。

(一) 請說明二氧化碳（CO_2）滅火器之滅火原理。（9 分）

(二) 其不適用於那些火災？（6 分）

(三) 一間長 12m，寬 7m，高 4m 之室內，在設計全區域放射式 CO_2 滅火設備時，設定滅火濃度氧氣值需至 12%，請問需加入多少體積 CO_2 氣體才能達到設定值（假設空氣中氧占 21%）？（10 分） 【107】

(一) 二氧化碳滅火器之滅火原理說明如下列：

1. 隔離：大量二氧化碳，火可被覆蓋，故火與空氣中氧氣分離。

2. 冷卻：液態二氧化碳汽化時，會從周圍吸收熱量，使周圍空氣迅速降溫，達到冷卻的作用。

3. 窒息：液態二氧化碳汽化產生的氣體，可以稀釋空氣中氧氣濃度，產生窒息作用來滅火。

4. 抑制：二氧化碳在連鎖反應當作抑制劑，氫氣與二氧化碳反應形成一氧化物與水。

(二) 二氧化碳不適用之火災類別如下列：

A 類火災：指木材、紙張、纖維、棉毛、塑膠、橡膠等之可燃性固體引起之火災。

D 類火災：指鈉、鉀、鎂、鋰與鋯等可燃性金屬物質及禁水性物質引起之火災。

(三) 室內全區放射 CO_2 滅火設備，設定滅火濃度氧氣值需至 12%，估算加入多少體積 CO_2 氣體才能達到設定值：

1. 室內體積 $12m \times 7m \times 4m = 336m^3$

2. 假設 $CO_2 = x\%$

$21/(100+X) = 12/100 \rightarrow\rightarrow 1{,}200 + 12X = 2{,}100$

$X = 75\%$

3. 室內設計全區域放射式 CO_2 滅火設備時，設定滅火濃度氧氣值需至 12%，需加入 CO_2 氣體體積

   $336m^3 \times 75\% = 252m^3$

   經計算得知將該室內氧氣值至 12%，需加入 CO_2 氣體體積 $252m^3$。

濃煙常是造成火災重大傷亡的因素，而引起煙氣流動主要驅動力可區分為自然式和強制式驅動力，請說明自然式和強制式驅動力各包含那些效應？（25 分）【107】

（一）自然式驅動力：

包括煙囪效應（Stack Effect）、熱膨脹效應（Thermal Expansion Effect）、浮力效應（Buoyancy Effect）以及自然風效應（Wind Effect），分述如下：

1. 煙囪效應：主要出現在有一定高度的建築，是大樓火災時煙氣流動的主要動力，可分為正煙囪效應與逆煙囪效應。
2. 熱膨脹效應：隨著火場溫度逐漸提升，其中的空氣體積也隨之膨脹，當熱空氣排出火場空間時，外部空氣亦隨之遞補進來。以溫度 800°C 的火場而言，若不考慮其他因素，加熱後流出的空氣體積約較流入的新鮮空氣體積膨脹約 3.7 倍，因而形成房間內外的壓差。對於密閉性良好的著火房間，熱膨脹所產生的壓差對於火勢的後續發展可能非常地重要。
3. 浮力效應：指火場產生的高溫煙氣與周遭環境的常溫空氣，由於密度差異誘導出兩流體間的壓力差異，因而造成一股上升氣流的現象。
4. 自然風效應：建築物外部的自然風對於內部煙氣的流動與排出，常有顯著的影響。

當排煙口面對上風處時，中性帶上升，外部風會阻礙煙氣排出，甚至造成煙氣在建築中蔓延地更快。反之，若排煙口位於下風處，排煙是順風的，由於室外風力的吸引作用，有利於自然排煙，風速愈高愈有利。

（二）強制式驅動力：

包括空調系統效應（HVAC System Effect）以及升降機活塞效應（Elevator Piston Effect）所引起的驅動力，分述如下：

1. 升降機活塞效應：當升降機（電梯等）上下移動時，電梯井內亦形成一個具有壓差的通風管道，煙氣容易在一升一降之間竄入通道，進而蔓延至建築物的其他部位。

2. 空調系統效應：使建築整體空氣流通的空調系統，在火災初期能夠將煙擴散至有人或警報器的區域，促使先一步的預警；但其亦有加速火災中期以後的濃煙擴散的負面效應，甚至反而提供空氣，使燃燒加劇。因此，當發覺火災後，應立即關閉空調系統。

某可燃性混合氣體含有甲苯（Toluene）、甲烷（Methane）、乙烯（Ethylene）三種氣體（如下表），其餘為空氣，其中甲烷的體積百分比為甲苯的 2.5 倍，甲苯的體積百分比為乙烯的 2 倍，請問此可燃性混合氣體爆炸上下限是多少？（10 分）甲苯、甲烷、乙烯的危險指數是多少？（12 分）相對危險度之大小順序為何？（3 分）**【107】**

可燃性氣體種類	爆炸界限（%）
甲苯	1.4 – 6.7
甲烷	5.1 – 15
乙烯	3.1 – 32

設乙烯的體積百分比為 X，則甲苯的體積百分比為 2X，甲烷的體積百分比為 5X

100=X+2X+5X　　X=100/8　　X=12.5

可得出乙烯的體積百分比為 12.5、甲苯的體積百分比為 25、甲烷的體積百分比為 62.5。

（一）1. 依勒沙特列（Le Chatelier）定律此可燃性混合氣體在空氣中的爆炸下限（LEL）計算如下：

$$LEL=\frac{100}{\frac{V_1}{L_1}+\frac{V_2}{L_2}+\frac{V_3}{L_3}}=\frac{100}{\frac{12.5}{3.1}+\frac{25}{1.4}+\frac{62.5}{5.1}}=\frac{100}{4.03+17.86+12.26}=\frac{100}{34.15}$$

=2.93%

2. 依勒沙特列（Le Chatelier）定律此可燃性混合氣體在空氣中的爆炸上限（UEL）計算如下：

$$UEL=\frac{100}{\frac{V_1}{U_1}+\frac{V_2}{U_2}+\frac{V_3}{U_3}}=\frac{100}{\frac{12.5}{32}+\frac{25}{6.7}+\frac{62.5}{15}}=\frac{100}{0.39+3.73+4.17}=\frac{100}{8.29}$$

=12.06%

(二) 危險指數＝（爆炸上限－爆炸下限）÷ 爆炸下限

甲苯之危險指數 = (6.7% – 1.4%) ÷ 1.4% = 3.79

甲烷之危險指數 = (15% – 5.1%) ÷ 5.1% = 1.94

乙烯之危險指數 = (32% – 3.1%) ÷ 3.1% = 9.32

(三) 甲苯、甲烷、乙烯的相對危險度之大小順序為乙烯 > 甲苯 > 甲烷。

依據 CNS 3376-10 規定：
(一) 防爆電氣設備分類的 Group 共分為幾群？（10 分）
(二) 各群適用在何種條件下？（15 分） **【108】**

(一) 防爆電氣設備之群組主要分為：群組 I、群組 II、群組 III。

群組 I 再細分為 A、B 二種次群組。另群組 II、III 之本質安全型 Ex 'i'、耐壓型 Ex 'd' 或特殊保護方式 Ex 's' 的防爆型電氣設備依據爆炸性氣體特性之需要，再細分為 A、B 及 C 之三種次群組。

(二) 1. 群組 I：適用於礦坑中潛存甲烷或沼氣之防爆型電氣設備。

2. 群組 II：適用於潛存爆炸性氣體環境，而且不是群組 I 之防爆型電氣設備（適用於一般工業場所）。

3. 群組 III：適用於潛存爆燃炸性粉塵或可燃性粉塵環境。

試說明物質的沸點、黏性、液體的比重、與水的混合性、導電度等物性對火災爆炸的風險有何影響？（25 分） **【109】**

(一) 沸點：沸點是液體之蒸氣壓力到達大氣壓力時之液體溫度。沸點越低者，越易發散出蒸氣，故易燃液體的沸點越低，則其引火之危險性越大。

(二) 黏性：可燃性液體之粘度之大小對其漏洩時之擴大火焰具有重大影響。

(三) 液體的比重：多數可燃性液體之比重均較水為輕，一旦予以注水則上浮於水而擴大燃燒，反有增大火災之虞。

(四) 與水的混合性：與水易混合之可燃性液體，可因為注水稀釋致降低其蒸氣壓而增高其閃點。此等物質如能在事前加水時，可增加其導電性防止靜電之帶電。

(五) 導電度：引火性液體中電氣傳導性較低者，於流動、過濾之際容易發生靜電成為靜電火災之原因。大致液體之比電阻在 10^{12}ohm. cm 以上者，應視已具此危險性。

說明粉塵爆炸之特徵，並詳細說明粉塵爆炸預防方法與措施。（25 分） 【110】

(一) 粉塵爆炸之特徵說明如下：

1. 燃燒熱愈大（媒、碳粉塵），爆炸危險性愈大、易氧化的物質（鎂粉塵），愈容易爆炸。

2. 粉塵粒徑愈小比表面積越大，表面吸附空氣中的氧就愈多，且容易依附靜電。

3. 最低發火能量 (MIE) 決定粉塵是否容易引燃，其值小於 30 (mJ) 的粉塵輸送時可能產生靜電而爆炸，大於 30 (mJ) 的粉塵則需要引火源。

4. 粉塵中若有可燃性氣體，將降低粉塵爆炸下限，增加爆炸危險性。

5. 初次爆炸之壓力波引起粉塵飛揚，在空間中達到爆炸界限，火焰或高溫粉塵再次引燃粉塵，產生第 2 次爆炸甚至數次爆炸，造成更大的破壞。

6. 壓力堆積效應，系統中有一相通的空間（如管路相通的設備），假設某一空間發生爆炸，壓力上升會促發另一相通空間之爆炸。

7. 接近爆炸範圍中間值、氧氣濃度愈高、惰性氣體愈少、粒子含水率愈低及粒徑愈小，以上狀況之下粉塵的最大爆炸壓力與壓力上升率愈大。

8. 粉塵爆炸多數燃燒不完全而產生一氧化碳。

9. 粉塵爆炸的燃燒速度雖然不及氣體，但粉塵爆炸產生的能量較大破壞力強，溫度可上升至 2,000 ~ 3,000°C。

10. 粉塵爆炸需經過表面分解或蒸發等階段，由外向中心延燒，因此粉塵爆炸反應時間較氣體長。

（二）粉塵爆炸預防方法與措施如下列：

1. 減少粉塵飛揚：

依據操作量選擇適當設備，以減少粉塵飛揚的自由空間；以濕式混拌取代乾式混拌；經常清除濾網、濾布及作業場所，以避免粉塵的堆積。

2. 可燃物質的濃度控制：

在製程中可燃物的使用難以避免，但可利用通風換氣設備控制，使可燃物的濃度不在爆炸範圍內。

(1) 惰化設計：製程中以惰性氣體吹洩，以避免新鮮的氧氣進入，如此可以減低氧的分壓，減少爆炸的危險。

(2) 粉塵作業場所盡量遠離可能產生火源或靜電的場所。

(3) 增加作業場所粉塵清掃頻率，減少粉塵堆積。

> 已知甲烷、乙烷、丙烷的爆炸下限分別為5.0%、3.0%、2.1%。若某可燃性的混合氣體中含有甲烷8%、乙烷12%、丙烷5%、空氣75%，請問該混合氣體的爆炸下限為若干？（25分） 【111】

（一）依題意某可燃性的混合氣體中含有甲烷8%、乙烷12%、丙烷5%、空氣75%，該可燃性氣體之組成百分比計算如下：

$$甲烷=\frac{8}{8+12+5}=32\%、乙烷=\frac{12}{8+12+5}=48\%、$$

$$丙烷=\frac{5}{8+12+5}=20\%$$

（二）依勒沙特列（Le Chatelier）定律此可燃性氣體在空氣中的爆炸下限（LEL）計算如下：

$$LEL=\frac{100}{\frac{V_1}{L_1}+\frac{V_2}{L_2}+\frac{V_3}{L_3}}=\frac{100}{\frac{32}{5.0}+\frac{48}{3.0}+\frac{20}{2.1}}=\frac{100}{6.4+16.0+9.5}=\frac{100}{31.9}=3.13\%$$

$$=\frac{100}{6.4+16.0+9.5}=\frac{100}{31.9}=3.13\%$$

經計算後得知該混合氣體的爆炸下限為3.13%

> 請說明危險區域劃分之程序。（25分） 【112】

危險區域劃分之程序可根據下列步驟來完成：

（一）步驟1：決定是否需進行區域劃分

若有可燃性物質被加工、處置或儲存時，該場所應進行劃分。

（二）步驟2：蒐集資料

2.1 欲規劃設施之資料（proposed facility information）：對存在於圖面上之設施，可以完成初步的區域劃分，以使能購買適當的電氣設備及儀器。而通常工廠很少會完全依照圖面施工建造，因此建造完後，需要依照實際狀況再修正區域劃分圖。

2.2 既有設備的歷史：對既有設備，個別工廠之經驗對該工廠之區域劃分是極重要的，應詢問該工廠內之操作和維護人員下列問題：

(1) 有過洩漏的事故嗎？

(2) 洩漏經常存在嗎？

(3) 在正常或不正常的操作中，洩漏會存在嗎？

(4) 設備的狀況良好嗎？有可疑的狀況嗎？或是已經需要修理了？

(5) 維修作業會導致形成爆炸性環境嗎？

(6) 例行性地下管線沖洗、過濾器更換或設備開口打開等作業，會導致形成爆炸性環境嗎？

2.3 製程流程圖：製程流程可以說明整個製程中的詳細狀況，例如：壓力、溫度、流速、合成物及各種物質的數量。

2.4 平面圖：平面圖（或類似的圖）必須能夠顯示出所有容器、儲槽、溝渠、海灘、坑、建築物結構、防液堤、隔板等所有會影響：整體、氣體或蒸氣散逸的建物或物體，另平面圖也應包含主要風向。

2.5 可燃性物質的火災危害特性：可燃性物質的火災危害特性會影響區域劃分。

（三）步驟 3：選擇適當的劃分圖模型

3.1 從製程流程圖中，可知可燃性物質的種類和物質質量平衡數據，其與數量、壓力、流速及溫度有關，可藉此等資訊決定下列因子：

(1) 製程設備的大小是小型、中型或大型？

(2) 壓力是低、中或高？

(3) 流速是低、中或高？

(4) 可燃性物質是比空氣輕的（蒸氣密度＜ 1）或比空氣重的（蒸氣密度＞ 1）？

(5) 洩漏源高於地面或低於地面？

(6) 製程作業是屬於哪一種類？例如：裝卸站、產品乾燥器、壓濾器（filter press）、壓縮機遮蔽處所或氫氣儲槽等。

3.2 依 3.1 得到資訊後參考系列劃分圖後，從該系列劃分圖中選擇一個適當的劃分圖模型。

(四) 步驟 4：決定危險場所的範圍

對於危險場所範圍之決定，應以整體之專業工程判斷方式，使用適當的方法和本指引之圖表來決定。

4.1 在平面圖上或實際的環境中標示潛在洩漏源的所在位置。

4.2 對每一個洩漏源應從選擇之劃分圖，找到一個等效之範例，已決定圍繞該洩漏源之最小劃分範圍，該範圍會因下列因素而可能有所修正：

(1) 爆炸性環境是否因修理、維護或洩漏而可能經常出現？

(2) 包含有可燃性物質之製程設備、儲槽和管線系統，因維護和監督作業，可能會發生洩漏。

(3) 可燃性物質是否會透過溝渠、管線、導管或輸送管傳送？

(4) 考慮此區域的通風狀況、主要風向和可燃性物質的散逸速度。

4.3 一旦決定了最小範圍後，可利用清楚的地標（例如：邊欄、堤、牆、建物支柱、馬路邊緣等）來作為區域劃分的實際邊界。

請說明靜電引起爆炸的原因及其預防控制方法。（25 分）【113】

(一) 靜電引起爆炸的原因

項次	原因	說明
1	電荷積累與放電	物體因摩擦、分離或感應產生靜電，若未適時釋放，可能發生火花放電。
2	可燃性物質存在	若環境中有易燃氣體、粉塵或可燃液體蒸氣，靜電放電可能成為點火源。
3	可燃物濃度在爆炸範圍內	當可燃氣體、粉塵或液體蒸氣濃度處於爆炸範圍（LEL~UEL），火花可能引燃。
4	環境因素	低濕度環境容易促使靜電蓄積，不易自然消散，增加放電風險。

(二) 靜電爆炸的預防與控制方法

項次	預防措施	具體做法
1	控制靜電蓄積	1. 接地及搭接（bonding）： 減少金屬物體之間以及物體和大地之間的電位差，使其電位相同，不致產生火花放電的現象。 2. 增加濕度： 採用加濕器、地面撒水、水蒸氣噴出等方法，維持環境中相對濕度約 65%，可有效減低親水性物質的靜電危害產生。 3. 使用抗靜電材料： 在絕緣材料的表面塗佈抗靜電物質（如碳粉、抗靜電劑等）、在絕緣材料製造過程中加入導電或抗靜電物質（如碳粉、金屬、抗靜電劑、導電性纖維等）。

項次	預防措施	具體做法
1	控制靜電蓄積	4. 降低流速： 若易燃性液體中未含有不相容物，則液體流速應限制小於 7m/s，在一般的工業製程中都能依據此原則進行製程設計與生產操作。 5. 在低導電率溶劑，添加帶電防止劑以導電化。 6. 作業人員接觸接地體釋放電荷或穿著防靜電鞋。
2	降低火花點火風險	使用靜電消除器： 利用高壓電將空氣電離產生帶電離子，由於異性電荷會互相吸引而中和，可使帶靜電物體的電荷被中和，達成電荷蓄積程度至最低，因此不會發生危害的靜電放電。
3	避免可燃物達到爆炸範圍	1. 設置通風排氣系統，降低可燃氣體與粉塵濃度。 2. 定期清潔防止粉塵堆積。 3. 避免形成蒸氣空間（例如：儲槽使用浮頂或浮動蓋）。 4. 將蒸氣空間惰性化（例如：儲槽填充氮氣、CO_2 等惰性氣體）。

2-2-5 工作場所安全

有一座直徑為 10 m 的圓柱型槽座落在 20 m^2 的防溢堤區（diked area），槽內所含的危險物質多溶於水中，並與大氣直接接觸（開口容器）。

在槽內底部上方 1 m 處，因為有一直徑為 0.1 m 的管線未連接妥當而產生洩漏，直到液體停止洩漏，防溢區內的液體高度為 0.79 m。

（一）請計算洩漏的總液體量？（4 分）

（二）請問槽內原始液體高度為多少？（6 分）

（三）如果槽內的液體面原距離槽底為 8.5 m，請計算液體洩漏至結束所需的時間？

（$t_e = \frac{1}{C_0 g} \times \left(\frac{A_t}{A}\right) \times \sqrt{2gh_L^0}$，$C_0 = 0.61$，$g = 9.8ms^{-2}$，$h_L^0$ 為原始液體與結束漏液時高度差，A_t 為槽開口面積，A 為槽破口面積）（10 分） **【105】**

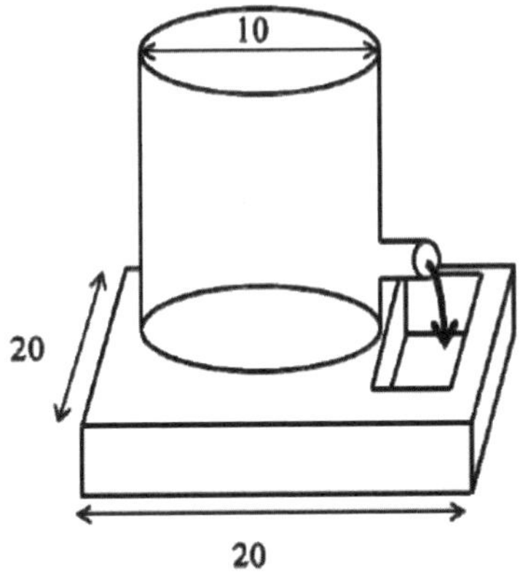

（一）Q = 洩漏的總液體量（m^3）、A = 防溢堤區面積（m^2）、H = 防溢區內的液體高度（m）

$Q = A \times H = 20 \times 0.79 = 15.8m^3$

（二）Q = 洩漏的總液體量（m^3）、D = 圓槽直徑（m）、H = 槽內洩漏的液體高度（m）

$Q = (\pi D^2/4) \times H \rightarrow H = 4 \times Q / \pi D^2 = (4 \times 15.8) / (\pi \times 10^2) = 0.2m$

槽內原始液體高度 = 槽內洩漏的液體高度 + 槽內殘留的液體高度

槽內原始液體高度 = 0.2 + 1 = 1.2m

（三）$t_e = \dfrac{1}{C_0 g} \times \left(\dfrac{A_t}{A}\right) \times \sqrt{2gh_L^0}$

$C_0 = 0.61$，$g = 9.8ms^{-2}$，h_L^0 為原始液體與結束漏液時高度差 = 8.5 – 1 = 7.5m

$\left(\dfrac{A_t}{A}\right)$ = 槽開口面積與槽破口面積之比值

$$t_e = \frac{1}{C_0 g} \times \left(\frac{A_t}{A}\right) \times \sqrt{2gh_L^0} = \frac{1}{0.61 \times 9.8} \times \left(\frac{\pi \times 5^2}{\pi \times 0.05^2}\right) \times \sqrt{2 \times 9.8 \times 7.5}$$

$t_e = 0.167 \times 10{,}000 \times \sqrt{147} = 1{,}672.8 \times 12.12 = 20{,}274sec = 338min$

經計算後得知該液體洩漏至結束所需的時間約為 338 分鐘。

2-2-6　營造安全

> **屋頂作業經常發生職業災害，為我國發生重大職業災害的高危險作業，為避免發生意外，請分析屋頂作業時可能發生的危害，並說明應進行何種預防設施。（25 分）**　**【113】**

分析屋頂作業時可能發生的危害及應進行何種預防設施如下表：

<table>
<tr><th rowspan="2">項次</th><th colspan="2">分析潛在危害</th><th rowspan="2">預防設備</th><th rowspan="2">預防措施</th></tr>
<tr><th>危害</th><th>說明</th></tr>
<tr><td>1</td><td>墜落</td><td>在高處作業時，勞工可能因失足、滑倒或屋頂結構不穩而墜落，特別是在無適當防護設施的情況下。</td><td>在屋頂邊緣安裝高度 90 公分以上的護欄，或在屋頂下方裝設堅固的格柵或安全網，以防止墜落。</td><td rowspan="3">1. 在所有工作開始之前，作業人員必須獲得批准、許可和擁有應具備的證照。
2. 易踏穿材料構築屋頂作業時，雇主應指派屋頂作業主管於現場辦理下列事項：
(1)決定作業方法，指揮勞工作業。
(2)實施檢點，檢查材料、工具、器具等，並汰換其不良品。
(3)監督勞工確實使用個人防護具。
(4)確認安全衛生設備及措施之有效狀況。</td></tr>
<tr><td>2</td><td>踏穿</td><td>某些屋頂由易踏穿材料（如石綿板、鐵皮板、瓦片、木板、茅草、塑膠等）構成，勞工可能因踩踏不慎而穿透屋頂墜落。</td><td>在屋架上設置寬度至少 30 公分、具有足夠強度的踏板，為勞工提供安全的行走路徑。</td></tr>
<tr><td>3</td><td>滑落</td><td>屋頂斜度過大或表面濕滑，增加勞工滑落的風險。</td><td>於斜度大於 34 度，即高底比為 2:3 以上，或為滑溜之屋頂，從事作業者，應設置適當之護欄，支承穩妥且寬度在 40 公分以上之適當工作臺及數量充分、安裝牢穩之適當梯子。</td></tr>
</table>

<table>
<tr><th rowspan="2">項次</th><th colspan="2">分析潛在危害</th><th rowspan="2">預防設備</th><th rowspan="2">預防措施</th></tr>
<tr><th>危害</th><th>說明</th></tr>
<tr><td>4</td><td>天候影響</td><td>強風、大雨等惡劣天氣可能使屋頂作業更為危險，增加墜落或滑落的可能性。</td><td>在強風、大雨等惡劣天氣下，應停止屋頂作業，避免因天候導致的危險。</td><td>(5)前 2 款未確認前，應管制勞工或其他人員不得進入作業。
(6)其他為維持作業勞工安全衛生所必要之設備及措施。
3. 應提供全身背負式安全帶使勞工佩掛，並確實掛置於堅固錨錠、可供鈎掛之堅固物件或安全母索等裝置。</td></tr>
</table>

2-2-7 其他 - 解釋名詞

請依題意解釋或說明下列各名詞及問題：（每小題 5 分，共 25 分）

（一）鍋爐之「導電式液位控制器」

（二）寫出「燃燒四要素」名稱

（三）閃火點

（四）循環式自攜式呼吸器

（五）說明「額定荷重」與「吊升荷重」之差別 【104】

（一）鍋爐之「導電式液位控制器」：

利用液體導電特性形成迴路並驅動控制繼電器。

（二）燃燒四要素：

1. 可燃物（燃料）。
2. 助燃物（氧氣）。
3. 熱能（溫度、能量）。
4. 連鎖反應。

（三）閃火點：

係指能使可燃性液體蒸發或揮發性固體昇華，與空氣混合所產生的可燃性氣體，一接觸火源就產生小火的最低溫度。

（四）循環式自攜式呼吸器：

自攜呼吸器是以佩戴者自行攜帶清潔的空氣源供應作業期間呼吸所需的空氣，而佩戴者所呼出的氣體並不排出大氣，而是經除去二氧化碳後再循環使用。

（五）「額定荷重」與「吊升荷重」之差別：

1. 額定荷重：在未具伸臂之固定式起重機或未具吊桿之人字臂起重桿，指自吊升荷重扣除吊鉤、抓斗等吊具之重量所得之荷重。

2. 吊升荷重：指依固定式起重機、移動式起重機、人字臂起重桿等之構造及材質，所能吊升之最大荷重。

試說明或解釋以下各小題：（每小題 5 分，共 20 分）

（一）試說明閃火點之定義。

（二）試解釋閃火點數據必須註明其測試方法之原因。

（三）試說明閉杯測試法與開杯測試法之差異。

（四）試比較閃火點與燃點之差異。【105】

（一）閃火點係指能使可燃性液體蒸發或揮發性固體昇華，與空氣混合所產生的可燃性氣體，一接觸火源就產生小火的最低溫度。

（二）因為各種可燃性液體之閃火點數據可由儀器測量得知，但因所使用儀器之不同，所得到之結果可能稍有差異，有時差異可達 10°C，故閃火點數據必須註明其測試方法。

（三）1. 閉杯測試法：將測試樣品置於測試杯中，蓋好蓋子，以緩慢且固定速率加熱，於規定之間隔溫度，以一特定大小之火焰直接導入測試杯中，使小火焰造成樣品上方蒸氣閃火之最低溫度，即為閃火點。

2. 開杯測試法：在試杯內注入一定量的試樣，起初試樣溫度上升較快，在接近閃火點溫度時，則以一固定且較慢速率增加。每隔一段時間，試焰即通過試杯面一次，試焰可將試樣之蒸氣點著的最低溫度稱之閃火點。

一般而言，以密閉系統測試（閉杯法）所得之結果，較開放式系統（開杯法）所測得之閃火點低。

(四) 當環境溫度使可燃性混合氣體持續燃燒時，該一溫度稱為燃點，在爆炸下限以上，可穩定燃燒。而閃火點則是可燃性混合氣體濃度約等於爆炸下限，燃燒不穩定。燃點溫度較該物質之閃火點高約 5 ～ 20°C。故在評估或表示某一物質之危險程度時常用閃火點，而較少用燃點。

請依照相關法令，解釋以下名詞：（每小題 5 分，共 25 分）

（一）沸騰液體膨脹蒸氣雲爆炸（BLEVE）

（二）自營作業者

（三）勞動場所

（四）工作場所

（五）閃燃（Flashover）【106】

(一) 沸騰液體膨脹蒸氣雲爆炸（BLEVE）：

易燃液體（如丙烷）之儲槽若逢外部火災，會使該容器因火災加熱，致內部產生高蒸氣壓，而無液體的儲槽上方因火燄加熱造成延性破壞，槽體高壓造成儲槽破裂。

若是內容物為易燃性物質，常伴隨著火球（fire ball）。

(二) 自營作業者：

指獨立從事勞動或技藝工作，獲致報酬，且未僱用有酬人員幫同工作者。

(三) 勞動場所：

1. 於勞動契約存續中，由雇主所提示，使勞工履行契約提供勞務之場所。
2. 自營作業者實際從事勞動之場所。
3. 其他受工作場所負責人指揮或監督從事勞動之人員，實際從事勞動之場所。

(四) 工作場所：

指勞動場所中，接受雇主或代理雇主指示處理有關勞工事務之人所能支配、管理之場所。

(五) 閃燃（Flashover）：

根據美國國家防火協會（NFPA）之定義：閃燃是火災發展過程中一個現象，閃燃會造成局限空間之可燃性物質同時起火燃燒。

請試述下列名詞之意涵：（每小題 5 分，共 25 分）

(一) Flashover time（F.O.T）
(二) Smouldering combustion
(三) Minimum ignition energy（MIE）
(四) Explosion suppression system
(五) Normal stack effect 【107】

(一) Flashover time（F.O.T）：

閃燃時間（F.O.T）是火災發生達到閃燃為止之時間，影響閃燃時間之因素如下列：

1. 室內可燃物之種類、形狀、數量及分布狀況。
2. 供應室內空氣量大小（即開口部大小與位置）。
3. 火災室內構造材料的抗熱性能。
4. 點燃火源的大小與位置。

（二）Smouldering combustion：

悶燃是緩慢的，無焰的燃燒形式，當氧氣直接攻擊冷凝相燃料的表面時放出的熱量維持燃燒。許多固體物質可維持悶燒反應，包括煤、纖維素、木材、棉花、煙草、大麻、泥煤、植物凋落物、腐殖質、合成泡沫、炭化聚合物，包括聚氨酯泡沫和某些類型的粉塵。

（三）Minimum ignition energy（MIE）：

最小點火能量（MIE），就電氣設備而言，可以點燃最易引燃之氣體、蒸氣與空氣混合物之最小電容性火花放電能量。

常應用於防爆設計，若能使熱能不超過可燃物質之 MIE，則可防止燃燒爆炸。

（四）Explosion suppression system：

爆炸抑制裝置（Explosion suppression system），包含事先感應爆炸起源處，並高速地散布燃燒抑制劑，消滅火焰，抑制壓力上升之裝置。

（五）Normal stack effect：

正煙囪效應（Normal stack effect），為溫濕環境通風原理之一，廠房熱源或太陽輻射使廠房內熱空氣上升，吸引廠房內空氣，向上排放熱。

2-3 參考資料

說明 / 網址	QR Code
全國法規資料庫 *https://law.moj.gov.tw/Index.aspx*	

說明 / 網址	QR Code
勞動部，勞動法令查詢系統 *https://laws.mol.gov.tw/FLAW/index-1.aspx*	
勞動部勞動及職業安全衛生研究所，安全衛生法規資料庫 *https://ppt.cc/fPrjfx*	
中華民國工業安全衛生協會，職安法規查詢 *http://law.isha.org.tw/ISHA_LAW/Pages/Index.aspx*	
中國勞工安全衛生管理學會職安衛相關法規 *http://www.cshm.org.tw/law.asp*	
勞動部職業安全衛生署，常見問答 *https://www.osha.gov.tw/48110/48461/48463/nodelist*	
《現代安全管理》，蔡永銘 *https://www.books.com.tw/products/0010676463*	
職業安全衛生管理員教材，中華民國工業安全衛生協會 *https://book.isha.org.tw/bookinfo.html?pk=146*	
編撰危險區域劃分及防爆電氣設備選用技術指引 - 氣體（蒸氣）類，勞動部勞動及職業安全衛生研究所 *https://ppt.cc/fQbOMx*	
SDSS002T0068 －爆炸抑制系統安全設計，勞動部勞動及職業安全衛生研究所 *https://www.ilosh.gov.tw/media/0uinwcbi/f1402384287566.pdf?mediaDL=true*	

說明 / 網址	QR Code
濕熱作業環境通風控制案例探討，勞動部勞動及職業安全衛生研究所 *https://is.gd/VOtpTt*	
企業營運持續管理技術手冊，經濟部工業局，財團法人工業技術研究院 *https://gpi.culture.tw/books/1009501464*	
四氫化矽的製造與儲存管理規範研究，行政院勞工委員會勞工安全衛生研究所 *https://reurl.cc/vQaA3e*	
《火災學》，陳弘毅等 *https://ppt.cc/f6BiEx*	
《工業衛生》，莊侑哲等 *https://www.sanmin.com.tw/product/index/000326263*	
《安全工程》，張一岑 *https://www.books.com.tw/products/0010764919*	
《危害分析與風險評估》，黃清賢 *https://ppt.cc/fGGA3x*	
《工業安全衛生》，羅文基 *https://ppt.cc/fqRH5x*	
有機溶劑作業靜電危害對策，勞動部勞動及職業安全衛生研究所 *https://pse.is/7fvpwp*	

危害辨識與職業病概論 3

3-0 重點分析

「危害辨識與職業病概論」考試科目與以往工礦技師科目較為不相同，但仔細研究考選部公告的命題大綱，似乎還是離不開職業衛生相關考科內容，歷屆考古題庫雖然少，但職業衛生領域的命題老師大都還是不變，因此以鑑古「預」今，針對一些常出現的熱門考題，尤其是過往工礦技師出現頻率高的考古題，必定是考生們必須熟記的。

本章節的編排係按照職業衛生技師考試的「命題大綱」進行規劃，並加註「出題年度」，以利讀者通盤瞭解職業衛生技師考試出題趨勢，使考生在最短時間掌握答題方向，另外，命題大綱「一、危害辨識」之五大職業衛生危害需加強記憶，尤其近年來對於人因性危害及身心壓力（職場暴力）等議題逐漸重視，出題機率也大增不少，除了法規面，其他相關指引部分也需多看，即便不熟，至少也有些墨水分數；命題大綱「二、職業病概論」之職業病議題相當多，可參考該科聖經之郭育良著「職業病概論」，其他如勞動部職業安全衛生署、勞動及職業安全衛生研究所網站上，亦有很多有關職業病的研究與討論，可以當作飯後閒暇之餘，閱讀賞析文章，有印象即可。

此外，有鑑於現今社會的快速變遷，現行職業衛生對於各類型危害可能發生的職業災害的防範措施，常有不足或疑義現象產生。為此，政府機關會制定相關的「技術指引」來加以規範，而專技高考很喜歡「結合時事」的前例印證，所以最近三年內新修訂的「法規」及各式的「技術指引」，考生務必要到職業安全衛生署網站裡詳讀最新的「技術指引」及「職業病認定參考指引」。

另提醒考試中想提高解答正確度並取得高分，就必須提升熟練度，許多考生讀了非常多的書，想要網羅百分之百的內容，卻疏忽了熟練度的重要性；建議練習完的題目過一陣子之後，可試著把題目遮起來，拿一張白紙把你學過的東西表述出來並憑記憶做些筆記，並儘量寫得條理清晰、簡潔明瞭，就能讓你真正看清哪些地方還有疑惑，哪些地方還不知道，哪些地方已經忘記，俾利後續加強複習增加印象，這是一種簡單的做法，也是一種更高效的學習方式，如果能持續反覆練習，找到自己的問題並弄懂，相信你也能考出好成績。

3-1 危害辨識

3-1-1 物理性危害

請說明游離輻射之活性、吸收劑量及等效劑量的單位及其意義。

(一) 活性：指一定量之放射性物質在某一時間內發生之自發衰變數目，單位為貝克，每秒自發衰變一次為一貝克（1 貝克等於 2.7×10^{-11} 居里）。

(二) 吸收劑量：指單位質量物質接受輻射之平均能量，單位為戈雷，1 公斤質量接受 1 焦耳能量為 1 戈雷（1 戈雷等於 100 雷得）。

(三) 等效劑量：指人體組織之吸收劑量與射值因數之乘積。用於輻射防護之射質因數由原子能委員會公告，單位為西弗（1 西弗等於 100 侖目）。

為量測作業環境中溫度，試說明熱電偶（Thermocouple）和電阻式溫度計（Resistance thermometer）兩種溫度計之基本量測原理，應用範圍及其優缺點。

熱電偶和電阻式溫度計兩種溫度計之比較如下表：

	熱電偶溫度計	電阻式溫度計
量測原理	熱電偶是由兩條不同材質的金屬絲於兩端相接而成。兩端接頭因溫度不同而於熱電偶間產生不同的電位差，若將一端接頭置於已知的常溫，則另一端接頭之溫度可由熱電偶之電位差得知。	係利用白金或鎳合金金屬細絲之電阻隨著溫度之升高而增加，以惠斯敦電橋或電流計連接後，可測出感應元件之電阻再讀出溫度。
應用範圍	a. 用以測量生理及皮膚表面溫度。 b. 遙測並記錄。 c. 高溫之測量。	a. 測量範圍自 -240°C 至 980°C。 b. 能遙測溫度並記錄。 c. 較常用於固定式測溫或控制系統。
優點	a. 可與遙控記錄器或連續記錄器配合使用。 b. 達到穩定所需時間極短。 c. 可測量薄料及狹窄空間的溫度。 d. 較不受輻射熱影響。 e. 可做為高精密度量測。	a. 使用簡單。 b. 輸出訊號可予記錄。 c. 有不同的測溫探針供不同之用途。 d. 熱阻半導體感應時間快。 e. 較不易受輻射熱影響。
缺點	a. 價格較高。 b. 需要用參考接頭。 c. 有些會因金屬氧化而受損。	a. 成本高且修護不易。 b. 熱電阻半導體於使用前需個別校準。 c. 超過 510°C 時，可靠度就會降低。

（《工業衛生》- 莊侑哲等）

試說明在高氣溫作業環境中，影響勞工暴露之熱壓力之氣象因子有那些？

依據「高氣溫戶外作業勞工熱危害預防指引」，所謂熱壓力係指逾量生理代謝熱能、作業環境因子（包含空氣溫度、濕度、風速及輻射熱）及衣著量等作用，對人體所造成之熱負荷影響。因此，空氣溫度、空氣相對濕度、太陽輻射及空氣風速四項為影響勞工暴露之熱壓力之氣象因子，概述如下：

(一) 空氣溫度：氣象上的氣溫通常是指所量測距地面 1.25 ～ 2 公尺間，通風良好且不受太陽直達輻射影響之大氣溫度。體感溫度則是用來反映人體對於氣溫的感受，空氣溫度越高，體感溫度也越高。

(二) 空氣相對濕度：單位體積空氣中，實際水蒸氣的分壓與相同溫度和體積下水飽和蒸氣壓的百分比。相對濕度增大，會增加體感溫度。

(三) 太陽輻射：指太陽從核融合所產生的能量，經由電磁波傳遞的輻射能。

(四) 空氣風速：指空氣流動的速度。於環境溫度低於勞工之皮膚溫度（一般為攝氏 30 度）時，可使用風扇或類似裝置將風吹向勞工，以增加空氣流動或對流，使人體皮膚與環境空氣之熱交換及排汗揮發速率提高；於環境溫度高於勞工之皮膚溫度時，則避免將熱源之熱風吹向勞工。

(一) 勞工從事局部振動作業，可能的危害有那些？（5 分）
(二) 勞工對於局部振動容許暴露時間之規範為何？

(一) 勞工從事局部振動作業，可能的危害如下列：

1. 末梢循環機能障礙：因血液循環不良造成手部皮膚溫下降、經冷刺激後的皮膚溫不易恢復，導致手指血管痙攣、手指指尖或全部手指發白，又稱為白指症。

2. 中樞及末梢神經機能障礙：中樞神經機能異常而有失眠、易怒或不安；末梢神經傳導速度減慢，末梢感覺神經機能障礙，引起手指麻木或刺痛，嚴重時可能導致手指靈巧度及協調喪失、笨拙而無法從事較複雜的工作。

3. 肌肉骨骼障礙：長期使用重量大且高振動量的手工具，如打石機、鏈鋸、砸道機等，可能引起手臂骨骼及關節韌帶的病變，導致手的握力、捏力及輕敲能力逐漸減低。

(二) 依據「職業安全衛生設施規則」第 302 條規定，雇主僱用勞工從事局部振動作業，應使勞工使用防振把手等之防振設備外，並應使勞工每日振動暴露時間不超過下表規定之時間：

局部振動每日容許暴露時間表

每日容許暴露時間	水平及垂直各方向局部振動最大加速度值公尺／平方秒（m/s^2）
4 小時以上，未滿 8 小時	4
2 小時以上，未滿 4 小時	6
1 小時以上，未滿 2 小時	8
未滿 1 小時	12

放射性射源分密封射源與非密封射源兩種，試簡要說明其意義與輻射物種特性，並說明其各別防護原則為何？

(一) 放射性射源分密封射源與非密封射源簡要說明如下：

1. 密封射源：依國際放射防護委員會（ICRP）定義，將放射性物質密封在足夠強度的容器中，或將其堅固地摻合在非放射性材料內，在正常使用情況下，能防止放射性物質散失或逸漏，使工作者不易與該放射性物質接觸，稱為密封射源。輻射物種特性為半衰期長、活度強，輻射源在身體外面，輻射由體外射入身體。

2. 非密封射源：液態或氣態射源常不加密封，而是直接使用為示蹤劑。輻射物種特性為短半衰期、低活度，輻射源污染體內，輻射由體內射入組織器官。

(二) 密封射源與非密封射源之防護原則說明如下：

1. 密封射源以體外防護為原則：

(1) 時間：儘量縮短工作者暴露時間。

(2) 距離：儘量使工作者遠離輻射暴露源。

(3) 屏蔽：適當使用輻射屏蔽物或有效移除屏蔽源。

2. 非密封射源以體內防護為原則，設法防止放射性物質進入人體的說明如下：

(1) 配戴個人防護具避免接觸污染，如呼吸防護面具、防護手套、防護衣等。

(2) 進出工作區人員管制，進入工作需配戴輻射劑量佩章，離開時需全身清洗掃除乾淨才可離開。

(3) 工作後、吃東西及飲水前要確實清潔手部。

(4) 工作區禁止吸煙及飲食。

(一) 綠色能源發展是未來驅動經濟發展的新引擎，政府將綠能科技之「離岸風電」產業創新計畫之一，其中的水面下作業常會牽涉到異常氣壓作業，請問有那些型態的作業是異常氣壓作業？

(二) 離岸風電之水面下作業可能的危害？

參考勞動部職業安全衛生署「異常氣壓（含潛水伕病）作業引起之職業疾病認定參考指引」。

(一) 異常氣壓作業可分下列：

1. 潛水作業：為 (1) 港灣工程、(2) 漁撈、(3) 深海救難、(4) 鑽油採礦、(5) 軍事潛水、(6) 科技潛水等。

2. 高壓室內作業：高壓空氣將隧道或沉箱加壓，一方面可將水往外壓迫，另一方面可以將其四周的牆壁撐起來之土木工程。

3. 高空飛行：航空飛行及傘兵的高空跳傘。

(二) 離岸風電之水面下作業，主要為潛水作業之危害如下：

1. 加壓期：

(1) 擠壓症：於下潛過程當中若加壓太快（下潛速度過快），身體內許多腔竇因為波義爾效應體積會快速的收縮。當這些腔竇縮小到超過其最小體積之極限時，周邊的軟組織便會被向內擠壓造成組織拉傷、水腫和出血等症狀，稱擠壓症。

(2) 氮迷醉：下潛時所呼吸的高壓空氣中，若氮氣分壓超過 2.5 大氣壓以上，便會開始有迷醉的現象發生。

(3) 高壓神經症候群：實施深海長期潛水時，深度超過 120 呎時，為了避免氮迷醉現象可將高壓空氣中的氮氣換成氦氣，即所謂的氦氧潛水。然而當作業深度超過 450 呎時高壓氦氣便會引起震顫、抽痙、意識不清、甚至死亡等高壓神經症候群。

2. 恆壓期：若當潛水時過久或過量的呼吸高壓混合氣體時，所呼吸的每一種氣體都可能引發其特有之中毒。水底期容易發生的潛水意外包括缺氧症、氧氣中毒 、二氧化碳中毒、一氧化碳中毒等氣體失調危害。

3. 減壓期：減壓症（Decompression sickness, DCS）是指潛水人員或處在高壓狀況下的人員，因急速上潛或減壓，使溶解在人體體液中過飽和之氮氣溢出，產生大量的氣泡充滿於組織間隙和血管內，而引起全身不適。

4. 其他危害：

(1) 低溫症：又可分為輕度、中度及嚴重低溫症。

(2) 不知覺溺斃症：在不自覺狀況下因腦缺氧而喪失知覺。

(3) 驚恐症：因突發事件驚慌失措而失去正常控制及判斷力。

(4) 耳道感染：因潮濕容易破壞耳道酸鹼之平衡，耳道偏鹼而使細菌快速的滋長。

(5) 水中生物侵襲：當潛水人員侵犯到水中生物的領域時便會遭到攻擊。

物理性危害因子之電磁波危害，試由電磁波之波長的不同，列舉 3 種不同有害電磁輻射線（含光線）及其危害特性。

電磁輻射包括游離輻射與非游離輻射兩大部分，電磁輻射不需要依靠介質進行傳播，在真空中其傳播速度為光速。電磁輻射可按照頻率（波長）分類，從低頻率到高頻率（高波長到低波長），主要包括不能引發物質電子游離作用的非游離輻射，如無線電波、微波、紅外線、可見光、紫外線，或可使原子失去電子或獲得電子的游離輻射，如 X 射線和伽馬射線等。

以下列舉 3 種不同有害電磁輻射線（含光線）及其危害特性。

種類	波長範圍	危害特性	預防措施
紫外線	200 ~ 400nm	皮膚：曬傷、皮膚癌。眼睛：角膜炎	將紫外線適當的包圍或隔離。皮膚：減少照射暴露或以適當衣物遮蔽。眼睛：減少直視暴露或配戴適當護目鏡。
紅外線	$700 \sim 3 \times 10^5$nm	眼睛：白內障	將紅外線適當的包圍或隔離，減少暴露或配戴適當護目鏡。
雷射	$200 \sim 2 \times 10^4$nm	眼睛：視網膜燒傷	避免照射暴露及避免眼睛直視。

針對游離輻射之輻射防護措施，需善用 TDS「時間（Time）、距離（Distance）、屏蔽（Shielding）」三原則。

（一）何謂暫時性聽力損失及永久性聽力損失？
（二）一般聽力損失發生於何種頻率開始？
（三）噪音對聽力產生傷害的因素有那些？

（一）1. 暫時性聽力損失（TTS）：暴露於噪音後，對於可聽見聲音最低閾值之敏感度暫時減低，但這種敏感度減低的現象經過一段時日會消失，則稱為暫時聽力損失。

2. 永久聽力損失（NIPTS）：若聽力敏感度減低的現象永久無法消失，可稱為永久性聽力損失。

（二）聽力損失發生之頻率範圍：

暴露在噪音環境下最初與最嚴重的永久性聽力損失，常發生在 4,000 赫茲左右，其相鄰近之頻率其次，原因係由於中耳傳遞 1,000 至 4,000 赫茲音頻最有效，因此在此範圍的聲音能量到達耳蝸可最多，基底膜受其特性頻率影響，因此多數強烈噪音元素影響 4,000 赫茲接收器。

（三）噪音對聽力產生傷害之影響因素：

1. 高頻噪音較低頻噪音易導致暫時性聽力損失。
2. 噪音能量集中在一狹窄頻帶範圍，易造成暫時性聽力損失。
3. 暫時性聽力損失之增加與音壓階（自 80dB 至 130dB）成線性關係。故 100dB 和 110dB 噪音所造成的暫時性聽力損失差異，與 110dB 和 120dB 所造成的暫時性聽力損失差異相同。
4. 連續性噪音較間斷性噪音易造成暫時性聽力損失，係因連續性噪音暴露時間較間斷性噪音延續時間較長所致。
5. 暫時性聽力損失與藥物、治療、催眠、思想、靈感等因素無關，因暫時性聽力損失所造成的生理缺陷在柯氏器的毛細胞。

某汽車組裝廠勞工的作業環境工作日八小時時量平均音壓級測量結果分別為78分貝、83分貝、87分貝及94分貝，請說明對此四個不同部門勞工應採取的噪音危害預防措施。【109】

某汽車組裝廠勞工的作業環境，對四個不同部門勞工應採取的噪音危害預防措施如下：

(一) 78分貝：未達法令相關措施要求，但仍要持續於噪音監測及暴露評估中留意其評估的代表性與穩定性，如相關部門作業勞工皆很穩定於相關場所中作業，相關噪音劑量值也都維持在工作日八小時時量平均音壓級78分貝附近的話，則可較為安心的僅實施聽力保護教育訓練與適時關心相關作業勞工聽力狀態即可。

(二) 83分貝：工作日八小時時量平均音壓級為83分貝，接近需法令相關措施要求的85分貝，要持續於噪音監測及暴露評估，並注意評估樣本的代表性與穩定性，除前項管制措施外，對於敏感性較高或聽力疾病者，可置備耳塞、耳罩等防護具使勞工戴用。

(三) 87分貝：依「職業安全衛生設施規則」第300-1條，工作日八小時日時量平均音壓級超過85分貝應採取聽力保護措施，作成執行紀錄並留存3年：

1. 噪音監測及暴露評估。
2. 噪音危害控制。
3. 防音防護具之選用及佩戴。
4. 聽力保護教育訓練。
5. 健康檢查及管理。
6. 成效評估及改善。

（四）94 分貝：除前項實施聽力保護計畫外，另依「職業安全衛生設施規則」第 300 條規定，工作場所因機械設備所發生之聲音超過 90 分貝時，雇主應採取工程控制、減少勞工噪音暴露時間，工作場所應標示並公告噪音危害之預防事項，使勞工周知。

> **關於游離輻射之暴露與健康效應評估：**
>
> **（一）何謂體外暴露與體內暴露？（4 分）**
>
> **（二）何謂確定效應與機率效應？（4 分）**
>
> **（三）游離輻射工作人員的游離輻射特別健康檢查項目有那些？須考量進行那些後續進階追蹤檢查？（12 分）【111】**

（一）體外暴露與體內暴露：

1. 體外曝露：游離輻射由體外照射身體造成的暴露，例如健康檢查時照的胸部 X 光。
2. 體內曝露：經由攝入體內的放射性物質所造成的曝露，例如食入受放射性物質污染的食物。

（二）確定效應與機率效應：

1. 確定效應：導致組織或器官功能損傷造成之效應，其嚴重程度與劑量大小成比例增加，此種效應可能有劑量低閾值。
2. 機率效應：指致癌及遺傳效應，其發生之機率與劑量大小成正比，而與嚴重程度無關，此效應之發生無劑量低閾值。

（三）1. 依「勞工健康保護規則」附表十之規定：

(1) 作業經歷、生活習慣及自覺症狀之調查。

(2) 血液、皮膚、胃腸、肺臟、眼睛、內分泌及生殖系統疾病既往病史之調查。

(3) 頭、頸部、眼睛（含白內障）、皮膚、心臟、肺臟、甲狀腺、神經系統、消化系統、泌尿系統、骨、關節及肌肉系統之身體檢查。

(4) 心智及精神檢查。

(5) 胸部 X 光（大片）攝影檢查。

(6) 甲狀腺功能檢查（free T4、TSH）。

(7) 血清丙胺酸轉胺酶（ALT）及肌酸酐（Creatinine）之檢查。

(8) 紅血球數、血色素、血球比容值、白血球數、白血球分類及血小板數之檢查。

(9) 尿蛋白、尿糖、尿潛血及尿沉渣鏡檢。

2. 依「勞工健康保護規則」規定，當經特殊健檢的勞工屬於第三級管理者，應請職業醫學科專科醫師實施健康追蹤檢查；而健康追蹤檢查的內容與特別健康檢查項目相同，但是當異常項目符合游離輻射作業的健康危害表現，如骨癌、白血球數下降（尤其是淋巴球）、紅血球或血小板數下降、白血病、甲狀腺功能低下或甲狀腺癌…等，職業醫學科專科醫師就會進行醫學評估及診斷鑑別之特別檢查，如：骨髓穿刺及切片檢查、病理檢查、染色體變異檢查…等。

熱作業環境中工作之工人可能產生熱危害，進而誘發疾病：

（一）請說明熱環境誘發熱傷害之生理機轉為何？（6 分）

（二）在偵測熱危害上，「綜合溫度熱指數」（Wet-Bulb Globe Temperature Index, WBGT）是最常被使用之物理性熱環境指標，何謂「綜合溫度熱指數」（Wet-Bulb Globe Temperature Index, WBGT）與「時量平均綜合溫度熱指數」（WBGT-TWA）？請說明其內涵及量測方法。（6 分）

（三）某工廠之作業環境中，測得三個不同時間之綜合溫度熱指數如下：

第一段時間：WBGT=28°C，t_1=10 分鐘

第二段時間：WBGT=31°C，t_2=20 分鐘

第三段時間：WBGT=33°C，t_3=30 分鐘

請計算其時量平均綜合溫度熱指數為多少？（8 分）【111】

（一）人體的溫度須由身體控溫的機制來維持恆定，中樞神經系統的下視丘是一個重要的調節中樞，可以控制肌肉、血管的張力及汗腺的機能。在接觸到熱環境時，體內的反應是加速皮下的血流及血管擴張，並經汗液流出而排出多餘體內的熱能。惟須注意若環境濕度增加，則排汗的效果會變差，散熱的防禦措施將會失效。

（二）「綜合溫度熱指數（WBGT）」與「時量平均綜合溫度熱指數（WBGT-TWA）」之內涵及量測方法：

1. 綜合溫度熱指數：由於測定設備簡單、便宜易操作計算且方便，為我國法規評估高溫作業環境對人體健康危害的指標，結合四項氣候因素，即氣溫、濕度、風速、輻射熱之效應。

   (1) 戶外有日曬情形者：

   綜合溫度熱指數 (WBGT) ＝ 0.7×(自然濕球溫度)＋0.2×(黑球溫度)＋0.1×(乾球溫度)

(2) 戶內或戶外無日曬情形者：

綜合溫度熱指數 (WBGT) ＝ 0.7×(自然濕球溫度) ＋ 0.3×(黑球溫度)

2. 時量平均綜合溫度熱指數：計算時量平均綜合溫度指數，須取直曬指數與非直曬指數之時間平均值，乃因「高溫作業勞工作息時間標準」第 5 條之規定，基於休息場所與工作場所之綜合溫度熱指數值一樣或相近之假設。但若工作中需移動，則各工作場所之綜合溫度熱指數值不同，應採加權平均綜合溫度熱指數評估其環境，其計算方法如下：

$$\frac{\text{第 1 次綜合溫度熱指數} \times \text{第 1 次工作時間} + \text{第 2 次綜合溫度熱指數} \times \text{第 2 次工作時間} + \cdots\cdots + \text{第 n 次綜合溫度熱指數} \times \text{第 n 次工作時間}}{\text{第 1 次工作時間} + \text{第 2 次工作時間} + \cdots\cdots + \text{第 n 次工作時間}}$$

(三) 工廠之作業環境之時量平均 WBGT 計算如下：

$$\frac{28^{\circ}C \times 10 + 31^{\circ}C \times 20 + 33^{\circ}C \times 30}{60} = 31.5^{\circ}C$$

3-1-2 化學性危害

依「鉛中毒預防規則」從事鉛作業之有關事業包含那些？

依「鉛中毒預防規則」從事鉛作業之有關事業包含下列：

(一) 鉛之冶煉、精煉過程中，從事焙燒、燒結、熔融或處理鉛、鉛混存物、燒結礦混存物之作業。

(二) 含鉛重量在百分之三以上之銅或鋅之冶煉、精煉過程中，當轉爐連續熔融作業時，從事熔融及處理煙灰或電解漿泥之作業。

(三) 鉛蓄電池或鉛蓄電池零件之製造、修理或解體過程中，從事鉛、鉛混存物等之熔融、鑄造、研磨、軋碎、製粉、混合、篩選、捏合、充填、乾燥、加工、組配、熔接、熔斷、切斷、搬運或將粉狀之鉛、鉛混存物倒入容器或取出之作業。

(四) 前款以外之鉛合金之製造，鉛製品或鉛合金製品之製造、修理、解體過程中，從事鉛或鉛合金之熔融、被覆、鑄造、熔鉛噴布、熔接、熔斷、切斷、加工之作業。

(五) 電線、電纜製造過程中，從事鉛之熔融、被覆、剝除或被覆電線、電纜予以加硫處理、加工之作業。

(六) 鉛快削鋼之製造過程中，從事注鉛之作業。

(七) 鉛化合物、鉛混合物製造過程中，從事鉛、鉛混存物之熔融、鑄造、研磨、混合、冷卻、攪拌、篩選、煆燒、烘燒、乾燥、搬運倒入容器或取出之作業。

(八) 從事鉛之襯墊及表面上光作業。

(九) 橡膠、合成樹脂之製品、含鉛塗料及鉛化合物之繪料、釉藥、農藥、玻璃、黏著劑等製造過程中，鉛、鉛混存物等之熔融、鑄注、研磨、軋碎、混合、篩選、被覆、剝除或加工之作業。

(十) 於通風不充分之場所從事鉛合金軟焊之作業。

(十一) 使用含鉛化合物之釉藥從事施釉或該施釉物之烘燒作業。

(十二) 使用含鉛化合物之繪料從事繪畫或該繪畫物之烘燒作業。

(十三) 使用熔融之鉛從事金屬之淬火、退火或該淬火、退火金屬之砂浴作業。

(十四) 含鉛設備、襯墊物或已塗布含鉛塗料物品之軋碎、壓延、熔接、熔斷、切斷、加熱、熱鉚接或剝除含鉛塗料等作業。

(十五) 含鉛、鉛塵設備內部之作業。

(十六) 轉印紙之製造過程中，從事粉狀鉛、鉛混存物之散布、上粉之作業。

(十七) 機器印刷作業中，鉛字之檢字、排版或解版之作業。

(十八) 從事前述各款清掃之作業。

化學性危害因子中之粒狀物質（particulate matter）若藉著其生成方式、粒徑大小及內含特性可區分為那幾種？試描述之。

(一) 粉塵（dust）：係一種經由機械力所產生的固態微粒，經常為大顆粒破碎成小顆粒懸浮於空氣中，其粒徑大可從數微米至 100 微米以上。

(二) 噴霧（spray）：或稱為液滴（droplet），係液體經由機械力噴發所產生懸浮於空氣中的極小液滴，其初始生成粒徑大小約略與粉塵相同，但受限於液體之表面張力，其粒徑鮮少大於 100 微米。

(三) 霧滴（mist）：係經由氣體凝結（condensation）過程所形成之細小液滴，其粒徑可大至數微米。

(四) 燻煙（fume）：係一種微細的固態微粒，藉由高溫氣態分子冷凝而成，通常燻煙粒子可視為許多大小約為幾個微米之小粒子所聚結（aggregation）而成的組合顆粒，其聚結後之粒徑經常在幾個微米以內。

(五) 煙塵（smoke）：係經由不完全燃燒所產生的固態或液態之顆粒。煙塵本亦由許多小顆粒結聚而成，其結聚後之煙塵形狀較為複雜（如長鏈狀、網狀），其粒徑通常小於 1 微米。

某工作場所使用化學品混合物（以下簡稱混合物），試回答下列問題：

（一）有甲、乙兩混合物，甲混合物未經危險物及有害物整體測試，乙混合物危害分類經整體測試後為致癌二級，若甲混合物由化學品 A 及 B 混合而成，乙混合物由化學品 B 及 C 混合而成，B 為致癌一級化學品，A 及 C 毒性資料類似有相同危害分類（非致癌且毒性低於 B）且不影響 B 的毒性

1. 若甲混合物中的 A 化學品與乙混合物中的 C 化學品之濃度百分比相同，請問甲混合物之危害分類為何？
2. 前開分類係依照 GHS 的那一分類原則？

（二）若有丙混合物同樣未經危險物及有害物整體測試，且其分類不適用前開分類原則，丙混合物之成分若已知含 95% 之 A、3% 之 C 及 2% 之 B（A、B、C 毒性分類敘述如前小題）

1. 請問丙混合物之危害分類為何？
2. 丙混合物容器上標示之警示語應為何？

參考財團法人安全衛生技術中心「化學品全球調和制度（GHS）訓練教材第五單元混合物分類介紹」相關規定：

（一）1. 甲混合物是由化學品 A 及 B 混合，乙混合物由化學品 B 及 C 混合，而若甲混合物中的 A 化學品與乙混合物中的 C 化學品之濃度百分比相同，已知乙混合物危害分類經整體測試後為致癌二級，那麼甲混合物可以劃為相同的危害級別，所以甲混合物之危害分類為致癌二級。

2. 前開分類係依照 GHS 為銜接原則，因為如果混合物本身沒有進行測試確定其危害特性，但具有各個成分的類似混合物之測試的完全數據足以適當描述該混合物的危害特性時，可根據以 GHS 定義之銜接原則使用這些資料。

（二）1. 丙混合物同樣未經危險物及有害物整體測試，且其分類不適用前開分類原則，丙混合物之成分若已知含 95% 之 A，3% 之 C 及 2% 之 B（A、B、C 毒性分類敘述如前小題），因不論混合物具有所有成分資料或只有部分成分資料，當其中至少有一種成分屬於第 1 級或第 2 致癌物，而其濃度等於或高於第 1 級和第 2 級的對應管制值 / 濃度限值時，該混合物整體應劃為致癌物質，又因題示 B 為致癌一級化學品且 B 的成分為 2% ≧ 0.1%，故丙混合物之危害分類應為第 1 級致癌物質。

混合物分類為致癌物質之成分管制值 / 濃度限值：

混合物中成分之分類	混合物分類的管制值 / 濃度限值	
	第 1 級致癌物質	第 2 級致癌物質
第 1 級致癌物質	≥ 0.1%	
第 2 級致癌物質	–	≥ 0.1%
		≥ 0.1%

2. 依致癌物質之標示要項，第 1A 級和第 1B 級為危險，而第 2 級為警告，因丙混合物危害分類為第 1 級，所以其容器上標示之警示語應為危險。

致癌物質之標示要項：

危害化學品分類			危害圖示	警示語	危害警告訊息
健康危害	第 1 級	第 1A 級		危險	可能致癌
		第 1B 級			
	第 2 級			警告	懷疑致癌

對於製造、處置、使用特定化學物質之設備，試問：

（一）何謂「特定化學設備」？

（二）何謂「特定化學管理設備」？

（三）雇主對製造、處置、使用乙類物質、丙類物質或丁類物質之設備，或儲存可生成該物質之儲槽等，因改造、修理或清掃等而拆卸該設備之作業或必須進入該設備等內部作業時，應依何規定採取適當之設備或措施？

（一）依「特定化學物質危害預防標準」第 4 條規定，所謂特定化學設備係指製造或處理、置放、使用丙類第一種物質、丁類物質之固定式設備。

（二）依「特定化學物質危害預防標準」第 5 條規定，所謂特定化學管理設備係指特定化學設備中進行放熱反應之反應槽等，且有因異常化學反應等，致漏洩丙類第一種物質或丁類物質之虞者。

（三）依「特定化學物質危害預防標準」第 30 條規定，雇主應依規定採取適當之設備或措施如下：

1. 派遣特定化學物質作業主管從事監督作業。
2. 決定作業方法及順序，於事前告知從事作業之勞工。
3. 確實將該物質自該作業設備排出。
4. 為使該設備連接之所有配管不致流入該物質，應將該閥、旋塞等設計為雙重開關構造或設置盲板等。
5. 依前款規定設置之閥、旋塞應予加鎖或設置盲板，並將「不得開啟」之標示揭示於顯明易見之處。
6. 作業設備之開口部，不致流入該物質至該設備者，均應予開放。
7. 使用換氣裝置將設備內部充分換氣。

8. 以測定方法確認作業設備內之該物質濃度未超過容許濃度。

9. 拆卸第四款規定設置之盲板等時，有該物質流出之虞者，應於事前確認在該盲板與其最接近之閥或旋塞間有否該物質之滯留，並採取適當措施。

10. 在設備內部應置發生意外時能使勞工立即避難之設備或其他具有同等性能以上之設備。

11. 供給從事該作業之勞工穿著不浸透性防護衣、防護手套、防護長鞋、呼吸用防護具等個人防護具。

雇主在未依前項第 8 款規定確認該設備適於作業前，應將「不得將頭部伸入設備內」之意旨，告知從事該作業之勞工。

某化學製品製造業使用軟管以動力從事輸送甲酚、氫氧化鈉溶液等對皮膚有腐蝕性之液體時，依職業安全衛生設施規則為防止爆炸、火災、及腐蝕、洩漏，該輸送設備應有之一般安全衛生設施為何？

依「職業安全衛生設施規則」第 178 條規定，雇主使用軟管以動力從事輸送硫酸、硝酸、鹽酸、醋酸、甲酚、氯磺酸、氫氧化鈉溶液等對皮膚有腐蝕性之液體時，對該輸送設備，應依下列規定：

(一) 於操作該設備之人員易見之場所設置壓力表，及於其易於操作之位置安裝動力遮斷裝置。

(二) 該軟管及連接用具應具耐腐蝕性、耐熱性及耐寒性。

(三) 該軟管應經水壓試驗確定其安全耐壓力，並標示於該軟管，且使用時不得超過該壓力。

(四) 為防止軟管內部承受異常壓力，應於輸壓設備安裝回流閥等超壓防止裝置。

(五) 軟管與軟管或軟管與其他管線之接頭，應以連結用具確實連接。

(六) 以表壓力每平方公分 2 公斤以上之壓力輸送時，前款之連結用具應使用旋緊連接或以鉤式結合等方式，並具有不致脫落之構造。

(七) 指定輸送操作人員操作輸送設備，並監視該設備及其儀表。

(八) 該連結用具有損傷、鬆脫、腐蝕等缺陷，致腐蝕性液體有飛濺或漏洩之虞時，應即更換。

(九) 輸送腐蝕性物質管線，應標示該物質之名稱、輸送方向及閥之開閉狀態。

試回答下列有關危害性化學品評估及分級管理之問題：

(一) 何謂相似暴露族群？

(二) 何謂分級管理？

(三) 勞工作業場所容許暴露標準所定有容許標準之化學品，其暴露評估方式有那些？

(四) 依分級管理結果，應採取防範或控制之程序或方案為何？

(一) 相似暴露族群：指工作型態、危害種類、暴露時間及濃度大致相同，具有類似暴露狀況之一群勞工。

(二) 分級管理：指依危害性化學品之健康危害特性及暴露，就評估結果定風險等級並採取對應之控制及管理措施。

(三) 依據「危害性化學品評估及分級管理技術指引」第 6 條規定，暴露評估方式建議採用下列一種或多法辦理：

1. 作業環境採樣分析。
2. 直讀式儀器監測。
3. 定量暴露推估模式。
4. 其他有效推估作業場所勞工暴露濃度之方法。

（四）依「危害性化學品評估及分級管理技術指引」第 11 條規定，雇主應依分級結果，採取防範或控制之程序或方案，並依下列順序採行預防及控制措施，完成後評估其結果並記錄：

1. 消除危害。
2. 經由工程控制或管理制度從源頭控制危害。
3. 設計安全之作業程序，將危害影響減至最低。
4. 當上述方法無法有效控制時，應提供適當且充分之個人防護具，並採取措施確保防護具之有效性。

辨識工作場所中危害性化學品濃度，常用容許暴露濃度（Permissible Exposure Limit）、行動標準（Action Level）、立即性生命及健康指數（IDLH），試問如何應用？

工作場所中容許暴露濃度（Permissible Exposure Limit, PEL）、行動標準（Action Level）、立即性生命及健康指數（IDLH）應用如下：

（一）容許暴露濃度（PEL）：係政府為避免有害物造成健康危害的管制參考依據。依工作者暴露時間的不同，將空氣中有害物容許濃度訂有：

1. 8 小時日時量平均容許濃度（TWA-PEL）。
2. 短時間時量平均容許濃度（STEL-PEL）。
3. 最高容許濃度（PEL-Ceiling）。

（二）行動標準（Action Level）：是指有害物達到進行醫學監測與否的參考指標，常訂在容許濃度值的一半以下，可提供事業單位提早採取適當危害管制的依據，保護作業勞工。

（三）立即性命及健康指數（IDLH）：是指有害物暴露在此濃度下超過 30 分鐘，對人員可能造成死亡或對健康造成立即或延遲之永久性傷害或使人無法逃離現場，此濃度可提供呼吸防護具選用之參考。

去漬油是工廠常使用的清潔用化學品，主要危害身體健康的化學品為何？勞工暴露的證據有那些收集方法？

(一) 去漬油主要危害成分為正己烷，其他次要危害成分有正庚烷、甲基環戊烷、甲基環己烷等。

(二) 參考勞動部職業安全衛生署「職業暴露正己烷中毒診斷認定參考指引」，勞工暴露的證據收集方法有下列幾種方式：

1. 作業經歷之調查：需確定為從事正己烷之製造或處置作業之勞工，包括工作職稱、年資，由此確認正己烷可能暴露的程度。
2. 既往病歷之調查：皮膚、眼睛、呼吸器官、肝臟、腎臟及神經系統疾病既往病歷之調查。
3. 皮膚之物理檢查：判讀皮膚是否有因直接接觸正己烷所引起之皮膚乾燥、紅腫、癢（接觸性皮膚炎）。
4. 神經系統之檢查：
   (1) 周邊神經方面是否有符合以下末梢神經病變之臨床症狀：
      A. 肢體末端感覺異常麻木或消失。
      B. 四肢肌肉無力或萎縮。
      C. 肌腱反射降低或消失。
   (2) 中樞神經系統方面是否有：意識變化、個性改變、智能障礙、甚至運動障礙等中樞神經之症狀。
   (3) 神經電生理檢查是否有：神經傳導速率減低現象及誘發電位之波峰潛伏期延長等現象。
5. 環境採樣：在暴露環境中，依據作業種類在不同地點作空氣採樣，而加以偵測。

6. 個人採樣：配合工作地點和時間，以個人樣本收集器來分析並計算個體所接受之暴露量。

7. 生物偵測：對於患病之工作者及高危險作業人員，收集其尿液，以氣相層析法來分析正己烷和相關化合物之代謝產物之含量。

職業衛生技師在使用直讀式化學性因子監測設備時，應特別注意之事項為何？

職業衛生技師在使用直讀式化學性因子監測設備時，應注意事項如下：

(一) 儀器可檢測之濃度範圍。

(二) 儀器精確性。

(三) 作業時可能受到之干擾。

(四) 儀器暖機時間。

(五) 何時須校準及校準之容易度。

(六) 儀器穩定性。

(七) 儀器回應時間。

(八) 儀器回應是否線性。

(九) 電池可使用時間。

(十) 監測化學品的特異性。

(十一) 環境條件，如溫度、壓力之影響。

(十二) 其他外在環境，如鄰近處輻射、機台的無線電波之影響。

試述工作環境中無機鉛的暴露：

（一）引起的症狀與疾病。

（二）生物監測的方法與其注意事項。

（三）對中毒勞工的處理原則。 **【108】**

參考勞動部職業安全衛生署「職業性無機鉛及其化合物中毒認定參考指引」：

（一）引起的症狀與疾病如下：

1. 急性和亞急性中毒：鉛急性中毒的暴露期間可能在數小時或數天，急性鉛中毒不常見且一般由於食入溶於酸中的鉛化合物或者吸入大量鉛蒸氣所造成。

   (1) 非特異性症狀包含有容易疲勞、頭痛、頭暈、失眠、焦慮或容易發怒、關節痠痛、肌肉無力、四肢痠麻及記憶力變差。

   (2) 腸胃道症狀。

   (3) 中樞神經系統症狀。

   (4) 造血相關症狀。

   (5) 嚴重則導致寡尿與急性腎衰竭。

2. 慢性中毒：暴露期間可以達幾個月到幾年，中重度慢性鉛中毒症狀，通常與血鉛濃度有較好的相關性。

   (1) 關節或肌肉疼痛的現象。

   (2) 胃症狀也與急性暴露症狀相似但較輕微。

   (3) 在中樞神經產生類似精神病症狀或嗜睡。

   (4) 造血相關症狀。

   (5) 腎臟傷害早期表現腎小管受損導致胺基酸尿症、糖尿及磷酸鹽尿，晚期造成腎間質纖維化。

(6) 生殖危害相關症狀在女性會導致流產和造成胎兒低體重；男性則造成精蟲活力下降等症狀。

（二）生物監測的方法與其注意事項如下：

1. 血中鉛之檢查：血鉛代表循環於組織中的鉛含量，反映近期的外源性鉛暴露以及長期儲存於骨骼中的鉛的內源性再分布。血鉛主要分布於紅血球，血漿中鉛含量通常低於 1%。

2. 尿中鉛：一般尿中鉛含量因水份攝取量、腎功能與時段不同（晨尿高、夜間低）皆會影響其鉛的排出量。收集數次的晨尿，取其平均值，是一個可行的生物指標。

3. 可螯合的尿鉛：給予螯合後收集尿液計算鉛排出量，可做為體內鉛負荷的參考指標。

4. 鉛動員試驗：成人以 1 公克的 CaNa2-EDTA 作靜脈點滴注射，然後收集 24 小時尿液，計算其每日尿中鉛總排出量，如每日尿鉛總排出量大於 1,000 微克，表示鉛動員試驗陽性，符合鉛中毒。

5. 骨鉛檢查：骨鉛代表長期的暴露量，目前有 K 軌域 X 光散射螢光儀來測定疏鬆骨與緻密骨中的鉛含量，為一種非侵入性的檢查方法。

（三）對中毒勞工的處理原則如下：

1. 如發現有鉛中毒或高血鉛的個案，必需要做醫學上適當的調離原工作，以預防鉛中毒的發生。

2. 血中鉛濃度未高於 40μg/dL 並不表示沒有鉛中毒的可能，症狀上若有懷疑，可利用鉛動員試驗來確立診斷。

3. 地中海型貧血、缺鐵性貧血患者若職業鉛暴露加重貧血程度，仍屬職業疾病。

氫氧化四甲基銨（tetramethylammonium hydroxide, TMAH）是半導體或者光電產業製程所用顯影劑常見的成分。
（一）請說明氫氧化四甲基銨主要的暴露途徑及危害特性。
（二）對於職場暴露到氫氧化四甲基銨的勞工，請說明應採取的急救措施。 **【109】**

（一）參考勞動部職業安全衛生署「氫氧化四甲基銨引起之中毒及其續發症診斷認定參考指引」，TMAH 的毒性主要來自四甲基銨離子團，是一種擬膽鹼性作用劑，氫氧化四甲基銨於工作中主要的暴露途徑為皮膚接觸暴露。可能作用於神經、肌肉、心臟或腺體，致死原因大都為呼吸衰竭。另外，非職業中毒的醫學紀錄，來自誤食含有 TMA（四級胺 tetramine）成分之動植物的個案報告，會陸續出現複視、畏光、弱視、暫時性失明、刺痛、頭痛、腹痛、頭暈目眩、肌肉扭曲、步伐蹣跚及虛弱無力等臨床症狀。

（二）對於職場暴露到氫氧化四甲基銨的勞工，需於最短的時間找到乾淨的水或是搶救藥品（可能是敵腐靈），持續沖淋半小時後送醫，如果工作場所使用緊急沖淋裝置，需要注意沖淋後的汙水避免流經身體其他未汙染部位，避免二次傷害。

動物實驗結果常作為健康風險評估的劑量反應評估參考。請說明動物實驗所得之暴露劑量（exposure dose）與毒性反應（toxic response）數據如何推導出基準劑量（benchmark dose）及參考劑量（reference dose）。 **【109】**

化學物質之危害性可能會隨著暴露程度造成不同之嚴重情況，而劑量效應評估就是描述這種的健康不良效應的高或低和暴露劑量（濃度）之間的關係，閾值是用來描述當生物體暴露到超過一定的劑量或濃度的化學物質後，才會對生物體造成不良的健康效應或毒性反應，而所產生的反應就稱之為閾值效應。推導無效應劑量是一個動物不應該接觸到的假設程度，可用來評估具有閾值效應的化學物質，當動物暴露低於推導無效應劑量的情況下，就表示該化學物質對動物造成不良效應可能是在一個受到控制的情況下。利用同一個測試終點不同測試結果中某一項最顯著不良健康效應的 NOAEL 或是 LOAEL 可以推估出一個推導無效應劑量。

(一) 基準劑量（Benchmark Dose, BMD）為最低信賴區間下限來獲得推導無效應劑量。基準劑量為實驗中會引起試驗群體數中某個百分比不良反應的劑量，在健康風險評估中，一般以 5% 到 10% 為引起不良百分比之群體比例上限。上限若為 10%，則基準劑量可以簡寫為 BMD10，百分之五則為 BMD5，依此類推。

(二) 參考劑量（reference dose）在制定化學物質的安全容許量是重要的依據，其根據動物實驗結果以及嚴格的風險評估計算而得，科學家取得 NOAEL 後，考量一些不確定因子，如實驗動物與人的差距，以及考量人類的個體差異（較敏感的老人與小孩），會將動物實驗取得的 NOAEL 除以 100，最後專家們還會額外再加入不確定係數，像是取得 NOAEL 的動物實驗非長期實驗、資料不齊全或是實驗有其他不確定因數等，再除上 2~10 倍不等。故從動物實驗取得 NOAEL 後，若要推估到人體，至少還須除上 100~1,000 或甚至更多，才會得到人類暴露非致癌物的參考劑量，只要攝取量低於參考劑量幾乎不會有健康上的疑慮。

請依空氣中有害物質在環境中的性狀作類別區分，說明其定義，並分別舉例說明之。(20 分) **【110】**

(一) 粉塵（dust）：為固體，係一種經由機械力所產生的固態微粒，經常為大顆粒破碎成小顆粒懸浮於空氣中，其粒徑大可從數微米至 100 微米以上。例如：石綿拆除作業造成粉塵。

(二) 燻煙（fume）：為固體，係一種微細的固態微粒，藉由高溫氣態分子冷凝而成，通常燻煙粒子可視為許多大小約為幾個微米之小粒子所聚結（aggregation） 而成的組合顆粒，其聚結後之粒徑經常在幾個微米以內。例如：電銲作業產生金屬燻煙。

（三） 煙塵（smoke）：為固體，係經由不完全燃燒所產生的固態或液態之顆粒。煙塵本亦由許多小顆粒結聚而成，其結聚後之煙塵形狀較為複雜（如長鏈狀、網狀），其粒徑通常小於 1 微米。例如：燃煤作業產生煙塵。

（四） 噴霧（spray）：為液體，又稱為液滴（droplet），係液體經由機械力噴發所產生懸浮於空氣中的極小液滴，其初始生成粒徑大小約略與粉塵相同，但受限於液體之表面張力，其粒徑鮮少大於 100 微米。例如：噴漆作業造成液滴。

（五） 霧滴（mist）：為液體，係經由氣體凝結（condensation）過程所形成之細小液滴，其粒徑可大至數微米。例如：電鍍時生成霧滴。

（六） 氣體：常溫常壓（25°C，1 atm）為氣態者。例如：長期靜置的儲槽內產生硫化氫氣體。

（七） 蒸氣：常溫常壓為液態或固態經昇華或蒸發為氣態者。例如：去漬油揮發產生正己烷有機蒸氣。

若要以環境採樣進行作業場所危害辨識評估時，採樣策略（Sampling strategy）設計應依據何種原則擬定？（20 分） 【110】

採樣策略：於保障勞工健康及遵守法規要求之前提下，運用一套合理之方法及程序，決定實施作業環境監測之處所及採樣規劃。設計依據原則如下：

（一） 區域位置：清查鑑認廠區內可能成為危害之場所，例如製程設備區、廠務區、廢棄物處理廠等，以確認真正屬於危害之作業區域。

（二）設備名稱：清查出可能產生危害的廠區後，應記錄該區域導致危害發生的設備或設施名稱並記錄其設備編號。

（三）危害類型：由於不同的危害類型對勞工有不同程度的事故及管理措施，因此應觀察其可能產生危害類型是屬於穩定性危害或變動性危害。

（四）初步評估現場環境：為使後續採樣策略評估能有更清楚的背景資料，可針對這些區域使用基本型儀器先初步進行危害量測並記錄。

（五）調查人員作業現況：掌握並記錄各作業的工作人數，作為後續相似暴露族群劃分或是選定受測定對象之參考，註明人員所屬部門等資訊。

（六）作業位置：描述人員進入該區域作業時所處位置與危害源之距離及相對位置。

（七）作業方式：描述作業人員進入該區域之作業方式。

（八）作業時間：描述作業人員進入該區域一天之中的作業時間。

（九）健康檢查結果：對於可能有危害暴露區域，應記錄該區域作業群族人員之健康檢查結果，是否有屬於二級（含）管理以上者。

氫氟酸（Hydrofluoric acid）是高科技產業蝕刻或酸洗製程中常用的酸性溶液。請說明皮膚接觸氫氟酸液體會產生的傷害症狀及需要採取的緊急處置措施。（20 分）【113】

（一）氫氟酸傷害主要途徑為皮膚接觸，初期造成紅腫痛，中期產生皮膚腫脹伴隨混濁乳酪樣水泡，末期產生皮膚潰瘍、組織壞死，若物質被吸收至深層組織，則導致系統性中毒。氫氟酸的氟離子能深入到骨頭和深層組織，導致骨頭去鈣壞死，進一步導致局部神經細胞釋出鉀離子，造成神經之強烈刺激，心肌存有高濃度之氟離子，會造成心肌損傷。另外，氟離子也會破壞氧化磷酸化、醣酵解和其他細胞的代謝，及抑制神經傳導和具心臟抑制作用。

(二) 緊急處置措施：立刻聯絡送醫，且馬上進行到院前處置（廠區內化災應變）。

1. 脫：移除身上衣物（可邊沖邊脫衣物），須注意汙染衣物不要沾染到身體其他部位。

2. 沖：立即沖洗並參閱 SDS 之說命適當的急救步驟，並送醫急救。作業現場若有除污劑時，優先使用除污劑（如浸泡葡萄糖酸鈣或六氟靈、局部使用葡萄糖酸鈣軟膏、靜脈注射鈣離子），再用大量清水沖洗。

3. 泡：將患肢浸泡於生理食鹽水或清水。

4. 蓋：使用乾淨衣物或毛巾將患肢覆蓋，避免體溫過低。

5. 送：盡速就醫。

部分氣體或者蒸氣能夠阻斷人體的氧氣供給而造成窒息（Asphyxiation），是常見的重大化學性危害。請舉例說明簡單性窒息物質（Simple Asphyxiants）與化學性窒息物質（Chemical Asphyxiants）的差異。（20 分） **【113】**

(一) 單純性窒息性物質：此種類物質本身對人體不致產生毒害，但該物質於空氣存在比例過多時，稀釋氧氣使人發生缺氧危害，如氮氣、甲烷、丙烷、丁烷及二氧化碳等造成窒息。

(二) 化學性窒息性物質：此種類物質影響組織對氧之利用或阻止干擾氧之輸送至組織，造成細胞喪失吸收氧的功能，可能物質如下：

1. 影響肺部功能者：氰化物及硫化氫會抑制人體細胞氧化酵素，造成呼吸麻痺現象；酸性霧滴、NH_3、Cl_2 會對肺部造成刺激，造成肺水腫而影響呼吸作用。

2. 影響血液運輸功能者：一氧化碳與血紅素的結合能力較氧高 200 倍以上，使血紅素失去運送氧氣之功能而造成窒息。

3-1-3 生物性危害

2020 年新冠肺炎肆虐全球，口罩供不應求，請說明比較醫用口罩（Surgical mask）與工業用呼吸防護具（Respirator）之功能、用途及主管機關的異同。

醫用口罩（Surgical mask）與工業用呼吸防護具（Respirator）之功能、用途及主管機關的異同比較如下表：

	醫用口罩（Surgical mask）	工業用呼吸防護具(Respirator)
功能	由三層質料構成： 1. 外層：PP 或其他防潑水材質，可阻隔有病原的飛沫或血液附著。 2. 中層：特殊濾材（不織布），可阻隔細菌、粉塵。 3. 內層：超柔細纖維，可吸收汗水、油脂。 主要功能為避免醫護人員的飛沫影響病人或吸入病人咳出的飛沫微粒。	呼吸防護具以功能分類，概可分為「淨氣（過濾）」、「供氣」與「複合」三大型式。 其中，淨氣式呼吸防護具是以濾材過濾呼吸空氣中的污染物；供氣式呼吸防護具則是以清潔空氣源供給配戴者所需之呼吸空氣；而複合式呼吸防護具則兼具兩種不同功能。
用途	有感冒、發燒、咳嗽等呼吸道症狀時使用；醫護人員照顧病人或民眾探病時使用。	供工作者於作業時佩戴的個人防護具，使工作者呼吸時不受空氣中有害因子（如：粒狀汙染物、有害氣體 / 蒸氣、或缺氧等）傷害。
主管機關	衛生福利部	經濟部

試問：

（一）何謂職業衛生之生物性危害？

（二）生物性危害可分為那幾級？

（一）凡職業因素透過動物、植物、微生物或其所產生之毒素造成工作者受傷、致病、中毒、過敏等現象，稱為生物性危害。

（二）歐美先進國家在生物安全等級分類上各有相關規範，雖然定義上稍有不同，但對於危害等級分類的範疇卻十分接近，依照美國（CDC/NIH）針對生物安全等級，對人體的危害程度大致可分為四級，簡述如下：

1. 生物安全等級一：適用於使用之生物不會使健康人致病、對實驗室工作人員及環境具最低潛在危險。如：大腸桿菌。

2. 生物安全等級二：用於中度潛在危險的病原。病原與人類疾病有關，可能有皮膚接觸、誤食及黏膜暴露。如：金黃色葡萄球菌。

3. 生物安全等級三：可經氣膠傳播之本土或外來病原，會嚴重危害健康。如：SARS 病毒。

4. 生物安全等級四：適用於可經由氣膠傳播或未知傳染危險之危險生物病原，會引起對生命之高度危機的疾病。如：依波拉病毒。

（一）可導致生物性危害的微生物有那些？
（二）生物性危害對人體健康造成的主要危害可分為那三類？請分別說明之。
（三）那些行業之勞工較可能暴露生物性危害？

（一）可導致生物性危害的微生物如下列：

1. 細菌：沙門氏桿菌、葡萄球菌、肺炎雙球菌、肺結核桿菌。
2. 病毒：諾羅病毒、登革病毒、B 型肝炎病毒、流感病毒。
3. 寄生蟲：陰虱、頭虱、蛔蟲、中華肝吸蟲、阿米巴原蟲、蠕蟲、原蟲。

（二）生物性危害對人體健康造成的主要危害概述如下：

1. 感染（Infection）：生物體在人體內繁殖生長所致（如：痲疹、流行性感冒、肺結核）。
2. 過敏（Allergy）：生物體以過敏原角色經重覆暴露致使人體免疫系統過度反應所致（如：氣喘、過敏性肺炎、過敏性鼻炎）。
3. 中毒（Toxicity）：暴露於生物體所產生之毒素（細菌內毒素、細菌外毒素、真菌毒素）所致（如：發燒、發冷、肝肺功能受損）。

（三）下列行業之勞工較可能暴露生物性危害：

1. 農、林、漁、牧業：農夫、漁夫、畜牧者、屠宰者。
2. 製造業：實驗室檢驗、化驗人員。
3. 環境衛生服務業：環保工程員、清潔隊員。
4. 醫療保健服務業：醫師、護士、看護員。
5. 餐飲業：廚師、服務人員。
6. 因工作需求須赴禽流感疫區工作者。

近年在全球造成大流行的新型冠狀病毒（COVID-19）具有特定的生物性危害，可能懸浮於職場室內空氣中，對職業衛生管理帶來新的巨大衝擊：

（一）以新型冠狀病毒（COVID-19）為例，請說明潛伏期（Incubation period）與感染劑量（Infectious dose）之定義？（10 分）

（二）假設職場空氣受到 COVID-19 污染時，如何以通風與換氣原理，設計室內負壓與正壓環境，以改善並管理職場室內空氣品質？（10 分） 【111】

（一）定義：

1. 潛伏期：潛伏期是從接觸或暴露於病原體（COVID-19）到疾病的症狀首次出現所經過的期間而言。

2. 感染劑量：引發感染症狀所需的病毒量。

（二）世界衛生組織認為氣膠傳播為 COVID-19 主要傳染途徑，氣膠為懸浮於空中之微小液滴或顆粒物質。人們平時講話、咳嗽，甚至僅是呼吸即會釋放出大小在 5 微米以下的氣膠。故以通風與換氣原理，設計室內負壓與正壓環境如下：

1. 負壓環境：能將疑似被感染或被匡列的員工安排於此處，其通風換氣可參考負壓隔離病房部分設計，將有害物侷限於該區域，使有害物不致散布至其他區域。

   (1) 負壓差達 2.5mmH_2O，通風系統每小時換氣 6~12 次。

   (2) 獨立空調系統，排氣管應裝高效濾網（HEPA），並定期維護。

   (3) 設置專用盥洗室，並有自動感應水龍頭開關。

(4) 排氣口設計向上且高於建築物之循環氣層，並遠離進氣口，且排氣口速度要快，以利排出的氣流衝出循環氣流，避免順著循環氣流再次進入職場環境。

(5) 室內職場空間的流場，大體上為平行、穩定、低速、均勻之氣流。主氣流以室內空間進氣口為出發點，流經人員身體，然後流向排氣口。

2. 正壓環境：安排沒有被感染及匡列的員工在此空間辦公，可減少有害物進入該區域的機會：

(1) 空調系統中增加消毒滅菌設施或過濾病毒等裝置。

(2) 正壓空間需有壓差，風機力道要夠強，然而當風量強，空調就不夠冷；若內循量大，冷氣雖然較冷，又無法符合換氣率與潔淨度要求，因此在設計時都必須同步考量。

3-1-4 人因性危害

從地面抬舉物件時，常採用蹲舉式（Squat lift）或背舉式（Stoop lift），請詳述此兩種抬舉物件之姿勢？並以生物力學（Biomechanics）觀點，說明此兩種姿勢對下背壓力負荷之影響？

(一) 蹲舉式為地面抬舉物件較常被推薦的方法為蹲舉的姿勢，也就是膝蓋和臀部彎曲，背部挺直的姿勢。

(二) 背舉式為雙腿保持伸直，而彎腰向前俯身取物，然後再挺直腰部而抬起物件。

(三) 一般而言，在比較蹲舉式和背舉式兩種方法中，由於蹲舉式維持挺背的關係，而使其在下背方面產生較低的生物力學壓力。然而，必須注意的是，當人們使用蹲舉式的抬舉方法時，被抬舉的負重必須介於兩膝之間，否則必須在膝蓋之前的水平位置才能抬舉，由於負重與 L5/S1 椎間盤之間的水平距離額外增大，而使下背的壓力增加很多。就能量支出而言，彎腰抬舉的背舉式比蹲舉式為佳。

就人因工程而言，最容易造成疲勞、肌肉骨骼傷害的危險因子有那些？又請說明最常發生的人因相關職業性疾病有那些？

(一) 容易造成疲勞、肌肉骨骼傷害的危險因子概述如下：

1. 重覆動作：反覆性單調動作、反覆抓取等。
2. 過度施力：用力、負重、手部握緊及瞬間強烈運動等。
3. 不良姿勢：舉手過肩、彎腰等。
4. 組織壓迫：身體壓迫、蹲跪等。
5. 振動衝擊：局部振動、全身垂直振動等。

(二) 最常發生的人因相關職業性疾病如下列：

1. 重覆動作：外側肱骨髁上炎、肌腱炎、腕道症候群、肌腱腱鞘炎等。
2. 過度施力：滑液囊炎、肌腱炎、肌腱腱鞘炎等。
3. 不良姿勢：腱鞘炎、椎間盤脫出、旋轉肌袖症候群等。
4. 組織壓迫：胸廓出口症候群等。
5. 振動衝擊：白指症、二頭肌腱鞘炎、板機指等。

（一）人工搬運（Manual Materials Handling, MMH）是造成肌肉骨骼傷害的重要因素，試問人因工程在職業衛生上之所以必須被重視的理由有那些？
（二）以人工抬舉為例，物料搬運的危險因子有那些？
（三）常見的相關疾病有那些？

（一）根據美國工業衛生學會（AIHA）的定義，工業衛生是一門致力於預期、認知、評估及控制就業場所中，可能導致勞工或社區民眾生病、健康福祉受損或顯著不舒適的環境因子或壓力之科學及藝術。

人因性危害屬職業衛生危害類型之一種，工作場所的人因工程設計不佳，則可能造成工作者無法適應操作環境或發揮應有能力，對工作者之肢體肌肉骨骼在單調重複動作的長期作業下將產生危害，所以必須受到重視。

（二）以人工抬舉為例，物料搬運的危險因子說明如下：

依據 NIOSH（1991 年）抬舉指引：

RWL（recommended weight of limit，建議重量極限值）

= LC×HM×VM×DM×AM×FM×CM

= 23×(25 / H)×(1 – 0.003×|V-75|)×(0.82 + 4.5 / D)×(1-0.0032A)×FM×CM

LC：負荷常數（Load Constant）

HM：水平距離乘數（multiplier）

VM：起始點的垂直高度乘數

DM：抬舉的垂直移動距離乘數

AM：身體扭轉角度乘數

FM：抬舉頻率乘數（Frequency Multiplier）

CM：握把乘數（Coupling Multiplier）

A：身體扭轉角度（相對於矢形面，sagittal plane）

1. 個人因子：搬運者年齡、性別、體重、肌力、體型等。
2. 物料因子：待搬運物體高度、搬運握持型式等。
3. 搬運方法：搬運姿勢、搬運水平與垂直距離、身體扭轉角度、抬舉頻率等。
4. 工作環境：溫濕度、噪音、採光照明、搬運動線等。

（三）物料搬運的常見相關疾病如下：

1. 關節滑囊病變：反覆性的活動造成的壓迫與摩擦引起關節滑囊發炎反應。
2. 膝關節半月狀軟骨病變：長期以蹲跪姿勢工作引起之膝關節半月狀軟骨疾病。
3. 職業性腕道症候群：因工作時手腕部必須經常重複相同動作、經常持續以一種不自然的手部姿勢工作或經常必須用力。長期引起手腕部軟組織病變或功能異常，造成肌腱的發炎或周邊神經壓迫。
4. 職業性腰椎椎間盤突出：當脊柱受到不正常的使力或扭力時，重複的微傷害可使纖維環產生裂痕，進而發生結構上的失常，最後髓核脫出而造成椎間盤突出。

某國家的 A 行業肌肉骨骼傷病高風險作業成因分析資料如下表：

年齡層	A 行業就業人數	A 行業得病人數	全國就業人口
20-29 歲	500	10	20,000
30-39 歲	600	30	25,000
40-49 歲	650	65	40,000
50-59 歲	700	105	35,000
60 歲以上	300	90	30,000

(一) 請計算 A 行業的肌肉骨骼傷病的各年齡層發生率為多少？（5 分）

(二) 總發生率為多少？（5 分）

(三) 校正年齡之後的標準化發生率（Standardized incidence rate, SIR）為多少？（10 分） 【111】

(一) A 行業的肌肉骨骼傷病的各年齡層發生率

$$=\frac{\text{該年齡層 A 行業得病人數}}{\text{該年齡層 A 行業就業人數}}$$

故 A 行業的肌肉骨骼傷病的各年齡層發生率計算如下表：

年齡層	A 行業就業人數	A 行業得病人數	A 行業的肌肉骨骼傷病的各年齡層發生率
20-29 歲	500	10	2%
30-39 歲	600	30	5%
40-49 歲	650	65	10%
50-59 歲	700	105	15%
60 歲以上	300	90	30%

(二) 總發生率：

$$\frac{10+30+65+105+90}{20000+25000+40000+35000+30000}=0.002$$

（三）校正年齡之後的標準化發生率 $= \frac{\text{觀察的事件數}}{\text{預期的事件數}}$

年齡層	A 行業得病人數	全國就業人口	全國各年齡層發生率
20-29 歲	10	20,000	0.0005
30-39 歲	30	25,000	0.0012
40-49 歲	65	40,000	0.001625
50-59 歲	105	35,000	0.003
60 歲以上	90	30,000	0.003

故校正年齡之後的標準化發生率：

$$\frac{10+30+65+105+90}{500\times0.0005+600\times0.0012+650\times0.001625+700\times0.003+300\times0.003}$$

$=59.69$

請說明職業性重複性工作肌肉骨骼傷害的成因與預防之道。（20 分） **【112】**

（一）重複性工作肌肉骨骼傷害的成因：

1. 過度用力：長時間的靜態施力，施力時肌肉維持固定長度，通常是因身體保持固定姿勢，使肌肉無法伸張。
2. 姿勢不當：作業時若無法以較佳的姿勢用力，為達成目的，無形中肌肉必須付出較大力量以彌補不當姿勢損失的力量。
3. 反覆重複：不斷利用身體相同部位操作，經久累積而造成的傷害。
4. 未適當休息。
5. 低溫振動：引起肌肉骨骼障礙，長時間使用高振動量的手工具會導致手臂骨骼及肌肉關節的病變，長期下來腸胃與生殖系統也會受影響。

6. 吸菸：會使微血管收縮，影響肌肉血液及養分供應，加重下背痛疾病。

7. 合併作用：上述原因合併發生，加重了個別因素對身體的影響。

(二) 人因工程改善的預防之道：

1. 自動化不可行時應以省力化輔助設備為之。

2. 選擇配合現場人員身材之高度，必要時提供腳踏墊或座椅。

3. 頻繁使用的物件、零件、工具均應置於雙手可取得的作業空間。

4. 充分利用夾具固定物件，避免人員為調整、對準、施力等而必須維持不良姿勢於靜態負荷。

5. 較重之手工具應以彈簧懸掛於固定位置，選用上注意重量、握柄大小等。

6. 提供雙手握提之設計，使物體盡量靠近身體。

3-1-5 職場身心壓力及其他危害

職業安全衛生法已適用於所有行業，各行業普遍存在工作上的壓力，使得工作者罹患腦血管及心臟疾病的風險，已然成為重要的職業衛生問題，請從職業疾病認定的觀點，說明當工作者罹患腦血管及心臟疾病時，判定其是否為職業疾病的工作負荷評估重點有那些？

依據「職業促發腦血管及心臟疾病（外傷導致者除外）之認定參考指引」相關規定，被認為負荷過重時的認定要件為異常事件、短期工作過重、長期工作過重。

(一) 異常事件：評估發病當時至發病前一天的期間，是否持續工作或遭遇到天災或火災等嚴重之異常事件，且能明確的指出狀況發生時的時間及場所。此異常事件造成的腦血管及心臟疾病通常會在承受負荷後 24 小時內發病，該異常事件可分為精神負荷、身體負荷及工作環境變化三種事件。

(二) 短期工作過重：評估發病前（包含發病日）約 1 週內，勞工是否從事特別過重的工作，該過重的工作係指與日常工作相比，客觀的認為造成身體上、精神上負荷過重的工作。評估重點如下：

1. 評估發病當時至前一天的期間是否特別長時間過度勞動。
2. 評估發病前約 1 週內是否常態性長時間勞動。
3. 評估有關工作型態及伴隨精神緊張之工作負荷要因，包括：
   (1) 不規律的工作。
   (2) 工時長的工作。
   (3) 經常出差。
   (4) 輪班或夜班工作。
   (5) 作業環境是否有異常溫度、噪音、時差。
   (6) 伴隨精神緊張的工作。

(三) 長期工作過重：評估發病前（不包含發病日）6 個月內，是否因長時間勞動造成明顯疲勞的累積。而評估長時間勞動之工作時間，係以每週 40 小時，以 30 日為 1 個月，每月 176 小時以外之工作時數計算「加班時數」。其評估重點如下：

1. 評估發病前 1 至 6 個月內的加班時數。
2. 評估有關工作型態及伴隨精神緊張之工作負荷要因，包括內容與「短期工作過重」相同。

（一）輪班工作的健康影響包括那些？
（二）為減少輪班工作所造成的影響，安排輪班工作的班表時應考慮那些原則？

（一）輪班工作的健康影響如下：

1. 腸胃道不適，例如：胃、十二指腸炎、胃潰瘍等。
2. 神經系統障礙，例如：焦慮、憂鬱和長期疲勞。
3. 心血管相關疾病，冠狀動脈心臟病、缺血性心臟病、高血壓等。

（二）安排輪班工作的班表時應考慮之原則如下列：

1. 連續夜間輪班的時間最好少於一週，而且輪班的工作時間最好能少於早班或午班的工作時間。
2. 值完一輪夜班後（國內通常是一至二週），能有連續 2 天的假期讓工作人員身心充分恢復身心靈。
3. 輪班方式以順時間進行，例如輪完早班後，接著以輪小夜班較佳。
4. 輪班順序規律化，不要隨意調動，而每一輪工作的天數不要太長，在這種較短天數的輪班制度下，工人對工作的滿意度也較高。
5. 輪班工作盡量避免 9 小時以上的超時工作，如果超過要安排充分的中間休息時間，避免過度疲勞。
6. 輪班工作者最好能在小時段內彈性上班（例如：1 小時內彈性上班，早上班者早下班），以增加輪班適應性。
7. 需要注意工作內容的安全，輪班工作超過 8 小時，工作能力會下降，而一些比較需要注意力或重複性過高的工作均不適合輪班工作。

8. 同一個族群中工作者長時間呈現睡眠不足的現象就要考慮重新安排工作時間，可能因為一些不同的因素導致不適應性的出現。

> **你是一家公司的職業衛生管理師，要依職業安全衛生法規定辦理預防勞工於執行職務時遭受不法侵害，在規劃時，希望透過工作場所適當之配置規劃，降低或消除不法侵害之危害，請針對所屬事業單位之工作場所配置的「物理環境相關因子」和「工作場所設計」2 個面向進行檢視，並就每個面向（「物理環境相關因子」及「工作場所設計」）各列舉 5 項檢視項目，和各檢視項目對應之採行措施 1 個。**

參照「執行職務遭受不法侵害預防指引」（第三版）附錄三內容，「物理環境相關因子」及「工作場所設計」，檢視項目和各檢視項目對應之採行措施如下。

(一) 物理環境相關因子：

物理環境相關因子	建議可採行之措施
噪音	保持最低限噪音（宜控制於 60 分貝以下），避免刺激勞工、訪客之情緒或形成緊張態勢。
照明	保持室內、室外照明良好，各區域視野清晰，特別是夜間出入口、停車場及貯藏室。
溫度、濕度	在擁擠區域及天氣燥熱時，應保持空間內適當溫度、濕度。
通風狀況	保持場所通風良好；消除異味。
建築結構	維護物理結構及設備之安全。

（二）工作場所設計：

工作場所設計	建議可採行之措施
通道（公共通道、接待區、員工區域或員工停車場等區域）	員工識別證、加設密碼鎖與門禁、訪客登記等措施，避免未獲授權之人擅自進出。
工作空間	應設置安全區域並建立緊急疏散程序。
服務櫃台	有金錢業務交易之服務櫃台可裝設防彈或防碎玻璃，並另設置退避空間。
服務對象或訪客等侯空間	安排舒適座位，準備雜誌、電視等物品，降低等候時的無聊感、焦慮感。
高風險位置	安裝安全設備，如警鈴系統、緊急按鈕、24小時閉路監視器或無線電話通訊等裝置，並有定期維護及測試。

營造業因為產業性質的緣故，重大職業災害較其他產業為高，所以在職業安全面向得到較多關注，但相對在職業衛生方面卻甚少關注，請提出五種營造業工作者可能暴露的有害物質與其健康危害。

營造業工作者可能暴露的有害物質與其健康危害舉列如下：

（一）打石作業：長期吸入粉塵造成呼吸系統建康危害，如塵肺病。

（二）油漆作業：長期吸入甲苯等有機溶劑造成神經系統損傷，嚴重可能導致膀胱癌。

（三）隧道作業：因隧道中噴發甲烷氣體，造成作業人員缺氧窒息的危害。

（四）石綿作業：長期吸入石綿，造成間皮瘤、肺癌等危害。

（五）灌漿作業：因接觸水泥砂漿、混凝土漿等含有六價鉻的物質，造成皮膚炎之危害。

過去幾年來機械自動化生產對產業型態產生巨大影響，未來輔以人工智慧（AI）的人機協作系統將更衝擊、甚而主導生產模式。請分析機械自動化、人工智慧輔助生產對心理層面的職業衛生議題會有那些層面的影響？應如何因應？（20 分） **【112】**

（一）心理層面影響：

1. 被取代感：這項壓力是科技 AI 技術的應用可能導致人們的工作被取代，造成人們對工作感到不安全和不穩定，甚至對於 AI 產生的競爭產生壓力和焦慮。
2. 被迫學習：當 AI 技術快速發展時，事業單位可能要求員工不斷進步和學習新的 AI 技術，以適應工作的變化，同時可能產生更新的壓迫感。而這種壓力也經常在人類的歷史上發生，過去電腦數位化剛出現時，各行各業的工作人員被要求不斷去上課，學習新的應用軟體，亦曾造成科技壓力大量的出現。

（二）如何因應：

1. 增加體能：身體運動對於認知功能有正面影響，能夠提高記憶力、注意力以及學習能力。
2. 工作時間的調整：工作須適時調整步調、增加休息時間。
3. 調整飲食：維持均衡飲食，建立良好的飲食習慣。
4. 壓力釋放：勇於面對壓力產生的來源，找到適合自己減壓的方式。
5. 良好溝通：建立通順的溝通管道及參與身心靈講座。

社會心理性危害（Psychosocial Hazards）是各行業工作者皆會面臨的潛在健康危害。請舉例說明社會心理性危害包括的內容及可以採取的預防方法。（20 分） **【113】**

(一) 社會心理性危害包括：

1. 工作造成的心理壓力：工作高壓力的工作環境是社會心理性危害中最常見的一種。當員工承受過高的工作負荷、時間壓力或工作要求時所引發心理健康問題，如焦慮、抑鬱和職業倦怠。

2. 不法侵害造成的心理壓力：職場暴力被視為社會心理危害之主要因子，職場中的人際衝突、暴力或性騷擾等不良行為，會給員工帶來嚴重的心理壓力，甚至影響員工的身心健康。如：出現心理創傷、害怕回到工作中、感到無力等情緒。

(二) 預防方法有：

1. 工作造成的心理壓力，可先辨識及評估高風險群，安排醫師面談及健康指導，辦理員工體適能，適度工作時間的調整，建立通順的溝通管道。

2. 遭受不法侵害受害者，可安排心理諮商、同儕輔導、復健，或彈性調整職務內容與工作時間等，給予員工支持和協助。並由醫護或其他適當人員作後續追蹤，適性評估後，訂定重大心理或醫療問題之因應計畫，並尋求政府相關單位協助。

3-1-6 環境毒理學

> **建物裝修及裝潢業的勞工大部分屬於自營作業者，請說明此群工作者主要之作業環境暴露以及其健康危害。**

(一) 建物裝修及裝潢業勞工主要之作業環境暴露危害來源如下：

1. 物理性危害：
   (1) 噪音：來自電動、氣動工具操作與空壓機運轉。
   (2) 振動：來自手持電動、氣動工具操作。
   (3) 熱：來自高氣溫天氣。
   (4) 採光照明：因臨時性作業，主要照明用電尚未接上，電銲作業或是趕工狀態的夜間工作。
2. 化學性危害：
   (1) 有機溶劑：來自作業用油漆及黏著劑。
   (2) 粉塵：來自裝潢材料切割、研磨或破碎所產生。
3. 人因性危害：
   (1) 重體力勞動危害，來自作業中搬運物料時可能發生。
   (2) 重複性骨骼肌肉危害，來自作業過程中使用手工具等所產生。
   (3) 不良姿勢，來自作業區域角度的要求。
4. 心因性危害：
   (1) 來自業主的趕工要求。
   (2) 來自輪班夜班心理壓力。
   (3) 來自作業區外或是同事的職場暴力行為。

（二）其各別之健康危害分述如下：

1. 噪音：主要為聽力損失，另也有干擾內分泌、消化系統、心臟血管等不良效應。

2. 振動：主要為操作手工具造成之手部白指症，或其他身體部位骨骼肌肉的麻痛症狀…等不良生理效應。

3. 熱：脫水、熱衰竭、熱痙攣、熱中暑等。

4. 採光照明：視力減退、散光或其他眼科疾病。

5. 有機溶劑：麻醉暈昏、肝腎神經傷害等。

6. 粉塵：塵肺症等肺部或支氣管疾病。

7. 人因性危害：肌肉骨骼等傷害。

8. 心因性危害：心理精神疾病等。

（一）試以實驗室排煙櫃（fume hood）為例，說明其在設計上應考慮那些要素才能得到好的效果？

（二）又此排煙櫃在使用上其效能是否良好，應如何辨識？

（一）排煙櫃是利用空氣的流動來控制作業環境，也就是利用氣流來排除作業環境中所產生的空氣污染物或控制工作場所的空氣品質，使置身其中的工作者暴露於危害環境的機會降至最低，在設計時除了要注意排氣量（入口速度）外，尚需考慮下列因素：

1. 實驗室空氣流動造成排煙櫃內氣流擾動的來源為：

(1) 氣罩附近工作者走動頻繁或工作者進出口與氣罩距離過近。

(2) 實驗室供氣系統對排煙櫃開口附近造成紊流。

(3) 實驗室應有足夠的補充空氣，以彌補排出之空氣量，維持室內外壓力之平衡。

2. 氣罩設計主要考慮的因素有：

(1) 排煙櫃開口拉門限制。

(2) 可調整後擋板之上下槽縫大小。

(3) 排氣管流速。

(4) 氣罩之安裝型式。

(5) 輔助供氣系統。

3. 工作者的操作習慣：

(1) 操作點、操作者口鼻位置與氣罩開口之相對位置及距離。

(2) 工作者習慣的拉門開口高度。

4. 排氣櫃的構造與材質：為能兼顧安全與經濟的需求，除了於排煙櫃的設計製造前，要充分了解所使用的危害性化學品之毒性、暴露途徑外，還需考慮排煙櫃的材料是否會與危害性化學品起反應，選用適當的材質來製作。

(二) 排煙櫃效能可用下列兩種方式辨識：

1. 氣流觀察法：常用發煙管法，將發煙管置於氣罩開口處釋放煙霧，觀察煙霧隨氣流擴散的趨勢，即可知道該排氣櫃的吸氣效果，亦可將發煙管置於氣罩內部，使產生大量煙霧，觀察排出時間是否有逆流、渦流或洩漏，以直接瞭解排煙櫃運轉時污染物氣流流動方向、排氣能力及進入氣罩的汙染物之逸失情形。

2. 儀器測定法：利用風速或壓力測量儀器，以測定該排煙櫃之吸氣及排氣能力，亦可測定櫃內及導管內空氣流動情形，常用者有 U 型管、皮托管及熱線式風速儀。

（一）試述現場初步調查（walk-through survey）之目的？
（二）在實施前和實施時應收集之資料？

（一）現場訪視調查的目的：為瞭解製程過程中，工作者作業實態及潛在危害因子情形。

（二）現場初步調查可找出明顯及可預見危害因子，必要時可用檢核表，收集資料內容簡述如下：

1. 現場環境描述（事業單位製程種類、作業型態及工作者位置等）。
2. 製程操作（製程流程圖、原料、毒物管理資料、中間產物、副產物、半成品、成品、廢棄物、操作方法、手工具、工作站）。
3. 作業現場氣候（溫度、濕度、風速、氣壓、最近變化、特異的氣候變化）。
4. 工程控制設施（空調、通風設備、安全裝置及其運轉操作）。
5. 行政管理（安全作業標準、危害通識、工作者工作態度、抱怨情形、個人衛生及教育訓練演練等）。
6. 健康管理（健康檢查資料、健康管理及健康促進資料）。
7. 個人防護具（防護眼罩、面罩、口罩、耳塞、安全帽、衣服、手套、安全鞋等）。
8. 其他（急救訓練、緊急應變等）。

請定義微粒氣動粒徑（Aerodynamic size），並說明那些因子會影響氣動粒徑以及如何進行校正。（20 分） 【108】

(一) 氣動粒徑：為了描述微粒在空氣中的運動特性，一般會以氣動粒徑來代表其尺寸。一微粒的氣動粒徑定義為，與此微粒具有相同重力沉降速度的圓球的直徑。

(二) 影響氣動粒徑因子：包含微粒的幾何形狀、等投影面積直徑、等體積直徑、氣動特性及散光特性等。

(三) 空氣中微粒有多種不同粒徑，屬於多徑分布。通常微粒粒徑分布成對數常態分布，可由質量中間粒徑來校正。

請說明那些因素會加速化學物質滲入（Permeate）皮膚。（20 分） 【108】

(一) 化學物質特性：脂溶性的有機溶劑較水溶性的有機溶劑容易被吸收。

(二) 化學物質相態：吸收效率受毒物本身穿透過皮膚之角質層而定，氣體最容易穿透、液體次之、固體則不易為人體皮膚吸收。

(三) 人體皮膚之傷口：皮膚外層有受傷時，會加速化學物質進入人體的吸收。

(四) 人體皮膚處之微血管：皮膚附近的微血管也易將化學物質帶往身體的其他部位吸收，故微血管越密集處越容易攜帶至身體其他部位。

(五) 人體皮膚的狀況：身體各部位的皮膚吸收率也不同，例如陰囊相較其他部位較易吸收。

請說明作業場所砷、鎘、鉛、汞、錳等金屬之暴露可能造成的職業病毒理作用。若針對暴露者進行生物偵測（biological monitoring），這些金屬暴露適合以那些生物檢體進行檢測分析？（20 分） **【110】**

砷、鎘、鉛、汞、錳等金屬適合以下列生物檢體進行檢測分析：

(一) 砷：尿中砷、毛髮或指甲砷含量測定。

(二) 鎘：血中鎘、尿中鎘。

(三) 鉛：血中鉛、尿中鉛、骨鉛檢查。

(四) 汞：血中汞、尿中汞、毛髮或指甲汞含量測定。

(五) 錳：血中錳、尿中錳、毛髮或指甲錳含量測定。

許多先進國家對具有致癌、致突變與生殖危害特性的化學物質日益重視：

(一) 何謂基因毒性（Genotoxicity）？（5 分）

(二) 請分別寫出兩種國際常用的細菌突變試驗法與兩種體外哺乳類細胞基因毒性試驗法，並說明其實驗結果如何應用於基因毒性之判斷。（15 分） **【111】**

(一) 基因毒性係指污染物能直接或間接損傷細胞 DNA，產生致突變和致癌作用的程度。

(二) 依題意回答如下：

1. 兩種國際常用的細菌突變試驗法有「DNA 修復試驗」及「安氏突變試驗」：

   (1) 「DNA 修復試驗」：因逆轉菌種無法存活於缺乏組織胺酸的培養液，故將經逆轉後之沙門氏菌暴露於待測物中，該菌卻能利用培養液中葡萄糖合成組織胺酸而存活並生長出菌落時，表示該待測物具有基因突變之作用，而能將逆轉菌回復為原菌種。

(2) 「安氏突變試驗」：以具有及缺乏 DNA 修復能力的枯草桿菌為使用菌株，用來評估毒性物質對測試菌株修復 DNA 的狀態。

2. 兩種體外哺乳類細胞基因毒性試驗法有「體外哺乳類細胞的染色體異常分析法」及「體外鼷鼠淋巴瘤 tk 分析法」：

(1) 「體外哺乳類細胞的染色體異常分析法」：進行三種以上劑量組，劑量間隔可為 2 倍或自然對數對半，依初步檢驗結果決定其最高劑量，以毒性物質會造成 50% 以上之細胞生長抑制的濃度定為最高劑量。

(2) 「體外鼷鼠淋巴瘤 tk 分析法」：進行三種以上劑量組，劑量間隔可為 2 倍或自然對數對半，依初步試驗結果決定最高劑量，以毒性物質會造成 80% 以上之細胞死亡的濃度定為最高劑量。

3-2 職業病概論

3-2-1 勞動生理學

我國即將正式邁入高齡社會，中高齡勞動人口已逐漸增加，請從勞動生理學的角度，說明中高齡身體出現的變化與高齡勞動人口職業衛生管理的重點。

依照勞動部的定義，依據「中高齡及高齡工作者安全衛生指引」第 3 條定義，謂中高齡工作者，係指年滿 45 歲至 65 歲者；謂高齡工作者，係指逾 65 歲者。

(一) 通常中高齡身體會出現的變化包括：

1. 敏銳度：視力敏銳度、聽力敏銳度及觸覺敏銳度等下降。
2. 動力功能：協調度、反射作用時間、反應速度的改變。
3. 骨骼肌肉：骨密度、肌肉強度、肌肉協調性的降低。
4. 心肺功能變差：心臟、心血管及肺部功能的降低。
5. 其他：睡眠品質較差、體重過重、關節炎、糖尿病、高血壓、憂鬱和心臟疾病等。

(二) 隨著年齡增長易導致體能逐漸衰退及罹患慢性病，職場上定期舉辦勞工健康檢查及特殊健康檢查，隨時掌握勞工的健康狀況，藉此來對慢性病或職業病做預防及治療，此外也依照勞工的體能狀況進而分配於適當的工作內容，藉由友善工作環境的營造，增加中高齡者就業及留任職場意願，以維護健康勞動力。其他管理重點如下：

1. 中高齡勞工從事重複性之作業，為避免勞工因姿勢不良、過度施力及作業頻率過高等原因，促發肌肉骨骼疾病，應採取危害預防措施：

(1) 分析作業流程、內容及動作。

(2) 確認人因性危害因子。

(3) 評估、選定改善方法及執行。

(4) 執行成效之評估及改善。

2. 中高齡勞工從事輪班、夜間工作、長時間工作等作業，為避免勞工因異常工作負荷促發疾病，應採取疾病預防措施：

(1) 辨識及評估高風險群。

(2) 安排醫師面談及健康指導。

(3) 調整或縮短工作時間及更換工作內容之措施。

(4) 實施健康檢查、管理及促進。

(5) 執行成效之評估及改善。

(6) 其他有關安全衛生事項。

3. 為預防中高齡勞工於執行職務，因他人行為致遭受身體或精神上不法侵害，應採取暴力預防措施：

(1) 辨識及評估危害。

(2) 適當配置作業場所。

(3) 依工作適性適當調整人力。

(4) 建構行為規範。

(5) 辦理危害預防及溝通技巧訓練。

(6) 建立事件之處理程序。

(7) 執行成效之評估及改善。

勞工經常於高氣溫環境下工作，請說明高氣溫暴露之生理調節與潛在健康危害。

(一) 高溫暴露之生理調節方式包含：

1. 傳導：身體汗（水）、衣物或其他外物與皮膚接觸而把熱傳導至他處。
2. 對流：人體的熱能可由氣體或液體流動，將熱量帶走。風速的增加與身體的相對移動，可加速人體熱散失的速度。
3. 輻射：人體與其他溫度較低之物體間，藉由電磁波的方式將熱量帶出，輻射傳播量隨著物體大小、面積、形狀、溫度等因素而有差異。
4. 蒸發：身體藉著改變身體部位的血流量，將肌肉組織深部的熱能帶至較冷的體表部位而散發，並藉著汗水的蒸發以幫助散熱。對熱的調節，是維持身體正常功能的重要生理機制。
5. 對於高氣溫環境，身體會藉由一系列生理與心理的調適而逐漸適應，人體表皮微血管的控度擴張是身體對於高溫環境適應過程的第一步。為了回饋血管擴張，體內血漿的量也會增高，心臟的搏出量會增加，心律也會調節減緩。汗液的生成會自然被促進，身體在接觸高氣溫環境時也會提早出汗。對於高氣溫環境的適應能力是因人而異的，有些人天生就較能忍受高氣溫的作業。

(二) 在高氣溫環境下工作，高溫、高濕和熱輻射等作用下，因散熱困難而致使人體大量累積熱能，會引致人體體溫升高、失水、失鹽，其他還會造成水與電解質代謝紊亂、心血管系統、生殖系統與神經系統等功能障礙，急性病徵主要有下列：

1. 中暑：體溫調節機制失能，無法維持體溫平衡，造成停止流汗，皮膚乾熱、潮紅，體溫急劇昇高，脈博快而強烈，是最為強烈的病徵。

2. 熱衰竭：因心血管功能不足，大量失水引起虛脫現象，人體會有極度疲勞、頭痛、臉色蒼白、眩暈、心跳快而弱，體溫正常或稍高，失去知覺。
3. 熱痙攣：大量流汗導致使鹽分過度流失，造成肌肉疼痛性的痙攣，體溫仍正常或稍低。

作業空間設計標準中，ISO 發表的 ISO 6385 特別強調工作必須適合操作人員，請問其需要考量那些項目？

依據 ISO 6385:2016(E) 當中工作空間和工作站的設計所述，作業空間設計需要考量項目如下：

(一) 概述：

設計應使人們能保有姿勢穩定性及活動度。

設計應為人們提供一個盡可能安全、穩定的基礎，以發揮身體能量。工作站設計，包括工作設備和措施，應包括對身體尺寸、姿勢、肌肉力量和運動性的考慮。例如，應該提供足夠的空間來允許以良好的工作姿勢和運動、姿勢變化的選擇以及允許容易進入來執行任務。身體姿勢不會因長時間的靜態肌肉緊張而導致疲勞，身體姿勢應該是可以改變的。

(二) 身體尺寸和身體姿勢：

工作站的設計應考慮到任何衣著或其他必要物品一起使用的人體尺寸可能增加的限制。

對於長時間的任務，工作人員應能夠變換他們的姿勢，例如，在坐姿、站立姿勢或中間姿勢（例如使用坐 / 站椅）之間變換。雖然工作過程可能需要站立，坐著通常更可取。對於長時間的任務，應避免蹲伏或跪姿。

如果應該施加高肌肉力量，應採用適當的身體姿勢並提供適當的身體支撐，通過身體的力距或扭矩應保持簡短，這尤其適用於需要高精度運動的任務。

例如，高度可調節的工作面可以適應身體尺寸，並使各種工作人員能夠在站立或坐著時工作。

（三）肌肉強度：

強度的要求應與工人的身體能力相適應，並應考慮到力量、運動頻率、姿勢、工作疲勞等之間關係的科學知識。

工作的設計應避免肌肉、關節、韌帶以及呼吸和循環系統的不必要或過度的勞損。

所涉及的肌肉群應夠強壯以滿足強度的要求。如果強度需求過大，應將輔助能量引入工作系統，或者應重新設計任務以使用更強大的肌肉。

（四）身體活動：

身體活動之間應建立良好的平衡；運動優於長時間不動。

身體或肢體運動的頻率、速度、方向和範圍應在解剖學或生理學限度內。

具有高精度要求的活動，特別是長時間的活動，不需要施加相當大的肌肉力量。

應酌情透過引導裝置促進運動的執行和順序。

工作疲勞是人體的自然反應，但勞工無論怎樣休息還是未能恢復，就應該注意是否患上「慢性疲勞症候群」。請問疲勞測定的方法有那些？

疲勞測定的方法簡述下列：

(一) 自覺症狀調查法：藉由「自覺疲勞問卷調查表」來實施測定，測定結果可分為勞力工作型、精神工作型以及一般工作型（如：行政事務工作者）三種典型的工作類別疲勞症狀。

(二) 生理測定法：經常被用來監測疲勞變化之生理測定項目有眼球運動、呼吸機能、肌肉機能及心臟血管機能測定。若能夠進行連續測定，則可以同時瞭解作業負荷量及漸進持續的疲勞變化型態。

(三) 生理心理測定法：應用於作業負荷之質量所形成疲勞狀態來掌握其生理心理機能之低下或工作成果之成效變化。包括：動作協調能力檢查、反應能力測定法、辨別能力測定法、注意力集中及維持能力檢查、認知能力測定法。

(四) 生化偵測檢查：常使用的材料有人體的血液、尿液、汗液和唾液，進行成分比對分析。生化偵測檢查可以有效地數值化內分泌及代謝變化，應用在工作壓力及輪班制之生理規律變動評估上，具有一定的重要價值。血液樣本可以獲得紅血球數、白血球數、血漿蛋白質、全血比重等資料，血漿皮質激素和兒茶酚胺能作為壓力的指標，尿蛋白在勞動作業的評估中非常重要，尿中的 17-OHCS 可以反映腎上腺皮質分泌皮質醇的情況，是長期壓力負荷的指標。

(五) 動作時間測定法：這是藉著長時間、持續而客觀地記述工作者的行為、動作及產出，作為疲勞判定的資料。

下背痛是常見的人因工程危害之一。請說明搬運各種物品之工作者在搬運過程中容易發生下背痛的因素。【109】

工作者從事人工搬運作業，在搬運過程中由於作業姿勢、搬運高度及身體扭轉等，易導致 L5/S1 椎間盤的壓力太大，產生下背部疼痛。脊椎的壓力與持負荷的手之間的距離增加而增加。針對生物力學的研究結果，下列物件的屬性，會影響到 L5/S1 椎間盤的壓力。

(一) 物件大小。

(二) 物件形狀。

(三) 負重的分配和穩定性。

(四) 手柄的偶合。

故要避免下背痛或肌肉和骨骼的不適產生，第一是盡量減少荷重，亦即規範最大可接受的抬舉重量（MAWL）或透過良好的設計來提升其 MAWL 值；第二是選擇物件較小，可以盡量緊靠身體且重心落在人體中心線內，另外具有手把的容器裝置，是能有效降低 L5/S1 椎間盤的壓力的方式；第三是選擇蹲舉式的抬舉方法會比彎腰（背舉式）的方法好，但被抬舉的負重必須介於兩膝之間，否則必須在膝蓋之前的水平位置才能抬舉。

3-2-2 職業病概論

職業安全衛生法已規範許多母性健康保護措施，使女性勞工於保護期間工作更安全，並可預防職業疾病之發生，請依女性勞工母性健康保護實施辦法規定，回答下列問題：

(一)「母性健康保護」及「母性健康保護期間」的定義為何？

(二) 請列舉「易造成母性健康危害之工作」？

(三) 雇主對於母性健康保護，應使職業安全衛生人員會同從事勞工健康服務醫護人員，辦理那些事項？

(一) 依「女性勞工母性健康保護實施辦法」第 2 條規定：

1. 「母性健康保護」：指對於女性勞工從事有母性健康危害之虞之工作所採取之措施，包括危害評估與控制、醫師面談指導、風險分級管理、工作適性安排及其他相關措施。
2. 「母性健康保護期間」：指雇主於得知女性勞工妊娠之日起至分娩後 1 年之期間。

(二) 依「女性勞工母性健康保護實施辦法」第 3 條至第 5 條規定，從事可能影響胚胎發育、妊娠或哺乳期間之母體及嬰兒健康之工作，列舉如下：

1. 工作暴露於具有依國家標準 CNS 15030 分類，屬生殖毒性物質第一級、生殖細胞致突變性物質第一級或其他對哺乳功能有不良影響之化學品。
2. 易造成健康危害之工作，包括勞工作業姿勢、人力提舉、搬運、推拉重物、輪班、夜班、單獨工作及工作負荷等。
3. 具有鉛作業之事業中，雇主使女性勞工從事鉛及其化合物散布場所之工作者。

4. 使保護期間之勞工暴露於「職業安全衛生法」第 30 條第 1 項或第 2 項之危險性或有害性工作之作業環境或型態，應實施危害評估。

5. 使保護期間之勞工，從事「職業安全衛生法」第 30 條第 1 項第 5 款至第 14 款及第 2 項第 3 款至第 5 款之工作。

6. 其他經中央主管機關指定公告者。

(三) 依「女性勞工母性健康保護實施辦法」第 6 條規定，雇主對於母性健康保護，應使職業安全衛生人員會同從事勞工健康服務醫護人員，辦理下列事項：

1. 辨識與評估工作場所環境及作業之危害，包含物理性、化學性、生物性、人因性、工作流程及工作型態等。

2. 依評估結果區分風險等級，並實施分級管理。

3. 協助雇主實施工作環境改善與危害之預防及管理。

4. 其他經中央主管機關指定公告者。

雇主執行前項業務時，應依附表一填寫作業場所危害評估及採行措施，並使從事勞工健康服務醫護人員告知勞工其評估結果及管理措施。

工作環境中的空氣品質相當重要，工作場所由於生產或作業流程所致，可能存在著許多對人體健康有害的物質之氣膠。試說明何謂可吸入性氣膠、胸腔性氣膠及可呼吸性氣膠。

(一) 可吸入性氣膠：

係指空氣中之粒狀污染物能經由口鼻呼吸而進入人體呼吸系統者。其特性為粒徑為 100μm 左右的粒狀污染物，約有 50% 全塵量可視為可吸入性氣膠。

(二) 胸腔性氣膠：

係指能穿越咽喉區進入人體胸腔，即可到達氣管與支氣管及氣體交換區域之粒狀污染物。其特性為在氣動粒徑為 10μm 大小的粒狀污染物，約有 50% 的全塵量可進入胸腔。

(三) 可呼吸性氣膠：

係指能穿過人體氣管而到氣體交換區域之粒狀污染物。其特性為在氣動粒徑為 4μm 大小的粒狀污染物，約有 50% 全塵量可達氣體交換區域。

長期使用石綿的工作者，長時間累積毒素於體內造成間皮瘤（Mesothelioma），請說明間皮瘤引發的原因及病徵與其致病之機轉？

(一) 間皮瘤（Mesothelioma）引發的原因及病徵：

間皮瘤屬於癌症之一，患者常因與石棉有緊密接觸而致病，職業類別多發現於汽車來令片、石綿製造工廠及石綿拆除作業勞工中發現，腫瘤出現在胸膜（位於肋膜腔）及腹腔膜。80% 間皮瘤發生在胸膜，20% 發生在腹腔，由於疾病潛伏期可長達 30 年或以上，診斷上很容易忽略石綿暴露造成的影響，即使是少量暴露石綿纖維也可能發生。

胸腔間皮瘤的病徵包括胸部疼痛、呼吸或吞咽困難、咳嗽不止等；腹膜間皮瘤的病徵包括腹部有硬塊、腹水、脹氣疼痛、腹瀉或便祕等；兩種間皮瘤亦可能有疲累、噁心、食慾不振、體重下降、肌肉酸痛等症狀。

(二) 致病機轉（pathogenesis）：為疾病發展過程中病理機制演進的順序。

關於間皮瘤的致病機轉研究目前尚未明朗，但已確定石綿纖維的物理特性扮演重要角色；一般而言，長寬比越大的纖維（即細長者），有較高致癌機會，可能因其易深入周邊肺組織及肋膜。石綿纖維的致癌性：青石綿 > 褐石綿 > 白石綿。並無有效治療，無論手術切除、化學治療或放射治療效果都不理想，惡性間皮瘤患者在症狀發生之後的中位數存活時間（median survival）大約只有 8 至 15 個月。

（一）對於使用地下水的工廠，有那些方式消毒可避免細菌污染？
（二）以那種方式效果最佳？

（一）使用地下水的工廠，為去除水中的微生物、細菌，可經混凝、沉澱、過濾等程序，若無法完全去除細菌，增加消毒是非常重要的處理過程，可採用添加臭氧、氯氣、紫外線照射及加熱處理等方式達到滅菌的目的。

（二）最有效且在配水管中仍可維持延長效性消毒能力，且避免儲存及輸送過程中二次污染發生者，僅有加氯消毒效果最佳，惟要注意有毒性氯氣的保存。

電銲工作者常發生金屬燻煙熱之職業疾病，請說明金屬燻煙熱（metal fume fever）定義，並說明其危害成因與症狀。

（一）金屬燻煙熱的定義為：當工作者因職業暴露吸入大量金屬燻煙後會導致的一個短期疾病，此疾病出現類似感冒、發熱的症狀，有時也會造成全身痠痛或疲倦感。

（二）危害成因：燻煙（Fume）係金屬在高溫加熱的情況下，溫度達到其熔點，使部分金屬蒸發成蒸氣，金屬蒸氣被空氣中氧氣氧化成金屬氧化物，在空氣中凝結成固態微粒，統稱為燻煙，工作者作業時吸入金屬燻煙產生金屬燻煙熱。

(三) 症狀：金屬燻煙熱發生症狀像感冒，症狀可能造成嘔吐、頭痛、發冷、發熱、喉嚨不適、肌痛、虛弱、昏睡、流汗、關節痛、呼吸困難、咳嗽、哮喘、嘶啞。除非有明顯肺部問題發生，檢驗很少發現異常，可能只有輕微白血球數昇高，吸入濃度較高的金屬燻煙時，口腔內可能會殘留金屬味。

某工廠因為液氨外洩造成難聞的刺鼻味道，試述作業環境液氨外洩後的現場環境狀態及其可能的危害。

作業環境液氨外洩後的現場環境狀態及其可能的危害如下：

(一) 對人體健康造成傷害：當液氨暴露到空氣中，就會迅速化成氨氣，人體吸入是接觸氨氣的主要途徑。氨氣是一種具有刺激性和惡臭的氣體，暴露在空氣中高濃度的氨氣中，可能會對皮膚、眼睛、喉嚨和肺造成刺激，而有咳嗽及燒傷的症狀。吸入 30 分鐘後就會造成人體急性中毒和呼吸道灼傷，若一次性吸入氨氣過多，濃度高發生急中毒時，甚至會出現痙攣、昏迷、精神錯亂、心力衰竭及呼吸停滯。

(二) 易發生火災爆炸事故：氨氣在空中的爆炸界線為 15% ～ 25% 時，若有明火時氨氣即可燃燒。另外，液氨容器在受熱時會膨脹，壓力瞬間升高造成鋼瓶容器的二次爆炸。

(三) 易氣化擴散：當液氨發生洩漏時，瞬間由液態變成氣態體積迅速增大。但是還有一部分沒能夠及時氣化的液氨就以小滴形式霧化在蒸汽中，造成氨氣運動而漂移形成大面積的污染區和潛在燃燒爆炸區。

(四) 易污染環境：氨氣不但可以污染空氣，而且極易溶於水，在風力作用下氨氣隨風遷移，不但造成大範圍的空氣污染並且可以溶到水體中，造成湖泊、水庫、河流的污染，不易清理。

> 您是某事業單位的職業安全衛生管理人員，依異常工作負荷促發疾病預防指引進行相關措施之規劃，試回答下列問題：
> (一) 在綜合辨識及評估健康高風險群的步驟，包含那兩個評估面向（流程）？
> (二) 試列舉 4 項執行上述評估面向之工具？
> (三) 使高風險群勞工與醫師面談時，試列舉 4 項應提供給醫師之資訊？

(一) 依據「異常工作負荷促發疾病預防指引」之異常工作負荷促發疾病高風險群之評估操作流程，在綜合辨識及評估健康高風險群的步驟，包含的兩個評估面向（流程）內容如下列：

1. 工作負荷風險程度。
2. 心血管疾病風險程度。

(二) 評估面向之工具：

1. 推估心血管疾病發病風險程度。
2. 以過勞量表評估負荷風險程度。
3. 利用過負荷評估問卷或依勞工工作型態。
4. 綜合評估勞工職業促發腦心血管疾病之風險程度。

(三) 為利醫師可以確實評估及對勞工提出建議，事業單位應先準備下列資訊予醫師參考：

1. 勞工之工作時間（含加班情形）。
2. 輪班情形。
3. 工作性質。
4. 健康檢查結果。
5. 作業環境。

（一）勞工疑似罹患職業疾病時，申請職業疾病鑑定之流程為何？
（二）一般而言需符合那些原則？

（一）依照「職業災害勞工保護法」相關規定，申請職業疾病鑑定之流程如下：

1. 勞工疑有職業疾病，應經醫師診斷並取得職業疾病診斷書，勞雇雙方對醫師開具之職業疾病診斷書認定勞工所罹患之疾病為工作上所引起無異議時，該雇主應依相關規定給予職業災害補償。

2. 勞工或雇主對於職業疾病診斷結果有異議時，可透過勞雇雙方協調或得檢附有關資料送直轄市、縣（市）勞工主管機關申請認定；認定結果如為職業病，勞雇雙方無異議時，該雇主應依相關規定給予職業災害補償。

3. 勞工或雇主對於直轄市、縣（市）主管機關認定職業疾病之結果有異議，或勞工保險機構於審定職業疾病認有必要時，得檢附有關資料，向中央主管機關（勞動部）申請鑑定；鑑定結果如為職業病，勞雇雙方無異議時，該雇主應依相關規定給予職業災害補償。

4. 勞工或雇主對於中央主管機關（勞動部）鑑定職業疾病之結果有異議時則進行法律訴訟。

（二）職業病的診斷與判定，為相當專業與嚴謹之程序，一般而言須符合下列 5 項原則：

1. 勞工確實有病徵。

2. 必須曾暴露於存在有害因子之環境。

3. 發病期間與症狀及有害因子之暴露期間有時序之相關。

4. 排除其他可能致病的因素。

5. 文獻上曾記載症狀與危害因子之關係。

工作場所之機械控制器設計常要考慮到勞工心智負荷，請問影響勞工心智負荷的因子有那些？

作業環境中，影響人員心智負荷大小的因素不外乎作業困難度（Intensity-base factor），以及作業可容許之時間因素（Time-base factor）。因此，當作業造成人員心智負荷太大時，應該要即時透過適當作業流程改善、職務再設計、訓練等手段來降低其負荷，以避免潛在危害發生。

其影響心智負荷的因子如下：

(一) 控制器之阻力：控制器的操作性及摩擦、組合阻力的效益皆會影響其控制效果。

(二) 需要使用的注意力資源：若控制器所回饋的資訊過多或過於快速，將會加深其心智負荷。

(三) 控制反應比：控制器的操作及反應，亦會有所影響。

(四) 符碼化的方法：適當的符碼化可減少操作者學習時間，減少心智負荷。

(五) 相容性：相容性佳的設備可加速人員的學習，減少心智負荷。

(六) 標準化：標準化設計可減少人員認知上的落差，減少心智負荷。

(七) 多功能組合：透過相似相容原則，類似功能予以整合，可減少控制界面，減少心智負荷。

(八) 易辨認：辨識性佳的控制系統，可減少心智負荷。

試列舉 3 項有機溶劑對人體影響的特性。

有機溶劑對人體影響的特性如下列：

(一) 神經毒性：第一種為中毒性神經衰弱和神經功能紊亂。病人有食欲不振、頭暈、頭痛、失眠、多夢、嗜睡、無力、記憶力減退、消瘦，以及多汗、情緒不穩定，心跳加速或減慢、血壓波動、皮膚溫度下降或雙側肢體溫度不對稱等表現；第二種為中毒性末梢神經炎。大部分表現為感覺型，其次為混合型。可有肢體末端麻木、感覺減退、刺痛、四肢無力、肌肉萎縮等表現；第三種為中毒性腦病，比較少見，見於苯、二硫化碳、汽油等有機溶劑的嚴重急、慢性中毒。如：脂肪烴（汽油、正己烷、戊烷）、芳香烴（苯、丁基甲苯、苯乙烯、乙烯基甲苯）、氯化烴（二氯甲烷、三氯乙烯），以及二硫化碳等脂溶性較強的溶劑為多。

(二) 血液毒性：當有機溶劑達到一定劑量即可影響造血之骨髓抑制骨髓造血功能，往往先有白細胞減少，之後血小板減少，最後紅血球減少，成為全血細胞減少。如：以芳香烴，特別是苯最常見。

(三) 肝臟毒性：有些有機溶劑能使肝中毒，中毒性肝炎的病理改變主要是脂肪肝和肝細胞壞死。臨床上可有肝脾腫大、肝功能異常、肝痛、食欲不振、無力、消瘦等表現，多見於鹵代烷烴類有機溶劑，如氯仿、四氯乙烯、三氯丙烷、四氯化碳、三氯乙烯、二氯乙烷等中毒。

(四) 腎臟毒性：腎臟為毒物排泄器官因此最易中毒，中毒時的腎損害多見為腎小管型，產生蛋白尿，腎功能呈現減退。

(五) 皮膚黏膜刺激：多數有機溶劑均有程度不等的皮膚黏膜刺激作用，接觸有機溶劑因皮膚敏感而致紅腫或發癢，皮膚呈紅斑或壞疽，但以酮類和酯類為主。另可引起呼吸道炎症、接觸性和過敏性皮膚炎、濕疹、支氣管哮喘、結膜炎等。

(一)請說明何謂矽肺症?
(二)二氧化矽微粒對肺部造成傷害的作用機制?

(一)矽肺症:結晶型游離二氧化矽之化學特性穩定,溶解度低,進入肺部便不易排出而沉積在肺組織內,長期吸入可造成持續進行性且不可逆的肺纖維化症,即矽肺症。

(二)二氧化矽微粒對肺部造成傷害的作用機制:如慢性矽肺症,通常在多年可呼吸性結晶型游離二氧化矽粉塵暴露後緩慢發生,先是在兩側肺葉出現分離的細小圓形纖維性小結節,此時多數沒有明顯肺功能障礙。但隨著肺組織纖維化的持續進行,矽結節逐漸變大,鄰近的矽結節也因肺纖維化的關係互相牽引,進而融合成進行性大塊纖維化(progressive massive fibrosis)。嚴重時肺纖維化常伴有肺內構造的扭曲變形,常有明顯肺功能障礙,呼吸困難會逐日加重,最後導致呼吸衰竭、心臟衰竭甚至死亡。而在可呼吸性結晶型游離二氧化矽粉塵沉積在肺組織內之後,容易造成表皮細胞的損傷以及持續性的炎症反應,炎症反應釋出的物質隨後產生氧化反應,最終會產生自由基。而不飽和脂肪酸受到自由基的攻擊後,會發生脂質過氧化反應,即可能造成肺間質的基因傷害,導致癌化病變。

(一)近年來工廠氫氟酸災害意外頻傳,試說明氫氟酸毒性機轉?
(二)可能發生那些的中毒現象?

參考勞動部職業安全衛生署「職業性氫氟酸中毒認定參考指引」

(一)毒性機轉:氫氟酸具有「雙重危險」特性,一為氫離子具有的腐蝕性,二為氟離子滲透到深層組織中引起壞死及毒性作用。氫氟酸吸收進入人體後,透過非離子擴散方式穿過細胞膜,游離的氟離子與體內鈣離子以及鎂離子形成不溶解的複合物,並在組織中沉澱,導致疼痛和組織破壞。高濃度的游離氟化物將導致血清鈣和鎂的嚴重消耗，導致嚴重的低血鈣及低血鎂症，進而導致心律不整，而產生嚴重的中毒症狀。另外，氟離子亦具有細胞毒性，透過與含金屬的酵素結合而抑制許多酵素的作用，從而使其失去活性。

(二) 可能發生的中毒現象如下：

1. 皮膚接觸傷害：皮膚接觸後，初期變化為紅、腫、痛，中期可產生皮膚腫脹，混濁乳酪樣水泡，末期則可能出現皮膚潰瘍、組織壞死。當氟離子接觸到骨頭，會導致骨頭去鈣化及壞死，因此氫氟酸有「化骨水」、「蝕骨水」的俗稱。

2. 呼吸道吸入傷害：由於氫氟酸水溶性高，因此傷害開始於上呼吸道；吸入氣體或蒸氣會刺激鼻腔發炎，出現乾燥、黏膜出血、口腔紅腫。持續接觸會導致咳嗽、呼吸困難、喉頭痙攣和胸口疼痛，繼而出現畏寒，發燒和缺氧；若進入氣管和支氣管，會引起氣管炎、支氣管炎、支氣管阻塞以及伴有喘鳴和哮喘。

3. 腸胃道食入傷害：攝入氫氟酸溶液，在低濃度時對消化道產生刺激性，隨著濃度增加，可能會造成強烈的腐蝕作用。

4. 眼睛接觸傷害：眼睛暴露於氫氟酸可快速產生疼痛、流淚、結膜發紅水腫、角膜混濁等症狀。

5. 心臟系統傷害：氫氟酸對人體最大的危害乃在於無聲無息地造成低血鈣，而造成心臟驟停。

6. 神經肌肉傷害：氫氟酸的急性暴露可能會影響神經肌肉的功能，出現焦慮、頭痛、感覺異常、麻痺、癲癇發作或意識不清，並可能出現低血鈣所產生的肌肉僵直性抽搐、腕足痙攣、沃斯德克氏徵象（Chvostek's sign）及特魯索氏徵象（Trousseau's sign）。

7. 腎臟傷害：氟中毒會導致腎功能不全和腎皮質壞死，繼之出現血尿或蛋白尿。

8. 凝血傷害：鈣離子減少會導致凝血機能異常，造成出血。

(一) 缺氧症係因何而產生？
(二) 應如何防範？

(一) 缺氧症產生原因：

1. 空氣中氧氣消耗：

(1) 還原物質氧化：鋼材、乾性油等會吸收空氣中氧氣造成缺氧、如倉庫、油槽。

(2) 穀物、果菜、材料等吸收作用、消耗氧氣釋放二氧化碳、故存放這些物質之倉庫、船艙可能成為缺氧。

(3) 有機物腐敗、微生物呼吸及會消耗氧物質並產生二氧化碳，如污水處理槽、人孔、管。

2. 不同氣體置換：氮、氦、二氧化碳及其他惰性氣體若用於設備可防止火災爆炸、由於氣體置換可能造成缺氧危險。

3. 缺氧空氣噴出：由於地下工程施工造成缺氧空氣噴出。

(二) 缺氧防範措施如下：

1. 隨時確認作業場所空氣中氧氣濃度及其他有害氣體濃度。

2. 實施通風換氣、並維持作業場所空氣中氧濃度在 18% 以上。

3. 缺氧作業場所未施工時，標示非相關人員不得進入及上鎖。

4. 對進入缺氧作業場所之勞工應於確認或點名登記，作業前後確認清點勞工人數。

5. 每一班次指定缺氧作業主管從事監督、決定工作方法、並指揮勞工作業、發現異常應採取必要之措施。

6. 施以從事工作及預防災變之必要安全衛生教育訓練。

7. 應製備適當且數量足夠之空氣呼吸器及防護器具。

8. 有立即發生缺氧危險之虞時，雇主或工作場所負責人應立即停工、並退避至安全作業場所。

9. 勞工因缺氧墜落之虞時、應供給供使用梯子、安全梯、安全帶、安全索、並使勞工確實使用。

10. 事故處理與急救。

試簡述聽力保護計畫以及其要領與判斷流程。

(一) 依「職業安全衛生設施規則」第 300-1 條規定，雇主對於勞工 8 小時日時量平均音壓級超過 85 分貝或暴露劑量超過 50% 之工作場所，應採取下列聽力保護措施，作成執行紀錄並留存 3 年：

1. 噪音監測及暴露評估。
2. 噪音危害控制。
3. 防音防護具之選用及佩戴。
4. 聽力保護教育訓練。
5. 健康檢查及管理。
6. 成效評估及改善。

(二) 聽力保護計畫判斷流程如下：

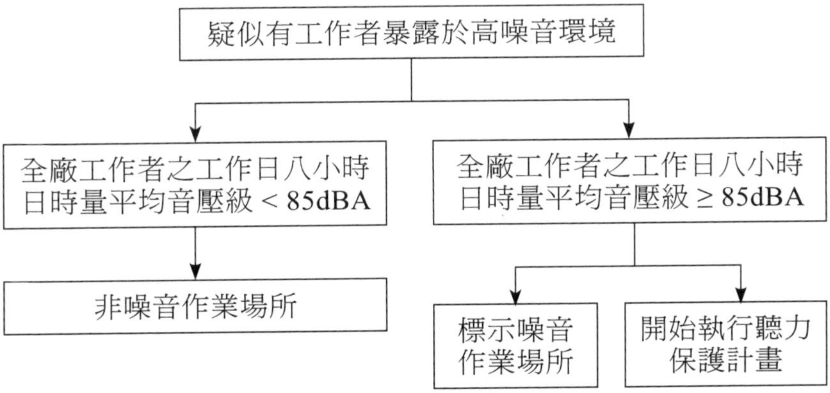

加油站的工作人員可能受到那些健康危害？加油站內有那些毒性物質？其進入人體之途徑為何？

(一) 可能受到之健康危害及毒性物質如下列：

1. 化學性因子所致粉塵、氣體、液體、霧滴危害：

 (1) 四烷基鉛氣體中毒之危害。

 (2) 粉塵引起之肺部及呼吸道危害。

 (3) 霧滴飛濺致吸入或皮膚接觸之危害。

2. 物理性因子所致之危害：

 (1) 震動之危害：長期操縱加油槍所致之手部震動危害。

 (2) 噪音：汽車、機車的引擎聲。

 (3) 溫度：夏季高溫或接觸汽車、機車發熱處遭燙傷。

3. 生物性因子所致之危害：

 (1) 洗車機的水源汙染，造成微生物、細菌的感染。

 (2) 使用的清潔抹布未定時清理，造成蚊蟲孳生。

4. 人因工學：

 (1) 不適當的提舉姿勢或不良站立姿勢。

 (2) 單調重複性作業。

 (3) 加油槍工具設計不良。

 (4) 清潔車輛時用力過度。

5. 心理因素：

 (1) 輪班夜班的心理壓力。

 (2) 場內場外溝通不良，造成職場暴力。

(二) 進入人體之途徑：

1. 吸入：未有適當呼吸防護具所致。

2. 皮膚（含眼睛）滲入：未戴防滲手套所致。

3. 食入：個人飲食衛生習慣不良所致。

請說明危害物質對健康影響之相關資訊的 4 個主要來源。（20 分） 【108】

參考環保署「健康風險評估技術規範」，危害物質對健康影響之相關資訊，其毒性確認之毒理資料可由以下四方面取得：

(一) 流行病學研究資料：完整的流行病學研究結果可以在污染物質劑量與健康影響之關聯性中提供令人信服的證據，然而在一般環境中常因污染物質濃度太低，暴露人數太少，暴露至產生健康影響之潛伏期太長，以及多重而複雜之暴露狀況等因素，致使要從流行病學研究獲得令人信服的證據並不容易。

(二) 動物實驗資料：在危害確認中最有效的資料通常來自動物實驗分析的資料。從動物實驗所得的結果推論至人體係毒物學研究之基礎，其精確性端看實驗所採的生物觀點及使用的藥劑在實驗時產生的健康效應是否合乎邏輯。

(三) 短期試驗（short term test）資料：由於動物實驗需花費龐大之人力、物力、經費及時間，因此既快速且試驗費用不高之短期試驗如 Ames test，常用來篩選污染物質是否具有潛在之致癌性，或者引導支持動物實驗及流行病學調查結果，因而非常具有價值。

(四) 分子結構的比較：從許多研究及實驗資料顯示致癌能力確實與化學物質之結構與種類有關，將污染物質之物化特性與已知具致癌性（或健康影響特性）之物質比對，可以了解此污染物質之潛在的致癌性（或健康影響特性）。

以上四大項資料，在進行危害確認上，其證據權重以流行病學研究資料最高，而分子結構的比較結果最低。但在實際執行上，就篩選之觀點，大多以分子結構的比較、短期試驗、動物實驗、流行病學研究之順序來進行。

請說明採（開）礦作業場所常會遇到的有害物質。（20 分）

【108】

採（開）礦作業場所常會遇到的有害物質簡述如下：

(一) 缺氧空氣：類等缺氧氣體。

(二) 粉塵：岩石及泥土層，開採或爆破時會造成大量粉塵。

(三) 重金屬：錳、鎳、銅等多金屬結核。

(四) 稀土金屬：鑭、鈰、鐠等元素，部分有輻射。

(五) 硫化氫：自然存在於原油、天然氣、火山氣體和溫泉之中。也可於細菌於缺氧狀態下分解有機物的過程中產生。

(六) 生物性危害：含影響人體健康的寄生蟲、微生物或細菌之地下水。

有關職業的致癌物質：

（一）國際衛生組織（WHO）的國際癌症研究署（International Agency for Research on Canser）對於物質之致癌性依其證據程度，分為那些類別？（3 分）

（二）各類別之分類標準為何？（4 分）

（三）其所使用之證據包括那些種類的研究結果？（3 分）（10 分）【108】

有關國際衛生組織（WHO）的國際癌症研究署對於物質之致癌性分類如下：

（一）類別	（二）分類標準	（三）使用之證據
1 級	確定為人類致癌物	有充足人類流行病學證據。
2A 級	很可能（probably）為致癌物	有若干人類流行病學證據，加上充足動物實驗證據或充足致病機轉。
2B 級	可能（possibly）為致癌物	有若干人類流行病學證據、或充足動物實驗證據、或充足致病機轉。
3 級	無法分類（not classifiable）	目前致癌證據不足，未來需要更多研究證據釐清。

註：Group 4（不太可能為致癌物）之分類，已於 2019 年移除，原該類物質併入 Group 3。

請說明判斷游離輻射暴露引起血癌（或稱白血病）職業病的標準。【109】

參考勞動部職業安全衛生署「游離輻射的職業病認定參考指引」，因游離輻射暴露引起血癌（或稱白血病）職業病為慢性作用疾病，其認定標準如下：

(一) 主要標準：下列 3 條件均需符合。

1. 具短時間曝露於大量游離輻射或長期曝露於游離輻射的證據，累積劑量要達到造成危害的曝露標準，且曝露與疾病間有時序性。

2. 具血癌病徵，同時有客觀的理學徵候，異常的實驗室證據及病理證據。

3. 需排除其他常見非游離輻射曝露的致病原因。

(二) 輔助標準：如果對上述 3 條件的效度仍有存疑，則輔助基準可以支持此項診斷。

1. 同一工作環境其他的工作人員也有疑似的症狀或疾病。

2. 作業環境偵測顯示長期的游離輻射偏高紀錄，或在環境未改善前曾偵測出輻射偏高。

請說明職業危害（Hazard）類別，並分別舉例說明之。（20 分）

【110】

職業危害（Hazard）類別敘述如下：

(一) 化學性危害。例如：

1. 有機溶劑物質。

2. 特定特學物質。

3. 有害粉塵。

4. 毒性物質。

(二) 物理性危害。例如：

1. 游離及非游離輻射。

2. 異常氣壓。

3. 噪音振動。

4. 採光照明。

5. 高溫低溫。

(三) 生物性危害。例如：

1. 動物：如遭受猛禽攻擊。

2. 植物：花粉過敏症。

3. 微生物：新冠肺炎感染。

(四) 人因性危害。例如：

1. 重複性作業。

2. 不良的作業姿勢。

3. 過度施力。

4. 未有適當休息時間。

(五) 社會、心理性危害。例如：

1. 公司外部的壓力，如：客戶。

2. 公司內部的壓力，如：同事或長官。

3. 輪班作業。

4. 長時間作業。

5. 夜間工作。

職業病診斷的五項必要條件為何？(20 分) 【110】

職業病診斷的五項必要條件為：

(一) 工作場所中有害因子確實存在（合乎科學上之一致性）。

(二) 得病的人必須曾經在有害因子的環境下工作（有暴露危害因子之證據）。

(三) 發病必須在接觸有害因子之後（合乎時序性）。

(四) 經醫師診斷確實有病（有病的證據）。

(五) 起因與非職業原因無關（大致排除其他更重要或暴露可共同導致此病）。

氣動直徑（Aerodynamic diameter）常用來敘述空氣中氣懸微粒（Aerosol）粒徑大小，請問如何定義氣動直徑？另請依粒徑大小說明吸入人體內之氣懸微粒在呼吸道內分布機制與分布區域特性？（20 分） 【112】

(一) 氣動粒徑（aerodynamic diameter）：係為相當於具有與該粒子在空氣中於標準狀態（STP）條件下，有相同終端沉降速度之類似球型粒子的直徑。

(二) 1. 可吸入性粉塵（IPM；Inhalable particulate mass）：該粉塵（> 10um）能在整個呼吸道沉積，空氣粒狀物能經由口鼻呼吸而進入人體呼吸系統。

2. 胸腔性粉塵（TPM；Thoracic particulate mass）：該粉塵（5 ~ 10um）可沉積於呼吸道至肺泡區，穿越人體咽喉區而進入人體胸腔。

3. 可呼吸性粉塵（RPM；Respirable particulate mass）：該粉塵（< 5um）可進入肺泡區並沉積。

上述三部分的汙染物的捕集效率為 50% 時，相對應的氣動粒徑分別是：100um、10um、4um。

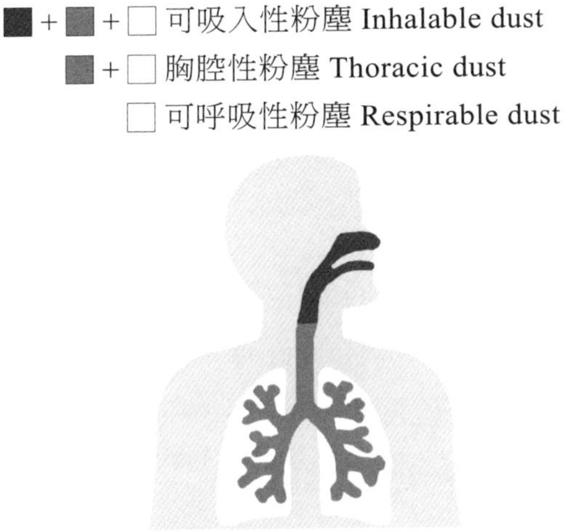

請說明職業性致癌物質的分類等級與定義，並請針對各等級致癌物分別舉例說明之。（20 分）【112】

（一）Group 1：確定為人類致癌物。有充足人類流行病學證據。例：石綿、苯、氡。

（二）Group 2A：很可能（probably）為致癌物。有若干人類流行病學證據，加上充足動物實驗證據或充足致病機轉。例：無機鉛化合物。

（三）Group 2B：可能（possibly）為致癌物。 有若干人類流行病學證據 、或充足動物實驗證據、或充足致病機轉。例：鉛、車輛廢氣。

（四）Group 3：尚無法分類（not classifiable）。未來需要更多研究證據釐清。例：三聚氰胺、二氧化硫、咖啡因。

註：Group 4（不太可能為致癌物）之分類，已於 2019 年移除，原該類物質併入 Group 3。

請說明職業健康檢查的類別與做法？（20分）【112】

（一）一般體格檢查：僱用勞工時，為識別勞工工作適性，考量其是否有不適合作業之疾病所實施之身體檢查。

1. 檢查頻率：僱用勞工時。
2. 檢查項目：
    (1) 作業經歷、既往病史、生活習慣及自覺症狀之調查。
    (2) 身高、體重、腰圍、視力、辨色力、聽力、血壓及身體各系統或部位之理學檢查。
    (3) 胸部X光（大片）攝影檢查。
    (4) 尿蛋白及尿潛血之檢查。
    (5) 血色素及白血球數檢查。
    (6) 血糖、血清丙胺酸轉胺脢（ALT或稱SGPT）、肌酸酐（creatinine）、膽固醇及三酸甘油酯、高密度脂蛋白膽固醇之檢查。
    (7) 其他經中央主管機關指定之檢查。

（二）一般健康檢查：對於在職勞工，為發現健康有無異常，以提供適當健康指導、適性配工等健康管理措施，依其年齡於一定期間或變更其工作時所實施者。

1. 檢查頻率：
    (1) 年滿65歲者，每年檢查1次。
    (2) 40歲以上未滿65歲者，每3年檢查1次。
    (3) 未滿40歲者，每5年檢查1次。
2. 檢查項目：同前項檢查項目外，再增加低密度脂蛋白膽固醇之檢查。

（三）從事特別危害健康作業者之特殊體格檢查及健康檢查：指對從事特別危害健康作業之勞工，為發現健康有無異常，以提供適當健康指導、適性配工及實施分級管理等健康管理措施，依其作業危害性，於僱用、變更工作、一定期間或變更其工作時所實施者。

1. 檢查頻率：初次從事特別危害健康作業，及定期每年一次。

2. 檢查項目：依特別危害健康作業的種類（如：高溫、噪音、游離輻射、有機溶劑、特定化學物質等）訂定項目。

（四）經中央主管機關指定為特定對象及特定項目之健康檢查：指對可能為罹患職業病之高風險群勞工，或基於疑似職業病及本土流行病學調查之需要，經中央主管機關指定公告，要求其雇主對特定勞工施行必要項目之臨時性檢查。

1. 檢查頻率：由主管機關公告。

2. 檢查項目：由主管機關公告。

工作場所或者在家工作的室內空氣品質對於工作者的健康皆至關重要，請問何謂病態大樓症候群（Sick Building Syndrome, SBS）及大樓相關疾病（Building Related Illneses, BRI）？並分別舉例說明。（20 分） **【113】**

（一）病態大樓症候群：1983 年由世界衛生組織提出，研究人員發現在裝設空調的辦公建築中，工作者出現氣喘、過敏或打噴嚏等症狀，當人員進入該建築後才會出現症狀，離開建築後症狀就會緩解，其成因包括建材、室內污染源、通風設備以及工作機具皆有影響。

（二）建築物相關疾病：係經臨床診斷有確證成因的疾病，而這些疾病與建築物室內空氣污染物有關，包含化學性污染源（如：建材中釋放甲醛）及較常見的生物性污染源。吸入或接觸高濃度的甲醛可能導致過敏性鼻炎、接觸性皮膚炎，若長期暴露甚至會導致罹癌；典型的生物性污染物質來自於加溼器系統、冷卻塔槽、排水盤及其他潮濕的表面及遭水損害的建物。發病症狀包括發燒、發冷、咳嗽等，更嚴重可能會引起肺部和呼吸系統的疾病產生，常見包括退伍軍人症、過敏性急性肺炎、增濕器發熱病等。

粉塵暴露造成得塵肺症（Pneumonoisis）是常見的呼吸道相關職業疾病之一。請列舉至少四個例子說明特定成分粉塵暴露所造成的特定類似塵肺症之疾病。（20 分） 【113】

台灣常見的塵肺症有矽肺症（silicosis）、煤礦工人塵肺症（coal workers' pneumoconiosis）、石綿肺症（asbestosis）、電焊工人塵肺症（welder's pneumoconiosis）

(一) 矽肺症：

為最常導致失能且最為人知的塵肺症，主要由二氧化矽沉積在肺中導致肺部纖維化，可能會出現呼吸困難、胸痛、咳嗽和疲勞等症狀；而二氧化矽依型態分為結晶型游離二氧化矽，矽肺症可分為慢性矽肺症（chronic silicosis），加速型矽肺症（accelerated silicosis）以及急性矽肺症（acute silicosis），尤其在礦業、建築工地、陶瓷工業、石材加工等行業中常見。

(二) 煤礦工人塵肺症：

煤礦工人塵肺症係因吸入煤塵而致。細支氣管周圍由於煤塵及噬入煤塵的吞噬細胞聚積而形成煤塵斑。煤塵斑逐漸增大並雜有不同程度的纖維化，乃形成煤塵結節，常合併局部性中央小葉型肺氣腫，煤塵結節繼續增大融合，最後發展成進行性大塊纖維化。其嚴重程度和肺內沉積的粉塵總量密切相關。

(三) 電焊工人塵肺症：

是由吸入氧化鐵燻煙、粉塵或其他電焊燻煙造成的，此類疾病也被稱為肺鐵質沉積症（pulmonary siderosis），臨床表現為呼吸困難、持續咳嗽或異常的胸部 X 光，肺功能檢查結果可能為阻塞型變化，也有以限制型、混合型甚至是正常的肺功能表現，吸菸與電焊對於肺部有協同作用的影響，使得肺功能進一步下降。

(四) 石綿肺症：

石綿肺是由長期吸入石綿粉塵所引起的慢性肺病。石綿纖維被吸入後，會在肺部造成持續的發炎症和纖維化，長期暴露會引發石綿肺症，並且與肺癌和間皮瘤有關。

3-3 參考資料

說明 / 網址	QR Code
《工業衛生》，莊侑哲 *https://www.sanmin.com.tw/product/index/000326263*	
《職業病概論》，郭育良 *https://www.sanmin.com.tw/product/index/000697754*	
《人因工程：人機境介面工適學設計》，許勝雄 *https://www.sanmin.com.tw/product/index/010818562*	
《現代安全管理》，蔡永銘 *https://www.books.com.tw/products/0010676463*	
《製程安全管理》，張一岑 *https://www.books.com.tw/products/0010551872*	
《作業環境控制工程》，洪銀忠 *https://www.books.com.tw/products/0010037494?sloc=reprod_t_2*	

說明 / 網址	QR Code
勞動部勞動及職業安全衛生研究所之「工安警訊」 *https://www.ilosh.gov.tw/menu/1169/1172/*	
勞動部勞動及職業安全衛生研究所之「研究季刊」 *https://www.ilosh.gov.tw/90734/90789/90795/92349/post*	
職業安全衛生管理員教材，中華民國工業安全衛生協會 *https://book.isha.org.tw/bookinfo.html?pk=146*	
中華民國工業安全衛生協會 工業安全與衛生（月刊） *http://www.isha.org.tw/monthly/books.html*	
ISO 31000:2018 風險管理 - 指導綱要 *https://www.iso.org/standard/65694.html*	
ISO 19011:2018/CNS 14809 管理系統稽核指導綱要 *https://www.bsmi.gov.tw/wSite/ct?xItem=92327&ctNode=8322&mp=1*	
CNS 45001:2018 Z2158 *https://www.cnsonline.com.tw/?node=search&locale=zh_TW*	
臺灣職業安全衛生管理系統指引 *https://www.osha.gov.tw/1106/1251/28996/29216/*	
風險評估技術指引 *https://www.osha.gov.tw/1106/1251/28996/29207/*	

職業衛生與健康管理實務

4

4-0 重點分析

工業衛生又稱為職業衛生，依據美國工業衛生協會（American Industrial Hygiene Association, AIHA）定義，工業衛生係指致力於預期（anticipation）、認知（recognition）、評估（evaluation）和管制（control）發生於工作場所的各種環境因素或危害因子的科學（science）和藝術（art），而這些環境因素或危害因子，係指會使勞工或社區內的民眾發生疾病、損害健康和福祉，或使之發生身體嚴重不適及減低工作效率。

專技高考職業衛生技師的考試類科「職業衛生與健康管理實務」雖是一門新的考試科目，但是如果細看考試範圍會發現，其實與原來工礦衛生技師的考試類科「衛生管理實務」差異不大，僅是分門別類更清楚而已。「職業衛生與健康管理實務」這個考科偏重於工業衛生五大危害因子的行政管理、管理計畫及緊急應變，所以考生們可以把握八二法則，對於「物、化、生、人、心」等危害因子的預防或管理好好掌握，並練習以「P、D、C、A」順序去撰寫管理計畫及緊急應變，熟練這3大類型考題，相信本科的成績會很亮眼。

欲解決衛生與健康的危害因子之前，應先辨識出各有那些危害種類，因此在建立衛生與健康管理的基礎時，高立圖書出版由莊侑哲等老師所著的《工業衛生》，華杏出版由郭育良等老師所著的《職業病概論》或《職業與疾病》，以及中華民國工業安全衛生協會所編撰的職業安全衛生管理員、職業衛生管理師訓練教材等，都是非常值得研讀的相關書籍與參考資料。

專技高考與技能檢定的答題方向不同，除了要回答正確的內容外，針對所問的題目提出不同的見解或更完整深入面向的回答，是脫穎而出的關鍵，而此部分的能力養成則有賴於多方閱讀，多方閱讀可以讓你得到不同的資訊、深度與見解，所以對於這個考試科目的準備，除了紮實的工業衛生基礎外，還需要「廣泛閱讀」才能使答案的深度與廣度有所提升，而資料來源建議以「勞動部勞動及職業安全衛生研究所」為主，尤其是其中的「研究新訊」更是可常去挖寶的地方，但實際上場考試精要之處全在於考生統整解析考題的能力，理解出題老師想測驗的問題本質，對問題的答案要有破題並融會貫通才行。

4-1 職業衛生管理計畫

4-1-1 職業安全衛生管理系統與績效評估

（一）事業單位應如何訂定其安全衛生工作守則？
（二）試就法令規定及辦理方法二方面陳述之。（25 分）

（一）依據「職業安全衛生法」第 34 條規定，雇主應依本法及有關規定會同勞工代表訂定適合其需要之安全衛生工作守則，報經勞動檢查機構備查後，公告實施。

（二）1. 法令規定：

(1) 依據「職業安全衛生法」第 45 條規定，違反第 34 條第 1 項之規定（即雇主未依本法及有關規定會同勞工代表訂定適合其需要之安全衛生工作守則，報經勞動檢查機構備查後，公告實施者），經通知限期改善，屆期未改善者，處新臺幣 3 萬元以上 15 萬元以下罰鍰。

(2) 依據「職業安全衛生法」第 46 條規定，違反第 34 條第 2 項之規定（即勞工不遵行安全衛生工作守則）者，處新臺幣 3,000 元以下罰鍰。

2. 辦理方法：

由負責人請勞工代表會同各部門主管依據「職業安全衛生法施行細則」第 41 條上的項目訂定符合事業單位需求的工作守則，並在訂定完成後給雇主及勞工代表們作最後的簽名確認，最後陳報該事業單位所在地之勞動檢查機構備查，經勞動檢查機構審核通過後在事業單位的公告欄上或內部信件傳達本工作守則內容，並印製成冊發給勞工。

請針對化學實驗室擬定化學品外洩的緊急應變計畫。（25 分）

（一）目的：為預防化學實驗室在現有控制措施下仍有殘餘之風險，特擬定此應變計畫，以在事故發生時能以最有效率之作為降低化學品外洩後造成的損失。

（二）應變組織與權責：

1. 指揮組：由最高管理者擔任指揮官，成立應變中心並負責整個事件之管理。

2. 操作組：由實驗室主管負責指導與協調事件中所有戰術的操作。

3. 計畫組：由 A 部門負責收集、評估、分析與使用有關事件發展與資源運用等資訊。

4. 後勤組：由 B 部門負在事件中提供應變組織各組所需之設施、服務與材料。

5. 財務組：由 C 部門記錄所有事件的花費並評估該事件的直間接財務損失。

(三) 應變計畫：

1. 擬訂化學品洩漏後的行動方案，包含下列事項：

   (1) 急救方案。

   (2) 個人防護方案。

   (3) 洩漏著火處理方案。

   (4) 建築物、機械設備等拆除處理方案。

2. 事故區域管制擬訂：設定熱區、暖區、冷區及指揮所等位置。

3. 疏散措施：擬定兩條以上之疏散路線及逃生設施。

(四) 應變演練及訓練：可藉由下列方式進行單項或複合演練。

1. 講解：使緊急應變有關人員瞭解與熟悉某應變主題、計畫內容或步驟。

2. 沙盤推演：協調各個應變單位、評估計畫內容，查核步驟流程、確認功能與責任。

3. 單元訓練：對警報設備、消防設備、個人防護具、急救方法、疏散路線等訓練以強化應變能力。

4. 實地演習：根據演習的構想模擬狀況，實際於現場動員所有應參與之人力與資源，以測試整個計畫之流程是否能因應未來可能的災變。

(五) 應變計畫之檢討與修正：

1. 每年定期修正之時機。

2. 每次應變演練過後，檢討演練過程中之缺失，並修正不符合項目。

試述下列名詞之意涵：（每小題 5 分，共 25 分）
（一）被動式噪音控制耳罩（passive noise control earmuff）
（二）富氧空氣，並說明對物質爆炸性質有何影響？
（三）循環式自攜呼吸器（self-contained breathing apparatus）
（四）短時間時量平均容許濃度（PEL-STEL, permissible exposure limit-short term exposure limit）
（五）傳音性聽力損失（conductive hearing loss）。

（一）被動式噪音控制耳罩（passive noise control earmuff）：

利用封閉、阻礙、或吸音等方法，來消除不想要的噪音之耳罩。

（二）富氧空氣：

係指氧含量高於 20.9% 以上的空氣，富氧空氣提供爆炸性物質充足的氧氣，會讓火災爆炸更加劇烈，故在局限空間等場所，嚴格禁止使用富氧空氣相關的設備。

（三）循環式自攜呼吸器（self-contained breathing apparatus）：

係指密閉循環方式之自攜式呼吸器，內有二氧化碳吸收罐，可吸收佩戴者呼出的二氧化碳，經處理後的氣體混合補充之氧氣後，再提供配戴者使用，即呼氣不排出的自攜式呼吸防護具。

（四）短時間時量平均容許濃度（PEL-STEL, permissible exposure limit-short term exposure limit）：

為一般勞工連續暴露在此濃度以下任何 15 分鐘，不致有不可忍受之刺激、慢性或不可逆之組織病變、麻醉昏暈作用、事故增加之傾向或工作效率之降低者。

（五）傳音性聽力損失（conductive hearing loss）：

係指由於疾病或外傷導致中耳或外耳受傷所造成之聽力損失。

（一）缺氧作業一旦發生危害非死即傷，請問那些情況下會有發生缺氧之虞？並依各情況列舉場所兩例。（10 分）

（二）如何預防類似的情況再次發生？請擬定一緊急應變計畫。（10 分）

（一）依據「缺氧症預防規則」第 3 條規定，有缺氧之虞係指空氣中氧氣濃度未滿 18% 之狀況，如下列場所從事之作業：

1. 長期間未使用之水井、坑井、豎坑、隧道、沉箱、或類似場所等之內部。
2. 滯留或曾滯留雨水、河水或湧水之槽、暗渠、人孔或坑井之內部。
3. 使用其他非氧氣或空氣之氣體（如氮氣、二氧化碳等）從事作業。

（二）為預防缺氧作業危害，其緊急應變計畫應包含下列事項。

1. 確認應變計畫之目的及範圍。
2. 對作業環境進行風險評估，確認殘餘風險是否為不可接受。
3. 組織緊急應變小組並確認小組成員及職責。
4. 置備緊急應變器材，如 SCBA（自攜式呼吸防護具）或 SAR（輸氣管式呼吸防護具）、急救箱、擔架、電動或手搖三腳架。
5. 定期實施訓練，以利一旦發生事故時，各成員能迅速完成各自任務，並將災害降到最低。
6. 定期或於每次應變演練後修改計畫內容，並檢討缺失及改進。

工作場所在 2 年內有 3 位工人罹患肺癌，請問如何判斷是否屬於職業性癌症？（15 分）

職業性癌症係屬於職業疾病的一種，而職業疾病的診斷與判定，需經過 5 個相當專業與嚴謹的程序，一般而言需符合下列 5 項原則：

(一) 勞工確實有病徵 (由職業醫學科專科醫師診斷，開具診斷證明書)。

(二) 必須曾經暴露於存在有害因子的環境。

(三) 發病期間與症狀及有害因子之暴露期間有時序上的關係 (即暴露在前，發病在後)。

(四) 排除其他可致病的因素 (如勞工個人生活習慣)。

(五) 文獻上曾經記載症狀與危害因子之關係。

對於公司即將設立新廠房或新的作業部門，如何主動事先找出工作場所可能存在的危害，以利於廠房設計之初就將防止職災的設備需要同時考量進去？（20 分）

(一) 依據「職業安全衛生法」之規定，機械、設備、器具、原料、材料等物件之設計、製造或輸入者及工程之設計或施工者，應於設計、製造、輸入或施工規劃階段實施風險評估，致力防止此等物件於使用或工程施工時，發生職業災害。

(二) 風險評估流程如下：

1. 辨識出所有的作業或工程。
2. 辨識危害及後果。
3. 確認現有控制措施。
4. 評估危害的風險。

5. 決定降低風險的控制措施。

6. 確認採取控制措施後的殘餘風險。

試述下列名詞之定義：（每小題 5 分，共 20 分）
（一）呼吸阻抗
（二）勞動場所
（三）重大職業災害
（四）暫時全失能

（一）呼吸阻抗：係指配戴呼吸防護具後，其呼吸的難易度，單位為 Pa。通常呼吸防護具之濾材過濾效果越好，其呼吸阻抗值也會越高。

（二）勞動場所：

1. 於勞動契約存續中，由雇主所提示，使勞工履行契約提供勞務之場所。

2. 自營作業者實際從事勞動之場所。

3. 其他受工作場所負責人指揮監督從事勞動之人員實際從事勞動之場所。

（三）重大職業災害：

1. 發生死亡災害。

2. 發生災害之罹災人數在 3 人以上。

3. 氨、氯、氟化氫、光氣、硫化氫、二氧化硫等化學物質之洩漏，發生 1 人以上罹災勞工需住院治療者。

4. 其他經中央主管機關指定公告之災害。

(四) 暫時全失能：係指罹災人未死亡，亦未永久失能。但不能繼續其正常工作，必須休班離開工作場所，損失時間在 1 日以上（包括星期日、休假日或事業單位停工日），暫時不能恢復工作者。

某化工廠發生火警，由於內部存放多種化學物質，可能會毒氣外洩。但因該工廠早就備有緊急應變計畫，且均定期實施演練，警消在半個小時即控制火勢，無人傷亡，未蔓延到有毒化學溶劑，虛驚一場。一般而言，緊急應變訓練與演練方法可分為幾種？請詳述之。（20 分）

依據「緊急應變措施技術指引」，緊急應變訓練與演練可分為講解、沙盤推演、單元訓練及實地演習四種形式，以下分別說明：

(一) 講解：

「講解」的目的在使緊急應變有關人員瞭解與熟悉某應變主題、計畫內容或步驟。顧名思義，講解較具有口頭、靜態、及單向之特性。其方式包括：平時對相關人員的說明、教育、訓練課程；以及於展開應變活動前，對活動內容及步驟的口頭報告等。一般而言，講解的對象可為事業單位內的員工、承攬商、來賓，甚至事業單位外可能提供協助的應變人員、政府機關代表及社區民眾等。

(二) 沙盤推演：

「沙盤推演」提供了一個沒有壓力或時間限制、且無需耗費過多應變資源的靜態模擬練習。沙盤推演與講解具有類似的特性，但其主要目的卻有所不同。沙盤推演的目的主要在協調各個應變單位、評估計畫內容、查核步驟流程、確認功能與責任、以及檢討改善方案等。

沙盤推演之模擬內容可依事業單位內所有可能緊急狀況之項目、等級及區域等，分別展開規劃。參與沙盤推演的人員應根據實際應變時的流程、動作，逐一推演、報告及說明其過程。參演者可透過上述的模擬過程，練習、熟悉應有的應變作業，亦可藉此方式將可能的緊急狀況，讓其他參與者瞭解；當然，若能藉此發現應變系統、計畫、指引、程序等之缺失，更能達到積極的效果。

(三) 單元訓練：

「單元訓練」是用來測試或評估個別應變單元及局部應變計畫的功能；亦即，可將某種意外事故中，需運用到的應變單元，如逐級通報、發出警報、消防滅火、傷患救護、人員疏散、尋求外部支援等，個別進行實際的練習。進行這些訓練時，雖然是選擇特定的單元單獨進行練習，但仍應儘量模擬真實的狀況，如此才可加強應變人員對應變步驟、技巧、壓力的瞭解與體會，及對應變設施，如警報設備、消防設備、個人防護具、急救方法、疏散路線等的熟悉程度。

為儘量模擬實際可能發生的狀況，除須對各項訓練的操演時間嚴加掌控之外，對洩漏、人員受傷、車輛行進狀況等，均可藉助一些額外的設備（如煙霧產生器、標示牌等），營造類似實際狀況的效果，但前提是須考量其安全性。

(四) 實地演習：

「實地演習」是對整個緊急應變系統進行測試亦即根據演習構想（模擬狀況），串聯所有可能的單元訓練，以測試整個緊急應變計畫。一般而言，實地演習應包括所有有關的應變單位，特別是外部支援單位、政府機構、社區民眾；而且其規模、範圍及動用的資源都比較大。當然，實地演習會比上述的演練方式對參與者產生更多的壓力，而且演習的時間也較長。雖然，實地演習理應完全模擬真實狀況，但在演習時，亦應隨時注意參演人員的安全性。

作為一位負責作業現場職業衛生工作的專責職業衛生技師，在進行作業現場污染物暴露與可能危害評估時，應先觀察、蒐集那些資訊？以便有效掌握、管理或控制作業現場的潛在職業風險。

（20 分）

作為一位專責職業衛生技師，在進行作業現場污染物暴露與可能危害評估時，應先觀察、蒐集事項如下列：

(一) 人：蒐集汙染物接觸者的身分。

(二) 事：蒐集汙染物接觸者的作業型態及通風換氣設備。

(三) 時：蒐集汙染物暴露的時段、最大濃度可能暴露的時段。

(四) 地：蒐集汙染物主要運作區域或部門，甚至汙染路徑。

(五) 物：蒐集該汙染物名稱、使用量、物理化學特性、暴露濃度與容許暴露濃度、暴露途徑（吸入、皮膚接觸、眼睛黏膜接觸或食入）等。

以上資訊如能充分蒐集，將有利於掌握、管理或控制作業現場的潛在職業風險。

學術研究機構實驗場所是職業安全衛生法所管轄範疇的一部分，但這類單位的作業形式與一般工廠生產單位的作業形式迥然不同。針對這類學術研究機構實驗場所的緊急應變計畫應如何規劃？

（20 分）

(一) 實施風險評估：先評估實驗室內各項作業之風險，並針對無法以現有控制措施將風險降低至可接受風險程度時，再將此項目納入緊急應變計畫內。

(二) 應變組織架構：應變計劃中應設置緊急應變組織，其架構應依據任務導向再細分為指揮組、操作組、計畫組、後勤組、財務組。

(三) 緊急應變小組權責分工：每個小組成員依據其任務導向負責該組之任務。

(四) 緊急應變資源的評估：各項應變器材、內部外部支援的聯絡方式、聯絡工具等。

(五) 訂定緊急應變演練時程：每年應定期實施緊急應變演練。

(六) 計畫之檢討及改進：每次實施緊急應變演練後，應實施成效檢討並適時更新計畫內容。

作業場所發生之火災或意外事件須進行事故調查，試說明事故調查之宗旨與實施目的，並陳述現場訪查應注意那些事項。(20 分)

(一) 事故調查之宗旨或實施的目的在於經由已經發生的事故或虛驚事件中找出事故發生的根本原因，並且改善管理系統上的缺失，避免類似的事故再次發生。

(二) 事故調查時，需要實施現場訪查，了解事情發生的來龍去脈，應注意事項有下列：

1. 證據保留：將事故發生時有關的證據保存並且避免破壞現場，如媒介物、攝影機影像（如果有的話）。

2. 人員訪談：盡可能詢問到與事故有關的相關人員，如目擊者、發現者、共同作業者等。

3. 時間掌握：事故調查需在急救及搶救結束後立即進行，否則可能因時間過久而喪失了許多線索或相關證據。

4. 公正客觀：在調查過程中，應以公正客觀的方式去詢問證人或蒐集證據，避免情緒上字眼或透漏懲處訊息，以避免蒐集到的情報失真或被隱瞞部分關鍵事實。

5. 記錄工具：實施調查時應準備記錄工具，如相機、照相功能手機、錄音器等，可提供日後佐證之證據。

工業製程有許多局限空間場所（如貯槽），其作業具有高度的危險性，須進行作業演練與應變，試詳述局限空間作業之主要演練內容與注意事項，請舉例說明之。（20 分）

（一）須進行緊急應變之作業應先實施風險評估，在完成風險評估作業後，發現經危害控制措施後仍有無法接受的殘餘風險，須訂定緊急應變計畫及實施應變演練。

（二）局限空間最主要的危害乃缺氧中毒，因此在實施局限空間作業之緊急應變時，應考慮到下列事項：

1. 組織架構：應變前應先組織一個應變組織，確定好組織內各小組的任務特性。
2. 權責分析：各個階層的小組成員，皆有各自的任務職掌，在進行演練時需要清楚各自定位。
3. 演習內容：針對風險評估及控制措施後所殘留的風險進行演練。
4. 資源統合：緊急應變進行前，須注意應變器材適用性及有效性、應變器材數量、內部外部支援的聯絡方式等。
5. 記錄與檢討：演習過程應詳實記錄，並於結束後進行檢討作業，作為下次演習前改善的依據。

職業安全衛生管理系統方法係建立在【規劃 - 執行 - 檢核 - 行動】循環的概念上，請描述各項於衛生管理系統的意義，並舉例說明之。（25 分）【109】

（一）規劃（Plan）：依據風險控制的需求，事先擬定一個目標並且設定標的，考量各項資源、時程、資格等因素，對一個目標所設定的成功要件。如：某一事業單位今年規劃安全衛生在職教育訓練普及率 100%，應規劃實施時程、講師資格、授課內容、時數、效果確認等。

(二) 執行（Do）：依據規劃項目所採取達成目標與標的的實際過程，其中需要考量資源、運作規劃及管制。如：各項作業準則之建立、實施、文件保存、變更管制做法、採購管理、承攬外包管理、緊急應變處置等。

(三) 檢核（Check）：在執行過程中，為確認與目標偏離的狀況所採取的措施，如：統計職安衛相關證照數是否符合需求數、作業環境監測結果是否符合法令要求、內部稽核與管理審查等。

(四) 行動（Action）：在年度或計畫終了時，由最高管理階層召開會議審查完成率及其他過程中所發現到的問題，並採取改善行動並持續改善。如：不符合報告、矯正措施等。

2015 年聯合國提出 2030 永續發展目標，全球企業共同朝向永續發展的目標邁進，關於職業安全衛生管理方面，配合全球永續性報告協會（Global Reporting Initiative）發布新版 GRI 403 職業健康與安全準則。請闡述 GRI 403 準則和傳統的績效指標有何不同，以及意義何在。（20 分）【111】

(一) GRI 403 職業健康與安全準則包含下列 10 項準則及三階段指標(基本指標、進階指標及企業範例)：

1. 職業安全衛生管理系統。(如各活動目標完成進度)
2. 危害辨識、風險評估及事故調查。(如對於工作或工程的危害態樣鑑別完成率)
3. 職業健康服務。(如健康服務活動的場次)
4. 工作者對於職業健康與安全之參與、諮商與溝通。(如安委會開會頻率或勞工參與提案改善的情形)

5. 工作者職業健康與安全教育訓練。(如教育訓練應受訓人數完成比率)

6. 工作者健康促進。(如辦理健康座談次數)

7. 預防及降低與企業直接關聯者之職業健康與安全衝擊。(如承攬商溝通方式與頻率)

8. 職業安全衛生管理系統所涵蓋之工作者。(如內部稽核所涵蓋的工作者比率)

9. 職業傷害。(如失能傷害頻率、失能傷害嚴重率)

10. 工作相關疾病。(如勞工罹患職業疾病人數或比率)

(二) 傳統傳統的績效指標包含主動式績效與被動式績效。

1. 主動式指標：主動式績效指標是於意外事故或職業病發生前，量測事業單位安全衛生目標的達成度。例如：

(1) 目標管理方案達成率。

(2) 教育訓練及緊急應變演練效率。

(3) 安衛缺失改善率。

(4) 安衛活動員工參與率。

(5) 虛驚事故件數。

2. 被動式指標：被動式績效指標則利用已發生的事故或事件，辨識安全管理作業失效或漏洞。例如：

(1) 失能傷害頻率 (FR)。

(2) 失能傷害嚴重率 (SR)。

(3) 職災傷亡千人率。

(4) 職業病補償。

(三) GRI 403 職業健康與安全準則具有主動性和預防性，主要用於評量事件 / 結果發生前所展開行動的成效，比起傳統的績效指標更具有可比較性、時效性及可驗證性，有效提升企業永續報告揭露數據品質。

4-1-2 物理性、化學性、生物性危害因子之管理

對儲存特定化學物質之儲槽實施清槽作業時，應採取那些衛生管理步驟以保護勞工健康？（25 分）

依據「特定化學物質危害預防標準」第 30 條規定，雇主對製造、處置或使用乙類物質、丙類物質或丁類物質之設備，或儲存可生成該物質之儲槽等，因改造、修理或清掃等而拆卸該設備之作業或必須進入該設備等內部作業時，應依下列規定：

(一) 派遣特定化學物質作業主管從事監督作業。

(二) 決定作業方法及順序，於事前告知從事作業之勞工。

(三) 確實將該物質自該作業設備排出。

(四) 為使該設備連接之所有配管不致流入該物質，應將該閥、旋塞等設計為雙重開關構造或設置盲板等。

(五) 依前款規定設置之閥、旋塞應予加鎖或設置盲板，並將「不得開啟」之標示揭示於顯明易見之處。

(六) 作業設備之開口部，不致流入該物質至該設備者，均應予開放。

(七) 使用換氣裝置將設備內部充分換氣。

(八) 以測定方法確認作業設備內之該物質濃度未超過容許濃度。

(九) 拆卸第 4 款規定設置之盲板等時，有該物質流出之虞者，應於事前確認在該盲板與其最接近之閥或旋塞間有否該物質之滯留，並採取適當措施。

(十) 在設備內部應置發生意外時能使勞工立即避難之設備或其他具有同等性能以上之設備。

(十一) 供給從事該作業之勞工穿著不浸透性防護衣、防護手套、防護長鞋、呼吸用防護具等個人防護具。

雇主在未依第 8 款規定確認該設備適於作業前，應將「不得將頭部伸入設備內」之意旨，告知從事該作業之勞工。

某公司開始製造奈米碳管新興材料，奈米碳管形態特性與石綿類似，請擬一個針對奈米碳管的職業衛生管理計畫。（25 分）

(一) 目的：為預防奈米碳管作業造成從業人員暴露於此危害中，故擬訂此奈米碳管危害預防管理計畫。

(二) 權責規劃：

1. 雇主：承諾並支持為預防奈米碳管危害所需相關之資源。
2. 部門主管：執行奈米碳管暴露相關改善措施。
3. 職業安全衛生人員：擬定、推動奈米碳管暴露相關改善措施。
4. 勞工健康服務人員：提供奈米碳管危害預防之相關建議。
5. 製造奈米碳管之從業人員：執行公司制定之相關奈米碳管危害預防措施。

(三) 計畫期間：xx 年 xx 月 xx 日至 xx 年 xx 月 xx 日

(四) 危害辨識：

1. 奈米碳管形態特性與石綿類似，管徑約在 1 奈米到 30 奈米之間，暴露途徑為呼吸吸入，故一但吸入胸腔內，從業人員可能導致類似間皮細胞瘤的產生。

(五) 改善或預防措施：

1. 局部排氣：盡量靠近發生源避免奈米碳管被人體吸入。
2. 呼吸防護具：使用 N95 或同等以上之防塵口罩，避免直接吸入奈米碳管。

（六）效果評估：

1. 於每季安全衛生委員會時，徵詢勞工代表回饋，確認改善措施之成效。

2. 於定期健康檢查時，追蹤勞工身體健康指數。

（七）改善措施：

於年底管理審查或年終會議時，確認實際效果與目標之差異，並修訂改善計畫。

請問如何落實危害性化學品的通識規則。（25 分）

雇主為防止勞工未確實知悉危害性化學品之危害資訊，致引起之職業災害，應採取下列必要措施：

（一）標示：對於危險物或有害物皆應張貼危害標示，以資辨識其危害種類。標示之危害圖式形狀為直立 45 度角之正方形，其大小需能辨識清楚。圖式符號應使用黑色，背景為白色，圖式之紅框有足夠警示作用之寬度。

（二）製作危害性化學品清單：清單內容應包含化學品名稱、製造者（輸入者或供應者）、使用資料、儲存資料等資訊。

（三）安全資料表：雇主對含有危害性化學品，應提供勞工安全資料表並置於工作場所易取得之處，安全資料表所用文字以中文為主，必要時並輔以作業勞工所能瞭解之外文。

（四）教育訓練：使勞工接受製造、處置或使用危害性化學品之教育訓練，其課程內容及時數依職業安全衛生教育訓練規則之規定辦理。

氫氧化四甲基銨（tetramethyl ammonium hydroxide, TMAH）近年廣泛使用為半導體、光電及核磁共振等製程之顯影劑。請回答以下問題：

（一）高壓輸送管線由令（union）破裂導致 TMAH 噴出，造成勞工臉部皮膚暴露致死，請分析此職災之「直接原因」、「間接原因」分別為何？（10 分）

（二）請從不同等級進行風險管理的角度，當作業人員操作有潛在蓄壓之 TMAH 管線時，全身應穿戴之個人防護具有那些項目？（15 分）

（一）1. 直接原因：勞工皮膚接觸 TMAH 溶液，TMAH 抑制呼吸肌肉群，造成呼吸肌肉停止，致腦部缺氧死亡。

2. 間接原因：

(1) 不安全環境：高壓輸送管線未洩壓即開始作業。

(2) 不安全行為：勞工未佩戴個人防護具。

（二）從三個風險等級進行風險管理，當作業人員操作 TMAH 相關作業時，全身應穿戴之個人防護具如下。

1. 第一級風險管理：TMAH 系統無蓄壓狀況下，人員可能有碰觸 TMAH 之機會，在此狀況下個人防護具應穿戴 C 級化學防護衣、面罩、安全眼鏡、防酸鹼靴及手套。

2. 第二級風險管理：TMAH 系統有潛在蓄壓狀況下，人員有可能被含有壓力存在之 TMAH 溶液噴濺，或吸入 TMAH 蒸氣，故此狀況個人防護具應著用 C 級化學防護衣、面罩、安全眼鏡、鹼性濾毒罐呼吸防護具、防酸鹼靴及手套。

3. 第三級風險管理：緊急應變處理情況下，TMAH 溶液持續大量洩漏或已發生火災情形，此時應著用 B 級化學防護衣、自攜式呼吸防護具（SCBA）、防酸鹼靴及手套。

職場中除較常見的物理性危害及化學性危害外，工作環境中潛在的生物性危害亦不容忽視。例如防疫人員感染登革熱、郵差受到動物攻擊等，均與生物有關，請就職業安全衛生設施規則規定，依生物類別分別說明雇主對於生物性危害預防應採取之設施或措施為何？（20分）

（一）依據「職業安全衛生設施規則」第26-1條規定，雇主使勞工於獅、虎、熊及其他具有攻擊性或危險性之動物飼養區從事餵食、誘捕、驅趕、外放，或獸舍打掃維修等作業時，應有適當之人獸隔離設備與措施。但該作業無危害之虞者，不在此限。

雇主為前項人獸隔離設備與措施時，應依下列規定辦理：

1. 勞工打開獸欄時，應於安全處以電動控制為之。但有停電、開關故障、維修保養或其他特殊情況時，經雇主或主管在場監督者，得以手動為之。
2. 從事作業有接近動物之虞時，應有保持人獸間必要之隔離設施或充分之安全距離。
3. 從獸舍出入口無法透視內部情況者，應設置監視裝置。
4. 勞工與具有攻擊性或危險性動物接近作業時，有導致傷害之虞者，應指定專人監督該作，並置備電擊棒等適當之防護具，使勞工確實使用。
5. 訂定標準作業程序，使勞工遵循。

（二）依據「職業安全衛生設施規則」第297-1條規定，雇主對於工作場所有生物病原體危害之虞者，應採取下列感染預防措施：

1. 危害暴露範圍之確認。
2. 相關機械、設備、器具等之管理及檢點。
3. 警告傳達及標示。
4. 健康管理。

5. 感染預防作業標準。

6. 感染預防教育訓練。

7. 扎傷事故之防治。

8. 個人防護具之採購、管理及配戴演練。

9. 緊急應變。

10. 感染事故之報告、調查、評估、統 計、追蹤、隱私權維護及紀錄。

11. 感染預防之績效檢討及修正。

12. 其他經中央主管機關指定者。

前項預防措施於醫療保健服務業，應增列勞工工作前預防感染之預防注射等事項。

前二項之預防措施，應依作業環境特性，訂定實施計畫及將執行紀錄留存 3 年，於僱用勞工人數在 30 人以下之事業單位，得以執行紀錄或文件代替。

(三) 依據「職業安全衛生設施規則」第 297-2 條規定，雇主對於作業中遭生物病原體污染之針具或尖銳物品扎傷之勞工，應建立扎傷感染災害調查制度及採取下列措施：

1. 指定專責單位或專人負責接受報告、調查、處理、追蹤及紀錄等事宜，相關紀錄應留存 3 年。

2. 調查扎傷勞工之針具或尖銳物品之危害性及感染源。但感染源之調查需進行個案之血液檢查者，應經當事人同意後始得為之。

3. 前款調查結果勞工有感染之虞者，應使勞工接受特定項目之健康檢查，並依醫師建議，採取對扎傷勞工採血檢驗與保存、預防性投藥及其他必要之防治措施。

醫療工作環境潛在許多生物性危害，如醫療人員於工作環境不慎感染肝炎疾病，試說明此類肝炎之病原特性與病兆、感染途徑、高暴露群體及其預防與教育訓練方式。（20 分）

(一) 病原特性與病兆：發病症狀有發燒、肌肉酸痛、疲倦、食慾不振、腹部不適、噁心、甚至嘔吐的現象。

(二) 感染途徑：醫療工作環境因易接觸帶原者之血液、體液或傷口（藉由針扎）感染。

(三) 高暴露群體：從事以針筒抽血或施打藥劑之醫護人員及醫療院所清潔人員。

(四) 預防與教育訓練方式：

1. 施打肝炎疫苗。
2. 使用安全針具並採取不回套措施。
3. 佩戴手套並避免傷口直接接觸血液、體液。
4. 使醫療院所之醫護人員、清潔人員定期接受感染預防教育訓練。

某公司使用新的化學物質，報告指出該化學物質經呼吸道及皮膚吸收，可能發生肝臟疾病，身為職業衛生管理人員，要推動完整職業衛生管理，預防職業病發生。針對這個化學物質，請詳述如何進行教育訓練、防護具使用及健康管理？（25 分）

(一) 依據職業安全衛生相關法規規定，新化學物質應提供下列化學評估報告書事項：

1. 新化學物質編碼。
2. 危害分類及標示。

3. 物理及化學特性資訊。

4. 毒理資訊。

5. 安全使用資訊。

6. 為因應緊急措施或維護工作者安全健康，有必要揭露予特定人員之資訊。

(二) 對於製造、處置或使用化學品者，應每 3 年實施 3 小時之化學品通識教育訓練。

(三) 因該新化學品可經由呼吸道及皮膚吸收，故防護具應包含呼吸防護具、防護面罩、防護衣、防護手套與鞋等；另外在選用防護具時，應考慮該化學品特性，是否具有腐蝕性、毒性、放熱性等需特別注意之處。

(四) 事業單位除依規定對勞工定期實施健康檢查外，應考慮此新化學物質所含成分，是否該對勞工實施每年的特殊健康檢查，如檢查結果有異常，應依勞工健康保護規則規定實施分級管理，對於現場環境應改善其通風狀況，對於檢查異常之勞工給予調整工作時間、變換工作場所等措施。

氣候變遷引起極端高溫天氣，對於戶外高溫環境勞工有健康危害之虞，請詳述如何進行高溫環境熱危害管理？並將緊急應變也加入論述。（25 分）

(一) 雇主使勞工從事戶外作業，為防範高氣溫環境引起之熱疾病，應視天候狀況採取下列危害預防措施：

1. 降低作業場所之溫度。

2. 提供陰涼之休息場所。

3. 提供適當之飲料食鹽水。

4. 調整作業時間。

5. 增加作業場所巡視之頻率。

6. 實施健康管理及適當安排工作。

7. 採取勞工熱適應相關措施。

8. 留意勞工作業前及作業中之健康狀況。

9. 實施勞工熱疾病預防相關教育宣導。

10. 建立緊急醫療、通報及應變處理機制。

(二) 緊急應變：

1. 目的：為預防戶外高溫環境造成勞工健康危害，特制定本應變計畫並執行演練，以降低危害發生之嚴重度。

2. 權責：

(1) 雇主：承諾安全衛生政策並支持應變計畫所需之經費及資源。

(2) 職業安全衛生人員：擬定、推動高氣溫危害預防應變計畫。

(3) 各級幹部：依職權帶領所屬執行應變計畫。

(4) 勞工：執行各項職業安全衛生事項及應變計畫內容。

(5) 醫護人員：提供衛教資訊及急救相關知識與訓練。

3. 規劃：

(1) 組織應變小組。

(2) 準備各項資源，包含急救器材。

(3) 緊急聯絡方式與對象。

4. 執行：

(1) 事故發生時，由應變小組將發生熱危害之勞工帶至陰涼處並給予冷水降溫。

(2) 觀察病患發病特徵並給予適當之電解水或冷水。

(3) 如是熱中暑病患採取頭高腳低之姿態；如是熱衰竭病患則採取頭低腳高之姿態。

(4) 通知醫療救護單位或緊急送醫治療。

5. 評估：

藉由實際演訓，觀察應變小組動作正確性與時間掌握，了解勞工對於應變內容的掌握程度。

6. 改善：

如評估結果未達合格標準，則修正計畫內容。

請詳述工廠噪音的改善方法，並請作出一個聽力保護計畫（當勞工 8 小時日時量平均音壓位準超過 85 dBA 或暴露劑量超過 50% 之工作場所）？（25 分）【108】

(一) 當工廠噪音超過 85 dBA 或是員工必須以大聲喊的方式溝通方可聽見時，就必須實施聽力保護計畫，藉由聽力保護計畫改善工廠的噪音問題，改善方式可以下列方式進行：

1. 噪音源：

(1) 將傳動馬達等產生強烈噪音之機械設備予以適當隔離，並與一般工作場所分開。

(2) 使用緩衝阻尼、吸音材料，降低噪音之發生。

2. 暴露途徑：

(1) 定期實施作業環境監測及暴露評估。

(2) 於噪音超過 90 分貝之工作場所，標示公告噪音危害及預防事項，使勞工周知。

(3) 加長噪音源與暴露者之間的距離或使用隔音屏隔絕噪音。

3. 暴露者：

(1) 使勞工戴用有效之耳塞、耳罩等防音防護具。

(2) 定期實施勞工特殊健康檢查及分級管理。

(3) 減少勞工噪音暴露時間。

(4) 對於噪音工作場所之勞工實施聽力保護教育訓練。

(二) 聽力保護計畫應包含下列事項：

1. 噪音作業場所調查與測定。

2. 噪音工程控制。

3. 勞工暴露時間管理。

4. 噪音特別危害健康作業特殊健康（體格）檢查及其管理。

5. 防音防護具選用與佩戴。

6. 勞工教育訓練。

7. 資料建立與保存。

(一) 依我國「危害性化學品評估及分級管理辦法」，雇主對於勞工操作化學品，在那些情況下，應實施定量的暴露評估，以掌握勞工暴露濃度？

(二) 並說明依暴露評估結果，應採取的評估頻率及控制或管理措施。(25 分) **【108】**

(一) 依「危害性化學品評估及分級管理辦法」規定，事業單位從事特別危害健康作業之勞工人數在 100 人以上，或總勞工人數 500 人以上者，雇主應依有科學根據之採樣分析方法或運用定量推估模式，實施暴露評估。

(二) 雇主應就前項暴露評估結果，依下列規定，定期實施評估：

1. 暴露濃度低於容許暴露標準 1/2 之者，至少每 3 年評估一次。
2. 暴露濃度低於容許暴露標準但高於或等於其 1/2 者，至少每年評估一次。
3. 暴露濃度高於或等於容許暴露標準者，至少每 3 個月評估一次。

(三) 雇主對於前 2 條化學品之暴露評估結果，應依下列風險等級，分別採取控制或管理措施：

1. 第一級管理：暴露濃度低於容許暴露標準 1/2 者，除應持續維持原有之控制或管理措施外，製程或作業內容變更時，並採行適當之變更管理措施。
2. 第二級管理：暴露濃度低於容許暴露標準但高於或等於其 1/2 者，應就製程設備、作業程序或作業方法實施檢點，採取必要之改善措施。
3. 第三級管理：暴露濃度高於或等於容許暴露標準者，應即採取有效控制措施，並於完成改善後重新評估，確保暴露濃度低於容許暴露標準。

某公司使用正己烷當溶劑，為了避免正己烷引起的職業疾病，請擬定計畫說明如何進行教育訓練、防護具使用與健康管理。（25 分） 【109】

(一) 教育訓練：雇主使勞工從事有機溶劑作業時，應指定現場主管擔任有機溶劑作業主管，從事監督作業。且有機溶劑屬危害性化學品，應另依相關教育訓練規則規定辦理：

1. 對擔任有機溶劑作業主管之勞工，應於事前使其接受有害作業主管之安全衛生教育訓練，並於擔任有機溶劑作業主管後，每 3 年使其接受 6 小時之安全衛生在職教育訓練。

2. 對製造、處置或使用危害性化學品者應增 3 小時危害性化學品通識教育訓練。

（二）防護具使用：雇主供給勞工使用之個人防護具或防護器具，應依下列規定辦理：

1. 保持清潔，並予必要之消毒。
2. 經常檢查，保持其性能，不用時並妥予保存。
3. 防護具或防護器具應準備足夠使用之數量，個人使用之防護具應置備與作業勞工人數相同或以上之數量，並以個人專用為原則。
4. 對勞工有感染疾病之虞時，應置備個人專用防護器具，或作預防感染疾病之措施。
5. 雇主對於勞工在作業中使用之物質，有因接觸而傷害皮膚、感染、或經由皮膚滲透吸收而發生中毒等之虞時，應置備不浸透性防護衣、防護手套、防護靴、防護鞋等適當防護具，或提供必要之塗敷用防護膏，並使勞工使用。
6. 於儲槽等之作業場所或通風不充分之室內作業場所，從事有機溶劑作業，而從事該作業時間短暫時，勞工得使用輸氣管面罩作業。

（三）健康管理：因正己烷屬於第 2 種有機溶劑，且符合勞工健康保護規則所列之特別危害健康作業，故其定期之特殊健康檢查後之健康管理措施如下：

1. 第 1 級管理：特殊健康檢查或健康追蹤檢查結果，全部項目正常，或部分項目異常，而經醫師綜合判定為無異常者。
2. 第 2 級管理：特殊健康檢查或健康追蹤檢查結果，部分或全部項目異常，經醫師綜合判定為異常，而與工作無關者。
3. 第 3 級管理：特殊健康檢查或健康追蹤檢查結果，部分或全部項目異常，經醫師綜合判定為異常，而無法確定此異常與工作之相關性，應進一步請職業醫學科專科醫師評估者。

4. 第 4 級管理：特殊健康檢查或健康追蹤檢查結果，部分或全部項目異常，經醫師綜合判定為異常，且與工作有關者。

5. 前項所定健康管理，屬於第 1 級管理以上者，應由醫師註明其不適宜從事之作業與其他應處理及注意事項；屬於第 3 級管理或第 4 級管理者，並應由醫師註明臨床診斷。

6. 雇主對於第 1 項所定第 2 級管理者，應提供勞工個人健康指導；第 3 級管理者，應請職業醫學科專科醫師實施健康追蹤檢查，必要時應實施疑似工作相關疾病之現場評估，且應依評估結果重新分級，並將分級結果及採行措施依中央主管機關公告之方式通報；屬於第四級管理者，經醫師評估現場仍有工作危害因子之暴露者，應採取危害控制及相關管理措施。

職業安全衛生法將精密作業定為特殊危害，何謂精密作業？舉五例說明之。針對此作業勞工，應採取那些保護措施？（25 分）【109】

(一) 所謂精密作業，係指雇主使勞工從事下列凝視作業，且每日凝視作業時間合計在 2 小時以上者。

1. 小型收發機用天線及信號耦合器等之線徑在 0.16 毫米以下非自動繞線機之線圈繞線。
2. 精密零件之切削、加工、量測、組合、檢試。
3. 鐘、錶、珠寶之鑲製、組合、修理。
4. 製圖、印刷之繪製及文字、圖案之校對。
5. 紡織之穿針。
6. 織物之瑕疵檢驗、縫製、刺繡。
7. 自動或半自動瓶裝藥品、飲料、酒類等之浮游物檢查。
8. 以放大鏡、顯微鏡或外加光源從事記憶盤、半導體、積體電路元件、光纖等之檢驗、判片、製造、組合、熔接。

9. 電腦或電視影像顯示器之調整或檢視。
10. 以放大鏡或顯微鏡從事組織培養、微生物、細胞、礦物等之檢驗或判片。
11. 記憶盤製造過程中，從事磁蕊之穿線、檢試、修理。
12. 印刷電路板上以人工插件、焊接、檢視、修補。
13. 從事硬式磁碟片（鋁基板）拋光後之檢視。
14. 隱形眼鏡之拋光、切削鏡片後之檢視。
15. 蒸鍍鏡片等物品之檢視。

（二）雇主使勞工從事精密作業時，應採取下列保護措施：

1. 依其作業實際需要施予適當之照明。
2. 作業台面不得產生反射耀眼光線，其採色並應與處理物件有較佳對比之顏色。
3. 採用發光背景時，應使光度均勻。
4. 工作台面照明與其半徑 1 公尺以內接鄰地區照明之比率不得低於 1 比 1/5，與鄰近地區照明之比率不得低於 1 比 1/20。
5. 採用輔助局部照明時，應使勞工眼睛與光源之連線和眼睛與注視工作點之連線所成之角度，在 30 度以上。如在 30 度以內應設置適當之遮光裝置，不得產生眩目之大面積光源。
6. 縮短工作時間，於連續作業 2 小時，給予作業勞工至少 15 分鐘之休息。
7. 注意勞工作業姿態，使其眼球與工作點之距離保持在明視距離約 30 公分。但使用放大鏡或顯微鏡等器具作業者，不在此限。
8. 取指導勞工保護眼睛之必要措施。

請列舉醫療院所的職業危害風險因子，並依據危害控制層級（hierarchy of controls）原則說明安全衛生管理機制。（20 分）

【111】

（一）依據危害控制層級的優先順序分別為：

1. 消除。
2. 取代。
3. 工程控制。
4. 行政管理。
5. 個人防護具。

（二）醫療院所的職業危害因子與危害控制層級說明如下：

職業危害因子	列舉作業項目	危害控制層級
物理性	X-ray 照射	鉛衣防護（個人防護具）
化學性	手術電燒煙燻	局部排氣裝置（工程控制）
生物性	病毒感染	安全針具（取代）
人因性	不當姿勢	雙人作業（行政管理）
心理性	壓力緊張	運動消除疲勞（消除）

（三）原則上消除危害為控制手段中的第一選擇，但如果此危害因子為製程或作業項目中所必須存在且無法替代的話，則建議依據控制層級的優先順序選擇可使用之控制措施。

全球暖化造成氣候異常變化，勞動部職業安全衛生署於中華民國 112 年 6 月 1 日修正之「高氣溫戶外作業勞工熱危害預防指引」指出，為防範高氣溫環境引起之熱疾病，保障從事戶外作業勞工健康，雇主使勞工於高氣溫環境下從事戶外作業時，應訂定高氣溫戶外作業熱危害預防計畫，其中危害預防及管理措施應包含四大面向，請詳述第一大面向「實施勞工作業管理」應採取之危害預防及管理措施。(25 分) **【112】**

(一) 依據勞動部頒布之「高氣溫戶外作業勞工熱危害預防指引」指出，「實施勞工作業管理」應採取之危害預防及管理措施包括下列：

1. 降低勞工暴露溫度，雇主應視現場作業狀況，採取下列控制措施，以降低作業勞工暴露溫度：

   (1) 於環境溫度低於勞工之皮膚溫度可使用風扇或類似裝置將風吹向勞工，以增加空氣流動或對流，使人體皮膚與環境空氣之熱交換及排汗揮發速率提高。

   (2) 在高氣溫戶外作業場所，應設置簡易遮陽裝置，以防止陽光直接照射或周圍地面、 牆面反射之輻射熱能，避免勞工長時間之熱暴露。

   (3) 適度運用細水霧或其他技術等進行灑水降溫，以加強散熱效果，降低作業環境溫度。

2. 現場巡視勞工作業情形，雇主應於作業前及作業期間指派專人定期巡視，確認各項危害預防及管理措施並提醒勞工留意水分及鹽分攝取，隨時掌握勞工健康狀況。

3. 提供適當之休息場所，為使勞工於休息時可降低體心溫度及恢復體力，雇主應依下列原則設置其休息場所：

   (1) 設置於鄰近作業場所之適當。

   (2) 設置於具備容納同一時段最大休息人數之空間。

(3) 具備適當遮陽效果，且不可因日照方向改變致無遮陽效果。

(4) 設置於具備空調、風扇等裝置或對外開放可接受外來涼爽微風之場所，並具備適當機制防止溫濕環境之氣流進入。設置有困難時，可於場所鄰近處架設臨時帳棚、遮陽傘，尋找陰涼或具備空調之地點作為休息場所。

(5) 避免其他潛在危害，如過於接近道路、位於高噪音環境或有物體飛落之虞等處所。

(6) 提供可適度降低體溫之物品或設備，如冷水、冷毛巾或淋浴裝置等。

(7) 裝置飲水設備或提供適當之飲料，如清涼之飲用水或含電解質飲料（約攝氏 10 至 15 度，含酒精者除外）；必要時，可準備食鹽，以供勞工適度補充水分及電解質（鹽分）。

4. 提供適當工作服裝，雇主應提供淺色、寬鬆、具良好吸濕性、透氣性、耐磨且穿著舒適之工作服及通風良好之帽子或頭盔。但紫外線指數過高時，則建議穿著長袖工作服。

5. 於作業場所提供勞工充足飲用水及電解質：

(1) 雇主應於作業場所或鄰近位置準備清涼之飲用水或含電解質飲料，以利勞工取得與補充水分及電解質（鹽分）。其飲水頻率建議為每 15 至 20 分鐘 1 次，每次飲水 150 至 200 毫升，且需規律定期執行，而非感到口渴才補充。若受限於作業條件，無法依上述建議補充水分，至少以每小時補充 2 至 4 杯（1 杯約為 240 毫升計）之方式為原則。

(2) 對於有鹽分攝取限制之勞工，雇主應另諮詢醫師之建議，採取其他管理措施。

6. 調整勞工熱適應能力，雇主應瞭解勞工近期作業情形，對於未曾於高氣溫環境下作業之新進勞工或已有高氣溫環境作業經驗之勞工，應視勞工原有之熱適應狀態及體適能狀況，適當調配其熱適應及熱暴露時間，其規劃原則如下：

(1) 雇主對於未曾於高氣溫環境下作業之新進勞工，第 1 天之熱暴露時間不可超過正常暴露時間之 20%，其後每天最多可增加正常暴露時間 20% 之暴露時間，至達到正常暴露時間為止。

(2) 雇主對於已有高氣溫環境作業經驗之勞工，第 1 天之熱暴露時間不可超過正常暴露時間之 50%，第 2 天最多可增至正常暴露時間之 60%，第 3 天最多可增至正常暴露時間之 80%，第 4 天則可恢復正常作業。

(3) 夏季期間戶外溫濕環境可造成作業場所溫度遽升，建議雇主於夏季來臨前針對勞工 實施熱適應訓練，以確保勞工對溫濕度之變化具耐受力。

7. 調整勞工作業時間：

(1) 雇主應適當分配勞工作息時間，並減少其連續作業時間，避免於高溫時段從事相關作業。雇主並應依據勞工實際作業狀況，適度調配其工作時間。

(2) 雇主可透過調整作業時段，如將作業移至清晨或傍晚等進行，以降低勞工熱暴露危害。

(3) 雇主可增加人力協助作業，調節作業速率，並限制在高氣溫環境中作業之時間長度或人數，以降低勞工熱暴露量。

8. 使用個人防護具，在行政管理及工程控制措施仍無法有效降低勞工承受之熱壓力時，再考量選用適當之個人防護具。其防護具包含冰背心、濕衣物、水冷式防護具、空氣循環式防護具等；於熱輻射高時，可選用熱反射衣物。但均應考量防護具造成之額外熱壓力影響。

> **使勞工製造、處置或使用危害性化學品時，雇主應視危害種類及特性，採取作業環境評估、監測、通風、配戴個人防護具、危害通識、教育訓練及特殊健檢等措施，以預防職業病，對於工作場所內發散有害健康之氣體或微粒，採取適當通風工程控制，為降低危害優先措施之一。請詳述通風方法的架構與分類。（25 分）　【112】**

通風方法分為機械通風與自然通風，以下介紹此 2 種通風方法的運用。

(一) 機械通風：利用機械（風扇或送風機）所產生的動力強制使室內外空氣流動並稀釋的方式，又叫強制通風。依據使用場合分為局部排氣裝置與整體換氣。依據使用場合分為整體換氣與局部排氣裝置。

1. 整體換氣之的方法有 3 種，詳如下述：

   (1) 完全供氣法： 用送風機將新鮮空氣送入並稀釋有害物質後，藉著室內之正壓將有害物質經由門窗等開口排出，達到降低有害物濃度的方式。

   (2) 完全排氣法：利用排氣機將有害物質吸引排出，室內即形成負壓，新鮮空氣則經由門窗等開口被吸入進行濃度稀釋的行為。

   (3) 供排並用法：使用前述 2 種方式的結合方法，達到降低濃度並且稀釋的目的，此效果更勝前述任何一種。使用時須注意氣流方向，需讓新鮮空氣經過工作者後，再經過有害物並排出。

2. 局部排氣裝置：局部排氣裝置是藉由氣罩、導管、空氣清淨裝置、排氣機等元件所組成的通風裝置，常運用在濃度高或毒性較大的有害物發生源周圍。首先藉由氣罩將有害物限制發散，並導引至導管內，經過導管的引導並進入空氣清淨裝置過濾後，由排氣機排出至室外。

（二）自然通風：未使用任何動力裝置，僅單純利用溫度、壓力或空氣浮力將有害物質排出的一種方式。如建築物屋頂的太子樓、烤箱的煙囪，或建築物的門窗利用室外自然風的吹送。

作業場所如有大量生物氣膠逸散之虞，即應考慮使用局部排氣裝置來取代整體換氣。在局部排氣部分，常見的例子如生物安全等級實驗室之生物安全櫃（Biological safety cabinet, BSC），生物安全櫃是進行生物性相關試驗的基礎工具，也是最為廣泛使用的安全設備主要屏障（Primary Barrier），與實驗室安全息息相關。請詳述生物安全櫃之分級與原理。（25 分）【112】

（一）生物安全櫃原理：其主要是藉由櫃體內的高效率濾網（high efficiency particulate air filter, HEPA filter）過濾進排氣、並在櫃體內產生向下氣流的方式，來避免感染性生物材料污染環境與感染實驗操作人員或是實驗操作材料間的交叉污染。

（二）生物安全櫃等級：

類型	適用範圍	保護對象
I 級	適用於從事不具揮發性、毒性物質或放射性物質之微生物試驗。	只考慮操作人員及環境安全，而無試料保護需求。
II 級型式 A1 安全櫃	適用於從事不具揮發性、毒性物質或放射性物質之微生物試驗。	外氣以不流經過試料為原則，藉以藉以保護試料的安全；對操作人員、環境及試料提供了保護。
II 級型式 A2 安全櫃		
II 級型式 B1 安全櫃	適用於從事低量具揮發性或毒性、放射性物質之微生物試驗。	
II 級型式 B2 安全櫃		
III 級 (手套箱)	適用於從事低量具揮發性或毒性、放射性物質之微生物試驗。	對操作人員、環境及試料提供了保護。

請說明運作危害性化學品的製造業，實務上應如何執行化學品管理，以符合我國職業安全衛生法相關規定，將勞工的危害性化學品暴露危害盡可能降低？（25 分） **【113】**

(一) 雇主為防止勞工未確實知悉危害性化學品之危害資訊，致引起之職業災害，應採取下列必要措施。

1. 依實際狀況訂定危害通識計畫，適時檢討更新，並依計畫確實執行，其執行紀錄保存三年。
2. 製作危害性化學品清單。
3. 將危害性化學品之安全資料表置於工作場所易取得之處。
4. 使勞工接受製造、處置或使用危害性化學品之教育訓練，其課程內容及時數依職業安全衛生教育訓練規則之規定辦理。
5. 其他使勞工確實知悉危害性化學品資訊之必要措施。

(二) 雇主使勞工製造、處置或使用之化學品，符合國家標準 CNS 15030 化學品分類，具有健康危害者，應評估其危害及暴露程度，劃分風險等級，並採取對應之分級管理措施。

1. 雇主應就化學品暴露評估結果，依下列規定，定期實施評估。
    (1) 暴露濃度低於容許暴露標準 2 分之 1 之者，至少每 3 年評估 1 次。
    (2) 暴露濃度低於容許暴露標準但高於或等於其 2 分之 1 者，至少每年評估 1 次。
    (3) 暴露濃度高於或等於容許暴露標準者，至少每 3 個月評估 1 次。
2. 雇主對於化學品之暴露評估結果，應依下列風險等級，分別採取控制或管理措施。

(1) 第一級管理：暴露濃度低於容許暴露標準 2 分之 1 者，除應持續維持原有之控制或管理措施外，製程或作業內容變更時，並採行適當之變更管理措施。

(2) 第二級管理：暴露濃度低於容許暴露標準但高於或等於其 2 分之 1 者，應就製程設備、作業程序或作業方法實施檢點，採取必要之改善措施。

(3) 第三級管理：暴露濃度高於或等於容許暴露標準者，應即採取有效控制措施，並於完成改善後重新評估，確保暴露濃度低於容許暴露標準。

3. 危害性化學品，優先適用特定化學物質危害預防標準、有機溶劑中毒預防規則、四烷基鉛中毒預防規則、鉛中毒預防規則及粉塵危害預防標準之相關設置危害控制設備或採行措施之規定。

(三) 對於中央主管機關定有容許暴露標準之作業場所，應確保勞工之危害暴露低於標準值。

(四) 對於經中央主管機關指定之作業場所，應訂定作業環境監測計畫，並設置或委託由中央主管機關認可之作業環境監測機構實施監測。

(五) 建立明確的緊急應變程序，並定期實施演練。

人造石為一種含有結晶型二氧化矽的石材，其暴露的危害已成為近期國內外關注的職業衛生問題，請說明人造石材加工的主要危害原因為何？預防人造石造成職業病的管理控制重點有那些？（25 分） **【113】**

(一) 人造石材加工的主要危害原因：

人造石材是通過機械粉碎石英、樹脂及顏料高溫製造而成，因人造石材含有的結晶矽可能比天然石材多得多（含量 > 90%），如切割、打磨和拋光這一類的作業有可能將矽塵散布到空氣中，若未做適當呼吸防護，吸入肺部恐導致矽肺症。

（二）預防人造石造成職業病的管理控制：

1. 製程改善：推動人造石產線密閉及自動化。
2. 工程控制：採溼式作業與局部排氣通風，避免矽粉從發生源發散出去。
3. 環境監測：定期實施工作場所空氣中游離二氧化矽濃度之監測，並為勞工安排特殊健康檢查。
4. 教育訓練：對勞工進行相關的安全衛生教育訓練，包括危害辨識、正確使用個人防護具和安全標準操作程序。
5. 個人防護具：依據危害程度提供適當的呼吸防護設備，如 N95（或同等級）以上口罩或電動過濾式呼吸器（PAPR）。

4-1-3 人因性及職業身心壓力危害因子之管理

> 請對軟體公司的電腦工程師擬一個職業衛生管理計畫。（25 分）

（一）目的：為預防電腦終端機作業造成從業人員人因性危害，故定此管理計畫。

（二）權責規劃：

1. 雇主：承諾並支持為預防人因性危害所需相關之改善經費。
2. 部門主管：執行人因性改善相關措施。
3. 職業安全衛生人員：擬定、推動人因性危害預防改善相關措施。
4. 勞工健康服務人員：提供人因性危害預防之相關建議。
5. 使用電腦之從業人員：執行公司制定之相關人因性危害預防措施。

(三) 計畫期間：xx 年 xx 月 xx 日至 xx 年 xx 月 xx 日

(四) 危害辨識：

1. 腕隧道症候群：因長期使用滑鼠作業，壓迫手腕正中神經之結果。
2. 下背痛：因長期坐在無靠背椅子上，身體維持一定姿勢導致。
3. 眼睛痠痛：因燈光太強或太弱，眼睛長期盯住螢幕導致。

(五) 改善或預防措施：

1. 調整桌椅高度，使手肘置於桌上時可與上肢成 90 度，並每隔 2 小時休息 15 分鐘。
2. 選購有椅背及扶手之座椅，使從業人員可以背部可以靠在椅背上，減少壓力。
3. 使用有燈罩之護眼燈，並調整亮度足夠並不會造成炫目之溫和燈光，並律定每隔 2 小時休息 15 分鐘。

(六) 效果評估：

1. 於每季安全衛生委員會時，徵詢勞工代表回饋，確認改善措施之成效。
2. 於定期健康檢查時，追蹤勞工身體健康指數。

(七) 改善措施：

於年底管理審查或年終會議時，確認實際效果與目標之差異，並修訂改善計畫。

（一）目前國內服務業就業人口占總就業人口 6 成，其中許多行業在工作時都必須長久站，像是倉儲人員、專櫃小姐、美容美髮人員等，日積月累可能會形成傷害。請問站姿作業可能會導致那些健康危害？

（二）若您的事業單位有站姿作業，為了保護員工健康，該如何從事危害預防管理？（20 分）

（一）站姿作業時間過久可能會導致之健康危害如下列：

1. 下肢肌肉骨骼疼痛。
2. 肩頸疼痛。
3. 足底筋膜炎。
4. 小腿靜脈曲張。

（二）站姿作業危害之預防管理方法如下：

1. 提供座椅給勞工休息。
2. 進行適當運動，如甩手、拉筋、肢體伸展等。
3. 盡量穿平底鞋取代高跟鞋或鞋跟高度低於 5 公分，鞋頭不宜過窄等。
4. 促進踝關節活動增加踝關節活動度。
5. 實施健康減重活動，減少腳底負荷。
6. 避免長時間站於同一定點，盡可能定時走動。

(一) 當前不同工作類別的職業性心理壓力越來越普遍，所形成的職業健康議題益顯重要。請試述職場上常見的心理壓力類別，並說明其主要成因為何？

(二) 以及可能的因應方法。(20 分)

心理壓力類別	主要成因	因應方法
不規律的工作	1. 工作負荷太大。 2. 時有時無的工作。	1. 做好時間管理，有時效性或嚴重性的工作優先處理。 2. 無工作的時候可進修，學習新知，或發展新技能。
工時長的工作	工作時數太長或休息時間太短。	妥善安排休息時間適時休息，或與同事輪流休息。
時常出差的工作	1. 出差的頻率太高。 2. 出差的地點太遠。 3. 出差後休息時間不足。	1. 減少不必要的出差，可利用通訊軟體取代實際出差。 2. 如出差地點為國外，建議可以在當地設置辦事處，由當地同仁負責國外業務。 3. 盡量在非公務時段休息。
作業環境	1. 異常溫度變化太大。 2. 噪音影響心理。	1. 增加溫度變化的緩衝時間。 2. 改善噪音環境或佩帶防音防護具。
伴隨精神緊張的工作	1. 有業績壓力的工作。 2. 管理職或責任制工作。	1. 訂定事宜的 KPI，避免給自己過高的目標。 2. 適時檢討工作進度與目標偏離的狀況。

請以長途客運公司為例，擬定一個完整的職場壓力管理計畫。（25分）

(一) 目的：避免客運公司從業人員職場壓力影響身心健康。

(二) 範圍：客運公司駕駛員、運務員。

(三) 權責：

1. 作業主管：督導、指揮所屬執行健康管理等事項。
2. 安衛人員：擬定、規劃健康促進、管理事項，並與護理人員共同推行。
3. 護理人員：配合安衛人員之健康促進規劃與推行。
4. 基層人員：參與並實現健康管理事項。

(四) 辨識評估高風險群：利用問卷、請假紀錄或排班表等調查高風險群。

(五) 醫師面談與健康指導：安排職業醫學科醫師或具有健康服務資格之醫師臨場服務，提供諮商服務與改善建議。

(六) 調整或縮短工作時間：對於長時間工作之人員管控其工作時間，避免過於勞累。

(七) 健康檢查、管理及促進：利用定期健康檢查結果，分級管理高風險族群，並定期舉辦紓壓活動，如：瑜珈課程、歌唱活動、戶外郊遊等。

(八) 執行成效之評估及改善：每年年終審視年度執行之成效，並檢討改善不足之處。

為預防執行職務因他人行為遭受身體或精神不法侵害，請說明其預防措施應規劃進行那些事項，並將每項工作具體說明之。（25 分） **【108】**

雇主為預防勞工於執行職務，因他人行為致遭受身體或精神上不法侵害，應採取下列暴力預防措施，作成執行紀錄並留存 3 年：

(一) 辨識及評估危害：問卷調查或訪談，評估時應考量各部門（單位）之工作特性、環境、人員組成及作業活動。

(二) 適當配置作業場所：透過「物理環境」與「工作場所設計」兩個面向進行檢點。

(三) 依工作適性適當調整人力：透過「適性配工」與「工作設計」兩個面向進行檢點。

(四) 建構行為規範：針對組織及個人層次建構行為規範。

(五) 辦理危害預防及溝通技巧訓練：受辨識勞工舉止及行為變化，可能具有潛在暴力風險者及應變職場不法侵害發生時處理之能力。

(六) 建立事件之處理程序：不法侵害事件發生時，組織內的應變方法與步驟，並視情況及時報警，以應對突發事件。

(七) 執行成效之評估及改善：檢視所採取之措施是否有效，並檢討執行過程中之相關缺失，做為未來改進之參考。

根據近年之全國職業傷病診治網路職業疾病通報件數，比率最高者為職業性肌肉骨骼疾病，請以餐飲業說明職業性肌肉骨骼疾病的原因，此行業經常出現不適之部位，與預防管理措施。（25 分）

【109】

以餐飲業為例：

職業性肌肉骨骼疾病的原因	出現不適之部位	預防管理措施
長時間手持廚具進行烹、煮、煎、炸、切等行為	手腕	1. 避免使用尺寸太大之鍋具，以免增加手腕負擔。 2. 避免高頻率之重複性動作。 3. 減少工作時間或採取分工作業。
長時間站立	小腿、腳踝	1. 避免久站於同一位置，可規劃一安全區休息並設置舒適座椅。 2. 適時伸展肌肉骨骼，避免僵化。
長時間低頭注視鍋內狀況	肩頸疼痛	1. 適時伸展肩頸，避免僵化。 2. 藉由不同工作內容，避免長時間低頭注視鍋內食物狀況。

在後疫情時代，你認為部分工時型態轉換模式有那些？職場在持續推動防疫工作的同時，更應該要關注勞工身心健康的部分有那些，請論述之。（25 分） **【110】**

(一) 在後疫情時代，部分工時型態轉換模式有「在家辦公 (WFH)」、「異地辦公」、「分流上班」、等出勤模式。

1. 「居家辦公 (WFH)」：透過網路與電話以家為據點來完成之工作，又稱為遠距辦公。

2. 「異地辦公」：不在平常辦公的大樓工作，例如分區辦公。

3. 「分流上班」：公司將員工分組，輪流在家上班以及到公司辦公，以減少通勤人潮和到班人數。

（二）在持續推動防疫工作的同時，應關注勞工身心健康的部分有下列事項：

1. 居家工作應避免長時間或異常工作負荷，建議應規劃定期休息時間，例如每半小時以站立活動身體的方式伸展。

2. 居家工作通常是單獨作業，應適時採取相關措施或安排適當活動，避免因減少與同事或客戶之互動，而可能會感到孤立、沮喪、焦慮或增加壓力的心理健康風險，可透過員工協助方案改善身心健康狀況。

3. 居家工作者應注意自己的身心健康，維持適當且規律的運動與良好的飲食及睡眠習慣。

4. 居家工作者應注意工作及生活平衡，建立與伴侶、孩子或室友之妥適界限。

你是事業單位的職業衛生管理師，於執行異常工作負荷危害防止計畫時，應收集那些資料以辨識及評估高危險群，請詳述之。（25 分） **【110】**

（一）首先透過人資部門或相關單位就輪班、夜間工作、長時間工作等異常工作負荷者先行造冊，以辨識出高風險群。

（二）採用下列評估工具評估高危險群之風險程度。

1. 推估心血管疾病發病風險程度：以勞工體格或健康檢查報告之血液總膽固醇、高密度膽固醇、血壓等檢核項目，採用「Framingham risk score」或「WHO/ISH 心血管風險預測圖」等模式計算 10 年內腦、心血管疾病發病風險。

2. 以過勞量表評估負荷風險程度：以勞動部勞動及職業安全衛生研究所研發之過勞量表，請勞工填寫相關過勞狀況，評估勞工工作負荷程度。

3. 利用「過負荷評估問卷」或依勞工工作型態評估勞工之每月加班時數、作業環境或工作性質是否兼具有異常溫度環境、噪音、時差、不規律的工作、經常出差的工作及伴隨緊張的工作型態，評估勞工工作負荷程度。

4. 綜合評估勞工職業促發腦心血管疾病之風險程度：以前述勞工之個人腦心血管疾病風險與工作負荷情形，綜合評估職業促發腦心血管疾病之風險。

職業安全衛生法要求 50 人以上職場應聘僱或特約醫護人員執行職業保護措施，請以異常工作負荷促發疾病之預防計畫為例，說明職業安全衛生人員與勞工健康服務醫護人員如何分工合作執行計畫。（20 分）【111】

（一）醫護人員

1. 規劃擬定並推動及執行異常工作負荷預防計畫。

2. 高風險群辨識及評估：透過健康檢查資料及個人風險因子評估工具，分析 及篩選出高風險群，進行個案管理。

3. 促發疾病預防及控制：

   (1) 安排高風險者與臨場健康服務醫師進行面談。

   (2) 健康指導。

   (3) 健康管理。

4. 將醫師建議 (工作調整、環境改善等) 提供相關人員 (人力資源、單位主管、職業安全管理人員等) 知悉，並協請相關單位及人員進行後續保護措施。

5. 紀錄管理及留存備查。

(二) 職業安全衛生人員

1. 參與並協助異常工作負荷預防計畫之推動及執行。
2. 辨識及評估工作環境曝露風險及作業危害引起之異常工作負荷。
3. 依風險評估結果，進行作業現場環境改善及員工個人防護具使用指導。

職場社會心理危害是近年的新興職業衛生重要議題，請就工作內容與特性以及職場組織特質兩類危害各舉出三種危害因素，並說明職場應如何預防社會心理危害所致的身心壓力疾病。(20分)【111】

	危害因素	預防措施
工作內容與特性	1. **不規律的工作**：如工作時間安排，常為前一天或當天才被告知之情況。 2. **經常出差的工作**：經常性出差，其具有時差、無法休憩、休息或適當住宿、長距離自行開車或往返兩地而無法恢復疲勞狀況等。 3. **伴隨精神緊張的工作**：日常工作處於高壓力狀態，如經常負責會威脅自己或他人生命、財產的危險性工作、處理高危險物質、需在一定期間內完成困難工作或處理客戶重大衝突或複雜的勞資紛爭等工作。	1. **變更工作型態**：如從事相同的工作內容，但需調整工作之型態。 2. **調整出差頻率及範圍**：調整勞動密度、休息時間。 3. **變更工作內容**：轉調部門或轉換工作。為了降低勞工職務負擔而須轉換或變更作業。

	危害因素	預防措施
職場組織特質	1. **異常溫度環境**：於低溫、高溫、高溫與低溫間交替、有明顯溫差之環境或場所間出入等。 2. **噪音**：於超過 80 分貝的噪音環境暴露。 3. **時差**：超過 5 小時以上的時差、於不同時差環境變更頻率頻繁等。	1. 利用空調、通風或恆溫設備使溫度差異不會太大。 2. 利用工程控制或減少工作時間等管理方式減少噪音暴露劑量。 3. 給予勞工足夠的休息時間，使疲勞可以恢復。

說明職場異常工作負荷的高風險因子，及篩檢評估異常工作負荷的高風險族群的方法。職業衛生人員應如何協助勞工預防異常工作負荷？（25 分）【113】

(一) 異常工作負荷的高風險因子：

1. 不規律的工作：對預定之工作排程或工作內容經常性變更或無法預估、常屬於事前臨時通知狀況等。例如：工作時間安排，常為前一天或當天才被告知之情況。
2. 經常出差的工作：經常性出差，其具有時差、無法休憩、休息或適當住宿、長距離自行開車或往返兩地而無法恢復疲勞狀況等。
3. 異常溫度環境：於低溫、高溫、高溫與低溫間交替、有明顯溫差之環境或場所間出入等。
4. 噪音：於超過 80 分貝的噪音環境暴露。
5. 時差：超過 5 小時以上的時差、於不同時差環境變更頻率頻繁等。

（二）篩檢評估高異常工作負荷的風險族群的方法：

1. 推估心血管疾病發病風險程度：以勞工體格或健康檢查報告之血液總膽固醇、高密度膽固醇、血壓等檢核項目，採用 Framingham risk score 或 WHO/ISH 心血管風險預測圖等模式計算 10 年或終身心血管疾病發病風險。

2. 以過勞量表評估負荷風險程度：參考勞動及職業安全衛生研究所研發之過勞量表，請勞工填寫相關過勞狀況，評估勞工工作負荷程度。

3. 利用過負荷評估問卷或依勞工工作型態評估勞工之每月加班時數、作業環境或工作性質是否兼具有異常溫度環境、噪音、時差、不規律的工作、經常出差的工作及伴隨緊張的工作型態，評估勞工工作負荷程度。

（三）職業衛生人員可協助勞工預防異常工作負荷的方式：

1. 辨識及評估高風險群：透過人資部門或相關單位就輪班、夜間工作、長時間工作等異常工作負荷者先行造冊，再以評估工具評估個人風險程度。

2. 安排醫師面談及健康指導：透過醫師對高風險群勞工的訪談，防止其因過度操勞而促發腦心血管疾病，並期望達到早期發現、早期治療之目的。

3. 調整或縮短工作時間及更換工作內容之措施：調整或縮短工作時間，如限制加班、限制工作時間、減少夜班或輪班頻率、變更工作內容或場所。

4. 檢查、管理及健康促進：組織健康促進活動，如運動課程或舒壓課程，幫助員工紓解壓力。

4-2 職業健康危害之預防與管理

4-2-1 個人防護

> 假設您為職業衛生技師，試問您如何為噪音作業場所勞工選擇合適之聽力防護具？（25 分）

（一）依據「勞工聽力保護計畫指引」，聽力防護具一般常見有兩種，即耳罩與耳塞；選用上應考量下列事項：

1. **符合標準規範**：國內國家標準 CNS 8454 係以標準度量圓孔模型（測耳塞）或架撐模型及耳廓模擬器（測耳罩）來計測規範，選擇具有標示此類聲音衰減值者才較能研判實際效果。
2. **聲音衰減值的要求**：防音防護具的聲音衰減值是否恰當，關係勞工是否可有效防止噪音危害，免於聽力損失。
3. **實際佩戴時的防音性能**：為避免勞工因佩戴防音防護具而以為具有防音效果，卻又因上述個體差異等因素導致聽力受損的情形發生，故選擇防音防護具時除考量聲音衰減值外，另須依勞工個體差異選擇大、中、小不同尺寸之防護具，對實際佩戴後之防音性能加以評估。
4. **使用者的舒適性與接受性**：在挑選防音防護具時，防護具的舒適性、重量、規格大小、材質、造型、夾緊力、壓力、調整性、脫戴的容易程度等方面皆應予以考量。

（二）音譜分析：

由於聽力防護具一般對於高頻噪音會有較好的減噪效果，可先藉由音譜分析來判斷所選用的防護具是否適合。

（一）噴烤漆作業可能接觸有機溶劑，其可能危害有那些？（5 分）
（二）請問可能需要的個人防護具有那些？並寫出使用時該注意之事項。（10 分）

（一）噴漆作業所接觸的有機溶劑大部分為甲苯、二甲苯，其危害可能有下列：

1. 有機溶劑中毒：高濃度的有機溶劑可能經由呼吸系統或皮膚進入人體，造成標的器官受損。
2. 缺氧危害：高濃度的有機溶劑可能排擠掉空氣中氧氣濃度，形成缺氧環境。
3. 眼睛刺激：有機溶劑噴濺到眼睛時，會造成眼睛刺激等不舒服感或傷害。

（二）針對上述可能的危害，其各自對應之防護具及注意事項如下：

1. 防毒面具：以個人使用為原則，並注意濾毒罐種類及效能。手套或防護衣應選用橡膠等可以防止脂溶性有機溶劑滲透到皮膚裡。
2. 輸氣管面罩：應注意每次使用時間不要超過 1 小時，以避免因吸入乾燥空氣造成口腔黏膜不舒服。
3. 護目鏡：應注意護目鏡選用種類，避免有機溶劑從護目鏡側面進入眼睛黏膜處。

防音防護具是聽力保護計畫中的一項重要工具。試說明選用、佩戴防音防護具的判斷流程、要領與注意事項。（20 分）

（一）判斷流程：勞工工作場所 8 小時日時量平均音壓級超過 85 分貝或噪音劑量超過 50% 時。

（二）要領：防音防護具一般常見有兩種，佩戴要領如下：

1. 耳塞：

(1) 用手繞過頭部（後腦勺），將另一邊之耳朵向外向上拉高（因大多數人之耳道向前彎曲），使外耳道被拉直。

(2) 用另一隻手將耳塞塞入耳道中。

(3) 注意事項：如果耳塞為可壓縮形式，將耳塞慢慢揉捏成一細長條狀（手指需保持乾淨，避免有油脂與灰塵），然後將耳塞塞入外耳道中待其膨脹，與耳道壁密合。作業時，佩戴之耳塞會因說話、咀嚼等活動，使耳塞鬆脫，影響其遮音性能，故需隨時檢視，必要時需重新佩戴。取下耳塞時宜緩慢，以避免傷害耳朵。

2. 耳罩：

(1) 分辨耳護蓋之上下端、左右與前後之分。

(2) 調整頭帶至最大位置。

(3) 儘量將頭髮撥離耳朵。

(4) 戴上耳罩，確定耳朵於耳護墊內。

(5) 用拇指向上、向內用力固定耳護蓋，同時用中指調整頭帶，使頭帶緊貼在頭頂。

(6) 檢查耳護墊四周，確定耳護墊有良好之氣密性。

(7) 如不合用，選擇其他形式之耳罩。

(8) 注意事項：作業時，耳罩可能會移位，故應隨時注意，必要時需重新佩戴。切莫用力拉扯頭帶，以防其失去彈性。

(三) 注意事項：

1. 考量噪音音階、工作內容，選擇適合其目的的種類及構造。
2. 使用時應注意舒適感。
3. 須注意衛生、清潔問題，盡量避免共用，如為重複使用的需定時清洗，如拋棄式的避免重複使用太多次。
4. 選擇符合需求 NRR 值防音防護具。

危害作業場所常使用呼吸防護具以保護勞工健康與安全；試舉 3 種常見呼吸防護具為例，由其供氣原理、本體、壓力、防護效果、及適用時機，陳述比較之。(20 分)

	自攜式呼吸防護具	防毒面具	防塵口罩
供氣原理	以壓縮空氣瓶經由輸氣管路提供給佩戴者	藉由濾毒罐過濾或吸附空氣中的有毒氣體	藉由口罩纖維捕集或攔截空氣中的粉塵
本體	全面體	全面體 / 半面體	半面體
壓力	正壓或壓力需求	負壓	負壓
防護效果	最佳	佳（但須注意濾毒罐飽和度破出問題）	差
適用時機	缺氧環境 / IDLH 情形	有害氣體暴露，且暴露濃度未達 IDLH 之環境	粉塵作業環境

工作場所空氣中可能存在著不同形式的有害物，而當工作者吸入這些物質時，有可能引起疾病、傷害、失能或死亡。使用呼吸防護具為保護勞工的最後一道防護措施，在某些特殊情況下，如臨時性作業或緊急應變處置時，呼吸防護具更是維護勞工生命或健康的唯一保障，勞動部職業安全衛生署已公告「呼吸防護計畫及採行措施指引」，依第 4 點規定，呼吸防護計畫應包含 6 大事項，請詳述之。（25 分） 【112】

依據「呼吸防護計畫及採行措施指引」規定，呼吸防護計畫應包括之 6 大事項如下述：

(一) 危害辨識及暴露評估：雇主選用呼吸防護具前，應確認作業勞工可能暴露之呼吸危害並進行評估：

1. 進行危害辨識時，應包含下列事項：

(1) 空氣中有害物之名稱及濃度。

(2) 有害物在空氣中為粒狀、氣狀或其他狀態。

(3) 作業型態及內容。

(4) 是否為缺氧環境或對勞工生命、健康造成立即危害之環境。

(5) 作業環境中是否有易燃氣體、易爆氣體，或環境易受不同大氣壓力、高低溫等影響。

2. 進行暴露評估時，依下列規辦理：

(1) 符合勞工作業環境監測實施辦法所列之作業場所，依規定辦理作業環境監測之評估。

(2) 符合國家標準 CNS 15030 化學品分類，具有健康危害之化學品者，依危害性化學品評估及分級管理辦法規定，辦理暴露評估。

(3) 從事臨時性、短暫性或維修保養等非經常性作業之勞工，應視其不同作業環境及特性，實施必要之監測及評估掌握勞工實際暴露實態。

(4) 於發生事故緊急應變時需進入災區執行搶救、止漏或其他緊急處置任務之勞工，應評估其可能之最嚴重暴露情境，確保依各狀況所選用之防護具可提供戴用人員充分之防護。

(二) 防護具之選擇：雇主應依附件及下列規定，決定呼吸防護具類型：

1. 對於勞工暴露於可能會對生命、健康造成立即危害之有害物濃度、缺氧環境或無法確認有害物及濃度之環境等，雇主應使勞工使用供氣式呼吸防護具。

2. 非屬對生命、健康造成立即危害之環境，雇主應依暴露有害物之種類、濃度及防護具之防護效能等資料，提供供氣式或淨氣式呼吸防護具 。

3. 考量勞工工作負荷程度、穿戴時間、異常之溫度或濕度、溝通、視野 、供氣方式、活動情形及穿戴眼鏡等因素 。

4. 呼吸防護具需搭配護目鏡或防護衣等其他個人防護具時，應考量不同防護具之相容性。

(三) 防護具之使用：護具之使用，依下列規定辦理：

1. 雇主使勞工於每次戴用呼吸防護具進入作業區域前， 應使其實施密合檢點，確實調整面體及檢點面體與顏面間密合情形，確認處於良好狀況才可使用。

2. 使用時應排除可能引起洩漏之因素，避免面體洩漏。

3. 使用淨氣式呼吸防護具應確認使用有效之濾材、濾匣及濾罐。

4. 使用供氣式呼吸防護具時，應確保供應氣體之品質無危害勞工之虞。

(四) 防護具之維護及管理：雇主對於所置備之呼吸防護具，應就以下管理項目訂定實施方式並據以執行，以維護呼吸防護具之防護效能：

1. 清潔及消毒。
2. 儲存。
3. 檢查。
4. 維修。
5. 領用。
6. 廢棄。

(五) 呼吸防護教育訓練：雇主使勞工使用呼吸防護具，應依「職業安全衛生教育訓練規則」第 16 條及第 17 條規定，實施適當之安全衛生教育訓練，並留存紀錄。

(六) 成效評估及改善：雇主應每年至少一次評估呼吸防護計畫之執行成效，適時檢討及改善，以確認計畫有效執行並符合實際需求。

4-2-2 教育訓練

「職業安全衛生教育訓練規則」規定，擔任有害作業主管之勞工，應於事前接受有害作業主管之安全衛生教育訓練。請寫出 5 種化學性危害之有害作業名稱。(25 分)

(一) 「有機溶劑中毒預防規則」所稱之有機溶劑作業（使用有機溶劑或其混存物從事研究或試驗等有機溶劑作業除外）。

(二) 「特定化學物質危害預防標準」所稱之特定化學物質作業。

(三) 「粉塵危害預防標準」所稱之粉塵作業。

(四) 「鉛中毒預防規則」所稱之鉛作業。

(五) 「四烷基鉛中毒預防規則」所稱之四烷基鉛作業。

某工廠員工高達數萬人，除了例行的教育訓練之外，公司想針對某些職災的高危險群進行加強教育訓練，請問如何找出該工廠發生職災的高危險群？（15 分）

（一）工廠發生職災的高危險群可由下列情形判斷：

1. 工作經常漫不經心的勞工。
2. 喜歡冒險犯進的勞工。
3. 個性急躁的勞工。
4. 曾經發生過事故的勞工。
5. 情緒不穩定的勞工。
6. 有酗酒或喝酒習慣的勞工。
7. 新進或資深勞工。
8. 未接受安全衛生教育訓練的勞工。

（二）為了找出這些高危險群，可藉由工作安全觀察（job safety observation）、安全座談、安全衛生委員會議或歷年職災調查報告找到相關資訊。

從職業災害預防的觀點，事業單位可以透過職業安全衛生教育訓練來消除勞工不安全行為，請問職業安全衛生管理人員除了須辦理法定的安全衛生教育訓練以外，還可以辦理那些非法定之訓練活動，以提升勞工的認知及興趣？請提出兩種活動，並說明活動目的、內容及實施方法。（20 分）

教育訓練	益智遊戲	體感活動
目的	提升勞工對於危害的認知，從而瞭解如何預防危害	提升勞工對於危害的感受，從而瞭解危害造成的後果

教育訓練	益智遊戲	體感活動
內容	搶答競賽活動	3D 虛擬或體感活動
實施方法	在播放一段影片或由講師口述引導後，讓勞工腦力激盪並回答出正確答案。 這類的活動可以競賽獎勵方式進行，藉由團隊合作或分組競賽的模式，激發同仁的參與率、榮譽感、向心力及想像力。如墜落危害預防方法。	藉由 3D 虛擬實境或體感實驗場地模擬情境使勞工有身歷其境的感覺。 1. 勞工佩戴 VR 虛擬實境眼鏡，可與鏡內影像互動。 2. 體感實驗場地則是提供一個模擬危險作業場所，但並無危害人體之虞的訓練場地。如安全電流感電體驗或屋頂作業墜落模擬。

那些有害作業需接受有害作業主管安全衛生教育訓練？

依據「職業安全衛生教育訓練規則」第 11 條規定，雇主對擔任下列作業主管之勞工，應於事前使其接受有害作業主管之安全衛生教育訓練：

1. 有機溶劑作業主管。
2. 鉛作業主管。
3. 四烷基鉛作業主管。
4. 缺氧作業主管。
5. 特定化學物質作業主管。
6. 粉塵作業主管。
7. 高壓室內作業主管。
8. 潛水作業主管。
9. 其他經中央主管機關指定之人員。

依「職業安全衛生教育訓練規則」規定，雇主對新僱勞工、或在職勞工於變更工作前，應接受適於各該工作必要之安全衛生教育訓練，請問其訓練課程及訓練時數如何？

依據「職業安全衛生教育訓練規則」附表十四的規定，其訓練課程及訓練時數規定如下：

(一) 課程（以與該勞工作業有關者）：

1. 作業安全衛生有關法規概要。
2. 職業安全衛生概念及安全衛生工作守則。
3. 作業前、中、後之自動檢查。
4. 標準作業程序。
5. 緊急事故應變處理。
6. 消防及急救常識暨演練。
7. 其他與勞工作業有關之安全衛生知識。

(二) 教育訓練時數：

新僱或在職勞工於變更工作前依實際需要排定時數，不得少於3小時。但從事生產性機械或設備、車輛系營建機械、起重機具吊掛搭乘設備、捲揚機等之操作及營造作業、缺氧作業（含局限空間作業）、電焊作業、氧乙炔熔接裝置作業等應各增列3小時；對製造、處置或使用危害性化學品者應增列3小時。

各級業務主管人員於新僱或在職於變更工作前，應參照下列課程增列6小時。

1. 安全衛生管理與執行。
2. 自動檢查。
3. 改善工作方法。
4. 安全作業標準。

4-2-3 健康管理

> **單位風險（unit risk）常用來估計化學物質暴露之健康危害風險，試問何謂單位風險？經口、呼吸道及皮膚等暴露途徑進入人體之化學物質，其單位風險之單位為何？您如何應用健康危害風險之概念，為一化學工廠擬定職業衛生管理策略？（25 分）**

(一) 單位風險（unit risk），即為單位濃度致癌物質導致癌症的風險。

(二) 經由不同暴露途徑進入之化學物質，其單位風險表示法如下：

1. 經口攝入者：以 ppm^{-1} 或 ppb^{-1} 表示；
2. 經呼吸道攝入者：以 ppm^{-1} 或（$\mu g/m^3$）$^{-1}$ 表示；
3. 經皮膚吸收者：以（mg/m^2）$^{-1}$ 表示之。

(三) 辨識出化學工廠有關化學物質的危害種類，每一種危害物質特性不同，在管理上為避免資源錯誤的利用，故應先實施健康風險評估，經過評估過後才能訂出管理策略，其完整的步驟如下述：

1. 健康風險評估：

(1) 危害辨識：包括危害性化學物質種類、危害性化學物質之毒性（致癌性、包括致畸胎性及生殖能力受損之生殖毒性、生長發育毒性、致突變性、系統毒性）、危害性化學物質釋放源、危害性化學物質釋放途徑、危害性化學物質釋放量之確認。

(2) 劑量效應評估：致癌性危害性化學物質應說明其致癌斜率因子，非致癌性危害性化學物質應說明其參考劑量、基標劑量或參考濃度。

(3) 暴露評估：化學物質作業活動階段所釋放危害性化學物質經擴散後，經由各種介質及各種暴露途徑進入影響範圍內人體內之總暴露劑量評估。

(4) 風險特徵描述：依據前 3 項之結果加以綜合計算推估，作業活動影響範圍內人體暴露各種危害性化學物質之總致癌及總非致癌風險，總非致癌風險以危害指標表示不得高於 1；總致癌風險高於 10^{-6} 時，開發單位應提出最佳可行風險管理策略。風險估算應進行不確定性分析，並以 95% 上限值為判定基準值。

2. 化學品分級管理：

雇主對於化學品之暴露評估結果，應依下列風險等級，分別採取控制或管理措施：

(1) 第一級管理：暴露濃度低於容許暴露標準 1/2 者，除應持續維持原有之控制或管理措施外，製程或作業內容變更時，並採行適當之變更管理措施。

(2) 第二級管理：暴露濃度低於容許暴露標準但高於或等於其 1/2 者，應就製程設備、作業程序或作業方法實施檢點，採取必要之改善措施。

(3) 第三級管理：暴露濃度高於或等於容許暴露標準者，應即採取有效控制措施，並於完成改善後重新評估，確保暴露濃度低於容許暴露標準。

根據「勞工健康保護規則」，雇主應使醫護人員、勞工健康服務相關人員配合職業安全衛生、人力資源管理及相關部門人員訪視現場，並辦理那些事項？（25 分）

依據「勞工健康保護規則」第 11 條規定，雇主應使醫護人員、勞工健康服務相關人員配合職業安全衛生、人力資源管理及相關部門人員訪視現場，辦理下列事項：

(一) 辨識與評估工作場所環境、作業及組織內部影響勞工身心健康之危害因子，並提出改善措施之建議。

(二) 提出作業環境安全衛生設施改善規劃之建議。

(三) 調查勞工健康情形與作業之關連性，並採取必要之預防及健康促進措施。

(四) 提供復工勞工之職能評估、職務再設計或調整之諮詢及建議。

(五) 其他經中央主管機關指定公告者。

員工長期暴露於危害因子，其健康狀態慢慢走下坡，偶而聽到員工抱怨身體不如當年，但定期健康檢查結果醫師診斷未有異常，身為衛生管理人員如何從健檢資料或其他管道發現員工可能遭遇的健康問題以防患未然？（15 分）

身為衛生管理人員可下列情況發現員工可能遭遇的健康問題：

(一) 請病假紀錄：可藉病假記錄了解勞工是否因為同一原因造成身體不適。

(二) 問卷調查：可藉由調查結果了解勞工是否有心理或生理上的問題。

(三) 環測紀錄：可藉由環測紀錄了解作業現場是否有物理性或化學性危害因子，進而改善作業現場環境。

(四) 健檢資料：可經由健檢結果知道勞工身體健康狀況並實施分級管理。

(五) 環測資料：可藉由環測資料發現，現場是否有化學性或物理性等危害因子存在。

(六) 現場訪談：可訪談抱怨勞工及同作業場所之勞工，是否有類似問題。

(七) 定期會議：如安全衛生委員會等，可藉由勞工代表的參與，諮商其之意見。

職業安全衛生法規定雇主要進行健康管理、職業病預防及健康促進等勞工健康保護事項。試問健康促進主要內容應包括那些範圍？有何效益？要如何有效促進、確保健康促進相關活動的成效？（20分）

(一) 健康促進內容應包括下列：

1. 健康需求評估。
2. 身體活動。
3. 健康飲食。
4. 健康體位管理。
5. 戒菸。
6. 戒檳榔。
7. 癌症篩檢。
8. 慢性疾病管理。
9. 職場婦女健康促進。
10. 心理健康。
11. 中高齡員工健康促進。

(二) 健康促進之效益如下：

1. 提升產品產量及品質。
2. 減少雇主健康保險支出。
3. 減少工作意外。
4. 降低病假率。
5. 增進勞工健康。
6. 達成事業目標。

7. 提升工作環境品質。

8. 增進勞工向心力及士氣。

9. 提升企業形象和競爭力。

(三) 「認知改變」與「行為改變」是健康促進主要的成效評估指標，可依照健康促進活動設計的目標及方向訂定評估標準，下列舉例個別說明：

1. 「認知改變」可針對事業單位監督管理階層及勞工進行問卷調查或訪談等方法，評估他們對該年度所推行之健康促進主題（如體適能運動、減重活動、戒菸、壓力紓解等）是否了解。

2. 「行為改變」則主要評估健康促進活動對於勞工健康行為改變的程度，內容包括勞工健康促進活動參與率、滿意度調查及生活型態改變程度，例如：有無良好飲食習慣、有無規律運動等。

此外，也可透過競賽的方式來確保健康促進活動的成效，如健康促進活動前後結果來比較（如戒菸成功率、體重減少公斤數、體脂肪等）及定期健康檢查報告等來評估健康促進的成效。

參考資料：職場健康促進推動指引

勞工於特別危害作業場所工作，需要實施特殊健康檢查與健康管理，如以噪音作業為例，試說明噪音作業的健康分級管理之定義及內涵。(20分)

(一) 健康分級管理係指依據健康檢查結果，分級並採取不同的管理措施：

1. 第一級管理：聽力檢查結果，全部項目正常，或部分項目異常，而經醫師綜合判定為無異常者（聽力正常）。

2. 第二級管理：聽力檢查結果，部分或全部項目異常，經醫師綜合判定為異常，而與工作無關者（聽力損失）。

3. 第三級管理：聽力檢查結果，部分或全部項目異常，經醫師綜合判定為異常（聽力損失），而無法確定此異常與工作之相關性，應進一步請職業醫學科專科醫師評估者。

4. 第四級管理：聽力檢查結果，部分或全部項目異常，經醫師綜合判定為異常，且與工作有關者（聽力損失）。

（二）健康分級管理之內涵：

由於資源有限，對於不同程度的聽力損失，不應一視同仁投入相同的改善資源，而應針對各級所需要的改善對策個別改善，此為分級管理之內涵。

請詳述如何進行新興產業的職業衛生管理？（25 分）

（一）新興產業隨著時代的推進而有所不同，例如我國政府目前推動的六大新興產業為生物科技、精緻農業、綠色能源、醫療照護、觀光旅遊、文化創意。

（二）此六大新興產業型態的職業衛生危害不盡相同，管理措施則可從消除、取代、工程控制、行政管制及防護具等五大步驟來管理，以下表為例：

產業類別	可能之衛生危害（危害辨識）	管理措施（危害控制）
生物科技	1. 生物性危害（病毒、細菌） 2. 化學性危害（腐蝕性、毒性物質） 3. 物理性危害（生產製造） 4. 人因性危害（包裝、運送）	1. 防護具使用。 2. 健康檢查、環境監測。 3. 工作區與辦公區隔離。 4. 工作站改善。
精緻農業	1. 生物性危害（寄生蟲） 2. 化學性危害（農藥）	1. 使用防護眼鏡及手套。 2. 標示及教育訓練。

產業類別	可能之衛生危害（危害辨識）	管理措施（危害控制）
綠色能源（太陽能）	物理性危害（戶外高溫作業）	1. 工作與休息時間調整。 2. 食鹽水飲用。 3. 健康管理。 4. 防曬衣物使用。
醫療照護	1. 生物性危害（針扎感染） 2. 心理性危害（職場暴力） 3. 人因性危害（護病比失衡）	1. 使用安全針器取代。 2. 教育訓練。 3. 人力適性安排。
觀光旅遊	心理性危害（過勞）	1. 適當休息。 2. 雙司機制度。
文化創意	心理性危害（過勞）	適當休息。

請論述工作疲勞的組織管理（雇主管理）及個人疲勞管理，並說明實施方法。（25 分） **【108】**

(一) 工作疲勞產生的可能原因為：

1. 不規則的工作。
2. 工作時間長的工作。
3. 經常出差的工作。
4. 輪班工作或夜班工作。
5. 工作環境（異常溫度環境、噪音、時差）。
6. 伴隨精神緊張的工作。

(二) 組織管理的方法可由下列方式實施：

1. 對預定之工作排程的頻率及程度減少變更。
2. 工作時數妥善安排。
3. 減少出差的頻率、妥善安排住宿問題，避免當天來回。
4. 避免輪班過於頻繁、兩班之間休息的時間要足夠。

5. 營造良好的工作環境。

6. 考量勞工工作適任性。

（三）個人管理的方法可由下列方式實施：

1. 經常運動增強體魄。

2. 休息、睡眠時間管理。

3. 避免抽菸、喝酒或其他不健康飲食。

4. 依據工作溫溼度調整衣物保暖程度。

5. 自我健康檢查，如血壓、體重的量測。

請詳述中高齡及高齡作業者在身體機能特性變化，以及在職場中可以強化中高齡及高齡者工作環境之安全與健康的具體作為。（25 分） **【110】**

（一）依據「中高齡及高齡工作者安全衛生指引」第 3 條定義，謂中高齡工作者，係指年滿 45 歲至 65 歲之人；謂高齡工作者，係指逾 65 歲之人。

（二）人類的身體機能方面，大約在 30 歲左右開始逐漸走下坡，中高齡及高齡者尤其明顯，如肌耐力下降、心血管疾病增加、視力聽力下降、反應變慢等，皆與年齡增長後易發生的健康問題有關。

（三）中高齡及高齡工作者由於體力與精神方面的退化，其體能與反應能力也逐漸無法應付工作上的需求，故可採取下列措施來保障中高齡及高齡工作者的安全與健康：

1. 以人因工程為考量，改善設備以符合中高齡及高齡者作業上的需求。

2. 從第一線直接人員退居幕後，擔任技術指導，將工作經驗及技術傳承給年輕工作者。

3. 提供輔具以支其作業強度上的需求。

4. 提供勞動生理方面的教育訓練，使其了解自身應注意之健康事項。

5. 提供體適能活動，強化其肌肉骨骼強度。

6. 定期實施緊急應變演練，避免突發狀況時避難不及。

請說明甲醛在國際癌症研究中心（IARC）的致癌分類，以及從事甲醛作業勞工之特別危害作業健康檢查項目、考量不適合從事該作業之疾病。（25 分） **【110】**

(一) 依據國際癌症研究中心 (IARC) 的致癌分類，甲醛會造成鼻咽癌 (人類的致癌證據充分)，屬第一級致癌物 (Group 1)。

(二) 雇主使勞工從事甲醛作業時，依據「勞工健康保護規則」附表一及附表十規定，勞工之特別危害健康檢查項目應包括下列：

1. 作業經歷、生活習慣及自覺症狀之調查。
2. 呼吸系統及皮膚黏膜等既往病史之調查。
3. 呼吸系統及皮膚黏膜之身體檢查。
4. 肺功能檢查 (包括用力肺活量 (FVC)、一秒最大呼氣量 ($FEV_{1.0}$) 及 $FEV_{1.0}$ / FVC)。
5. 紅血球數、血球比容值、血色素、平均紅血球體積、平均血球血色素、平均紅血球血色素濃度、血小板數、白血球數及白血球分類之檢查 (變更作業者無須檢測)。

(三) 依據「勞工健康保護規則」附表十二規定，勞工有下列疾病者，應採取醫師建議不得從事甲醛相關作業。

1. 鼻炎。
2. 慢性氣管炎。
3. 肺氣腫。
4. 氣喘。

臺灣少子女化問題嚴峻，為維持健康勞動力的延續，勞動部責成雇主應實施工作場所母性保護計畫，請說明母性健康保護實施計畫架構及採行措施。(20分) **【111】**

(一) 架構

1. 政策：雇主明確宣示落實對女性勞工之母性健康保護政策，使職業安全衛生人員會同勞工健康服務醫護人員，依法令規定施行母性健康保護措施，且將政策與做法公告周知，據以推動。

2. 組織及人員設置：雇主書面授權指定專責部門，負責統籌規劃職場母性健康保護事項，並指派一名高階主管負責督導管理及推動組織內全體同仁參與。

3. 規劃與實施：依產業特性、實際風險概況及可運用之資源等，建立母性健康危害辨識及風險評估之管理機制。

   (1) 危害辨識與評估：包含物理性、化學性、生物性、人因性及工作型態等危害。

   (2) 依評估結果區分風險等級：經工作場所環境及作業危害與勞工個人健康影響評估後區分風險等級。

   (3) 告知評估結果：經工作場所及作業危害或健康評估後，將評估結果之風險等級及建議採取之安全健康管理措施，以書面或口頭之方式告知勞工。

   (4) 實施管理措施：依據前述區分之風險分級後，採取分級管理措施。

4. 執行成效評估與持續改善：檢視所採取之措施是否有效，並檢討執行過程中之相關缺失，做為未來改進之參考。

(二) 採行措施

1. 工程控制：製程改善、通風換氣設備等。

2. 行政管理：職務或工作調整、工時調整。

3. 個人防護具：依危害因子特性配戴適合的個人防護具，如耳塞、呼吸防護具等。

請說明如何以公共衛生三段五級的方式，規劃事業單位的勞工健康服務計畫內容？又，配合勞工健康服務，職業衛生管理人員在保護勞工健康方面，主要的工作職責有那些？（25 分）【113】

(一) 勞工健康服務計畫之內容：

1. 第一段：預防階段。

(1) 第一級：促進健康。

A. 定期舉辦健康講座與衛生教育。

B. 定期實施健康檢查。

C. 提倡均衡的營養飲食。

D. 實施無菸工作環境政策。

(2) 第二級：特殊保護。

A. 預防疾病感染的疫苗注射。

B. 宣導良好的衛生習慣。

C. 提供適當的個人防護設備。

D. 實施工程控制措施，如通風系統改善。

E. 避免過敏原與致癌物質的暴露。

2. 第二段：治療階段。

(3) 第三級：早期診斷、早期治療。

A. 實施特殊健康檢查。

B. 建立健康監測系統，追蹤勞工健康狀況。

C. 提供專業醫療諮詢服務，防止疾病惡化。

3. 第三段：康復階段。

(4) 第四級：限制殘障。

A. 適當治療以延緩疾病的惡化並避免進一步併發其他疾病。

B. 提供限制殘障及死亡的設備。

(5) 第五級：復健。

A. 提供適當的復健醫院、設備及就業機會。

B. 長期照護措施。

（二）職業衛生管理人員的主要工作職責：

1. 危害辨識與風險評估：雇主應使醫護人員與勞工健康服務相關人員，配合職業安全衛生、人力資源管理及相關部門人員訪視現場，辨識與評估工作場所環境潛在的職業危害、作業及組織內部影響勞工身心健康之危害因子。

2. 控制措施的實施：根據評估的結果，制定並實施適當的控制措施，包括工程控制、行政管理和個人防護具的使用。

3. 關聯性調查：調查勞工健康情形與作業之關連性，並採取必要之預防及健康促進措施。

4. 教育訓練計畫與實施：擬定和實施職業安全衛生教育訓練，提高勞工的健康觀念與自我保護的能力。

5. 定期健康檢查與管理：依據年齡級距與作業類型，定期實施一般健康檢查與特殊健康檢查，依據健康檢查結果，分級風險等級並實施健康管理。

4-3 參考資料

說明 / 網址	QR Code
《職業病概論》，郭育良等 *https://www.airitibooks.com/detail.aspx?PublicationID=P20120605260*	
《職業與疾病》，郭育良等 *https://www.farseeing.com.tw/?p=6419*	
衛生福利部國民健康署之「職場健康促進推動指引」 *https://gpi.culture.tw/books/1009603679*	
《工業衛生》，莊侑哲等 *https://www.sanmin.com.tw/product/index/000326263*	
勞動部勞動及職業安全衛生研究所之「工安警訊」 *https://www.ilosh.gov.tw/menu/1169/1172/*	
勞動部勞動及職業安全衛生研究所之「研究季刊」 *https://www.ilosh.gov.tw/90734/90789/90795/92349/post*	
工業安全與衛生（月刊） *http://www.isha.org.tw/monthly/books.html*	
職業病認定參考指引 *https://www.osha.gov.tw/1106/1176/1185/1190/*	
緊急應變措施技術指引 *https://laws.mol.gov.tw/FLAW/FLAWDAT01.aspx?id=FL050014*	

作業環境控制工程 5

5-0 重點分析

依據考選部職業衛生技師命題大綱，作業環境控制工程命題包括通風控制技術及設計（通風控制技術 / 原理、局部排氣系統 / 整體換氣系統效能設計與評估）與職業危害因子之控制（物理性 / 化學性 / 生物性 / 人因性 / 其他危害之控制工程）兩大部分，由考題上分析通風、噪音及溫度為最常考之三大題型請考生務必留意，市面上洪銀忠老師所著《作業環境控制工程》為非常重要之參考書，請考生務必熟讀有很多類似題型，另林子賢等老師所著的《作業環境控制通風工程》，與蕭森玉老師所著的《工業通風與換氣》也是很好的參考資料。

作業環境控制工程考科不易得高分，有太多的公式與計算，所以同學務必需熟練計算機的使用如 x^y、ln、log、$e^{-0.4}$…等相關運算及公式的記憶，歷屆考題的練習非常重要會有一些脈絡可循，單位的換算須留意特別是考題中會常有陷阱，筆者建議需將公式及單位作成筆記，方便複習及加深印象，動筆多加練習，對各類型再進一步的延伸，能夠舉一反三，如此才有機會拿到高分。其中「通風」及「噪音」是每年來最常出現的熱門考題，故在研讀時是可先廣泛閱讀與計算，最後衝刺時則將重心放在「通風」與「噪音」，另外「法規」這門科目，是一個大補丸，因為職業衛生技師考試六科中，法規不會只出現在「職業安全衛生法規與職業安全概論」這一考科中，法規是所有科目的基石，務必要下功夫打好基礎。

近年來職安署推動的相關指引請務必熟讀如呼吸防護具、化學品等，重大時事如 COVID-19、勞研所資料、職安署網站請多留意。讀書部分儘可能到圖書館或可以靜下心來讀書的地方，家裡有太多的誘惑，另手機雖然查資料方便，但也很浪費時間，試問自己一天花多少時間在 Line、fb、TV 上，在讀書過程中請儘量關手機。請儘可能參加技能檢定或國營事業考試練筆，建議以【職安一點通：職業衛生管理甲級檢定完勝攻略】熟練打底。在考場上千萬不要交白卷，碰到真的不會寫的題目，先靜下心來看是否可利用單位換算去推導，或用 3（發生源、傳播路徑、接受者）4（PDCA）5（物化生人心）方向去擠一點答案要點分數，當您見多識廣累積到一定功力，也就離上榜不遠了。

5-1 通風控制技術及設計

5-1-1 通風控制技術及原理

一使用中之 Class II 級生物安全櫃 type B2，其櫃內產生之污染空氣，全部經處理過後由排氣系統排放（空氣再循環率 0%）。因為要變更操作之病原體，需要進行燻蒸消毒，因此以 2 g 甲醛液體加入催化劑進行燻蒸消毒，並封閉生物安全櫃對外之排氣管線，已知櫃內有效燻蒸空間為 1.5 m^3。（25℃、一大氣壓條件下，氣狀有害物之毫克摩爾體積立方公分數為 24.45）

（一）催化反應開始並產生甲醛蒸汽後，立即將操作門關閉，最後除餘有甲醛殘留液體 0.8 g 外，其餘全部經催化揮發成蒸汽，在 25℃，1 atm 下，甲醛蒸汽均勻分布在安全櫃內，請計算櫃內初始甲醛蒸汽濃度為多少 ppm？（6 分）

（二）燻蒸結束後，若甲醛蒸汽未逸散出安全櫃，且櫃外自然空氣中並無甲醛濃度，而櫃內甲醛蒸汽殘餘濃度維持穩定為 120 ppm，若開啟排氣系統及操作門，以 3 m^3/hr 之排氣量進行均勻之稀釋換氣，於 1 小時之後重新測定殘餘甲醛蒸汽濃度，請估算其遞減後濃度為多少 ppm？（7 分）

(三) 承上題，若改以 9 m^3/hr 之排氣量進行均勻之稀釋換氣，在同樣狀況下，需要多少分鐘才能遞減至題(二)同樣的濃度？（7 分）【104】

(一) 甲醛 HCHO 分子量 = 12 + 16 + 1×2 = 30

25°C、1atm 條件下由公式 $X_{ppm} \times \frac{M}{24.45} = Y_{mg/m^3}$，

$$X_{ppm} = \frac{\frac{(2-0.8)\times 1000}{1.5}\times 24.45}{30} = 652\ ppm$$

(二) 由 $V\frac{dC}{dt} = G + QC_{input} - QC$，其中 $G = 0$，$C_{input} = 0$

經積分 $\int \frac{dC}{C} = \int -\frac{Q}{V}dt$，則可得 $\ln\frac{C}{C_0} = -\frac{Q}{V}(t_2 - t_1)$

化簡整理 $C = C_0 e^{-\frac{Q}{V}t}$，$C = 120\times e^{-\frac{3}{1.5}\times 1} = 120\times e^{-2} = 16.24\ ppm$

(三) $16.24 = 120\times e^{-\frac{9}{1.5}\times t}$，$\frac{16.24}{120} = e^{-\frac{9}{1.5}\times t}$

$-2 = -6\times t$，$t = \frac{1}{3}hr = 20\ min$

根據導管內風扇上下游不同位置測得之空氣壓力（不考慮氣流摩擦損失），請依題意作答各小題。

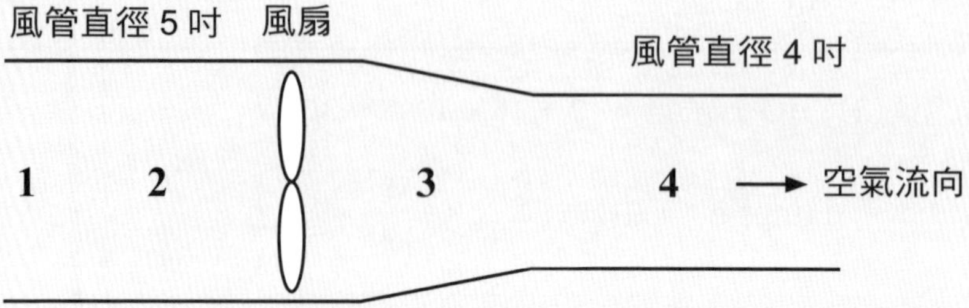

位置	空氣壓力（mmH_2O）		
	全壓 (P_t)	靜壓 (P_s)	動壓 (P_v)
1	– 7.50	a	+ 2.50
2	b	– 8.10	+ 2.50
3	+ 7.40	+ 4.90	+ 2.50
4	+ 8.10	+ 5.10	c

（一）請計算 a、b、c 數值。（15 分）

（二）請依平均風速計算公式 $v(m/s) = 4.03\sqrt{P_v}$ 計算位置 1 之風量（m^3/hr）。（10 分）

（三）請指出上圖那一項數據有誤？並說明理由。（5 分）　【105】

（一）全壓 = 靜壓 + 動壓，則

$P_t = P_s + P_v$ 代入 a = –10.0, b = –5.6, c = +3.0 (mmH_2O)

（二）$V_1 = 4.03\sqrt{P_v} = 4.03\sqrt{2.5} = 6.37m/s$

1 inch = 2.54cm, 5 inch = 12.7cm = 0.127m

$$Q = A \times V = \frac{\pi D^2}{4} \times V = \frac{3.1416 \times (0.127)^2}{4} \times 6.37 = 0.081 m^3/s = 291.6 m^3/hr$$

（三）1. 位置 1：全壓及靜壓的值理應比位置 2 的數值小（負的數值小），因為離風扇較遠靜壓負的數值應較小。

2. 位置 2：因為離風扇較近全壓負值應較大。

3. (1) 位置 3：全壓數值要比位置 4 的全壓還要大：壓力大往壓力小跑，上游全壓一定比較大。

(2) 位置 3：動壓數值應變大：面積變小，速度變大；則動壓應變大。

某 315 m^3 之室內工作場所之清洗黏著作業同時使用兩種有機溶劑：丁酮與甲苯，其容許濃度標準分別為 200 ppm 與 100 ppm。若已知兩種有機溶劑的毒性具有「加成效應」，且其揮發產生率皆為 1 L/hr；此外，丁酮之不均匀混合係數（或安全因子）K=3、溶液密度 ρ_L = 0.81 g/mL、分子量 M=72 g/mol，而甲苯之 K=1、ρ_L =0.87 g/mL、M=92 g/mol：

（一）請試述 K 之意義並舉例說明。（5 分）

（二）請問該場所之需求換氣量（required Q；m^3/min）為何？（已知理想氣體莫耳體積 = 24 L/mol）（15 分）

（三）請問該場所每小時之換氣次數為何？（5 分）　【106】

（一）1. K 之意義：係為作業環境中通風換氣量之安全係數值；其影響 K 值大小包含通風換氣裝置之機械效率、空氣流動速率及導入均匀度與混合現況、生產製程之有害污染物的毒性、污染物發生源與勞工相關位置以及氣候季節變化等因素。

2. 舉例說明：安全係數 K 值愈小，表示通風效果佳，數值愈大，表示需要加強換氣量，即通風狀態較差。例如：K = 1 作業環境中通風狀態佳，換氣量效果符合要求；K = 5 則通風狀態較差，換氣量效果需要改善。

（二）1. 在 1atm，25°C 推導出理論換氣公式為 $Q=\dfrac{24.45\times10^3\times W}{60\times \mathbf{C_{ppm}}\times \mathbf{M}}$

2. 依題意理想氣體莫爾體積為 24L/mol，又密度 = 質量 / 體積，

則丁酮 W = 0.81(g/mL)×1000(mL/hr)；

甲苯 W = 0.87(g/mL)×1000(mL/hr)

兩種有機溶劑毒性具有「加成效應」再考量安全係數 K，則該場所之需求換氣量為

$$Q=3\times\frac{24\times10^3\times0.81\times1000}{60\times200\times72}+1\times\frac{24\times10^3\times0.87\times1000}{60\times100\times92}$$

$$=67.5+37.8=105.3\ m^3/min$$

（三）該場所每小時換氣次數

$$N=\frac{Q}{V}=\frac{60min}{hr}\times\frac{105.3m^3/min}{315m^3}=20.06\text{ 次}$$

通風換氣排氣系統的應用可達到那些目的（提示：考慮兩類系統）？（25 分） **【108】**

（一）職場通風換氣排氣系統一般區分為「整體換氣」與「局部排氣」兩類系統：

1. 整體換氣系統：係指藉由動力設備裝置來稀釋作業環境中整體發散之危害物質。

2. 局部排氣系統：係指藉由動力設備裝置強制吸引並排出已局部發散之危害物質。

另針對密閉有害物之發生源，為使其不致散布可採取「密閉設備」以達隔離阻絕。

（二）系統設備使用時機：

1. 整體換氣系統：

(1) 製程作業較為有規律且產出之危害物的速率慢。

(2) 危害物產量少且毒性低，可容許散布在作業環境中。

(3) 含危害物的空氣產生量不超過稀釋用的空氣量。

(4) 勞工與危害物發生源距離夠遠，且勞工暴露濃度低於容許濃度標準。

(5) 職場工作場域大，且無法隔離其空間。

(6) 危害物發生源分布區域大，且不易設置局部排氣裝置。

2. 局部排氣系統：

(1) 製程作業會產生大量危害物質之工作場所。

(2) 屬無規律產出之危害物且進入作業環境中的速率快。

(3) 危害物之毒性高或為放射性物質。

(4) 屬有限的工作範圍或可隔離之工作場所。

（三）無論是整體換氣或局部排氣，應用此兩類系統通風換氣可達成下列目的：

1. 稀釋排除危險物，預防火災爆炸之危險，維護勞工之生命安全。

2. 稀釋排除有害物，避免長期吸入人體，肇生健康危害之職業病。

3. 提供新鮮空氣，降低作業環境中污染物之味道；增加氧氣濃度，減少二氧化碳，避免勞工昏沉。

4. 調節溫濕度，提供勞工舒適的作業環境。

下圖為局部排氣導管（截面積 =1m^2）內之壓力量測示意圖。已知導管中 U 型管液位壓力計 A 處之液位高差為 27.9 mm、B 處之液位高差為 14.2 mm、F 處之液位高差為 19.3 mm。U 型管液位壓力計係以純水為填充液。試問圖中之甲側或乙側何者為吸氣側？原因為何？吸氣側及排氣測之靜壓、動壓及全壓又各為何？導管內之空氣流率又為何？（25 分） **【109】**

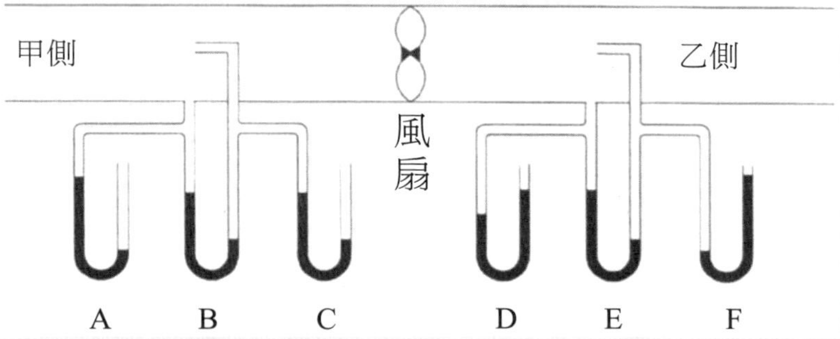

（一）甲側為吸氣側。

因為靜壓與動壓的作用方向不同，所以測量的方法也不同，靜壓的測量方法是用 U 形管的一端與氣流方向垂直，因為與氣流方向垂直就可以避免動壓的干擾，並且讀取靜壓的值（管壁上量測），U 形管開放端與量測端的水柱高度差就是水柱高度為單位的靜壓對大氣壓力的值。在排氣管上游的導管中所有的靜壓均小於大氣壓力，所以量測端的水柱高度會高於開放端，所量的靜壓均為負值（吸氣側，負壓），而在排氣機下游導管中的靜壓皆為正值（排氣側，正壓），此時 U 形管的開放端水柱高度會高於量測端高度。

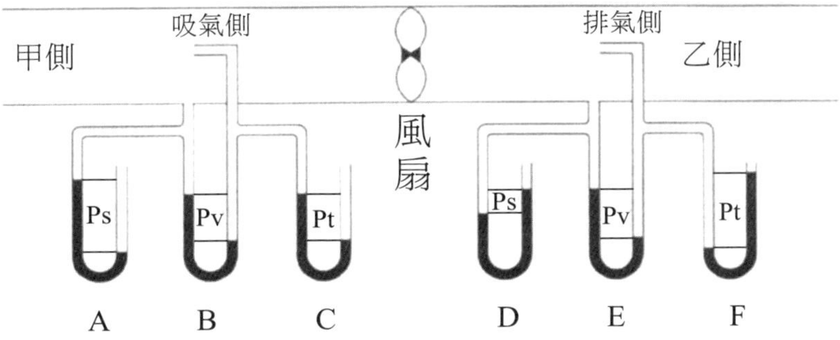

(二) ∵ A 靜壓 (P_s) = –27.9 mmH_2O

B 動壓 (P_v) = 14.2 mmH_2O

∴ C 全壓 (P_t) = –27.9 mmH_2O+14.2 mmH_2O = –13.7 mmH_2O

∵ F 全壓 (P_t) = 19.3 mmH_2O

E 動壓 (P_v) = B 動壓 (P_v) = 14.2 mmH_2O

∴ D 靜壓 (P_s) = 19.3 mmH_2O – 14.2 mmH_2O = 5.1 mmH_2O

(三) 風速 Va(m/s) = $4.04\ \sqrt{Pv(mmH_2O)}$

$= 4.04\ \sqrt{14.2}$

= 15.22 (m/sec)

風量 Q(m^3/s) = Va (風速) × A (截面積)

= 15.22(m/s) × 1(m^2) = 15.22 (m^3/s)

請說明裝設工業通風系統的目的（12 分）及其種類與功能。（12 分） **【112】**

(一) 裝設工業通風系統的主要目的：

1. 維持作業場所之舒適，提供適當的溫度與溼度。
2. 維持作業場所空氣的良好品質。
3. 排除作業場所空氣中的有害物質。
4. 稀釋有害物之濃度，增加換氣次數降低污染物濃度。
5. 供給補充空氣，避免作業場所負壓過大。
6. 防火及防爆，可燃性氣體濃度控制在爆炸下限 30% 濃度下。

(二) 工業通風種類可分為整體換氣與局部排氣兩種，其功能如下：

1. 整體換氣主要功能在於將新鮮外氣導入至作業場所，以稀釋作業場所內有害物濃度，並藉空氣的流動將有害物排出室外。
2. 局部排氣一般使用於污染發生源固定產生量大之作業環境。其方法係於空氣，污染物發生源或接近發生源位置將污染物捕集排除，以減低作業人員呼吸帶內污染物之濃度。雖然現代工業技術已盡可能做到生產自動化的程度，唯當製程無法採用完全密閉或無人化作業，則局部排氣裝置扮演著降低勞工暴露及排除有害物質的重要角色。

5-1-2 整體換氣系統效能設計與評估

請說明整體換氣（general exhaust ventilation）定義、設計時需考量因子、及如何決定換氣量之安全係數。（25 分） **【109】**

（一）整體換氣（general exhaust ventilation）：又稱稀釋換氣，指從外面導入足夠之新鮮空氣，將室內之污染物濃度稀釋至安全限量（容許濃度）以下再排出室外之設備。

（二）整體換氣裝置設計時需考量因子：

1. 應有足夠之換氣量。
2. 有害物濃度小於容許濃度，危險物濃度小於 0.3LEL。
3. 排氣機、送風機或導管開口應接近發生源。
4. 勞工呼吸帶勿暴露於排氣流線中
5. 排氣不受阻礙有效運轉。
6. 依有害物產生之特性使換氣要均勻。
7. 補充之空氣應平均分布於作業場所每一角落且應調溫調濕。
8. 高毒性、高污染作業場所應與其他作業場所隔離。

（三）決定安全係數大小之考量因素有：

1. 導入補充空氣之均勻度及混合情形。
2. 污染有害物質之毒性。
3. 季節變化。
4. 通風換氣裝置之機械效率。
5. 污染物發生源與勞工作業環境之相關位置。
6. 生產製程。
7. 空氣流動速率大小。

近期國際上發生人群推擠及踩踏事件，除了人為因素之外，通風換氣問題更顯重要。某工廠因場地狹小，廠內並無隔間，僅以地面標線標示分隔緊鄰至作業區與辦公區。作業區有 28 名員工進行輕工作手部操作作業，而辦公區有 7 人進行輕工作文書作業，已知工廠內每人二氧化碳平均呼出量為 0.026 m^3CO_2/hr，而工廠外空氣中二氧化碳平均濃度為 420 ppm（即 0.00042 $m^3CO_2/1\ m^3$ Air），假設廠內為均勻混合流場分布，請計算以下各個問題？

（一）若依據「勞工作業場所容許暴露標準」之規定，作業場所中二氧化碳容許濃度為 5000 ppm（即 0.005 $m^3CO_2/1\ m^3$ Air），為符合容許暴露標準，且以工廠外空氣進行廠內稀釋通風，請問廠內每分鐘需要多少換氣量？（4 分）

（二）承上題，若廠內發現有二氧化碳充氣管線，因為接頭處有洩漏，且測得平均洩漏量為 0.068 m^3CO_2/hr，為符合容許暴露標準，且以工廠外空氣進行廠內稀釋通風，請問廠內每分鐘需要多少換氣量？（6 分）

（三）承上第（二）題，若依據室內空氣品質管理法「室內空氣品質標準」之規定，室內二氧化碳污染物之標準為 1000 ppm（即 0.001 $m^3CO_2/1\ m^3$ Air），為符合室內空氣品質標準，且以工廠外空氣進行廠內稀釋通風，請問廠內每分鐘需要多少換氣量？（6 分） **【111】**

（一）$0.026m^3CO_2/hr \times (28$ 人 $+7$ 人 $)=0.91\ m^3CO_2/hr$

$$Q_1=\frac{G\times10^6}{p-q}=\frac{0.91\times10^6}{5000-420}=\frac{910000}{4580}=198.69m^3/hr=3.31m^3/min$$

∴廠內每分鐘需要的換氣量為 3.31 m^3/min

（二）G=0.068+0.91=0.978

$$Q_2=\frac{G\times10^6}{p-q}=\frac{0.978\times10^6}{5000-420}=\frac{978000}{4580}=213.54m^3/hr=3.56m^3/min$$

∴廠內每分鐘需要的換氣量為 3.56 m³/min

（三） $Q_3=\frac{G\times10^6}{p-q}=\frac{0.978\times10^6}{1000-420}=\frac{978000}{580}=1686.21m^3/hr=28.10m^3/min$

∴廠內每分鐘需要的換氣量為 28.10 m³/min

有一長 12m、寬 6m、高 3.5m 的室內空間，平日以中央空調方式維持通風。平均換氣率為每小時 2 次。某次舉辦內部活動，場內湧入 80 位員工，活動進行期間陸續有人感到身體不適，活動並因此中斷。根據職業安全衛生設施規則第 312 條規定，勞工工作場所應使空氣充分流通，必要時應以機械通風設備換氣，其換氣標準如附表所示。

工作場所每一勞工所占立方公尺數	每分鐘每人所需之新鮮空氣供應量
未滿 5.7	0.6 m³ 以上
5.7 以上未滿 14.2	0.4 m³ 以上
14.2 以上未滿 28.3	0.3 m³ 以上
28.3 以上	0.14 m³ 以上

假設二氧化碳的背景濃度為 400 ppm，成年人每分鐘呼出的二氧化碳約 0.3 L，且室內 CO_2 濃度變化可透過以下公式加以計算：

$$C(t)=C_{in}+\frac{G}{Q}+\left[C_0-(\frac{G}{Q}+C_{in})e^{-\frac{Qt}{V}}\right]$$

（一）假設室內初始濃度與背景值相同，活動參與者全部都在同一時間進場，且中途都未離開。試根據以上敘述，計算活動開始 30 分鐘後以及活動 3 小時後，室內的二氧化碳濃度變化。（10 分）

（二）下次若想在此處再舉辦類似活動，但希望能將室內二氧化碳濃度維持在 1000 ppm 以內。試就通風條件或活動空間規畫提出建議，並請列式說明你所提的條件符合設定目標。（10 分）【113】

※ 備註：此題目是用暴露空間模式 (Box Models) 的公式，但題目公式可能給錯，本題會以正確公式進行解答，正確公式如下：

$$C_{Aroom} = \left(C_{Aroom0} - C_{Ain} - \frac{G_A}{Q}\right) \times e^{-\frac{Q(t-t_0)}{V}} + C_{Ain} + \frac{G_A}{Q}$$

其中，C_{Aroom}：化學品 A 之室內均勻濃度（mg/m^3）

C_{Aroom0}：化學品 A 之室內初始（t = 0 時）濃度（mg/m^3）

C_{Ain}：隨供氣系統進入室內之化學品 A 之濃度（mg/m^3）

G_A：化學品 A 之散布速率（mg/time）

Q：空間通風速率

t：時間（time）

V：室內空氣體積（m^3）

註：職安署 - 化學品評估及分級管理 - 健康危害化學品 - 定量暴露評估推估模式。

(　) 1. 活動開始 30 分鐘之室內二氧化碳濃度：

室內空氣體積：$12 \times 6 \times 3.5 = 252m^3$；換氣率：$2\ \frac{次}{hr}$

$$通風量\ Q(m^3/min) = 2\ \frac{次}{hr} \times 252\ \frac{m^3}{次} \times \frac{1}{60}\ \frac{hr}{min}$$

$$= 504\ \frac{m^3}{hr} \times \frac{1}{60}\ \frac{hr}{min}$$

$$= 8.4\ \frac{m^3}{min}$$

$$二氧化碳產生率\ G\left(\frac{m^3}{min}\right) = 80\ 人 \times 0.3\ \frac{L}{人 \times min} \times 0.001\ \frac{m^3}{L}$$

$$= 0.024\ \frac{m^3}{min}$$

室內初始濃度 $C_0 = 400ppm$

背景值 (外部進氣濃度) $C_{in} = 400ppm$

$$C(t)=(\frac{G}{Q}+C_{input})+\left[C_0-\frac{G}{Q}-C_{input}\right]e^{-\frac{Q}{V}(t-t_0)}$$

$$C(30)=\left(\frac{0.024\frac{m^3}{\min}}{8.4\frac{m^3}{\min}}\times 10^6\,ppm+400\,ppm\right)+$$

$$\left[400\,ppm-\left(\frac{0.024\frac{m^3}{\min}}{8.4\frac{m^3}{\min}}\times 10^6\,ppm\right)-400\,ppm\right]e^{-\frac{8.4\frac{m^3}{\min}}{252m^3}\times 30\min}$$

C(30) = 3257.14ppm + [-2857.14ppm × 0.368]

= 3257.14ppm − 1051.43ppm = 2205.71ppm

2. 活動開始 3 小時之室內二氧化碳濃度：

3hr = 180min

$$C(t)=(\frac{G}{Q}+C_{input})+\left[C_0-\frac{G}{Q}-C_{input}\right]e^{-\frac{Q}{V}(t-t_0)}$$

$$C(180)=\left(\frac{0.024\frac{m^3}{\min}}{8.4\frac{m^3}{\min}}\times 10^6\,ppm+400\,ppm\right)+$$

$$\left[400\,ppm-\left(\frac{0.024\frac{m^3}{\min}}{8.4\frac{m^3}{\min}}\times 10^6\,ppm\right)-400\,ppm\right]e^{-\frac{8.4\frac{m^3}{\min}}{252m^3}\times 180\min}$$

C(180) = 3257.14ppm + [-2857.14ppm × 0.000248]

= 3257.14ppm − 7.082ppm = 3250.058ppm

（二）建議要加強通風量，假設室內二氧化碳散布速率 (G) 不隨時間而改變，在通風系統氣動的啟動的時候，作業場所的濃度會開始改變，而經過一段時間後就會達到穩定狀態，此時濃度就不會再隨著時間改變，則可用此下列公式求出需求之通風量：

$$Q=\frac{G\times10^6}{p-q}$$

Q：所需要之換氣量 ($\frac{m^3}{min}$)

G：二氧化碳產生率 ($\frac{m^3}{min}$)

$$=80\text{ 人 }\times0.3\frac{L}{\text{人 xmin}}\times0.001\frac{m^3}{L}$$

$$=0.024\frac{m^3}{min}$$

p：室內欲控制二氧化碳之濃度 1000ppm

q：室外引進的新鮮空氣中所含二氧化碳濃度（背景濃度為 400ppm）。

$$Q=\frac{G\times10^6}{p-q}$$

$$=\frac{0.024\frac{m^3}{min}\times10^6}{1000ppm-400ppm}$$

$$=40\frac{m^3}{min}$$

5-1-3 局部排氣系統效能設計與評估

有一攜帶式局部排氣裝置（portable local exhaust ventilation device），具有一 15° 鐘型氣罩，依序連接一 1.5 公尺圓形吸氣導管，一空氣清淨裝置，一 0.5 公尺圓形排氣導管，一離心式排氣扇，及排氣扇出口。若鐘型氣罩之氣罩進入損失係數 F_h 為 0.2，吸氣導管之動壓 P_v 為 25 mmH_2O，所有導管之單位長度壓力損失皆為 P_{duct} = 2.5 mmH_2O/m，空氣清淨裝置壓力損失 $P_{cleaner}$ = 50 mmH_2O，排氣導管之動壓 P_v 為 15 mmH_2O，排氣扇出口處總壓 P_{TOut} = 25 mmH_2O，導管平均直徑為 15 公分，導管內平均風速為 V = 12 m/s，而排氣扇之機械效率為 0.56，動力單位轉換係數為 6120，試計算：

（一）該攜帶式局部排氣裝置之氣罩靜壓為多少 mmH_2O？（6 分）

（二）導管平均排氣量為多少 m^3/min？（6 分）

（三）該攜帶式局部排氣裝置排氣機所需之理論動力為多少 kW？（8 分） 【104】

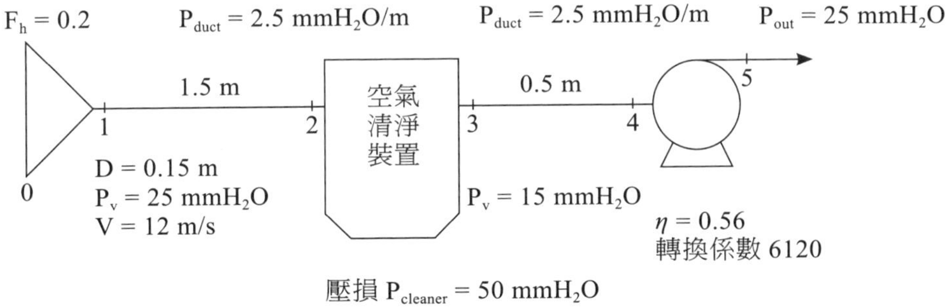

（一）氣罩損失 $he = F_h \times P_v = 0.2 \times 25 = 5mmH_2O$

氣體靜壓 $|P_{sh}| = P_v + he = 25+5 = 30mmH_2O$

（二） $Q = AV = \frac{\pi D^2}{4} \times \frac{12m}{s} = \frac{\pi \times (0.15)^2}{4} \times 12 = 0.212m^3 / s = 12.72m^3 / min$

（三） 1. 氣罩 (P_{R0-1}) 損失 $he = F_h \times P_v = 0.2 \times 25 = 5mmH_2O$

2. 吸氣導管 $P_v = 25\ mmH_2O$

$P_{dust} = 2.5mmH_2O/m \times 1.5m$

則 P_{RU1-2}=$3.75mmH_2O$

3. 空氣污染裝置 $P_{cleaner} = 50\ mmH_2O = P_{RU\ 2-3}$

4. 排氣導管 $P_{dust} = 2.5mmH_2O/m \times 0.5m$

$P_{RU\ 3-4} = 2.5 \times 0.5 = 1.25\ mmH_2O$

5. 出口 $P_{Tout} = 25mmH_2O$

6. 排氣機全壓 $P_{tf} = 25 - [-(5+3.75+50+1.25)] = 85mmH_2O$

則排氣機所需理論動力

$$L = \frac{Q(m^3 / min) \times P_{tt}}{6120 \times \eta} = \frac{12.72 \times 85}{6120 \times 0.56} = 0.315(kW)$$

針對以下二種工作程序，試以文字（或輔以繪圖）說明如何規劃各工作程序之有效局部排氣設施，並從 (a)、(b)、(c) 選項中建議最適當的排氣管內之搬運風速：(a) 10 m/s、(b) 20 m/s、(c) >25 m/s，請說明理由。（每小題 10 分，共 20 分）

（一） 腳踏車噴漆工作人員對車架進行噴漆，噴漆時需不時以目視監看噴漆完整與否，再用人工調整車架角度。該生產線有 15 米長，過程產生大量揮發性有機氣體逸散。

（二） 某鋼廠進行鋼管防鏽程序，必須在鋼管架上方淋洗凡立水（主成分甲苯、二甲苯），鋼管長度均大於 2 米，故現有鋼管淋洗凡立水及晾乾架均完全暴露於廠房。 【105】

項次	（一）	（二）
1. 作業項目	腳踏車架噴漆作業	鋼管防鏽作業
2. 使用危害物（化學品）	噴漆（揮發性有機溶劑）	凡立水（主成分甲苯及二甲苯）
3. 職場工作環境	1. 生產線長 15 米 2. 以目視監看噴漆是否完整 3. 人工調整車架角度	1. 鋼管長＞ 2 米 2. 在鋼管架上方淋洗凡立水 3. 鋼管淋洗凡立水及晾乾架均完全暴露於廠房
4. 選用搬運風速	10 m/s	＞ 25 m/s
5. 理由說明	1. 因噴漆霧滴為輕小微細顆粒，排氣搬運風速過大，霧滴會被局排系統抽排出去，無法附著於腳踏車架上，造成製程作業影響，無法達到規格要求。	1. 因鋼管架上方淋洗凡立水作業過程，其凡立水可能噴濺到地面，產生之凡立水的霧滴或水滴，考量其重量較重且分子顆粒大，故應選擇較大的搬運風速。
	2. 噴漆霧滴屬有機溶劑，其揮發速度較快，可評估建置負壓噴漆亭，將噴漆製程隔離在局限的負壓亭內空間，以免有機溶劑蒸氣外逸飄散，同時可選擇較低搬運風速來達成噴漆附著的製程標準。	2. 為避免排氣管路內部殘存滯留凡立水之有機溶劑，且因鋼管淋洗後其晾乾架置於廠房內，選用較高搬運風速有利加速晾乾時間，並縮短有害物質之滯留。

某鋼鐵廠內有 A、B、C 三座鄰近之相同尺寸長方形熔爐，長及寬分別皆為 2m 及 1.5m，熔爐溫度分別為 800、650、580°C，環境周界平均溫度為 30°C，在各融爐上方均有設置懸吊型矩形氣罩，分別與熔爐高度差 0.8、0.65、0.5m，若三座懸吊型矩形氣罩共管連接至同一排氣系統，且互不干擾個別抽氣機效率及不考慮共管抽氣壓力損失，請挑選下列適合且正確之公式計算各子題。

公式一：$Q=(W+L)HV$

公式二：$Q=0.06(LW)^{1.33}(\Delta T)^{0.42}$

公式三：$Q=0.045(D)^{2.33}(\Delta T)^{0.42}$

公式四：$Q=1.4PHV$

公式五：$P_{wr}=Q\times FTP / 6120\times \eta$

其中 Q：排氣流率；H：作業面與氣罩開口面之垂直高度差；V：捕捉風速；P：作業面周長；W：氣罩寬度；L：氣罩長度；D：氣罩直徑；ΔT：溫度差；P_{wr}：排氣扇動力；FTP：排氣扇總壓；η：排氣扇機械效率。

（一）請問 A、B、C 三座長方形熔爐之理論排氣流率各為多少 m^3/min？請列出計算式。（15 分）

（二）若排氣系統之排氣扇機械效率為 0.65，連接排氣扇進口之總壓為 –80 mmH_2O，連接排氣扇出口之總壓為 45 mmH_2O，請問排氣機所需理論動力為多少 kW？請列出計算式。（5 分）　【107】

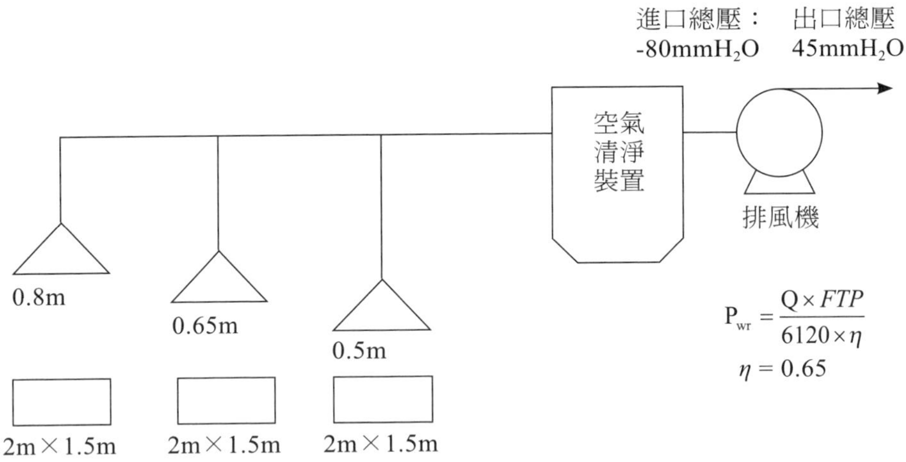

$$P_{wr} = \frac{Q \times FTP}{6120 \times \eta}$$

$$\eta = 0.65$$

(一) 1. 如果氣罩開口面與熱源距離未超過熱源直徑或 0.9m，則此氣罩規類為低吊式氣罩，這時候上升的熱氣在進入氣罩時還未產生大量擴散效應，此時氣罩直徑或邊長只要比直徑或邊長大於 0.3m 以上即可，如果把它們視為相等也不會有太大誤差。

2. 由題意知氣罩與熔爐之高度差分別為 0.8m、0.65m、0.5m，因此 A、B、C 三座長方形熔爐皆屬於低吊式氣罩。

3. 假設低吊式氣罩與熱源尺寸大小相同，則氣罩長度 2m、寬度 1.5m。

4. 矩形低吊式氣罩取公式二 $Q = 0.06\ (LW)^{1.33}(\Delta T)^{0.42}$

(1) 熔爐溫度為 800°C，A 熔爐之理論排氣流率

$$Q = 0.06(LW)^{1.33}\ \Delta T^{0.42} = 0.06(2 \times 1.5)^{1.33}\ (800 - 30)^{0.42}$$

$$= 0.06 \times 4.31 \times 16.305 = 4.216 m^3/min$$

(2) 熔爐溫度為 650°C，B 熔爐之理論排氣流率

$$Q = 0.06(LW)^{1.33}\ \ \Delta T^{0.42} = 0.06(2 \times 1.5)^{1.33}\ (650 - 30)^{0.42}$$

$$= 0.06 \times 4.31 \times 14.887 = 3.849 m^3/min$$

(3) 熔爐溫度為 580°C，C 熔爐之理論排氣流率

$$Q = 0.06(LW)^{1.33} \quad \Delta T^{0.42} = 0.06(2 \times 1.5)^{1.33}(580 - 30)^{0.42}$$

$$= 0.06 \times 4.31 \times 14.156 = 3.66 m^3/min$$

（二）排氣扇機械效率 $\eta = 0.65$

排氣扇總壓 FTP = 45 – (–80) = 125 mmH_2O

$$Q = Q_1 + Q_2 + Q_3 = 4.216 + 3.849 + 3.66 = 11.725 m^3 / min$$

則 $P_{wr} = \dfrac{Q \times \mathbf{FTP}}{6120 \times \eta} = \dfrac{11.725 \times 125}{6120 \times 0.65} = 0.368kW$

排氣機所需理論動力為 0.368kW。

（考試時如無法確定是哪一個公式，由題目下手找脈絡。此題沒給 V（捕捉風速）沒給 D（氣罩直徑），故公式一、三、四條件不足，所以採用公式二。）

（一）依據勞動部職業安全衛生署於 106 年所頒佈之「醫療院所手術煙霧危害預防及呼吸防護參考指引」，何謂手術煙霧（surgical smoke 或 plume）？

（二）試申論應如何進行原則上之控制？

（三）若使用局部排氣裝置，請問在組成上須具備那些單元？（15 分）【107】

（一）手術煙霧：係因醫療手術過程所使用之超音波刀或雷射等手術儀器，對瓦解組織或破壞細胞時所產生之煙霧現象；其煙霧為有害物質，對患者可能造成肺部或呼吸道之疾病風險，對醫護人員吸入後可能會造成疾病之傳播或對眼睛導致能見度的干擾，進而影響其手術之品質。

（二）控制原則：手術煙霧局排系統裝置要以不干擾執刀醫師之操作為控制原則，因此煙霧排除設備，其導管吸煙口應儘量接近污染源，將有害氣狀物質及微粒能夠快速吸入導管內部。

1. 可選用非固定式局排，由手術醫護團隊中指定人員攜帶簡便之行動式（Portable）排除煙霧器具，以更接近污染源模式，隨時視手術煙霧之產生予以排除。

2. 經由空氣清淨裝置過濾後的排出氣體由風機吸出，再輸送至排氣道排出室外大氣，需注意排氣口應直接與大氣相通，並有防倒灌措施以防止排出空氣再進入手術室。

（三）局排裝置之組成單元：手術煙霧局部排除裝置，其系統組成包含「吸煙口」、「導引管（收集煙霧管路）」、「空氣清淨裝置」及「吸排動力風機」等，以促使醫療院所作業環境中之有害煙霧，能有效被收集並排除至戶外大氣中。針對空氣清淨裝置，即為過濾系統，包括高效率空氣過濾網（High Efficiency Particulate Air filter, HEPA filter）、超高效率空氣濾網（Ultra-Low Penetration Air filter, ULPA filter）及活性碳（activated charcoal）濾網等，以有效移除空氣中所含非生物與生物性之微粒及有機氣狀物質，改善院所室內之空氣品質。

（參考資料來源：醫療院所手術煙霧危害預防及呼吸防護參考指引）

有個局部排氣系統，具有開口圓形氣罩直徑 1 m（公尺），依序連接 (1) 圓形導管，(2) 空氣清淨裝置，(3) 圓形排氣導管，(4) 離心式排氣扇，及煙囪；氣罩口風速 =10 m/sec，氣罩進口總損失為 $1P_V+0.75P_V$，風管摩擦係數 H_f = 0.1/m；風管長 10m，風管平均風速 15 m/sec；總共有 3 個 R/D=2，90 度肘管損失係數 K = 0.27；空氣清淨器（air cleaner）壓損為 $P_{cleaner}$ = 50 mmH_2O；煙囪 5 m，煙囪平均風速 15 m/sec；而排氣扇之機械效率為 0.56，動力單位轉換係數為 4500，試計算：

（一）該局部排氣裝置排氣量為多少 m^3/sec？（5 分）

（二）該局部排氣裝置全壓損為多少 mmH_2O？（10 分）

（三）該局部排氣裝置排氣機所需之理論動力為多少馬力 hp？（10 分）

【108】

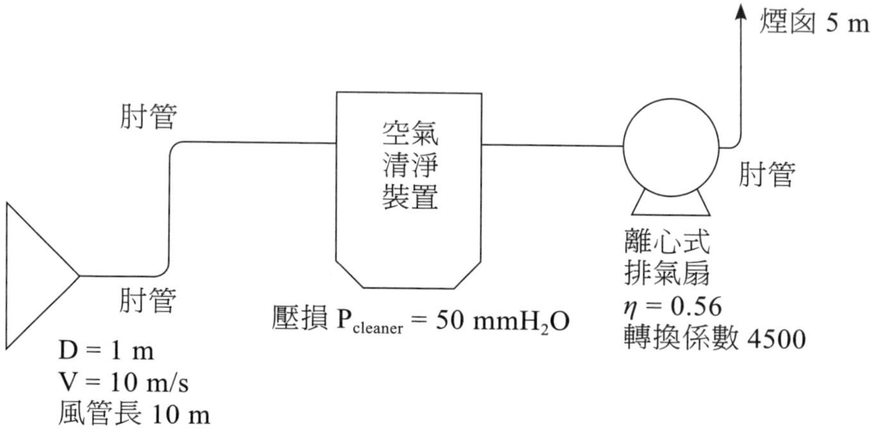

（一）開口圓形氣罩直徑 1m，風速 10m/s，所以局部排氣裝置排氣量為

$$Q = AV = \frac{\pi D^2}{4} \times 10\, m/s = \frac{\pi \times (1)^2}{4} \times 10 = 7.85\ m^3/s$$

（二）吸入口部分（負壓）

1. 進入氣罩損失 he = 1P_v + 0.75P_v

$$P_v = \left(\frac{V}{4.04}\right)^2 = \left(\frac{15}{4.04}\right)^2 = 13.79\ mmH_2O$$

$$he = 13.79 + 13.79 \times 0.75 = 24.13\ mmH_2O$$

2. 風管損失，因為直線導管之壓力損失（head loss, h_L）主要為摩擦損失，而摩擦所造成之壓力損失可由 Darcy-Weisbach 之關係式計算而得

$$h_L = H_f\left(\frac{L}{D}\right)P_v$$

所以風管之摩擦損失

$$h_{L1} = H_f\left(\frac{L}{D}\right)P_v = 0.1 \times \frac{10}{1} \times 13.79 = 13.79\ mmH_2O$$

3. 空氣清淨機壓損為 P_1 = 50mmH_2O

4. 2 個 R/D = 2，90 度肘管之壓損

$$P_2 = 2 \times 0.27P_v = 2 \times 0.27 \times 13.79 = 7.45\ mmH_2O$$

所以吸入口部分

排氣扇前所有壓損

= 進入氣罩損失 + 風管損失 + 空氣清淨機壓損 +2 個（R/D=2）90 度肘管之壓損

$$= 24.13 + 13.79 + 50 + 7.45 = 95.37\ mmH_2O$$

排出口部分

1. 1 個 R/D=2，90 度肘管之壓損

$$P_3 = 1 \times 0.27P_v = 1 \times 0.27 \times 13.79 = 3.72\ mmH_2O$$

2. 煙囪 5m 之風管損失，可由 Darcy-Weisbach 之關係式計算而得

$$h_L = H_f\left(\frac{L}{D}\right)P_v$$

所以風管之摩擦損失

$$h_{L2} = H_f\left(\frac{L}{D}\right)P_v = 0.1 \times \frac{5}{1} \times 13.79 = 6.90\ mmH_2O$$

排氣扇後所有壓損

= 煙囪 5m 風管損失 + 1 個 (R/D = 2) 90 度肘管之壓損

$$= 6.90 + 3.72 = 10.62\ mmH_2O$$

所以該局部排氣裝置之全壓損失為

$$10.62 - (-95.37) = 105.99\ mmH_2O$$

（三）依題目所給公式，該局部排氣裝置排氣機所需之理論動力為

$BHP = \dfrac{Q_{(CMM)} \times P_{t(mmH_2O)}}{4{,}500 \times \eta}$，其中 Q_{CMM} 所以 $Q = 7.85m^3/s = 471m^3/min$

$$BHP = \frac{Q_{(CMM)} \times P_{t(mmH_2O)}}{4{,}500 \times \eta} = \frac{471 \times 105.99}{4{,}500 \times 0.56} = 19.81KW = 26.55hp$$

（補充說明：1hp = 746w = 0.746kw）

某局部排氣裝置用於電銲作業之燻煙控制（如下示意圖），A 點處裝有凸緣圓形開口氣罩（開口直徑 d=0.2m，損失係數 F_h=0.49)；作業點與氣罩開口的距離 X=0.5m；AB 點間為 50m 圓形導管，且包含一個 90° 肘管（損失係數 F_{el}=0.33)，BC 點間有一個除塵設備（壓損 ΔSP=50 mmH_2O)；CD 點為 30m 圓形導管、中間無肘管。若已知捕捉風速 V_c=1 m/s、導管風速 V_d=12 m/s、單位長度導管摩擦壓損 P_d=0.2 mmH_2O/m、排氣量 $Q=0.75V(10X^2+A)$，A 為氣罩開口面積，試問：（25 分）

（一）氣罩靜壓 SP_h（亦即 A 點靜壓）為何 (mmH_2O)？

（二）AB 點間之導管直徑為何 (m)？

（三）D 點處之靜壓力為何 (mmH_2O)？ 【110】

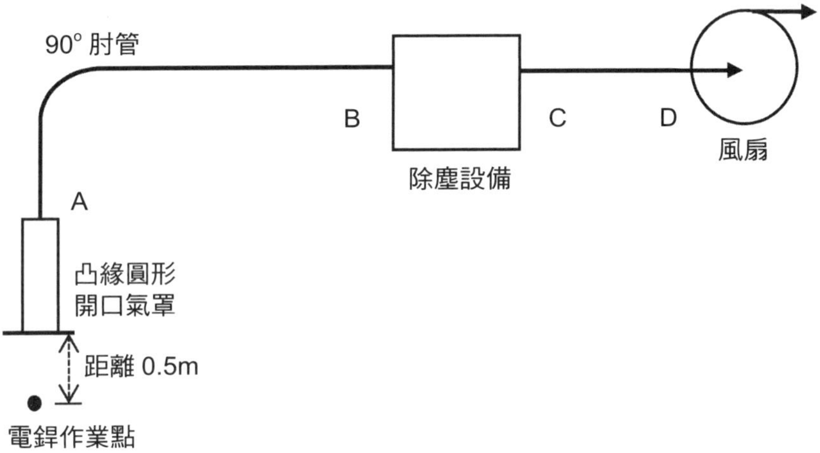

（一）1. 已知導管風速為 **V_d=12 m/s**，則導管內動壓可由 $V=4.04\sqrt{P_V}$

$P_V = (12(m/s)/4.04)^2 = 8.82\ mmH_2O$

2. 氣罩進口壓力損失 (he) = $F_h \times P_V = 0.49 \times 8.82 = 4.32\ mmH_2O$

3. 氣罩靜壓 $|SP_h|$ = 動壓 (P_V) + 氣罩進口壓力損失 (he)

$= 8.82+4.32 = 13.14\ mmH_2O$

∵氣罩在吸氣側端為「負壓」

∴故氣罩靜壓 $|SP_h|$ 為 -13.14 mmH_2O

（二）先計算排氣量 Q，由題目所給公式

排氣量：$Q=0.75V(10X^2+A)$

其中 $A=\dfrac{\pi\times d^2}{4}=\dfrac{\pi\times(0.2)^2}{4}=0.031416m^2$，X=0.5m，

捕捉風速 V_e =1 m/s

$Q = 0.75\times 1(m/s)(10\times 0.5^2\ m+1/4\times 0.2^2\times\pi)=1.9\ (m^3/s)$

∵導管 AB 間風量相同亦為 1.9 (m^3/s)

1.9 (m^3/s) = 導管面積 $(A_1)\times 12(m/s)\rightarrow A_1 = 0.16m^2$

導管直徑 (d)：$0.16m^2 = 1/4\times\pi\times d^2$

$d = 0.4489m \approx 0.45m$

（三）1. 氣罩損失 he = -4.32 mmH_2O（吸氣側為負值）

2. AB 點間 90° 軸管損失 = $F_{el}\times P_V$=0.33×8.82
= -2.91 mmH_2O（吸氣側為負值）

3. AB 點間為摩擦壓損 = 0.2 mmH_2O/m×50m
= -10 mmH_2O（吸氣側為負值）

4. 除塵設備壓損 = -50 mmH_2O（吸氣側為負值）

5. CD 點間為摩擦壓損 = 0.2 mmH_2O/m×30m
= -6 mmH_2O（吸氣側為負值）

6. 由下表 D 點處之靜壓 = -82.05 mmH_2O

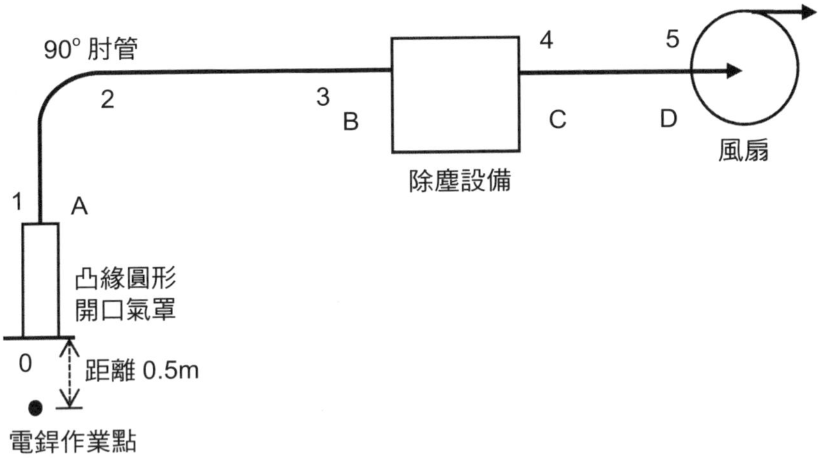

位置 / 壓力值	第 0 點	第 1 點	第 2 點	第 3 點	第 4 點	第 5 點
P_T（全壓）	0	-4.32	-7.23	-17.23	-67.23	-73.23
P_V（動壓）	0	8.82	8.82	8.82	8.82	8.82
P_S（靜壓）	0	-13.14	-16.05	-26.05	-76.05	-82.05

某工廠設計一局部排氣系統，如下表選定兩種參數組合，希望將吸氣側導管內運送風速 V 設定為 8 m/s，排氣量 Q 為 80 m^3/min，導管總長度為 5 公尺，而其導管壓損為 1.5 mmH_2O/m，之後連接一空氣清淨裝置，其壓損為 20 mmH_2O，若假設其後之風機出口端總壓 (TP_{out}, total pressure at fan outlet) 均為 15 mmH_2O，而風機之機械效率為 0.68，請計算以下①～⑧答案。題後為相關參考公式形式，請選擇正確公式進行計算（A,B,C…僅為公式參數代號）。（每小題 3 分，共 24 分）

$$\mathbf{A}=\mathbf{B}*(1+\mathbf{C})、\mathbf{D}=\sqrt{\frac{1}{1+\boldsymbol{E}}}、\mathbf{F}=\left(\frac{\boldsymbol{G}}{4.04}\right)^2、\mathbf{H}=\frac{1}{\boldsymbol{J}^2}、\mathbf{K}=\frac{\boldsymbol{L}*\boldsymbol{M}}{6120*\boldsymbol{O}}、\mathbf{P}=\frac{1-\boldsymbol{Z}^2}{\boldsymbol{Z}^2}$$

局部排氣系統參數 / 各種已知參數組合	氣罩接管道之入口損失係數 (F_h, duct entry loss coefficient for hood)	進入係數 (Ce, coefficient for entry)	氣罩內靜壓 (SP_h, hood static pressure, mmH_2O)	導管動壓 (VP, velocity pressure, m/s)	進入風機前總壓 (TP_{in}, total pressure at fan inlet, mmH_2O)	風扇動力 (P, fan power, kw)
1	0.90	①	③	④	⑤	⑦
2	②	0.80	6.13		⑥	⑧

【111】

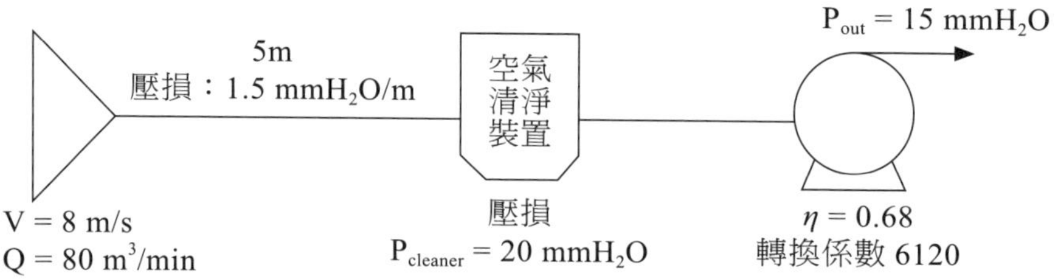

（一）先考量第 1 組參數

$$進入係數\ C_e=\sqrt{\frac{動壓}{靜壓}}=\sqrt{\frac{VP}{|SP_h|}}$$

$\because$ V = 8m/s ，又 $V = 4.04\sqrt{VP}$ 可得動壓

$$VP = \left(\frac{8}{4.04}\right)^2 = 3.92\ (mmH_2O)\ \cdots\cdots ④$$

又 F_h 入口損失係數為 0.9

則進入損失 $h_e = F_h \times VP = 0.9 \times 3.92 = 3.528\ (mmH_2O)$

$|SP_h| = VP + h_e = 3.92 + 3.528 = 7.448\ (mmH_2O)$

(此題為吸氣側應為負壓，靜壓應為 -7.448 (mmH_2O))................③

$$進入係數\ C_e = \sqrt{\frac{動壓}{靜壓}} = \sqrt{\frac{VP}{|SP_h|}} = \sqrt{\frac{3.92}{7.448}} = 0.725\ \cdots\cdots ①$$

進入風機前總壓為

$TP_{in} = h_e + 5 \times 1.5 + 20 = 3.528 + 7.5 + 20 = 31.028\ (mmH_2O)$

(此題為吸氣側應為負壓，總壓應為 -31.028 (mmH_2O))..............⑤

風扇動力

$$P = \frac{Q \times P_{tf}}{6120 \times \eta} = \frac{80 \times (3.528 + 7.5 + 20 + 15)}{6120 \times 0.68} = \frac{80 \times 46.028}{6120 \times 0.68} = 0.8848\ \cdots\cdots ⑦$$

(二) 考量第 2 組參數

$$F_h = \frac{1 - C_e^2}{C_e^2} = \frac{1 - 0.8^2}{0.8^2} = 0.5625\ \cdots\cdots ②$$

則進入損失 $h_e = F_h \times VP = 0.5625 \times 3.92 = 2.205\ (mmH_2O)$

進入風機前總壓為

$TP_{in} = h_e + 5 \times 1.5 + 20 = 2.205 + 7.5 + 20 = 29.705\ (mmH_2O)$

(此題為吸氣側應為負壓，總壓應為 -29.705 (mmH_2O))..............⑥

風扇動力

$$P=\frac{Q\times P_{tf}}{6120\times\eta}=\frac{80\times(2.205+7.5+20+15)}{6120\times0.68}=\frac{80\times44.705}{6120\times0.68}=0.859\ (kW)\ \ldots⑧$$

題目動壓單位應為 (mmH_2O)

有個加工工作站設一局部排氣系統，具有開口正方形氣罩邊長各為 1m，依序連接①圓形導管，②空氣清淨裝置，③圓形排氣導管，④離心式排氣扇，及煙囪；氣罩口風速 = 5m/sec，氣罩進口總損失為 1 PV + 0.5 PV，風管摩擦係數 H_f = 0.1/m；風管長 18m，風管平均風速 5 m/sec，R/D = 2、90 度肘管有 2 個，損失係數 K=0.27；空氣清淨器壓損為 $P_{cleaner}$ = 20 mmH_2O；煙囪長 2m，煙囪平均風速 5 m/sec；而排氣機之機械效率為 0.8，動力單位換算係數為 4500，試計算：

(一) 該局部排氣裝置排氣量為多少 m^3/seo？(0 分)

(二) 該局部排氣裝置全壓損為多少 mmH_2O？(10 分)

(三) 該局部排氣裝置排氣機所需之理論動力為多少馬力 hp？(10 分)

提示：

$$V=\sqrt{\frac{2g}{\rho}\times P_v}=\sqrt{\frac{2\times9.8}{1.2}\times P_v}=4.04\sqrt{P_{v(mmH_2O)}}\,(m/\sec)$$

$$BHP=\frac{Q\times P_{t(mmH_2O)}}{6120\times\eta}(kw)=\frac{Q_{(CMM)}\times P_{t(mmH_2O)}}{4500\times\eta}(hp)$$

【112】

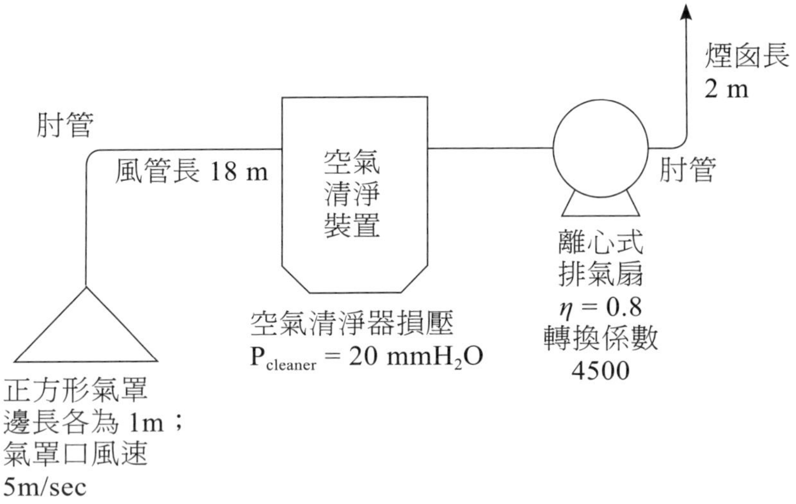

(一) 開口正方形氣罩邊長 1m，風速 5 m/s，所以局部排氣裝置排氣量為 $Q = AV = 1m \times 1m \times 5\ m/s = 5\ m^3/s$

(二) 吸入口部分 (負壓)

1. 進入氣罩損失 $he = 1P_v + 0.5P_v$

$$P_v = (\frac{V}{4.04})^2 = (\frac{5}{4.04})^2 = 1.53\ mmH_2O$$

$$he = 1 \times 1.53 + 0.5 \times 1.53 = 2.295\ mmH_2O$$

2. 風管損失 (18m)，

$$h_L = H_f \times L \times P_v$$

所以風管之摩擦損失

$$h_{L1} = H_f \times L \times P_v = 0.1 \times 18 \times 1.53 = 2.754\ mmH_2O$$

3. 空氣清淨機壓損為

$$P_1 = 20\ mmH_2O$$

4. 1 個 R/D = 2，90 度肘管之壓損

$$P_2 = 1 \times 0.27P_v = 1 \times 0.27 \times 1.53 = 0.4131\ mmH_2O$$

所以吸入口部分

排氣扇前所有壓損

= 進入氣罩損失 + 風管損失 + 空氣清淨機壓損 +1 個（R/D = 2）90 度肘管之壓損

= 2.295 + 2.754 + 20 + 0.4131 = 25.4621 mmH_2O

排出口部分

1. 1 個 R/D = 2，90 度肘管之壓損

   $P_3 = 1 \times 0.27P_v = 1 \times 0.27 \times 1.53 = 0.4131$ mmH_2O

2. 煙囪 2m 之風管損失，

   $h_L = H_f \times L \times P_v$

   所以煙囪 2m 風管之摩擦損失

   $h_{L1} = H_f \times L \times P_v = 0.1 \times 2 \times 1.53 = 0.306$ mmH_2O

排氣扇後所有壓損

= 煙囪 2m 風管損失 +1 個 (R/D=2)90 度肘管之壓損

= 0.306 + 0.4131 = 0.7191 mmH_2O

所以該局部排氣裝置之全壓為

25.4621−(-0.7191) = 26.1815 mmH_2O ≒ 26.18 mmH_2O

(三) 依題目所給公式，該局部排氣裝置排氣機所需之理論動力為

$$BHP = \frac{Q_{(CMM)} \times P_{t(mmH_2O)}}{4,500 \times \eta}$$

，其中 Q_{CMM} 所以 $Q = 5\ m^3/s = 300\ m^3/min$

$$BHP = \frac{Q_{(CMM)} \times P_{t(mmH_2O)}}{4,500 \times \eta} = \frac{300 \times 26.18}{4,500 \times 0.8} = 2.18hp$$

有一個電鍍槽上方裝設一個懸吊式氣罩，電鍍槽開口邊長 2.5 公尺之正方形，氣罩開口與電鍍槽開口之垂直距離為 1 公尺。氣罩入口之設計風速為 0.5 m/s。根據 ACGIH 之設計規範，此種氣罩設計之通風量計算方式為 Q = 1.4PVD。

（一）試計算氣罩開口邊長、氣罩排氣率及捕集風速。（6 分）

（二）經測試發現，此一氣罩設計無法有效排除電鍍過程中溢散之酸性液滴，須將捕集風速提高到 0.5 m/s 以上。試提出修改建議，並請列式計算修正後的氣罩設計、捕集風速、氣罩入口風速及排氣率。（14 分） 【113】

（一）1. 假設氣罩亦設計為正方形，邊長一樣為 2.5m（至少要與污染源一樣大小）

2. $Q = A \times V = 2.5^2 \times 0.5 = 3.125 m^3/s$

3. 由公式 Q = 1.4PVD

Q：空氣流量

P：槽體周長

V_{cap}：捕捉風速

D：槽體至氣罩開口垂直距離

$Q = 1.4 \times (2.5 \times 4) \times V_{cap} \times 1 = 3.125 m^3/s$

$V_{cap} = 0.22 m/s$

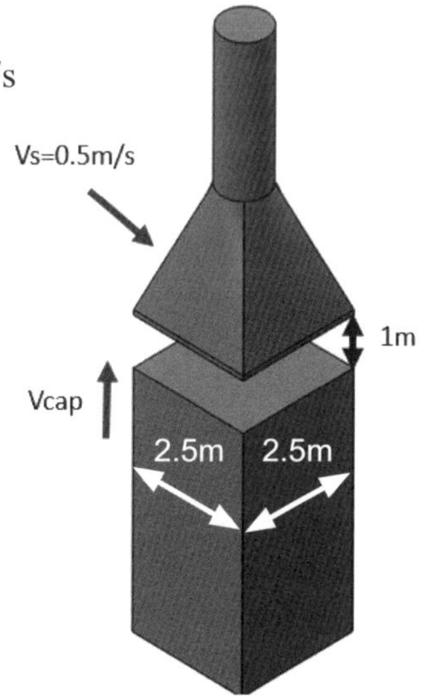

（二）對於電鍍槽作業，為有效排除電鍍過程中溢散之酸性液滴，建議採用對吸式氣罩為較適合之型式，此處設計為對吸式單槽狹縫式氣罩 (Slot Hood, 展弦比或寬長比須為 W/L<0.2)，單槽狹縫式氣罩公式：

$Q = 3.7LVY$

Q：空氣流量

L：狹縫式氣罩或其開口長邊長度

V_{cap}：捕集風速 (依題目得知須將補集風速提高到 0.5 m/s 以上，所以在此假設為 $V_{cap} = 0.5m/s$)

Y：有害物至氣罩中心距離 (邊長為 2.5 公尺的一半)

$Q = 3.7 \times 2.5 \times 0.5 \times 1.25 = 5.78m^3/s$ ....①

又因氣罩展弦比或寬長比 < 0.2；故設計氣罩寬 0.4m，

$$\frac{W}{L} = \frac{0.4}{2.5} = 0.16 < 0.2$$

已知 $Q = Vs \times A$

帶入①，$5.78 = Vs \times (0.4 \times 2.5)$

$Vs = 5.78\ (m/s)$

排氣率部分因為設計為對吸單槽式氣罩，兩邊各有一個。

排氣率總計為 $2Q = 2 \times 5.78m^3/s = 11.56m^3/s$

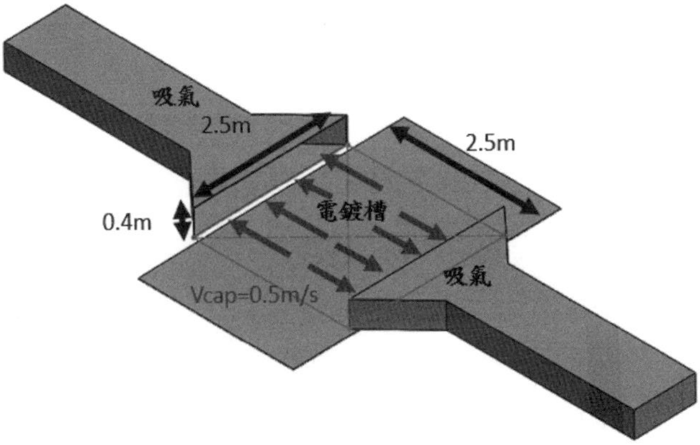

(設計解答為參考解答，僅供參考)

5-2 職業危害因子之控制工程

5-2-1 物理性危害之控制工程

低頻率振動影響人體的主要原因，為人體器官與振動來源產生共振（resonance）現象。而振動之強度、方向、頻率及暴露時間，為評估振動時之測定基礎。而針對振動進行工程控制，也可以降低噪音之危害。請申論（一）如何減少振動源（15 分）及（二）如何進行隔振措施？（5 分） **【104】**

(一) 如何減少振動，通常振動是由振源產生震波透過介質傳遞至受振物體的現象，針對振動控制可區分三方面，首先是控制振源，再來是傳遞過程中的振動控制，最後是針對受振物體採取控制措施等；其振動控制可採取做法如下：

1. 消振：係指於振源上採取措施，如改善機械運動之平衡性能、增加阻尼、改善擾動力之方向、改變剛度或質量，以避免共振現象。
2. 隔振：係指在振動源傳播路徑上採取措施，促使振動不會傳播出去，如採取大型基礎或安裝隔振器等阻隔措施。
3. 減振：係指在受振物件上附加阻尼元件，透過消耗能量使振動回應減小的作用。
4. 吸振：係指在受振物件附加另一振動子系統，促使某一頻率之振動被吸收的作用。

(二) 如何進行隔振措施，一般隔振區分積極隔振和消極隔振，積極隔振是為了減少動力隔振原理及其應用設備產生的擾力向外的傳遞，對動力設備所採取的隔振措施；消極隔振則是為了減少外來振動對防振物件的影響，對防振對象（如精密儀器）採取的隔振措施，以減少其振動之輸入。在降噪抑振之措施方面，可採取做法如下：

1. 基座避震：在機器之基座加裝隔振器。
2. 貼附阻尼：在機器或結構表面，貼附阻尼材料，以減少振動輻射音。
3. 剛性地板：廠方採用剛性地板，以隔絕重機器之低頻噪音。
4. 樓牆設計：設計管路貫穿牆面與樓板的隔振。

吸音材料貼附於剛性壁上，目的在使反射音量降低，如下圖及符號說明。

I_i = 入射音強度，W/m^2

I_r = 反射音強度，W/m^2

I_a = 吸收音強度，W/m^2

I_t = 穿透音強度，W/m^2

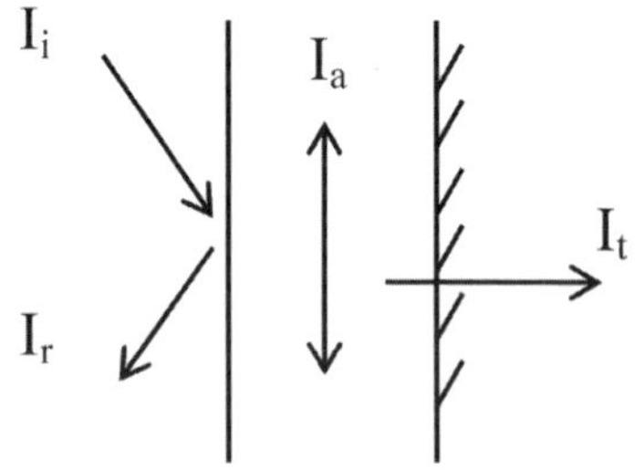

（一）請推導公式：

在剛性壁情況時，吸音率 $\pm = \frac{I_i - I_r}{I_i}$ 可寫成 $\pm = \frac{I_a}{I_i}$。（10 分）

（二）請應用題（一）之公式，若入射音強度位準為 90 dB，吸音率為 0.94。請問被吸收音強度為若干 W/m^2？（15 分）

【105】

（一）$\alpha = \frac{I_i - I_r}{I_i}$ 又 $I_i - I_r = I_a + I_t$ 即 $\alpha = \frac{I_a + I_t}{I_i}$

剛性壁 $I_t = 0$ 即 $\alpha = \frac{I_a}{I_i}$

（二）$I_i = 10\log\frac{I}{10^{-12}} = 90$

$I = 0.001 W/m^2 = 10^{-3} W/m^2$

依題意

$$0.94=\frac{I_a}{0.001} \text{ 即 } I_a=0.00094\,W/m^2$$

一個設置於地面上之音源體、長 × 寬 × 高為 5m×3m×2m（下圖中實線）；若在此音源體 1m 外之假想體（7m×5m×3m）進行音壓級（sound pressure level, Lp）量測（下圖中虛線）。已知北向的假想矩形平面之音壓級（L_p）為 100 dB，南向為 93 dB，東向為 88 dB，西向為 95 dB，而頂向為 90 dB：【106】

（一）請問此音源體之總音功率級（sound power level, L_w）為何？（10 分）

（二）承（一），若在點音源與半自由音場之前提下，距離此音源假想 10m 外之噪音音壓級（L_p）為何？（10 分）

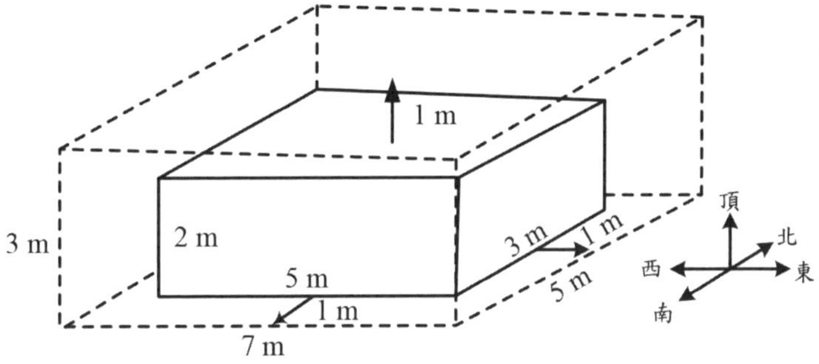

（一）此音源體之總音功率級（sound power level, L_w）

先求假想體之總音壓

帶入公式 $L_P=10\log\left(10^{\frac{L1}{10}}+10^{\frac{L2}{10}}+\ldots+10^{\frac{Ln}{10}}\right)$

$$L_P=10\log\left(10^{\frac{100}{10}}+10^{\frac{93}{10}}+10^{\frac{88}{10}}+10^{\frac{95}{10}}+10^{\frac{90}{10}}\right)=102.25\text{dB}$$

依公式 $L_P = L_W - 10\log A$

其中 A：$\begin{cases} 4\pi r^2；自由音場 \\ 2\pi r^2；半自由音場；依題意本題為半自由音場 \\ 2\pi r；線音源 \end{cases}$

則 $L_P = L_W - 10\log 2\pi r^2 = L_W - 20\log r - 8 \rightarrow 102.25 = L_W - 20\log(1) - 8$

可得 $L_W = 110.25dB$

（二）距離此音源假想 10m 外之噪音音壓級（L_p）

$L_P = L_W - 10\log 2\pi r^2 = L_W - 20\log r - 8 \rightarrow L_P = 110.25 - 20\log(10) - 8$

可得 $L_P = 82.25dB$

有台機器於距離員工 4 公尺（Meter, m）操作時測得噪音 55 dB，現因製程要求需數台機器一起操作。請問：（提示：點音源於自由音場中）

（一）在白天時最多可操作多少台，員工噪音暴露才不會大於 65 dB？（10 分）

（二）該工廠最近的鄰居距離 20m，在夜間時可操作幾台才不會超過 55 dB？（10 分）　　　　**【108】**

（一）假設有 N 台一起操作，根據

$$L_P = 10\log\left(10^{\frac{L_1}{10}} + 10^{\frac{L_2}{10}} + \ldots + 10^{\frac{L_n}{10}}\right)$$

$$L_P = 10\log\left(N \cdot \log 10^{\frac{L}{10}}\right)，代 L = 55$$

$$L_P = 10\log N + 10 \times 5.5$$

$65 = 10\log N + 55$，則 $10 = 10\log N$，可得 $N = 10$

（二）1. $L_p = L_w - 10\log A$ ，$\left(A = 4\pi r^2\right)$

$55 = L_w - 10\log 4\pi \times 4^2$

$L_w = 55 + 10\log\left(12.57 \times 16\right) = 55 + 10\log\left(201.06\right) = 55 + 10 \times 2.303$

$L_w = 78.03$

2. 20M 距離之 L_p

$L_P = L_w - 10\log A$ ，$\left(A = 4\pi r^2 \text{ ，} r = 20\right)$

$L_P = 78.03 - 10\log 4\pi \times 20^2 = 78.03 - 37.01 = 41.02$

3. $55 = 10\log\left(N \cdot \log 10^{\frac{L}{10}}\right) = 10\log N + 41.02$

$10\log N = 13.98$

$N = 10^{1.398} = 25.003$ ，得 N = 25 台

5

作業環境控制工程

請說明如何進行作業環境的熱控制。（20分） 【108】

高溫作業環境之熱危害控制對策如下：

控制對策	採取作為
（一）作業環境之工程控制改善	1. 輻射熱：設置輻射熱反射屏障或簾幕，或設置高溫爐壁之絕緣，以降低輻射熱源溫度，熱屏障（熱源端）表面可覆以金屬反射板。另使勞工穿著能反射熱的衣物，若身體暴露在外的部位應加以遮蔽；當高輻射熱時，應減少皮膚裸露部分；低輻射熱時，應脫去部分衣物。 2. 對流熱：應降低作業環境空氣溫度，如採取整體換氣裝置，以控制作業環境中之溫濕度。另作業環境若 > 35°C 時，應減少空氣流動；若 < 35°C 時，應增加空氣流動，以降低流經皮膚局部空氣之流速。 3. 代謝熱：盡量減少作業產生對勞力的需求，如粗重工作應以機具支援或採自動化控制。 4. 蒸發熱：減少工作場所內濕度，增加空氣流動速度，以及減少衣著量等。
（二）高溫作業之行政管理措施	1. 體格檢查：執行職業前之體格檢查，建立勞工選工及配工制度以適任其高溫工作。 2. 限制暴露：應減少勞工之工作負荷量，降低其熱暴量；必要時應增加人力，減少每人高溫作業之熱暴露量。 3. 教育訓練：執行勞工熱適應及安全衛生訓練，以利熱危害症狀的早期發現，並提高勞工之警覺性，尤其是新僱勞工應多加照應。 4. 適當休息：應提供勞工休息時間分配，並於空調（約 25-27°C）環境中休息，若採輪班制度，宜調配增加其休息時間。 5. 其他作為：提供冷飲及食鹽，適時飲水的補充以防脫水，另應留意是否有降低熱容度的非職業性習慣（例如喝酒或肥胖的現象）。
（三）高溫作業之個人防護具	提供輻射熱個人防護具之衣具，或提供具有冷卻效果的熱防護衣具及呼吸熱交換器等防護具。

設計一辦公室照明，長寬均為 12 m，天花板 3.0 m（作業面高度 0.8 m），請計算其室指數，（5 分）和照明率。（5 分）【室指數為 1.5，2.0，3.0，4.0 時，其參數依序的照明率為 0.58，0.65，0.74，0.78】 【108】

（一） 室指數 $(R)=\dfrac{X \cdot Y}{H(X+Y)}$

X = 房間寬

Y = 房間長

H = 光源至作業面高度

H = 3 − 0.8 = 2.2m

$$R=\frac{12 \cdot 12}{2.2(12+12)}=2.73$$

（二） 用內插法，室指數 2.73 時，照明率 U

$$\frac{2.73-2}{3-2}=\frac{U-0.65}{0.74-0.65}，\frac{0.73}{1}=\frac{U-0.65}{0.09}$$

$U-0.65=0.0657$，即 $U=0.7157$

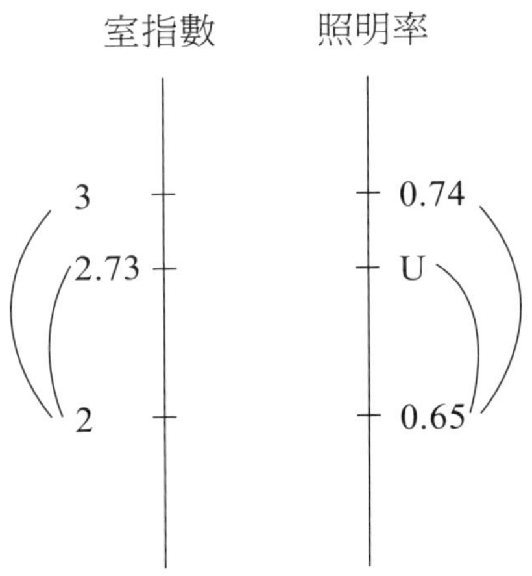

試說明體外游離輻射防護之四大原則及其要旨。屏蔽游離輻射防護時需考慮半層值，試說明何謂半層值？現有一 X 射線非破壞檢測儀操作在 8,000 伏特時，以鉛為屏蔽防護時其半層值為 0.17mm，若要將 X 射線屏蔽至原有強度的 5% 時，則鉛屏蔽之厚度需為何？（25 分） **【109】**

(一) 體外輻射防護的四大原則及其要旨：

1. 時間（time）：時間係指受曝露的時間儘可能縮短，任何涉及游離輻射的操作，事先要作充份的準備，必要時要作模擬操作，以減少受曝露的機會。
2. 屏蔽（shield）：在射源與人體之間，設置適當屏蔽，以完全吸收輻射或減弱輻射強度。
3. 距離（distance）：增加射源至人體的距離。劑量與距離的平方成反比，即距離輻射源越遠越安全。
4. 蛻（衰）變（decay）：如時間允許，可俟其輻射強度自然衰變減弱後再進行。

(二) 半層值：讓射束強度減少至原來一半所需的厚度。

(三) 屏蔽厚度

$$x = \frac{\log\left(\frac{ER_0}{ER_d}\right)HVL}{\log 2} \quad （或 ER_d = ER_0(1/2)^{(x/HVL)}）$$

其中 x：屏蔽厚度

ER_0：原始的放射率

ER_d：所欲達成的放射率

HVL：半值層

$$x=\frac{\log\left(\frac{8000}{8000\times 5\%}\right)\times 0.17}{\log 2}=\frac{\log 20\times 0.17}{\log 2}=0.7348\text{mm}$$

某機場有一剛降落滑行至停機坪暫停而引擎怠轉之飛機，在距離其引擎噪音源後 10 公尺處量測得音壓位準為 120.0 dB，而 A 指揮員在同一直線距離此引擎噪音源後 20 公尺處監看；而 B 貨物運輸員駕駛行李車怠轉引擎且車頭朝向 A 指揮員，在 A 指揮員後方直線距離 10 公尺處，等待進行行李卸除搬運作業。有一移動式隔音牆緊鄰屏蔽在 B 貨物運輸員前方，在飛機引擎噪音源不干擾 B 貨物運輸員之下，在 B 貨物運輸員處 (距離行李車引擎 2 公尺)，量測得行李車引擎怠轉音壓位準為 102.0 dB；行李車引擎距離 A 指揮員 12 公尺，而飛機引擎距離 B 貨物運輸員 30 公尺，請計算下列問題：

(一) 在移除移動式隔音牆後，若不考慮其他可能影響之聲音衰減，單純考慮距離所造成之聲音衰減，則 A、B 員工分別可能接受到此飛機怠轉引擎噪音源之音壓位準為多少 dB？（8 分）

參考公式：$L_2 = L_1 - 20\log_{10}(r_2 / r_1)$。

(二) 承上題，若不考慮其他可能影響之聲音衰減，單純考慮兩噪音源之合併影響，請問 A、B 員工分別接受到兩噪音源之總音壓位準為多少 dB？（12 分）

參考公式：$L_T = 10\log_{10}(10^{L_1/10}+10^{L_2/10}+10^{L_3/10}+\cdots\cdots)$

【111】

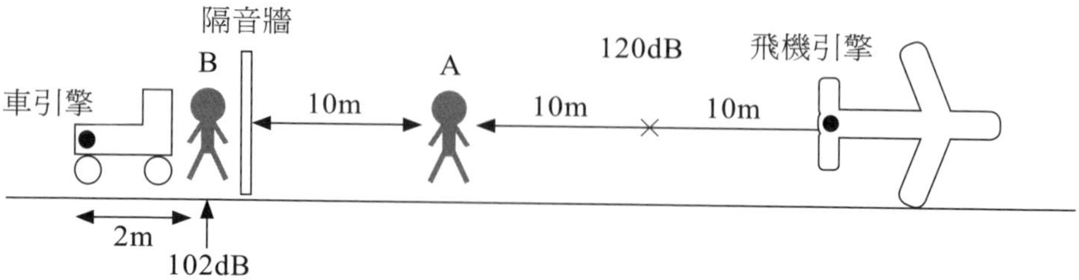

（一）位於地面之飛機與行李車視為半自由音場

1. 飛機

$L_p = L_w - 10\log(2\pi r^2)$

$L_p = L_w - 10\log(2\pi \times 10^2)$

$120 = L_w - 10\log(200\pi)$

則 $L_w = 120 + 27.98 \fallingdotseq 148$（飛機引擎的 L_w）

2. 行李車

$L_p = L_w - 10\log(2\pi r^2)$

$L_p = L_w - 10\log(2\pi \times 2^2)$

$102 = L_w - 10\log(8\pi)$

則 $L_w = 102 + 14 = 116$（行李車引擎的 L_w）

（二）A 員工

$L_{pA} = L_w - 10\log(2\pi r^2) = 148 - 10\log(2\pi \times 20^2) = 148 - 34 = 114\text{dB}$

B 員工

$L_{pB} = Lw - 10\log(2\pi r^2) = 148 - 10\log(2\pi \times 30^2) = 148 - 37.52 = 110.48\text{dB}$

（三）B 員工

$$L_{TB}=10\log\left(10^{\frac{102}{10}}+10^{\frac{110.48}{10}}\right)=10\log\left(10^{10.2}+10^{11.048}\right)=111.056\text{dB}$$

A 員工

行李車

$L_p = L_w - 10\log(2\pi r^2) = 116 - 10\log(2\pi \times 12^2) = 116 - 29.57 = 86.43\text{dB}$

$$L_{TA}=10\log\left(10^{\frac{86.43}{10}}+10^{\frac{114}{10}}\right)=10\log\left(10^{8.643}+10^{11.4}\right)=114\text{dB}$$

另解

（一）A 員工

$$L_A=L_1-20\log\left(\frac{r_2}{r_1}\right)=120-20\log\left(\frac{20}{10}\right)\fallingdotseq 114\text{dB}\text{（飛機）}$$

B 員工

$$L_B=L_1-20\log\left(\frac{r_2}{r_1}\right)=120-20\log\left(\frac{30}{10}\right)\fallingdotseq 110.46\text{dB}\text{（飛機）}$$

∴ A 員工可能接受到此飛機怠轉引擎噪音源之音壓位準為 114dB。

B 員工可能接受到此飛機怠轉引擎噪音源之音壓位準為 110.46dB。

（二）A 員工

$$L_A=L_1-20\log\left(\frac{r_2}{r_1}\right)=102-20\log\left(\frac{12}{2}\right)\fallingdotseq 86.44\text{dB}\text{（行李車）}$$

B 員工

$$L_B=L_1-20\log\left(\frac{r_2}{r_1}\right)=102-20\log\left(\frac{2}{2}\right)=102\text{dB}\text{（行李車）}$$

$$L_{TA}=10\log\left(10^{\frac{86.44}{10}}+10^{\frac{114}{10}}\right)=10\log\left(10^{8.644}+10^{11.4}\right)=114dB$$

$$L_{TB}=10\log\left(10^{\frac{102}{10}}+10^{\frac{110.46}{10}}\right)=10\log\left(10^{10.2}+10^{11.046}\right)=111.04dB$$

∴ A 員工接受到兩噪音源之總音壓位準為 114dB。

B 員工接受到兩噪音源之總音壓位準為 111.04dB。

試求出工人的時量平均綜合溫度熱指數（WBGT）？（GT：黑球溫度，NWB：自然濕球溫度，DB：乾球溫度）（9 分）

時間	08:00~10:00	10:00~12:00	12:00~16:00
GT	45°C	24°C	50°C
NWB	41°C	20°C	45°C
DB	42°C	23°C	48°C
室內或戶外	室內	戶外（有日曬）	室內

【112】

【08:00~10:00】為室內無日曬環境綜合溫度熱指數：

WBGT = 0.7×(自然濕球溫度) + 0.3×(黑球溫度)

$WBGT = 0.7\times41°C + 0.3\times45°C = 42.2°C$

【10:00~12:00】為室外有日曬環境綜合溫度熱指數 WBGT 公式如下：

WBGT = 0.7 × 自然濕球溫度 + 0.2 × 黑球溫度 + 0.1 × 乾球溫度

$= 0.7\times20°C + 0.2\times24°C + 0.1\times23°C = 21.1°C$

【12:00~16:00】為室內無日曬環境綜合溫度熱指數：

WBGT = 0.7 ×(自然濕球溫度) + 0.3 ×(黑球溫度)

WBGT = 0.7 × 45°C + 0.3 × 50°C = 46.5°C

$$WBGT_{TWA}=\frac{(WBGT_1\times t_1)+(WBGT_2\times t_2)+(WBGT_3\times t_3)}{t_1+t_2+t_3}$$

$$=\frac{(42.2\times 2)+(21.1\times 2)+(46.5\times 4)}{2+2+4}$$

$$=\frac{(84.4+42.2+186)}{8}$$

$$= 39.075(^{\circ}C)$$

請說明噪音危害從噪音源（7 分）、傳播途徑（7 分）、受音者（7 分）三方面著手的控制方法。【112】

噪音危害的控制方法：

(一) 噪音源控制方法：

1. 機械設備之更換。
2. 物料運輸過程噪音之改善。
3. 噪音振動源之衰減 -- 阻尼 (Damping)
4. 設置消音器。
5. 設置防音罩、防音蓋。
6. 改善製造型態 (利用替代製程來降低噪音)。
7. 利用緩衝材料。
8. 減少各種氣流產生噪音。

9. 改善物料之搬運方法。

10. 機械定時保養。

（二）噪音傳播路徑之控制方法：

1. 吸音控制 (Absorption)。
2. 遮音控制，如設置屏蔽、建築物。
3. 利用距離衰減。
4. 將音源予以密閉。
5. 設置隔音裝置。
6. 雙重玻璃及防音門之使用。
7. 減少結構體之傳導。

（三）受音者之保護：

1. 實施聽力保護計畫。
2. 佩戴聽力防護具 (耳罩、耳塞)。
3. 利用工程方法有改改善噪音作業環境。
4. 變更作業時間。
5. 教育訓練。
6. 隨時檢查。
7. 注意機械之操作及維護保養。

以下是勞工的噪音暴露紀錄，請說明時量平均噪音暴露量（TWA）是否超過噪音暴露法規要求？（10 分）

時間	噪音（dBA）
08:00~12:00	85
12:00~14:00	92
14:00~16:00	95

【112】

$T=\frac{8}{2^{\frac{L-90}{5}}}$ ；T：容許暴露時間 (hr)；L：噪音壓級 (dB)

$$T_1=\frac{8}{2^{\frac{85-90}{5}}}=16$$

$$T_2=\frac{8}{2^{\frac{92-90}{5}}}=6.06$$

$$T_3=\frac{8}{2^{\frac{95-90}{5}}}=4$$

08：00~12：00 (4 小時)，L_A = 85dBA 容許暴露時間為 16 小時

12：00~14：00 (2 小時)，L_A = 92dBA 容許暴露時間為 6.06 小時

14：00~16：00 (2 小時)，L_A = 95dBA 容許暴露時間為 4 小時

$D=\frac{t_1}{T_1}+\frac{t_2}{T_2}+\cdots+\frac{t_3}{T_3}$ (其和大於 1 時，即屬超出容許暴露劑量)。

t：工作者於工作日暴露某音壓級之時間 (hr)

T：暴露該音壓級相對應的容許暴露時間 (hr)

(D) ≦ 1 符合法規；(D) > 1 不符合法規

該勞工之噪音暴露劑量：

$$D=\frac{t_1}{T_1}+\frac{t_2}{T_2}+\frac{t_3}{T_3}$$

$$=\frac{1}{16}+\frac{2}{6.06}+\frac{2}{4}$$

$$=0.25+0.33+0.5$$

$$=1.08$$

∴因 D 大於 1，其和已超出容許暴露劑量，故不符合法規規定。

請說明直接眩光與間接眩光危害的控制方法。（10 分）　　【112】

（一）直接眩光危害的控制方法：

1. 降低照明燈具的輝度。
2. 降低發生眩光光源之面積。
3. 增加視線與眩光源的角度。
4. 增加眩光源周圍之輝度。
5. 調整燈具配置位置或使用嵌入型燈。
6. 少用透明的落地窗或窗外加裝遮蓋防護。

（二）間接眩光的控制方法：

1. 減少光源的輝度。
2. 降低牆面及其他反射面的反射率。
3. 調整光源或工作位置，減少反射光進入眼睛。
4. 使用漫射光、調節板、間接光源。

5-2-2 化學性危害之控制工程

請詳述化學品分級管理（chemical control banding）之適用對象、原理、執行步驟與優缺點。（25 分）【106】

化學品分級管理（Chemical Control Banding, CCB）	
(一) 適用對象	依危害性化學品評估及分級管理辦法第 4 條規定，雇主使勞工製造、處置或使用之化學品，應符合國家標準 CNS 15030 化學品分類，具有健康危害者，應評估其危害及暴露程度，劃分風險等級，並採取對應之分級管理措施。
(二) 分級原理	依化學品分級管理工具，係利用化學品本身的健康危害特性，加上使用時潛在暴露的程度，如使用量、散布狀況等，透過風險矩陣的方式來判斷出風險等級及建議之管理方法，進而採取相關風險減緩或控制措施來加以改善；此為近年來國際勞工組織及國際間針對健康風險積極發展出的一套半定量式評估工具。
(三) 執行步驟	1. 劃分危害群組：依化學品 GHS 健康危害分類及分級，利用危害群組對應表找出對應之危害群組，以進行後續的危害暴露及評估程序。 2. 判定散布狀況：化學品的物理型態會影響其散布到空氣中的狀況，此階段是利用固體的粉塵度及液體的揮發度來決定其散布狀況。粉塵度或揮發度愈高的化學品，表示愈容易散布到空氣中。 3. 選擇使用量：因化學品使用量多寡會影響到製程中該化學品的暴露量，故將製程中的使用量納入考量，可依化學品之使用量判定為小量、中量或大量。 4. 決定管理方法：利用步驟 1 至 3 之結果，參考化學品的危害群組、使用量、粉塵度或揮發度，以及風險矩陣，判斷該化學品在設定的環境條件下的風險等級。 5. 參考暴露控制表單：依步驟 4 判斷出風險等級 / 管理方法後，可對照暴露控制表單，再依作業型態來選擇適當的暴露控制表單；可提供之管理措施包括整體換氣、局部排氣、密閉操作、暴露濃度監測、呼吸防護具、尋求專家建議等。

化學品分級管理（Chemical Control Banding, CCB）	
(四) 優缺點	1. 無法取代或去除個人暴露監測的必要性，應與傳統暴露監測及 OELs 適度搭配運用。 2. 並非所有職業危害種類（如切割夾捲）皆可用分級管理策略解決。 3. 分級管理為快速初篩的簡易評估方法，將危害性物質分級後採取不同管控措施，必要時或特殊情況下，仍應採用較複雜的工具或方法來評估勞工健康風險。

參考資料來源：勞動部職業安全衛生署網站

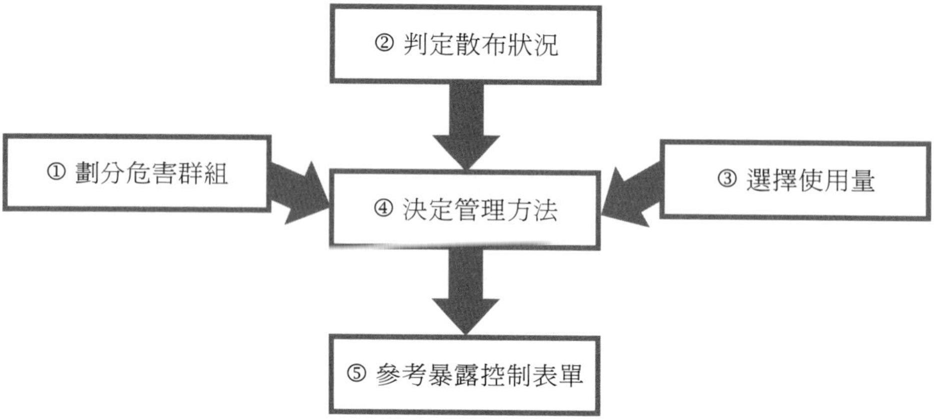

（資料來源：勞動部職業安全衛生署）

> **近年來常發生重大局限空間危害事故。在進入局限空間前多使用直讀式儀器（direct-reading instrument）進行空氣中危害物質採樣測定，以利後續通風控制。請闡述局限空間中所使用之直讀式儀器應注意那些使用上之優缺點？（20 分）【107】**

在進入局限空間前使用直讀式儀器進行環境中危害物質採樣測定，應注意使用上之優缺點如下：

(一) 直讀式儀器採樣測定之優點：

1. 多用氣體偵測器：能在短時間內得知甲烷、氯、一氧化碳、二氧化硫等污染物之氣體濃度，具有操作方便，且容易攜帶。
2. 紅外線偵測器：偵測毒性氣體（不含氯及氫）項目的範圍廣，使用壽限較長。
3. 半導體偵測器：偵測毒性氣體與可燃性氣體，具有較高的靈敏度，產品價錢便宜。
4. 電化學偵測器：偵測一氧化碳、硫化氫等氣體，具有較高的靈敏度，產品價錢便宜，選擇性佳；當氣體屬低濃度時，具有線性特性。
5. 觸媒燃燒偵測器：偵測可燃性氣體，具有良好之線性關係，及高精密度特性，其再現性佳。
6. 色帶式偵測器：偵測氯氣、磷化氫、砷化氫、乙硼烷及三氟化氯等毒性氣體，具有選擇性佳及適用於低濃度偵測等特色。

(二) 直讀式儀器採樣測定之缺點：

1. 多用氣體偵測器：若環境中污染物之氣體未知，則不合適使用，且易受干擾，有其使用期限及偵測極限（數 ppm）的限制。
2. 紅外線偵測器：偵測毒性氣體操作之技術門檻高，使用作業較為複雜，且易受到環境中濕度之影響。

3. 半導體偵測器：偵測毒性氣體與可燃性氣體，其選擇性與線性不佳，且易受到環境中溫（濕）度之影響。

4. 電化學偵測器：偵測一氧化碳、硫化氫等氣體時，需經常更換感知元件與電池。

5. 觸媒燃燒偵測器：偵測可燃性氣體，其觸煤氧化劑易被矽化物、硫化物或氯化物所毒化，且在缺氧情況下無法操作使用。

6. 色帶式偵測器：偵測毒性氣體時，容易被外在環境濕度影響；另色帶一旦包裝拆開，應在期限內使用，若過期則不建議再使用，因可能影響其監測結果，故色帶應經常更換。

有關粉塵控制與個人防護，請回答下列問題：（15 分）

（一）請詳述除塵濾材之過濾機制。

（二）請述約略何種粒徑範圍粉塵易有最低過濾效率，及其原因？

【110】

（一）除塵濾材之過濾機制：

1. 攔截（interception）：當載流氣體的流線接近濾材時，氣流上的微粒半徑大於氣流與濾材間的距離時，此微粒會因凡得爾瓦力（vanderwall force）的吸引力而附著在濾材上的作用稱為攔截機制。

2. 慣性衝擊（inertial impaction）：當載流氣體（carried gas）流經濾材時，流線（streamline）若改變方向，此時氣流上的微粒因慣性作用而脫離流線撞擊並留置在濾材上的作用即為慣性衝擊機制。

3. 布朗擴散（diffusion）：當微粒直徑很小時，因布朗運動（brownian motion）而擴散附著於濾材上之作用即為布朗擴散機制。

4. 重力沉降（gravitational settling）：當微粒大且動時，會因重力作用而沉降於濾材上之作用即稱之為重力沉降機制。

5. 靜電吸引（electrostatic attraction）：當微粒表面與濾布表面具不同電荷時，會產生靜電吸引力，使微粒吸附於濾材上之作用稱之為靜電吸引機制。

(二) 1. 依醫療院所手術煙霧危害預防及呼吸防護參考指引，手術煙霧排除設備中空氣清淨裝置即為過濾系統，應考量至少具備高效率空氣過濾網（HEPA filter），其過濾效率最小可移除空氣中約 0.3μm 粒徑粒子，具有 99.97% 過濾效率，而移除 0.5μm 粒子具有 99.99% 效率，可有效移除空氣中所含非生物與生物性之微粒；甚至醫療機構手術室所建置超高效率空氣濾網（ULPA filter），可過濾 0.1 ～ 0.2μm 粒徑粒子，過濾效率高達 99.999%，其中活性碳濾網，可移除煙霧空氣中所含之有機氣狀物質，改善手術室內開刀產生之難聞氣味，故選用合適之空氣清淨裝置可有效改善室內空氣品質。

2. 一般空氣過濾中的一根頭髮直徑約 50 ～ 100μm，而 0.3μm 是一根頭髮的幾百分之 1。所謂穿透率最大的粒徑，也就是效率最小的粒徑，如果空氣過濾效率在 0.3μm 時是最低的，即空氣中比 0.3μm 小的和大的氣溶膠之過濾效率都比 0.3μm 要高，如下圖所示，在粒徑 0.3μm 時的效率最低；換言之，粒徑很小的氣溶膠反而是很好過濾的（其過濾效率高）。所以，在空氣篩檢程式的測試和評估時，0.3μm 的空氣過濾效率是項重要指標，在此點效率最低。另在空氣篩檢程式的濾材裡若有數層材料，效率的計算方是 $P_{total} = P1 \times P2 \times P3 \cdots$。這裡的 P 是穿透率，若有人戴兩層口罩，在 0.3μm 時，第一層的效率為 40%（穿透率為 60% = 0.6），第二層的效率為 70%（穿透率是 30% = 0.3），則兩層的總穿透率為 $P_{total} = 0.3 \times 0.6 = 0.18$（18%），即效率可提升到 82%，但其吸氣阻力同時也會增加（兩者之和）。

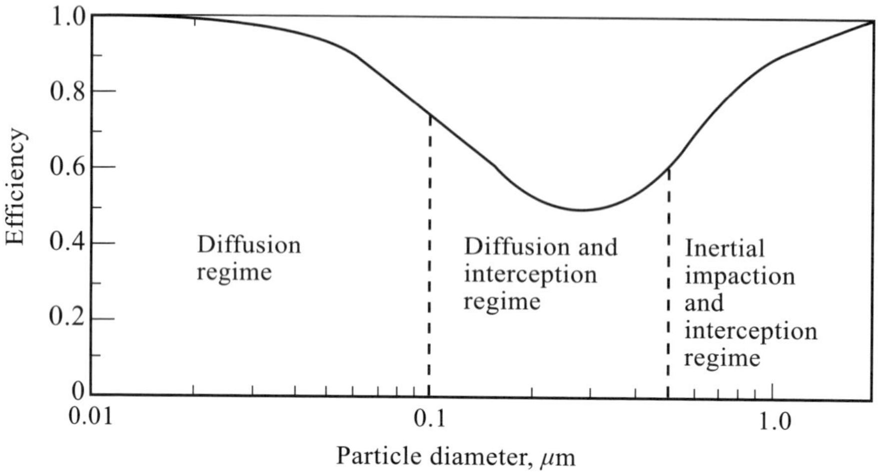

Typical particle removal efficicncy vs. particle size for fibrous media filters and electronic air cleaners

3. 使用口罩之種類與功能

	功能	使用時機
N95 口罩	可阻檔 95% 以上的次微米顆粒，但呼吸阻抗較高，不適長期配戴。	職場特別危害健康作業之場所或醫護等專業人員使用。
外科口罩	可阻檔 90% 以上的 5μm 顆粒，但需每天更換，若破損或弄髒時要立刻更換。	1. 發生新流感病毒時。 2. 執行實驗或從事禽畜工作時。 3. 前往醫院或密閉、不通風之場所。 4. 身體不適有呼吸道症狀時。
活性碳口罩	可呼附有機氣體、惡臭分子及毒性粉塵，但須費力呼吸、無法呼附異味時就要更換。	1. 噴灑農藥或執行噴漆作業時。 2. 上班交通或騎機車時。

	功能	使用時機
紗布或棉布口罩	只過濾顆粒較大粉塵，清洗後仍可重複使用。	1. 市場買不到外科口罩時。 2. 執行清掃工作時。
一般紙類口罩	可阻檔 70% 以上的 5μm 顆粒，但應每天更換，若破損或弄髒時要立刻更換。	

4. 美國職業安全衛生研究所（NIOSH）將濾材區分為下列三種：

   N 系列：N 代表 Not resistant to oil mist，可用來防護非油性懸浮微粒。

   R 系列：R 代表 Resistant to oil mist，可用來防護非油性及含油性懸浮微粒。

   P 系列：P 代表 oil Proof（protective against oil mist），可用來防護非油性及含油性懸浮微粒；就濾材最低過濾效率而言，分為下列三種等級。

   (1) 95 等級：表示最低過濾效率 ≧ 95%。

   (2) 99 等級：表示最低過濾效率 ≧ 99%。

   (3) 100 等級：表示最低過濾效率 ≧ 99.97%

   所以，N95、R95、P95 及濾菌功能更高的 N99、R99、P99，甚至 N100、R100 及 P100 等型口罩，都能有效過濾懸浮微粒或病菌。

5-2-3 生物性危害之控制工程

> 有關感染性危害控制，請列舉不同生物安全等級（biological safety level）可使用之二級防護措施（secondary barriers）。（10 分） 【106】

（一）依據衛福部疾管署實驗室生物安全委員會對生物安全等級規範及病原微生物等級分類區分為四級，如下表所示：

<table>
<tr><th>危險群等級（RG）</th><th>生物安全等級（BSL）</th><th>定義說明</th><th>實驗室類型</th><th>實驗室操作規範</th><th>安全設備</th></tr>
<tr><td colspan="3">第一級危險群（RG1）微生物
未影響人類健康者。</td><td>基礎教學、研究。</td><td>優良微生物學技術。</td><td>無，開放式工作檯。</td></tr>
<tr><td colspan="3">第二級危險群（RG2）微生物
影響人類健康輕微，且有預防及治療方法者。</td><td>初級衛生服務、診斷服務、研究。</td><td>優良微生物學技術加上防護衣、生物危害標誌。</td><td>開放式工作檯加上防止氣霧外流之生物安全櫃。</td></tr>
<tr><td colspan="3">第三級危險群（RG3）微生物
影響人類健康嚴重或可能致死，且有預防及治療可能者。</td><td>特殊診斷服務、研究。</td><td>同第 2 等級加上特殊防護衣、進入管制及定向氣流。</td><td>生物安全櫃及其他所有實驗室工作所需要之基本防護裝備。</td></tr>
<tr><td colspan="3">第四級危險群（RG4）微生物
影響人類健康嚴重或可能致死，且通常無預防及治療可能者。</td><td>具危險性之病原體。</td><td>同第 3 等級加上氣密門、出口淋浴及廢棄物之特殊處理。</td><td>III 級生物安全櫃或 II 級生物安全櫃並穿著正壓防護衣、雙門高壓蒸氣滅菌器（穿牆式）及經過濾之空氣。</td></tr>
</table>

（二）生物安全等級二（BSL-2）：用於中度潛在危險的病原，其病原與人類疾病有關，可能有皮膚接觸、誤食及黏膜暴露；如金黃色葡萄球菌。對生物安全等級二而言，可使用之二級防護措施（即實驗室設計與硬體設施）列舉如下：

1. 針對實驗室位置之必備項目包含：

    (1) 實驗室無需與大樓建物內部的一般動線相區隔，可以門與公共區域做清楚的區隔。

    (2) 門的大小須足以讓設備能夠進出。

    (3) 實驗室需有人員管制措施。

    (4) 實驗室辦公室區域可設計位於實驗室阻隔區以外。

    (5) 在實驗室工作區域外可提供文書處理與資料收集的工作處所。

2. 實驗室物理結構（牆面、地板、天花板）之必備項目包含：

    (1) 實驗室須有門做出入管控。

    (2) 實驗室應採取便於清理的設計，不宜鋪設地毯。

    (3) 實驗室對外開啟的窗戶應加裝紗窗。

    (4) 實驗室桌檯須能支撐載重及用途，工作台、櫥櫃與設備之間應預留清理的空間。

    (5) 工作台表面需為防水、抗熱、抗有機溶劑、抗酸鹼及其他化學物質。

    (6) 實驗室工作用椅應使用無孔防滲且易於消毒及除污的材質。

（三）生物安全等級三（BSL-3）：可經氣膠傳播之本土或外來病原，會嚴重危害健康。如：SARS 病毒。對生物安全等級三而言，適用於臨床、診斷、教學、研究單位、工作人員必須接受處理致病性及致命生物的特別訓練，並由具經驗之專家監督管理，處理感染性物質的過程需在生物安全櫃中進行，或使用其他物理防範裝置，或工作人員穿配保護性衣著與裝置。實驗室需經特殊設計（如緩衝區、密封通道、定向氣流等）。故需遵守標準微生物操作、特殊操作及安全設備規範才能符合等級三之需要。

（四）生物安全等級四（BSL-4）：適用於可經由氣膠傳播或未知傳染危險之危險生物病原，會引起對生命之高度危機的疾病。如：依波拉病毒。對生物安全等級四而言，實驗工作人員必須接受極度危險之感染性物質的特別訓練，需充分了解標準及特殊操作、設備、實驗室的設計特色。應嚴格管制實驗室門禁，所有活動皆限於第三級生物安全櫃中；或於第二級生物安全櫃中，工作人員穿著連身式具支持生命系統通風設備的正壓工作服。實驗室具特殊設計可有效防止微生物散布至環境中。實驗室設於不同棟或同棟建築內的管制區域，完全與其他區域隔離。實驗室工作者主要是依靠在 III 級之生物安全操作櫃下，或穿著覆蓋全身氣給式正壓工作服操作來達到完全隔離氣霧傳染性物質之效果。生物安全等級四之設施本身，一般是具有複雜特殊之通風裝置和廢棄物處理系統之獨立建築物或完全隔離區域，以防止活病原外洩於環境。

針對具有空氣傳播（airborne transmission）能力之生物性危害，請依據控制階層（control hierarchy）詳述室內工作場所危害控制之優先順序與相關具體措施。（20 分）【110】

針對具有空氣傳播（airborne transmission）能力之生物性危害，依控制階層於室內工作場所危害控制之優先順序與相關具體措施如下：

（一）消除作業：清除污染源、維持環境清潔與衛生並定期進行消毒、控制環境濕度、空氣品質管理（如：機械通風系統、空氣清淨裝置、負壓環境設計…等）

（二）工程控制：

1. 安裝高效率空氣濾網，並提高更換或清潔空氣濾網之頻率。

2. 保持室內空氣流通，中央空調應提高室外新鮮空氣比例。

3. 安裝物理屏障（如透明塑膠隔板）等措施。

4. 安裝用於客戶服務的通行窗口，如得來速（Drive-through）。

（三）行政管理：對於工作場所環境衛生與人員健康管理，可採取以下適當防護對策或程序，並請人員配合辦理：

1. 對有發燒或有急性呼吸道症狀之勞工進行管理並留存紀錄，主動鼓勵勞工在家休息。

2. 調整辦公時間或出勤方式，通過視訊方式採取線上會議，以減少工作人員或客戶之面對面的接觸。

3. 勞工工作時間、地點及出差採彈性及分流措施，並採空間區隔及調整。

4. 置備必要的防疫物資並提供正確的使用方式，定期清潔或消毒工作環境及場所物件。

5. 建立體溫量測及篩檢等出勤管制措施，並實施訪客或承攬商等門禁管制措施。

6. 對於確診個案近期從事工作或進出之工作場所，應加強地板、牆壁、器具及物品等之消毒。

7. 辦理職場防疫相關安全衛生措施之宣導或教育訓練，並留存紀錄，宣導勞工自我防護並遵守社交禮節及保持社交距離。

8. 如有近期曾從疫區出差或旅遊返回職場之勞工，應密切留意其個人健康狀況，採取必要之追蹤及管理措施。

9. 避免指派勞工赴衛生福利部疾病管制署列為國際旅遊疫情建議等級第三級之國家或地區出差。如確有必要並經勞工同意，應確實評估疫情狀況、感染風險與勞工個人健康狀況，強化感染預防措施之教育訓練、提供勞工充足之防疫物資並加強其工作場域清潔、消毒及保持通風等必要之防護措施。

（四）個人防護裝備（Personal Protective Equipment, PPE）：可依據作業暴露風險等級類別選用包括呼吸防護具、髮帽、護目裝備、面罩、手套和隔離衣等裝備，選擇及使用須注意以下事項並有查核機制：

1. 根據個別勞工的危害進行選擇。
2. 呼吸防護具應有適當的密合度。
3. 必須全程正確配戴。
4. 應定期檢查、保養和更換。
5. 於脫除、清潔、保存或拋棄時，應避免污染自身、他人或環境。

SARS-CoV-2（severe acute respiratory syndrome coronavirus 2）肆虐全球數年，知名學術期刊刺胳針（Lancet）證實其主要為氣膠傳播（aerosol transmission）。若要評估環境中的生物病原體濃度，例如細菌類氣膠，可從空氣中進行生物氣膠之主動或被動採樣，或環境表面病原體之採樣，再進行採樣後分析。請問，若使用某單階多孔衝擊器進行生物氣膠採樣，總採樣流率為 28.30 l/min，單一噴孔平均流率為 70.75 ml/min，對某場所空氣進行採樣 10 分鐘，待培養後，培養皿初步計數獲得 26 個菌落形成單位數（colony forming unit, CFM），請回答下列問題：

（一）請依據菌落校正表，計算本次採樣之空氣中平均菌落形成單位濃度，以 CFU/m^3 表示。（4 分）

（二）請申論除了慣性衝擊以外，任意兩種空氣中主動採樣、一種被動採樣，及一種環境表面採樣之平均濃度計算方法，並比較其優缺點。（16 分）

原始菌落形成單位數 \ 衝擊器孔數及其對應校正菌落形成單位數	100	200	400
25	28.8	26.7	25.8
26	30.1	27.9	26.9
27	31.5	29.0	28.0
……	……	……	……
92	252.7	123.2	104.5
93	266.1	125.1	105.8
94	281.6	127.0	107.2

【111】

(一) 總採樣流率

V_{total} = 28.3L/min

單一噴孔平均流速

$V_{單孔}$ = 70.75ml/min = 0.07075L/min

孔數 = 28.3/0.07075 = 400 孔

採樣 10 分鐘，則採樣體積為

28.3 L/min × 10min = 283 L = 0.283 m^3

暴露濃度 C (CFU/m^3) = 菌落數 (CFU)/ 採樣體積 (m^3)

= 26(CFU)/0.283(m^3)

= 91.87(CFU/m^3) ≒ 92(CFU/m^3)

∵ 400 孔，故經校正應為 104.5(CFU/m^3)

(二)

採樣類型	採樣方法	優點	缺點
一、被動式採樣	1. 沉降盤法	1. 便宜易操作。	1. 採樣量未知。 2. 容易因乾燥而失效。
	2. 培養液法	1. 可估算實際污染率。 2. 可確認有無污染發生。	1. 生產製程較為費時。 2. 定量評估困難。
二、主動式採樣	1. 孔隙式採樣法	1. 效率高。 2. 可採集大量氣體。 3. 可直接培養分析。	1. 佔空間。 2. 需要經常調整及流量校準。 3. 可能會變乾。
	2. 過篩衝擊採樣法	1. 效率高。 2. 非強制性。 3. 可直接進行培養分析。	1. 單階需進行正孔修正。 2. 篩除顆粒總數太大。
	3. 離心式採樣法	1. 方便使用。 2. 可取出直接培養。	1. 採樣總數未知。 2. 零件取得困難。
	4. 吸收液採樣法	1. 非常有效率。 2. 可估計樣本中的細菌總數。	1. 衝擊瓶易破裂。 2. 處理較困難。 3. 需要再以培養基塗抹培養。
	5. 濾膜法	1. 效率高。 2. 採樣總數比較大。	1. 可能太乾燥而殺死細菌。 2. 需要再以培養基塗抹培養。
	6. 果膠濾紙	1. 效率高。 2. 採樣總數比較大。 3. 可以計算單位體積細菌數。	1. 需要再以培養基塗抹培養。

採樣類型	採樣方法	優點	缺點
三、 表面塗抹 採樣	1. 表面擦拭	1. 較便宜且容易操作。	1. 視轉移量而有差異。 2. 只能定性。
	2. 接觸平板	1. 較便宜且容易操作。 2. 可半定量分析。	1. 視黏著效率而定。 2. 會使營養薄層殘留。
	3. 指紋印採樣法	1. 非常有效率。 2. 可以定量分析。	1. 處理較困難。 2. 需供應無菌的紙膠帶。

（資料引用：高立圖書 工業衛生，莊侑哲等著）

試述工作場所生物性危害的潛在危害類型。（8 分）工作場所應如何預防及控制生物性危害（12 分） **【113】**

(一) 工作場所生物性危害的潛在危害類型：

1. 中毒：暴露在生物體所產生之毒素 (如細菌內毒素、細菌外毒素、真菌毒素等) 所導致人員的發燒、發冷等中毒現象。

2. 感染：生物體 (如流行性感冒、肺結核等) 於人體內生長繁殖所致的感染生病之危害。

3. 過敏：生物體以過敏原方式經重覆暴露，致使人體免疫系統過度反應所致，如產生氣喘、過敏性鼻炎等症狀。

4. 其他：如肇生人員的心理恐慌等症狀。

(二) 工作場所如何預防及控制生物性危害

1. 工程控制

   (1) 通風換氣：執行整體換氣 (氣流型態與流向) 或局部排氣 (生物安全櫃) 的設計。

   (2) 空氣清淨：裝置高效率過濾濾材 (HEPA filter) 之殺菌設備。

(3) 負壓設計：如隔離病房或第三級生物安全實驗室 (BSL-3) 等設計。

2. 環境管理

(1) 清除污染源頭：這是最重要的預防管理項目，每日實驗結束時需滅菌實驗台，如實驗中發生污染，應立即加以滅菌作業。

(2) 控制環境濕度：應掌握合適的作業環境之溫度及濕度等控制條件。

(3) 維持環境清潔：要注重環境衛生並定期消毒。

3. 人員管理

(1) 遵守守則：落實實驗室守則 (生物性)，依標準操作微生物及實驗前的安全檢查。

(2) 健康管理：要注意個人健康，例如施打 B 肝疫苗。

(3) 加強衛生：應落實個人衛生管理，例如常洗手。

4. 個人防護

(1) 加強教育訓練：要落實個人衛生教育，應宣導勤洗手、戴口罩、手勿碰眼口鼻等。

(2) 確實配戴護具：要使用個人防護具，這是最後一道預防管道，應依 SOP 落實穿著實驗衣及佩戴手套和防護口罩等。

(3) 增強免疫能力：注重健康飲食，多運動，要有充足的睡眠等規律的作息。

5-2-4 人因性危害之控制工程

> 參考職業安全衛生署「人因性危害預防計畫指引」，請列舉 5 個常見（或常用）肌肉骨骼傷病之人因工程分析工具，並說明主要評估部位。（10 分） **【108- 甲衛】**

依據勞動部職業安全衛生署「人因性危害預防計畫指引」表四，常見肌肉骨骼傷病之人因工程分析工具如下：

分類	評估工具	評估部位	適用分級
上肢	簡易人因工程檢核表	肩、頸、手肘、腕、軀幹、腿	I，篩選
	Strain Index	手及手腕	II，分析
	ACGIH HAL-TLV	手	II，分析
	OCRA Checklist	上肢，大部分手	II，分析
	KIM-MHO（2012）	上肢	II，分析
	OCRA Index	上肢，大部分手	III，專家
	EAWS	肩、頸、手肘、腕、軀幹、腿	III，專家
下背部	簡易人因工程檢核表	肩、頸、手肘、腕、軀幹、腿	I，篩選
	KIM-LHC	背	I，篩選
	KIM-PP	背	I，篩選
	NIOSH Lifting eq.	背	II，分析
	EAWS	肩、頸、手肘、腕、軀幹、腿	III，專家
全身	RULA, REBA	肩、頸、手肘、腕、軀幹、腿	III，專家
	OWAS	背、上臂和前臂	III，專家
	EAWS	肩、頸、手肘、腕、軀幹、腿	III，專家

某 55 歲從事「泥作作業」30 餘年的男子，其工作需搬運 30 公斤重的磁磚、砂石、水泥原料，每天最重達到 2.5 公噸，且常需以彎腰姿勢進行工作，後經職業傷病防治中心認定，具顯著「人因性危害」，請由以上案例回答下列問題：

（一）何謂累積性肌肉骨骼傷病（cumulative trauma disorders, CTD）？（4 分）

（二）依法令規定，事業單位勞工人數達多少人以上者，為避免勞工促發肌肉骨骼疾病，雇主應依作業特性及風險，參照中央主管機關公告之相關指引，訂定人因性危害預防計畫並據以執行？（2 分）；又執行紀錄應留存多少年？（2 分）

（三）承上題，事業單位訂定完整之人因性危害預防計畫宜遵循 PDCA 循環之架構來管理，以確保管理目標之達成。請分別就 P (Plan)、D (Do)、C (Check)、A (Act) 分述其內容。（12 分） **【107- 甲衛】**

（一）累積性肌肉骨骼傷病：是由於重複性的工作過度負荷，造成肌肉骨骼或相關組織疲勞、發炎、損傷，經過長時間的累積所引致的疾病。

（二）依據「職業安全衛生設施規則」第 324-1 條規定：

1. 事業單位勞工人數達 100 人以上者，雇主應依作業特性及風險，參照中央主管機關公告之相關指引，訂定人因性危害預防計畫，並據以執行。
2. 執行紀錄應留存 3 年。

（三）人因性危害防止計畫應遵循 PDCA 循環之管理架構，來進行管理以確保管理目標之達成，並進而促使管理成效持續改善，其 PDCA 分述如下：

1. P（Plan- 規劃）：政策、目標、範圍對象、期程、計畫項目與實施、績效評估考核及資源需求等。

2. D（Do- 執行）：肌肉骨骼傷病及危害調查、作業分析及人因性危害評估、改善方案之實施。

3. C（Check- 查核）：評估改善績效，如危害風險、工作績效、主觀滿意評量。

4. A（Act- 行動）：管控追蹤、績效考核。

長時間從事電腦終端機操作，可能引起（一）眼睛疲勞（二）腕道症候群（三）下背痛（四）肩頸酸（疼）痛及其他人因危害。在實施電腦工作站設計規劃及行政管理上，為預防上述 4 類危害，請分別說明應注意或採行之措施。（20 分） **【104- 甲衛】**

危害類型	眼睛疲勞	腕道症候群	下背痛	肩頸酸（痛）及其他人因危害
設計規劃	1. 使用較大螢幕 2. 工作站設計使眼睛與螢幕距離 40~60cm，畫面的上端略低於眼睛水平面約 10-15 度。 3. 工作環境光線需柔和。	1. 工具設計應盡不使人員於握持狀態下扭轉手腕。勿使手腕勿處於過度屈曲或伸張的姿勢。 2. 把柄應設計適合大多屬人手掌的大小，務使持握時，手腕是處於最放鬆的姿勢以減少腕部的壓力。	1. 座椅設計高度需可適當調整才不會彎腰駝背，椅背可加腰靠，減少長期操作之不適感。 2. 工作設計應盡量減少人員彎腰動作且重負荷進行搬運作業。	1. 工作站設計應盡量不使人員頭部需長時間抬舉過高。 2. 作業程序設計應減少人員頸部長時間固定維持同一動作。

危害類型	眼睛疲勞	腕道症候群	下背痛	肩頸酸（痛）及其他人因危害
行政管理	1. 每工作30至40分鐘休息5到10分鐘。 2. 教育訓練。 3. 配戴合適之眼鏡。 4. 健康檢查、管理及促進。	1. 適當休息時間。 2. 教育訓練。 3. 健康檢查、管理及促進。	1. 適當休息時間。 2. 教育訓練。 3. 健康檢查、管理及促進。	1. 適當休息時間。 2. 教育訓練。 3. 健康檢查、管理及促進。

為預防職業性肌肉骨骼傷害，試說明上肢作業工作站設計原則。（25分）【109】

上肢作業設計原則以減低雙手、雙臂之操作重複性與不良姿勢為主，其設計原則如下：

(一) 降低操作重複性（重複同樣姿勢之操作）與操作頻率（單位時間內之操作次數）。

(二) 手臂避免持久懸空操作，可適度提供手肘、手腕、手臂、背部等之倚靠與支撐。

(三) 工作站之設計應使人員雙手曲線式平順的移動，而非直線震盪的移動。

(四) 雙手移動應以手肘而非肩部為旋轉中心，以避免頸肩與上背之壓力。

(五) 常用與較重物件應置於正常操作區域內，亦即以手肘為旋轉移動中心所劃出之雙手可及區域內。

(六) 避免上肢過度伸展，如向上超過肩或向下低於腰，避免手臂完全伸直取物。

(七) 手腕姿勢應維持自然不彎曲，彎曲工具握柄而降低手腕用力時之極度彎曲與側彎，避免前臂做旋轉螺絲起子之內旋與外旋之動作。

(八) 降低手部受力與用力，選用質輕工具，握柄避免銳利稜角壓迫手掌，但握柄材質應具有適度與手掌之摩擦力以減輕握力之付出，避免以手掌用力拍打，避免以手指快速重複用力。

(九) 握持物件工具等應以抓握方式為之（如握菜刀柄網球拍柄），避免用捏握方式（如握著書本）。

(十) 選擇震動傳遞較小之動力手工具。

(十一) 提供手套於寒冷作業場所，但應注意手套之大小與材質厚度，避免因戴手套而必須增大握力。

針對重複性作業促發肌肉骨骼傷病，請回答下列問題：（20 分）
(一) 請試述可能之危險因子。
(二) 請詳述人因工程改善策略與相關具體措施。【110】

(一) 可能之危險因子：

1. 作業相關下背痛：
   (1) 職業危險因子：工作需要長時間坐著或讓背部處於固定姿勢。
   (2) 個人危險因子：過去下背痛之病史、抽煙、肥胖。
2. 作業相關手部疼痛，職業危險因子：重複、長時間的手部施力。

3. 作業相關頸部疼痛，職業危險因子：長期固定在同一個姿勢，尤其是固定在不良的姿勢。

4. 腕道症候群，職業危險因子：手部不當的施力、腕部長時間處在極端彎曲的姿勢、重複性腕部動作、資料鍵入。

(二) 人因工程改善策略與相關具體措施：

1. 簡易人因工程改善：依據「簡易人因工程檢核表」，檢核重複性作業中可能促發肌肉骨骼傷病之危害因子，進行危害因子改善。

2. 進階人因工程改善：當簡易人因工程改善無法完成危害因子移除時，執行進階人因工程改善。

   (1) 現況觀察：使用「人因性危害現場觀察工作表」，觀察並記錄設施佈置、工具工件、工作時間、施力大小、作業姿勢、動作頻率等數據。

   (2) 危害評估：依據觀察的數據使用「人因性危害分析工作表」，評估危害風險以及辨識危害因子。

   (3) 改善方案：針對所辨識出的危害因子，使用「人因性危害改善方案工作表」，提出可行的改善方案。作業單位主管依改善方案進行作業環境改善。

   (4) 評估成效：針對改善方案進行成效評估，完成人因工程改善管控追蹤。

5-2-5 其他危害因子之控制工程

職業安全衛生設施規則第 277 條規定，雇主供給勞工使用之個人防護具或防護器具，有關呼吸防護具之選擇、使用及維護方法，應依國家標準 CNS 14258 Z3035 辦理。而根據國家標準 CNS 14258 Z3035 規定，其中需進行呼吸防護具之佩戴密合度檢測，試闡述何時需執行密合度測試？（20 分）【104】

(一) 依勞動部 108 年 10 月 16 日訂定發布之「呼吸防護計畫及採行措施指引」，雇主使勞工於有害環境作業需使用呼吸防護具時，應依其作業環境空氣中有害物之特性，採取適當之呼吸防護措施，並訂定呼吸防護計畫據以推動。

(二) 呼吸防護計畫，應包括危害辨識及暴露評估、防護具之選擇、防護具之使用、防防護具之維護及管理、防呼吸防護教育訓練、成效評估及改善等項目。

(三) 雇主應指派專人或委託專業人員實施呼吸防護具佩戴之密合度測試，以判定呼吸防護具與使用者面部之密合程度；其密合度測試時機及頻率，應依下列規定辦理：

1. 首次或重新選擇呼吸防護具時。
2. 每年至少測試一次。
3. 勞工之生理變化會影響面體密合時。
4. 勞工反映密合有問題時。

(四) 呼吸防護具佩戴之密合度測試，依其原理區分兩類型：

1. 定性密合度測試：利用受測者嗅覺或味覺主觀判斷是否有測試氣體洩漏進入面體內。
2. 定量密合度測試：利用儀器量測呼吸防護具面體外測試物濃度及面體內測試物濃度，以其比值評估洩漏情形。

（五）密合度測試實施方法，依下列規定辦理：

1. 定性密合度測試：可用於正壓式呼吸防護具；對於負壓式呼吸防護具僅可用於有害物濃度 < 10 倍容許濃度值之作業環境，或非屬對生命、健康造成立即危害之環境，或密合係數 ≦ 100 之防護具。

2. 定量密合度測試：可用於正壓式及負壓式呼吸防護具；測試所得之密合係數，半面體需 > 100，全面體需 > 500。

解釋名詞：（每小題 4 分，共 20 分）

（一）有效壽命（useful life）

（二）可呼吸性粉塵（respirable particulate）

（三）熱環境（hot environment）

（四）滅菌（sterilization）與消毒（disinfection）

（五）拋棄式防塵口罩（disposable dust mask）　　【104】

（一）有效壽命（useful life）：評估燈泡光源壽命有兩種，一為有效壽命，即為光通量減少至 80% 之使用時間；一為斷線壽命，即電泡一直到燈絲斷線為止之使用時間。一般而言，達到有效壽命，應即換新，以確保電能之高效率利用。

（二）可呼吸性粉塵（respirable particulate）：係指微粒粉塵能通過人體氣管達到肺部之氣體交換區域者，通常其粒徑 < 100μm 者，稱為可吸入性粉塵，< 10μm 者稱為胸腔性粉塵， < 4μm 者稱為可呼吸性粉塵，其中以可呼吸性粉塵因粒徑最小可深入並沉積在肺部，對人體健康之危害性最大。

（三）熱環境（hot environment）：測量熱環境之參數包含氣溫、輻射溫度、濕度及風速，當人體長期暴露於極端溫濕環境中，會造成各種熱壓力（heat stress）之影響；另要評估外在熱環境對人體之熱應變（heat strain）程度，除考量個人之活動量、熱負荷、熱散失外，其衣著與工作負荷均應納入考慮。

（四）滅菌（sterilization）與消毒（disinfection）：

1. 滅菌係指以化學藥劑或物理方法，消滅物體上之所有微生物，包含其繁殖體和芽孢等全部殺滅，稱之為滅菌。

2. 消毒係指利用化學或物理方法，殺死大部分壞的微生物的過程；只能殺滅一般病原微生物的方法，稱之為消毒。

（五）拋棄式防塵口罩（disposable dust mask）：該呼吸防護具係指佩戴者於作業完成後應立即丟棄，不可重複使用之粒狀污染物防護口罩；拋棄式防塵口罩主要防止佩戴者吸入空氣中之有害物，以阻擋煙、蒸氣、氣體、懸浮粒子（如灰塵）和空氣中可能傳播疾病之微生物等。

> **請依題意解釋或說明以下小題：（每小題 5 分，共 25 分）**
> **（一）有效溫度（effective temperature）**
> **（二）A 級防護衣應包含那些項目？**
> **（三）點音源（並舉一例）**
> **（四）反應型消音器（並舉一例）**
> **（五）照度（並寫出一種常用的照度單位）**　**【105】**

（一）有效溫度（effective temperature）：係為量測人體舒適感的指標，探討在不同溫度、濕度和風速之綜合效應下對人體的影響，其所產生對熱感覺指標，又稱為感溫度。

（二）A 級防護衣應包含項目：A 級防護衣項目包含正壓全面式之自攜式空氣呼吸器（含正壓式輸氣管面罩）、氣密式防護衣、防護手套、防護靴（抗化靴）、無線電對講機等。

（三）點音源：當聲音源與接受者間距離夠遠時，其音源可視為點音源，且呈放射狀向四面八方傳出去的；如遠距離之飛機或道路上之車輛。另點音源往外發散時，因球形面積越來越大，故其球面處之聲音強度則會越來越小。

（四）反應型消音器：係指利用聲音之折射、干涉與共鳴等特性，進而促使聲音衰減之目的的裝置；例如干涉型消音器、共鳴型消音器、膨脹型消音器以及噴嘴型消音器等。

（五）照度：係指每單位面積所接收到的光通量；常用的照度以 SI 制其單位為勒克斯（lux），一般居家的照度建議值在 300~500 勒克斯之間。

解釋名詞：（每小題 5 分，共 20 分）

（一）半層值（half-value layer）

（二）照明率（utilization factor）

（三）需求蒸發熱（required evaporative heat）

（四）指定防護係數（assigned protection factor）【106】

（一）半層值（half-value layer）：係指某一物質當其置於射線束的路徑上，會使輻射射束強度減少至原來一半所需的厚度，以每單位面積的質量表示，亦稱為半值厚度。

（二）照明率（utilization factor）：係指於工作面上接收算得之流明光通量對於估計的電燈放射光通量之比值（等於室利用率 × 燈具效率），即為有效光束與光源所發射總光束之比值，稱之為照明率。

（三）需求蒸發熱（required evaporative heat）：單位質量的液體在定溫下轉化為氣體時所吸收的熱量稱為蒸發熱，不同物質之需求蒸發熱亦會有所不同，蒸發熱隨物質與蒸發時的溫度不同，也會有所差異。例如水在 100°C 時，汽化為 1 大氣壓蒸氣時的蒸發熱為 539cal/g。

（四）指定防護係數（assigned protection factor）：在確實執行呼吸防護計畫之下，呼吸防護具可用來降低有害物濃度之最大倍數（相對於容許濃度）；它是指呼吸防護具讓已經透過適當訓練且密合程度良好之使用者穿戴，即可達到最佳的保護能力。

依據「職業安全衛生法」第 6 條第 7 款之規定，雇主對防止原料、材料、氣體、蒸氣、粉塵、溶劑、化學品、含毒性物質或缺氧空氣等引起之危害，應有符合規定之必要安全衛生設備及措施。在奈米物質（Nanomaterials）暴露控制方法中，請申論應如何進行原則上之工程控制？（20 分）【107】

針對奈米物質（Nanomaterials）暴露控制方法中，應執行之工程控制原則如下：

(一) 工作區域設計：工作區應有適當的工程及行政控制以避免作業人員的奈米物質的暴露，奈米物質的製造加工場所或處理場所應與其他場所隔離，二者間應設置除汙區，並防止人員將含有奈米物質的衣物或物品帶出工作區，如使用黏汙的踏墊，緩衝區及作業員去污設備的設置。

(二) 負壓杜絕逸散：會產生奈米物質的作業場所應在圍封空間內（enclosure）進行，並保持負壓（針對作業員的呼吸道而言）如手套箱，化學排煙櫃，層流桌上櫃等。若是製程無法圍封，則使用局部通風系統控制奈米物質及前趨物的逸散。

(三) 實驗室過濾監控：勿將含有奈米物質的空氣直接排到大氣中，應使用高效率濾材（HEPA,High Efficiency Particulate Air）過濾後再排放至實驗室外面，而不要再排到實驗室中，也可以使用靜電集塵器、濾袋屋及文氏洗滌器作排氣處理，但奈米物質的處理效率應作確認；針對尾氣處理設備，應有操作性能之監控設備。

(四) 執行定期之監測：針對排氣中之奈米物質的濃度，應作定期的監測監控。

(五) 定期檢查與測試：針對排氣系統及各部組件，應定期執行檢查及測試。

(六) 使用適當去污法：在更換奈米物質的操作設備或處理設備時，應使用適當的去污方法，如溼式擦拭法等，以避免可能的奈米物質污染。

資料參考來源：勞動部勞研所 / 奈米技術實驗室奈米物質暴露控制手冊

依據勞動部於 105 年訂定頒布之「呼吸防護具選用參考原則」，請闡述呼吸防護具使用者的訓練與管理應包含那些內容？（20 分）

【107】

依勞動部 108 年 10 月 16 日訂定發布之「呼吸防護計畫及採行措施指引」，吸防護具使用者之訓練與管理應包含下列內容：

(一) 應擬訂防護具穿戴時機與程序，並做好管制；雇主對於所置備之呼吸防護具，應落實做好防護具之維護及管理，要訂定實施方式並據以執行，以維護呼吸防護具之防護效能，包含：

1. 清潔及消毒。
2. 儲存。
3. 檢查。
4. 維修。
5. 領用。
6. 廢棄。

(二) 雇主使勞工使用呼吸防護具，應依職業安全衛生教育訓練規則第 16 條及第 17 條規定，實施適當之安全衛生教育訓練，並留存紀錄；其實施教育訓練內容，包含：

1. 危害確認。
2. 呼吸防護具選擇。
3. 穿戴動作等。
4. 密合度檢點。
5. 密合度測試。
6. 緊急狀況認知及處理。
7. 清潔、保養及維護。

(三) 要求正確之佩戴。

(四) 建立呼吸防護具更換時機。

(五) 實施查核管理，雇主應每年至少一次評估呼吸防護計畫之執行成效，適時檢討及改善，以確認計畫有效執行並符合實際需求。

> 請試述下列名詞之意涵：(20 分)
> (一) 迴響音場 (reverberant field)
> (二) 室指數 (room index)
> (三) 熱應力指數 (heat stress index)
> (四) 靜態變形量 (static deflection) 【110】

(一) 迴響音場又名反射音場，該音場至少經歷了一次來自包含該音源的房間或外殼邊界的反射。

(二) 室指數 (RI) 是描述房間長、寬、高比例的數字。可由下面公式計算求得：

$$RI = \frac{L \times W}{H_m \times (L+W)}$$ (L：室長，W：室寬，H_m：光源安裝高度)

計算出來的結果可提供室內所需燈具數量的參考。

(三) 熱應力指數又稱熱強度指標。人體因熱平衡的需要，通過皮膚濕表面向環境的蒸發散熱量 E 與人體在同一環境下最大可能的蒸發散熱量 Emax 的百分比。以 HSI 表示。該指標可用來評定工作區熱環境的發熱強度，其比值愈高，表明工作環境熱狀況越嚴重。當該值達 40 以上時，開始危及人體健康。

(四) 靜態變形量又稱靜態撓度，是結構由於其自身重量或固定在結構上的質量而引起的彈性變形。

雇主使勞工於有害環境作業需使用呼吸防護具時，應依其作業環境空氣中有害物之特性，採取適當之呼吸防護措施，訂定呼吸防護計畫據以推動，請申論此有害環境是指何種情況或條件？（8 分）而欲進行密合度測試時，可選擇定性或定量密合度測試，請申論兩種測試之原理為何？（8 分）又，若兩種測試均進行後，發現測試結果不一致，請申論應以何種測試結果為參考較為妥當？（4 分）

【111】

(一) 有害環境，指無法以工程控制或行政管理有效控制空氣中之有害氣體、蒸氣及粉塵之濃度，且符合下列情形之一者：

1. 作業場所之有害物濃度超過 8 小時日時量平均容許濃度之二分之一。
2. 作業性質具有臨時性、緊急性，其有害物濃度有超過容許暴露濃度之虞，或無法確認有害物及其濃度之環境。
3. 氧氣濃度未達 18% 之缺氧環境，或其他對勞工生命、健康有立即危害之虞環境。

(二) 密合度測試，依其原理區分如下：

1. 定性密合度測試：利用受測者嗅覺或味覺主觀判斷是否有測試氣體洩漏進入面體內。
2. 定量密合度測試：利用儀器量測呼吸防護具面體外測試物濃度及面體內測試物濃度，以其比值評估洩漏情形。

(三) 定性密合度檢測結果與定量檢測結果不一致時，應以定量測試結果為參考較為妥當，因為定量檢測結果較為客觀。

請試述下列名詞之意涵，並說明各詞彙對適用於何種狀況，以及對職業危害控制預防的重要性。（每小題 8 分，共 40 分）

（一）搬運風速

（二）生物安全等級

（三）自由音場

（四）眩光

（五）黑球溫度 【113】

（一）搬運風速：可定義為導管內截面積之平均風速，當氣罩將污染物（如氣體、蒸氣、霧滴、極輕的粉塵或纖維及顆粒等）吸入吸氣口內，再傳輸進入導管後，空氣攜帶著污染物在導管內行進時，導管內氣流的速度須大於某一臨界值，污染物才能跟隨氣流在導管中前進；若導管內氣流的速度低於該臨界值，污染物將會沉積在導管內。使污染物不致於沉積在導管內的最低臨界風速即稱為「搬運風速」；其搬運之速度一般設定極輕的粉塵約 10m/s，乾燥的粉塵約 15m/s，濕重的粉塵約 25m/s 以上。

（二）生物安全等級：係指在封閉的實驗室環境中隔離危險的生物製劑 (Biological agent) 所需的一套生物安全防護措施；一般危險群微生物分成四個防護等級，說明如下。

1. 第一級 RG1 對個人及社區均為低度風險：不會影響人的健康或與疾病無關；如大腸桿菌 K12 型、腺相關病毒第一型至第四型等。

2. 第二級 RG2 對個人中度風險及社區低度風險：會輕微影響人的健康或引起少數嚴重疾病，且通常已具有預防及治療方法；如金黃色葡萄球菌、B 型肝炎病毒、登革熱、腸病毒等。

3. 第三級 RG3 對個人高度風險及社區低度風險：會嚴重影響人的健康或可能致死，且可能有預防及治療方法；如結核分枝桿菌、HIV 第一型及第二型、SARS 等。

4. 第四級 RG4 對個人及社區均為高度風險：已嚴重影響成人健康或可能致死，且通常尚無有效的預防及治療方法；如伊波拉病毒、天花病毒等。

（三）自由音場：聲音在一個均勻的環境介質中，一旦經傳播出去後，即形同被吸收，不會再出現有回音的音場；即聲音可完全被吸收的音場，稱為自由音場。

（四）眩光：係因視野中有不適宜的亮度分布，或在空間中有極端的亮度對比，會引起視覺的不舒服，降低人眼視物之可見度；常見的眩光種類可分為三種。

1. 直接眩光：當眼睛直視光源時，會感受到刺眼的眩光，例如當眼睛直視燈管或燈泡時，會看到刺眼的光線。

2. 反射眩光：又稱為「反光」，當光源照到物件後，物件會反射光源至人眼，對人的視覺產生影響；此種眩光也是對人影響最大的眩光。

3. 對比眩光：當室內不開大燈，只開檯燈時，儘管檯燈光線很亮，眼睛仍會感到不適，這是因室內環境與檯燈的明暗對比過大，所產生的對比眩光所致。

（五）黑球溫度：為使用外表不會反光之黑色中空銅球，銅球規格直徑為 15cm，厚度 0.5mm，其黑球中央插入溫度計，以量測環境中之溫度，該溫度代表環境中的熱輻射效應。

5-3 參考資料

說明 / 網址	QR Code
《作業環境控制工程》，洪銀忠 *https://www.books.com.tw/products/0010037494*	
《作業環境控制：通風工程》，林子賢、賴全裕、呂牧蓁 *https://www.books.com.tw/products/0010810993*	
《工業通風設計概要》，鍾基強 *https://www.books.com.tw/products/0010535111?loc=P_br_r0vq68ygz_D_2aabd0_B_1*	
《工業通風與換氣》，蕭森玉 *https://www.books.com.tw/products/0010779297?loc=P_br_r0vq68ygz_D_2aabd0_B_1*	
濕熱作業環境通風控制案例探討，勞動部勞動及職業安全衛生研究所 *https://is.gd/VOtpTt*	
勞動部勞動及職業安全衛生研究所之「工安警訊」 *https://www.ilosh.gov.tw/menu/1169/1172/*	
勞動部勞動及職業安全衛生研究所之「研究季刊」 *https://www.ilosh.gov.tw/90734/90789/90795/92349/post*	
《工業衛生》，莊侑哲等 *https://www.sanmin.com.tw/product/index/000326263*	

作業環境監測 6

6-0 重點分析

依據考選部公告之職業衛生技師考試應試科目命題大綱，作業環境監測包含兩大主題，第一為作業環境監測之規劃與策略，第二為危害因子之測量與評估，包含：物理性、化學性、生物性及人因性等四方面的危害之測量與評估。在作業環境監測之規劃與策略方面，依近年來 74 題出現 26 題（出題率約 35%），約占三成五，對於各式物理性及化學性的採樣設備、採樣原理、儀器功能及採樣方法與採樣技術之優缺點等，應有所理解與認知。另針對作業環境監測之目的、採樣策略規劃及實施步驟，以及採樣計畫書內容項目、採樣過程應考量因素及採樣效率之評估與可能造成之誤差或干擾因素等，都屬基本功。

在危害因子之測量與評估方面，依近年來 74 題出現 48 題（出題率約 65%），約占六成五，其中物理性危害之測量與評估，近年來 48 題出現 18 題（出題率約 37.5%），應先留意噪音方面的計算，因其出題率最高；其次為熱危害、振動及照明等計算。化學性危害之測量與評估，近年來 48 題出現 22 題（出題率約 45.8%），應留意各式有機溶劑、粉塵或石綿等採樣方式及計算方法等。生物性危害之測量與評估，近年來 48 題出現 6 題（出題率約 12.5%），應留意環境中細菌或孢子等生物性氣膠之採樣方法及採樣介質，各項物種的定性及定量分析，生物偵測之指標考量因素等。人因性危害之測量與評估，近年來 48 題出現 2 題（出題率約 4.2%），應留意人因性危害導致職場肌肉骨骼傷害之評估，以及人工物料搬運抬舉之指引內容與量測參數等。

本科目在計算考題方面，是每次必然出現的考型，因此應針對各式題型多做練習，要留意歷屆考題所使用到的各項公式，務要熟記；對於計算單位彼此間的轉換要熟練，當然計算過程所操作之計算機應該要熟練，應細心不要按錯鍵，最後的計算結果要驗證數值及單位的合理性。另外建議考生若時間許可下，應多留意國內公部門（如勞動部勞研所）或產學研等機構所舉辦之相關研討會，儘量撥空出席以吸收學習當今研究新知，一方面能提升自我本質學能，同時也很有可能是技師考題之出題方向。

最後提醒考前應留意國內外相關重大職業傷病的時事新聞，這些職業病的起因與作業環境監測之相關性，在考場上的出題率會大幅提昇。

6-1 作業環境監測之規劃與策略

一般進行空氣採樣前均須先行校正採樣泵的流量率，試說明：

（一）何謂「一級標準」與「二級標準」，並就「一級標準」與「二級標準」分別提出一空氣採樣常用的校正裝置。（9 分）

（二）另請評估使用 10 mm 耐龍旋風分離器做個人可呼吸性粉塵採樣時，若不慎而未校正至採樣器所需之流量率時，對勞工暴露結果之判定可能有的誤差為何？（6 分）【104】

（一）採樣泵浦的流率對作業環測結果，影響到後續分析勞工個人暴露劑量的評估，因此流率的準確度需定期執行校準，以確保測定結果之正確性。

1. 一級標準常用的校正裝置：通常使用皂泡計或吸氣瓶，一級標準常用來校正二級標準；就皂泡計使用而言，會先產生皂泡，再以紅外線偵檢器讀取皂泡經過滴定管上下兩刻度所需要的時間，以自動記錄校準入氣的流率結果，其準確度要求在 ±1% 內。

2. 二級標準常用的校正裝置：一般工業衛生上使用浮子流量計、計數器及定流量孔口流量計等，雖精準度不及一級標準來的準確，但因使用簡單且價格便宜，操作使用範圍大（1mL/min ~ 8.5m^3/min），其流率的讀取通常以浮子最寬部位為準。

（二）若採樣器未校正流量率時，因流率的快慢會決定採樣的總體積計算結果，導致對勞工暴露之濃度劑量的誤判。因此，採樣過程的前後流率應設法維持在定值，以避免因流率的變化，而影響採樣樣品之代表性。另針對使用 10 mm 耐龍旋風分離器做個人可呼吸性粉塵採樣時，若採樣流率隨時間變化（不穩定），可能導致分離器之分粒裝置之操作特性失常的誤差。

試回答下列問題：（每小題 5 分，共 15 分）
（一）試說明燻煙（Fume）之定義與產生機制。
（二）何謂「可呼吸性粉塵（Respirable Dust）」？
（三）試說明「短時間時量平均容許濃度」之意義。【104】

（一）燻煙之定義與產生機制：燻煙係一種微細的粒狀污染物，可藉由氣態分子高溫冷凝而成，通常其粒徑大小＜ 1 μm；產生機制如電銲作業的金屬燻煙，其暴露導致的健康危害，可能會因吸入造成鼻腔黏膜的受損，造成鼻出血或支氣管炎及其他疾病之產生。

（二）可呼吸性粉塵之定義：係指能通過人體氣管到達氣體交換區域者，其氣動直徑 4 μm 之粒狀污染物，約有 50% 的粉塵量可達氣體交換區域；而氣動直徑為 10 μm 者，僅約有 1% 可到達；其暴露導致的健康危害可能造成肺泡組織病變，如纖維化等。

(三) 短時間時量平均容許濃度之定義：依勞工作業場所容許暴露標準，短時間時量平均容許濃度之意義為一般勞工連續暴露在此濃度以下任何 15 min，不致有不可忍受之刺激、慢性或不可逆之組織病變、麻醉昏暈作用、事故增加之傾向或工作效率之降低者。

資料參考來源：勞動部勞研所 - 電銲金屬燻煙採樣方法探討與評估

(一) 何謂相似暴露族群（Similar Exposure Groups, SEGs）？（5 分）

(二) 如何建立相似暴露族群？（5 分）

(三) 作業環境採樣策略中對相似暴露族群實施暴露危害分級之目的與做法為何？（5 分） **【105】**

(一) 所謂相似暴露族群（Similar Exposure Groups, SEGs）：乃考量勞工族群中，將其工作型態種類、作業頻率、製程條件、所接觸之危害物質種類及暴露濃度等有類似性者，視為共同相似暴露族群。

(二) 建立相似暴露族群：採系統性做法蒐整資料，包含部門 / 製程 / 工作區名稱、製程 / 工作區工作人數、製程 / 工作流程說明、化學品使用情形（運作量、運作方式、人員配置及位置）及現場危害控制方式等，以評估建置其相似暴露族群。

(三) 依美國工業衛生協會（American Industrial Hygiene Association, AIHA）對職業暴露管理及評估策略之研究，採樣策略中對所掌握的暴露實態，實施相似暴露族群之暴露危害分級，目的在依其風險等級選擇適合對應之控制管理措施，以公司有限資源來加強執行健康暴露危害控制之最佳效益；其做法如下：

1. 認知：針對作業場所實態進行系統化危害辨識及資料蒐集，以建立相似暴露族群。

2. 評估：運用半定量或定量之評估模式及工具，執行初步篩選及風險評估，以區分各相似暴露族群之相對危害。

3. 控制：依評估結果排定風險危害順序，優先測定執行較高風險或法規要求之項目。

4. 分級：依其作業環境採樣化學品暴露濃度執行分級，並制訂評估週期如下表。

暴露濃度範圍	評估結果分級	定期評估週期
$X_{95} < 0.5PEL$	第一級	至少每 3 年評估 1 次
$0.5PEL \leq X_{95} < PEL$	第二級	至少每 1 年評估 1 次
$X_{95} \geq PEL$	第三級	至少每 3 個月評估 1 次
其中 X_{95}：暴露實態之第 95 百分位值		

資料參考來源：勞動部職安署 - 化學品評估及分級管理：健康危害化學品 - 定量暴露評估推估模式

何謂粒狀物採樣器之吸入效率（Aspiration efficiency）？（5 分）何謂等動力採樣（Isokinetic sampling）、超等動力採樣（Super-isokinetic sampling）及亞等動力採樣（Sub-isokinetic sampling）？（10 分）若以一總粉塵採樣器（採樣孔口直徑為 4 mm），在環境之風速為 5 m/s 之情形下，將採樣口直接面對風向，並以採樣流率為 2 L/min 進行總粉塵採樣，試比較其採樣結果與環境中實際粉塵濃度之相關性。（5 分） **【105】**

(一) 粒狀物採樣器之吸入效率：針對粒狀污染物之採樣過程中，微粒狀物從作業環境中進入採樣器進氣孔內被捕獲之效率。

(二) 等動力採樣：針對粒狀污染物之採樣過程中，微粒狀物進入採樣器進氣孔內的流速與廢氣排放口之流速相等之採樣技術。

(三) 超等動力採樣：針對粒狀污染物之採樣過程中，微粒狀物進入採樣器進氣孔內的流速大於採樣環境中流速之採樣技術。

(四) 亞等動力採樣：針對粒狀污染物之採樣過程中，微粒狀物進入採樣器進氣孔內的流速小於採樣環境中流速之採樣技術。

（五）已知總粉塵採樣器（採樣孔口直徑為 4 mm），環境中風速 5m/s，採樣流率 2L/min，其總粉塵採樣速度可計算如下：

∵ 採樣流率 $Q(m^3/s)$ = 採樣速度 $V(m/s)\times$ 採樣孔面積 $A(m^2)$

$\therefore 2(L/min) = 2\times(10^{-3}/60) = 3.33\times10^{-5}(m^3/s)$

$= V(m/s)\times[\pi\times(4\times10^{-3})^2/4](m^2)$

即採樣速度 $V(m/s) = (3.33\times10 - 5)/(4\pi\times10 - 6)$

$= 2.65(m/s) < 5m/s$

（六）與環境中實際粉塵濃度之相關性：因採樣流速小於作業環境中之流速（屬亞等動力採樣），所以污染物採樣之濃度，將會大於實際作業現場之濃度值。

試回答下列問題：（每小題 5 分，共 30 分）
（一）採樣器傳輸效率（transmission efficiency）
（二）氣罩進入係數（coefficient of entry, Ce）量測
（三）骨導傳音（bone conduction）
（四）配戴呼吸防護具之密合係數（fit factor, FF）量測
（五）噪音之遮蔽效應（masking effect）
（六）熱誘發之熱暈厥（heat syncope）【106】

（一）採樣器傳輸效率：針對採樣過程中，採樣物從作業環境中被捕獲，經傳輸進入採樣系統內之效率。

（二）氣罩進入係數（Ce）量測：為捕集作業環境中之污染物，採取局部排氣裝置其效率會優於整體換氣，而考量局部排氣氣罩裝置之壓力損失，其氣罩進入係數（Ce）可定義為靜壓產生實際速度與理論 100% 轉換之比，即係數 Ce 可公式表示如下。

$\because$ 導管內速度 $V(m/s) = 4.04 \times \sqrt{P_V(\text{動壓})}$

$= 4.04 \times Ce$（氣罩進入係數）$\times \sqrt{|P_{sh}(\text{靜壓})|}$

$\therefore$ 氣罩進入係數（Ce）$= \sqrt{\dfrac{P_V(\text{動壓})}{|P_{sh}(\text{氣罩靜壓})|}}$

(三) 骨導傳音：是未經過耳朵鼓膜振動，而由骨頭振動原理產生聲波，將聲音轉化為不同頻率之機械振動，通過人的**顱骨**及**骨迷路**等傳遞至大腦**聽覺中樞**，像是助聽器之聲音傳導方式，可幫助鼓膜受傷者還原其清晰聲音。

(四) 呼吸防護具之密合係數（FF）：配戴呼吸防護具之密合度量測分定性及定量兩種，在定量檢測過程儀器會同步計測面體外部（C_O）及面體內部（C_i）之污染物濃度，來計算其密合係數（$FF = C_O/C_i$）；依法規指引要求，職場勞工呼吸防護具之密合度測試，每年至少應執行乙次，其密合係數（FF）愈大愈佳，就 OSHA 規範要求，半面體應 ≥ 100，全面體應 ≥ 500。

(五) 遮蔽效應：在環境中因某聲音的存在而影響到耳朵對於接收標的聲音之敏感度削弱現象，即稱為遮蔽效應；例如，吹風機聲音（噪音）蓋過電話鈴聲，而導致漏接來電。

(六) 熱暈厥：在高溫環境中因熱誘發造成身體表面皮膚血管擴張，導致供應大腦及身體各部分之血液含量降低，引起身體暈眩、皮膚濕冷或脈搏減弱的暈厥症狀；一般患者只要度適休息並補充水分及鹽分，即可恢復改善。

近年來常發生重大局限空間危害事故，緣此在進入局限空間前，請依進入空間特性、可能洩漏點、進入空間順序、測定有害氣體次序、監測頻率及紀錄，分別闡述進入局限空間之測定點採樣規劃。（20 分） **【106】**

(一) 局限空間之特性：依「職業安全衛生設施規則」所定義，局限空間係指非供勞工在其內部從事經常性作業，勞工進出方法受限制，且無法以自然通風來維持充分、清淨空氣之空間；其特性容易引起勞工缺氧、中毒、感電、塌陷、被夾、被捲及火災、爆炸等危害，應訂危害防止計畫，使現場作業主管、監視人員、作業勞工及承攬人有所依循。

(二) 局限空間危害物可能之洩漏點：依其危害物特性，例如乙炔或氫氣易聚集於發生源處，另硫化氫或二氧化碳（較空氣重之氣體）一般在底部濃度較高。

(三) 進入局限空間的順序：應先執行作業場所之通風換氣，絕對不可貿然進入，進入前要檢測其內部氣體是否安全無虞，可用延伸管進行量測，不可單獨作業；若必須進入局限空間場所測定，應配戴供氣式防護具，且需有專人監視協助。

(四) 測定局限空間有害氣體之次序：其局限空間作業環境檢測項目包含氧氣、一氧化碳、硫化氫及可燃性氣體濃度等，通常先測氧氣含量，再測可燃性氣體濃度，第三再測毒性氣體（如硫化氫等）。

(五) 局限空間監測頻率與記錄：

1. 每次作業開始前及勞工離開後再次作業前，及勞工身體或換氣裝置有異常時，應測定該場所空氣中氧氣、硫化氫等有害物或可燃性氣體、蒸氣之濃度，清除可燃性粉塵，確認無危險之虞。若作業場所屬空間大或連續性系統如下水道等，無法以隔離方式處理者，應採連續性濃度確認之措施。

2. 局限空間作業前，應指定專人檢點作業場所，確認換氣裝置等設施無異常，場所無缺氧及危害物等風險，其檢點紀錄應保存三年。

3. 勞工進入局限空間從事作業，應經作業主管簽署，並點名確認作成紀錄保存一年；其記錄事項包含作業場所、種類、時間及期限；另場所氧氣、危害物濃度測定結果及測定人簽名，同時要註明作業場所可能危害、能源隔離措施、人員與外部連繫之設備及方法，防護設備、救援設備及使用方法，許可進入及現場監視者均應簽名。

進行作業場所空氣中微粒採樣，試說明採樣設備型式有那些類別，各種採樣設備之採樣作用機轉及選用採樣介質時的考量因素。（20 分）【107】

（一）執行作業場所空氣中微粒採樣之設備型式：

採樣設備之類別	採集之機轉原理
衝擊式固體採樣器	衝擊式採樣器主要利用微粒氣膠之慣性力進行捕集，其大粒徑具較大慣力，在進入採樣器後會直接撞擊於採樣板；另粒徑小者則隨著氣流轉彎進入下層採樣板，以達到不同氣動粒徑分離的功能。 另粒狀汙染物捕集方法便是過濾捕集（像是濾紙等），因具便捷與經濟之優點，是廣泛採用的機轉手段。
衝擊式液體採樣瓶	利用慣性力或重力之微粒氣膠捕集器，包括衝擊採樣器、衝擊採樣瓶、旋風分離器及析出器等，但基本上氣膠捕集器可分為特定粒徑氣膠捕集器及氣膠分粒裝置；一般衝擊式液體採樣瓶，在含有生物性氣膠的氣流進入後，會導入至含有培養液的採集瓶內被收集。

採樣設備之類別	採集之機轉原理
旋風分離式採樣器	旋風分離式採樣器主要利用側向進氣流，使得氣流進入採樣器產生旋轉渦流由上而下旋轉，而最終渦流中心形成逆向由下而上的渦流流出採樣器，讓慣性粒徑大與粒徑小者能夠分別被捕集。
垂直或水平析出器	析出器捕集係利用重力沉降原理，以分離不同氣動粒徑大小的氣膠，析出器可分為垂直式析出器及水平式析出器兩類。

（二）選取採樣介質之考量因素：

1. 要評估採集粒狀污染物樣品本身之理化特性，如極性與濕度。
2. 採樣介質如吸附管本身的因素，包含所含的成分、矽膠顆粒的大小（影響補集效率）、最大容許負荷（決定破出時間）等。
3. 採樣介質如濾紙本身會對採樣系統造成整體壓降，以及孔徑大小（影響補集效率）、最大容許負荷（決定破出時間）等。
4. 採樣泵浦之流率、採樣環境的溫濕度及後端樣品送達實驗室之分析檢定模式。

危害性化學品評估及分級管理辦法第 9 條：雇主應依勞工作業環境監測實施辦法所定之監測及期程，實施前條化學品之暴露評估，必要時並得輔以其他半定量、定量之評估模式或工具實施之。請說明目前建議之定量暴露評估推估模式有那些？（20 分）　【108】

依據化學品評估及分級管理，健康危害化學品之定量暴露評估推估模式，目前常用之數學評估推估模式包含：

（一）作業場所無通風推估模式：因室內空氣中化學品濃度與室內通風有關，無通風推估模式即假設作業環境無通風換氣，且化學品 A 全數散布（揮發或昇華）至空氣中且均勻分布於室內空間（包括作業點），則可用下列公式來估計暴露濃度。

$$C_A = M_A/V$$

其中，

C_A：化學品 A 之濃度（ppm 或 mg/m^3）

M_A：化學品 A 散布至空氣中的質量（mg）

V：室內空氣的體積（m^3）

（二）飽和蒸氣壓模式：考量密閉容器內，一半容積為液態純化學品，另一半為純空氣，當純化學品分子具足夠動能時，能脫離液體表面蒸發進入空氣中，而空氣中之純化學品氣態分子可凝結為液態；當蒸發率與凝結率相同時，系統達到平衡狀態，此時容器空氣部分裡化學分子之分壓，稱為飽和蒸氣壓；其飽和蒸氣壓計算公式模式如下。

$$C_A(ppm) = \frac{VP_A}{P_{atm}} \times 10^6$$

$$C_A\left(\frac{mg}{m^3}\right) = \frac{VP_A}{P_{atm}} \times 10^6 \times \frac{MW}{24.45}$$

其中，

C_A：化學品 A 之濃度（ppm 或 mg/m^3）

VP_A：純化學品 A 之蒸氣壓（mmHg）

P_{atm}：大氣壓力（760mmHg）

MW：化學品 A 之分子量

（三）暴露空間模式：是將作業場所模擬成一大箱子，其內充滿高度擾動之室內氣流，假設其空氣均勻混合，運用質量平衡及其他簡化假設，可推導出化學品濃度公式如下。

$$C_{Aroom} = \left(C_{Aroom0} - C_{Ain} - \frac{G_A}{Q}\right) \times e^{-\frac{Q(t-t_0)}{V}} + C_{Ain} + \frac{G_A}{Q}$$

其中，

C_{Aroom}：化學品 A 之室內均勻濃度（mg/m^3）

C_{Aroom0}：化學品 A 之室內初始（$t = 0$ 時）濃度（mg/m^3）

C_{Ain}：隨供氣系統進入室內之化學品 A 之濃度（mg/m^3）

G_A：化學品 A 之散布速率（mg/time）

Q：空間通風速率（m^3/time）

t：時間（time）

V：室內空氣體積（m^3）

(四) 完全混合模式：假設作業環境中空氣是「完全均勻混合」，不斷地散布至整個空間且瞬間變成均勻濃度，亦即化學品濃度不會隨位置不同而改變。「暴露空間模式」即為一種基本完全混合模式，其空氣完全均勻混合，且忽視化學品散布時造成空氣流通率及本體散布速率改變之影響，此模式容易低估發生源附近的暴露強度。

(五) 二暴露區模式：是將空氣濃度之空間變異性納入考量，其空間模擬成兩個接鄰的區帶，可評估接近化學品發生源之個體暴露量。

(六) 渦流擴散模式：應用菲克定律對散布速率與濃度梯度間線性關係，在無側風影響時，化學品將自空間中一點散布源以球形方式向四面八方擴散。假設室內空間中空氣的流動造成許多渦流，因而加強化學品的擴散作用，在無對流的情形下，在距離散布源固定半徑的球體表面上各點之化學品濃度均會相等。

(七) 統計推估模式：利用貝氏統計方法，針對相似暴露族群進行暴露實態解析，可彙整職業衛生師的專業判斷，並藉由少量的環測數據資料，提供暴露資料重建、暴露決定因子、改善控制及風險管理所需之資訊，甚至能解釋專家判斷與暴露模式推估之間的不確定性。

資料參考來源：勞動部職安署 - 化學品評估及分級管理：健康危害化學品 - 定量暴露評估推估模式

根據勞工作業環境監測實施辦法第 10 條之規定，雇主應規畫採樣策略，並訂定含採樣策略之作業環境監測計畫，請詳細說明含採樣策略的作業環境監測計畫應有的項目與內容。（25 分）　【109】

（一）依「勞工作業環境監測實施辦法」第 10 條規定，實施作業環境監測前，應就作業環境危害特性、監測目的及相關指引，規劃採樣策略，並訂定含採樣策略之作業環境監測計畫，確實執行，並依實際需要檢討更新。

（二）依據「作業環境監測計畫指引」訂定含採樣策略之監測計畫，其項目及內容應含下列事項：

1. 危害辨識及資料收集：依作業場所危害及先期審查結果，以系統化方法辨識及評估勞工暴露情形，及應實施作業環境監測之作業場所，包括物理性及化學性危害因子。
2. 相似暴露族群之建立：依不同部門之危害、作業類型及暴露特性，以系統方法建立各相似暴露族群之區分方式，並運用暴露風險評估，排定各相似暴露族群之相對風險等級。
3. 採樣策略之規劃及執行：規劃優先監測之相似暴露族群、監測處所、樣本數目、監測人員資格及執行方式。
4. 樣本分析：確認實驗室樣本分析項目及執行方式。
5. 數據分析及評估：依監測數據規劃統計分析、歷次監測結果比較及監測成效之評估方式。

（三）雇主應依作業場所環境之變化及特性，適時調整採樣策略，其策略規劃應含下列三方面：

1. 決定作業環境監測目的：因資源有限，從源頭管理的精神，一開始就應明確定義出為何要執行作業環境監測，其目的意義與重要性要先確立。
2. 建立相似暴露族群（Similar Exposure Group, SEG）：依據勞工作業現況、暴露污染源及工作場所區域等，找出共同交集建立 SEG，以避免隨意選定採樣對象，導致成本投資的浪費。

3. 評估現場採樣之設計方法：選定採樣對象（含實測勞工及採樣環測標的物）後，選定採樣儀器與採樣方式，以及後續的待測樣品分析方式，均應審慎評估避免衍生誤差過大，讓數據結果導致不具代表性。

工作場所作業環境測定數據長期存在數據偏低疑慮，可能會導致為第一線勞動者健康把關的檢測報告缺乏公信力，請說明如何有效改善？（20 分）【110】

雇主對於中央主管機關定有容許暴露標準之作業場所，應確保勞工之危害暴露低於標準值；但若工作場所作業環境測定數據長期存在數據偏低，可能會導致為勞工健康把關的檢測報告缺乏公信力，建議改善方式如下：

(一) 對於中央主管機關指定之作業場所，應訂定作業環境監測計畫，並設置或委託由中央主管機關認可之作業環境監測機構實施監測；其監測計畫及監測結果，應公開揭示，並通報中央主管機關；中央主管機關或勞動檢查機構得實施查核，以確實為勞工健康把關，維護監測之公信力。

(二) 數據分析之目的在於判斷是否超過暴露標準，亦可應用於職業安全衛生，如教育訓練、環境改善、通風換氣、健康促進等領域；針對作業環境測定數據偏低應先進行原因檢討，是否可能因環境變異、採樣方法錯誤或是分析過程有誤所導致；亦可邀請學者專家研討分析其數據結果的合理性。

(三) 應確認於製程作業中，且是危害物質產生量最大時，再執行作業環境監測，才不致於測定數據會偏低。因化學性危害因子之健康危害，僅在有暴露事實前提下才發生，且潛在暴露影響危害發生機率及風險；即危害化學品健康風險等級之判定，與潛在職業暴露有關，其暴露評估之準確度，直接影響風險等級之判定，影響後續分級管理之規劃。

（四）執行作業環境監測時，應派現場作業勞工或勞工代表共同參與，以取得公信力，可真實呈現勞工之暴露實態，以利進行後續環境適當的改善措施。

（五）應考量化學品實際運作情形，及勞工真實暴露狀況的嚴重度，以免過度高估或輕忽危害風險，使控制措施變得過嚴或低估危害。依保護勞工健康觀點而言，職場化學性危害之預防控制，局排或密閉作業雖能有效控制，但非一體適用，有時通風控制並不合適；換言之，僅以風險分級做為暴露控制規劃之依據，可能讓管理流於形式而無實質助益。

請詳細說明被動（擴散）式採樣器會受到那些環境因素的影響？(20分) 【110】

主動式採樣器成本高且耗人力，化學監測結果無法偵測到汙染物的與時變遷濃度，不易進行大區域布點採樣，無法反映真實汙染程度；而被動式採樣器簡單且便宜，能提供一致性的數據結果，不需要電力及人為控制，適合長時間連續監測，採樣時間比主動式長，較能代表長期環境濃度，估算待測物濃度較主動式具代表性。因人力和電力低，可以最低成本完成採樣，克服主動式採樣之不足，有其價值及重要性。

（一）被動（擴散）式採樣器的優點，在於它不需要外加能源，而且可以人為控制，適合用於長時間連續、荒野大區域環境樣品採樣；其應用層面甚廣，舉如空氣被動式採樣器（人造金絲雀）或水質被動式採樣器（又稱人造魚）等。

（二）被動採樣器的可應用於環境篩檢與汙染源鑑定、環境中濃度偵測、環境汙染物平衡採集情形、水質監測、研究汙泥樣品及水體中汙染物濃度、生物分析評估、生態毒理學測試、了解汙染物周界、研究大氣汙染物濃度及組成、人體暴露評估研究等不同領域。

（三）被動式採樣可安裝在生活週邊環境中，例如公園的大樹下、路邊的電線桿或溪流水域中進行採樣，經過檢測分析後即可知道環境是否受到污染，且依材料的不同可測定環境空氣、水質(放流水或地下水)中之各種化學物質，檢測項目有戴奧辛、多氯聯苯、有機氯農藥、多環芳香烴化合物、多溴二苯醚、水質中揮發性化學物質及銅、鋅、鎘、鎳等重金屬，是一種簡易、不需電能之環保綠色採樣技術，用於大範圍佈點，可持續長時間採集。

(四) 被動式採樣器其缺點為採集容量較小，且因採集區域屬戶外環境，易受外在環境溫濕度等影響；另採樣器因安置在室外空曠處，在無人看守下，容易遭不肖人士偷竊。

某印刷電路板廠於每日下班前會清除印刷網版上的殘留油墨，清除的模式為先以刮刀刮除油墨，再以棉布浸潤香蕉水（Banana oil）擦拭網版，至油墨完全清除之後，送至隔壁置版室暫存。此清潔工作是在網印作業區旁一獨立的洗版室內進行，洗版室內有局部排氣系統。每日進行清理的時間約 30 分鐘，每次由 4 位勞工進行此任務，擬評估此項作業勞工之暴露，請依採樣策略、採樣及分析儀器、分析結果研判及建議等說明之。（20 分）

註：1. SDS 說明香蕉水（Banana oil）的成分為：甲苯（Toluene）約 60%、乙酸正丁酯（*n*-Butyl acetate）約 30% 及環己酮（Cyclohexanone）約 10%。

2. 該廠香蕉水（Banana oil）平均使用量每天 3~4 公升。

3. 空氣中有害物容許濃度

中文名稱	化學式	符號	容許濃度	CAS No.	備註
甲苯	$C_6H_5CH_3$	皮	100 ppm	108-88-3	第二種有機溶劑
乙酸正丁酯	$CH_3COOC_4H_9$		150 ppm	123-86-4	第二種有機溶劑
環己酮	$C_5H_{10}CO$	皮	25 ppm	108-94-1	第二種有機溶劑

【111】

依題意本題有機溶劑之採樣策略、採樣方法及分析儀器、分析結果研判及建議說明如下：

(一) 採樣策略

1. 有機溶劑作業場所應每 6 個月執行作業環境監測，然因每日使用香蕉水清理時間約 30 分鐘，屬作業時間短暫（在 1hr 內），是可不必實施作業環境測定。

2. 但考量該廠平均使用量每天 3~4 公升，為掌握評估此作業勞工及作業環境暴露實態，得訂定含採樣策略之作業環境監測計畫。

3. 執行採樣測定及後續樣品分析檢測與測定報告撰寫，其報告內容應包含：測定日期時間 / 方法 / 處所（位置）/ 條件 / 結果 / 應採取措施及監測機構、測定者姓名與資格文號等。

(二) 採樣方法

1. 何處採樣：以發生源進行採樣，即清潔工作所在之網印作業區旁的洗版室；另採樣時應將洗版室內之局部排氣系統啟動，以真實評估作業過程環境之暴露實態。

2. 採樣對象：除環境區域採樣外，亦應針對現場 4 位勞工執行個人採樣。

3. 採樣時間：可針對每日實際作業的 30 分鐘，執行短時間採樣。

4. 可選用活性碳管為採樣介質，採樣流速 10-200ml/min；其採樣流程，從認知（污染物為有機溶劑→查閱採樣分析建議方法→選擇採樣儀器→流量計校正），執行現場採樣，樣品包裝及介質運送，執行採樣儀器分析檢測，檢測報告結果應公布於作業現場讓勞工周知。

（三）分析結果研判及建議

1. 採樣介質有負載容量，需控制採樣流率，一般最大採樣體積為破出體積的 0.67 倍。

2. 有機溶劑之分析儀器可採用氣相層析儀 / 火焰離子化偵測器（GC/FID）或高效能液相層析儀 / 紫外光光譜儀（HPLC/UV）；因香蕉水為化合物（含有甲苯 60%、乙酸正丁酯 30% 及環已酮 10%）同一場所含有三種有機溶劑，應採相加效應進行評估，

   即 $\frac{\text{甲苯濃度}}{100}+\frac{\text{乙酸正丁酯濃度}}{150}+\frac{\text{環已酮濃度}}{25}$ 之結果若＜ 1 符合法規，若≧ 1 則應改善。

   環測結果若遠低於容許濃度或在可接受風險，可放寬作測頻率，或不必再作測及無須改善。

   若環測結果超過容許濃度標準，或勞工特殊健檢結果有異常時，均應執行工作環境之改善。

3. 改善以消除危害污染源為上策，但企業需營運量產，消除不容易，建議可採方式如下：

   (1) 工程改善：取代、變更、密閉、控制、隔離、局排或整體換氣等。

   (2) 行政管理：縮短工時、輪班、教育訓練、遵守 SOP 及工作守則等。

   (3) 健康管理：體格檢查（新進及特殊）、健康檢查（一般及特殊）、追蹤複查及健康促進等。

   (4) 個人防護具：確實要求勞工配戴呼吸防護具（半面體或全面式面罩）。

危害性化學品評估及分級管理辦法第 8 條已規定，對於定有容許暴露標準之化學品，應實施暴露評估。(每小題 5 分，共 10 分)

(一) 試問對於化學品具有容許暴露標準，但卻沒有採樣分析方法者，其暴露評估該如何執行？

(二) 請提出兩種可行方法。【113】

(一) 化學品具有容許暴露標準，但卻沒有採樣分析方法者，若有科學根據之採樣分析方法，仍可運用定量的推估模式執行暴露評估。

(二) 依據化學品評估及分級管理其健康危害化學品之定量暴露評估模式，較為常用的評估模式有下列兩種可行的方法。

1. 作業場所無通風推估模式，其估計暴露濃度如下。

$$C_A = \frac{M_A}{V}$$

其中 C_A 為化學品 A 的濃度 (mg/m^3 或 ppm)

M_A 為化學品 A 散布至空氣中之質量 (mg)

V 為室內空氣之體積 (m^3)

此推估模式乃假設化學品完成散布在空氣中，排除可能的化學反應或表面沉降等因素，故所推論之暴露濃度會高估大於實際的暴露劑量。

2. 飽和蒸汽壓模式，其估計暴露濃度如下。

$$C_A(ppm) = \frac{VP_A}{P_{atm}} \times 10^6$$

$$C_A(\frac{mg}{m^3}) = \frac{VP_A}{P_{atm}} \times 10^6 \times \frac{MW}{24.45}$$

其中 C_A 為化學品 A 的濃度 (mg/m^3 或 ppm)

VP_A 為化學品 A 之蒸氣壓 (mmHg)

P_{atm} 為大氣壓力 760mmHg

MW 為化學品之分子量 (g/mole)

此模式乃屬較為保守的推估方法，當現場通風或相關資訊不足時可採用之，需有足夠的時間以利系統達到平衡狀態，不適用模擬霧狀氣體散布的狀態。

6-2 危害因子之測量與評估

6-2-1 物理性危害之測量與評估

（一）試推導於半自由音場情況中一音源（聲音功率為 W）的聲音功率位準（L_W）與聲音強度位準（L_I）的關係。（10 分）

（二）張三站立於某處，其前方 4 公尺、後方 2 公尺、左方 3 公尺、右方 1 公尺處各有一音源，聲音功率分別為 0.01 W、0.02 W、0.016 W、0.012 W，若不考慮任何干擾或吸收等因素，張三站立處之總音壓位準（L_P）理論值為多少分貝？（請利用第一小題推導之公式，假設常溫常壓下 $L_I \fallingdotseq L_P$，答案請取至小數點下一位）（5 分）

（三）為符合臺灣現行「職業安全衛生設施規則」第 300 條有關噪音音壓位準與工作日容許暴露時間之關係的規定，張三在此處最長可以工作多少時間？（5 分）【104】

（一）已知半自由音場中點音源之聲音功率為 W，聲音強度為 I，其聲音功率位準（L_W）與聲音強度位準（L_I）的關係推導公式如下：

$I = W/2\pi r^2$，即 $W = 2\pi r^2 \times I$，兩邊再同時除 10^{-12}，再取對數並乘 10，

可得

$$10 \times \log(W/10^{-12}) = 10 \times \log[(2\pi r^2 \times I)/10^{-12}]$$
$$= 10 \times \log 2\pi + 10 \times \log r^2 + 10 \times \log(I/10^{-12})$$
$$= 10 \times \log(I/10^{-12}) + 10 \times \log 2\pi + 20 \times \log r$$

關係式可改寫成 $L_W = L_I + 8 + 20\log r$，即 $L_I = L_W - 20\log(r) - 8$ 為所求。

(二) 依公式 $L_p = L_I = 10\log(W/10^{-12}) - 20\log(r) - 8$ 分別計算各位置之點音源的音壓位準：

1. $L_{p1} = 10\log(0.01/10^{-12}) - 20\log(4) - 8 = 100 - 20 \times 0.602 - 8 = 80dB$。

2. $L_{p1} = 10\log(0.02/10^{-12}) - 20\log(2) - 8 = 103 - 20 \times 0.301 - 8 = 89dB$。

3. $L_{p1} = 10\log(0.016/10^{-12}) - 20\log(3) - 8 = 102 - 20 \times 0.477 - 8 = 84.5dB$。

4. $L_{p1} = 10\log(0.012/10^{-12}) - 20\log(1) - 8 = 100.8 - 0 - 8 = 92.8dB$。

∴總音壓位準 $L_P = 10\log(10^{80/10} + 10^{89/10} + 10^{84.5/10} + 10^{92.8/10}) = 95dB$。

(三) 依容許暴露時間公式 $T = 8/2^{[(Lp-90)/5]}$，已知 $L_p = 95dB$

則 $T = 8/2^{[(95-90)/5]} = 4hr$。

請參照下表「高溫作業勞工作息時間標準」回答下列問題：

時量平均綜合溫度熱指數 °C	輕工作	30.6	31.4	32.2	33.0
	中度工作	28.0	29.4	31.1	32.6
	重工作	25.9	27.9	30.0	32.1
每小時作息時間比例		連續作業	25% 休息 75% 作業	50% 休息 50% 作業	75% 休息 25% 作業

（一）某煉鋼廠作業現場（室內）綜合溫度熱指數測定結果顯示乾球溫度 31°C、自然濕球溫度 30°C、黑球溫度 33°C，試問現場勞工暴露之綜合溫度熱指數為多少？（5 分）

（二）某室內熔煉爐熱危害作業勞工進行鏟掘推等作業，今兩小時的綜合溫度熱指數測定結果顯示乾球溫度 32°C、自然濕球溫度 31°C、黑球溫度 35°C，試問該區勞工每小時作息時間比例應如何或雇主應有何適當處置？（5 分）【104】

（一）依室內無日曬環境時之綜合溫度熱指數（WBGT）計算公式如下：

$WBGT = 0.7T_{nwb} + 0.3T_g$ (已知 T_{nwb} 自然濕球溫度 30°C、T_g 黑球溫度 33°C)，

則 $WBGT = (0.7 \times 30°C) + (0.3 \times 33°C) = (21 + 9.9)°C = 30.9°C$

（二）同上計算公式如下：

$WBGT = 0.7T_{nwb} + 0.3T_g$ (已知 T_{nwb} 自然濕球溫度 31°C、T_g 黑球溫度 35°C)，

則 $WBGT = (0.7 \times 31°C) + (0.3 \times 35°C) = (21.7 + 10.5)°C = 32.2°C$

∵ 熔煉爐執行鏟掘推作業屬重度工作，依重度工作連續作業之標準 32.2°C > 32.1°C

∴ 該工作已超過 25% 作業，75% 休息的規範，必須執行作業場所的熱危害改善。

（三）熱危害作業場所之改善方法如下：

1. 工程改善：設法消除或降低熱源溫度，環境安裝整體通風換氣或設計自動灑水系統降溫，增加勞工與熱源之間距（如採自動遙控模式）等。

2. 熱適應力：針對首次工作者應執行至少六天的熱適應，第一天工時減少成全部工時的 50%，再逐日增加 10% 之工作量，以增加其對熱環境的忍受度。

3. 教育訓練：執行熱危害預防宣教，強化勞工自我防禦知能。

4. 健康管理：執行勞工體格及健康檢查，若有高血壓及心臟、腎臟等疾病者，應留意其身體健康狀況或調整其工作內容，避免在高熱環境中作業。

5. 熱防護具：提供個人護具（如穿反射圍裙或熱防護衣），及選擇涼爽白色材質的安全帽等。

6. 補充水分：提供充分適當約 10 ～ 15°C 的飲用水或加少許鹽的開水，以減緩水份流失。

7. 適度休息：安排休息輪替時間，及監控環境溫度變化，並運用風扇等降低氣溫。

8. 緊急應變：建置應變機制及實施演練，如發生熱危害事故（如中暑）應儘速送醫。

有關振動量測：

(一) 有那些單位可以用來表示振動量測的大小？（5 分）

(二) 量測期間，針對作業環境中穩定或不規則型式或不等強度之振動，應分別如何記錄及呈現其量測值？（15 分） 【107】

(一) 量測振動大小可採行下列三種單位模式：

1. 位移：其單位為公尺（m）。
2. 速度：其單位為公尺 / 秒（m/s）。
3. 加速度：其單位為公尺 / 秒 ^{2}（m/s^2）。

(二) 針對作業環境中穩定或不規則型式或不等強度之振動，可記錄及呈現量測值如下：

作業環境中之振動變化	可記錄及呈現量測值
數值穩定或變動量小	採取功率平均值來表示，記錄連續多次的數值，再加總並計算其平均值。
數值呈規則週期性或間歇性的變化時	記錄其變動現象，包含週期性及頻率次數等，取其週期性變化的極大值，再以其功率平均值來表示。
數值呈現不規則且其變動量大時	採固定時間間隔記錄讀取振動數值，再計算其時量均值，以該平均值來表示。

(一) 假設為自由音場環境下，某一工作環境有兩個噪音源，測得之共同噪音量測值為 80dB，若其中一音源之獨立噪音量測值為 70dB，試問另一音源的噪音量測值會是若干 dB？（需列式說明計算概念）（10 分）

(二) 沖床作業產生的環境噪音應歸類為何種噪音特性？從法規面，應如何進行工作噪音之量測與管制？（10 分）【107】

(一) 工作環境兩個噪音源，測得之共同噪音量測值為 80dB，已知其一音源之獨立噪音量測值為 70dB，另一音源的噪音量測值假設為 Lx dB，則依合成音壓公式可得：

$10\log(10^{Lx/10} + 10^{70/10}) = 80$，同除 10 可得 $\log(10^{Lx/10} + 10^{70/10}) = 8$

取指數（以 10 為底）則 $10^{Lx/10} + 10^{70/10} = 10^8$

$10^{Lx/10} = 10^8 - 10^7 = 9\times10^7$，等號兩邊再取對數，可得

$(Lx/10)\log10 = \log9 + \log10^7$

$Lx/10 = 0.954 + 7 = 7.954$，即所求 $Lx = 79.54$dB

(二) 依據衝擊性噪音定義，其聲音達到最大振幅時，所需的時間 < 35 毫秒，由尖峰值往下降低 30dB 所需時間 < 0.5 秒；若有多次衝擊噪音，則其二次衝擊間隔不得 < 1 秒，否則將視為連續性噪音。通常沖床作業所產生之環境噪音特性，應可歸屬於衝擊性噪音。因此依法規而言，應進行工作場所之噪音管制如下：

1. 音源調查：執行工作場所的音壓級、暴露劑量測定與頻率分析，以確定其音量符合法規，且不得使勞工暴露於峰值超過 140dB 的衝擊性噪音場所。

2. 工程改善：執行音源工程控制研究以降低音量，以及進行噪音傳播途徑改善探討（吸音、消音或遮音控制等）。

3. 管理控制：改變生產計畫或工時調配，使勞工暴露劑量合乎法規，並選用適當的防音防護具及執行勞工教育訓練課程，以及重複監測評估保護計畫之有效性。

4. 健康檢查：執行勞工聽力圖檢查，並定期追蹤及評估個人防音防護具成效。

下表為某振動作業工人其手 - 手臂振動暴露的時間及加速度量測結果，請計算全日 8 小時 $a_{eq(8)}$ 為若干？（20 分）【107】

工作型態	加速度（m/s^2）	暴露時間(小時)
A	10	1
B	5	1
C	4	2

（一）已知振動暴露的時間 $T = T_1 + T_2 + T_3 = 1 + 1 + 2 = 4hr$

另其振動加速度分別為 $a_1 = 10m/s^2$、$a_2 = 5m/s^2$ 及 $a_3 = 4m/s^2$

則等效加速度

$$a_{eq(4hr)}=\sqrt{\frac{a_1^2T_1 + a_2^2T_2 + a_3^2T_3}{T_1 + T_2 + T_3}} = \sqrt{\frac{10^2 \times 1 + 5^2 \times 1 + 4^2 \times 2}{1+1+2}} = \sqrt{\frac{157}{4}} = 6.3m/s^2$$

（二）所求全日 8 小時 $a_{eq(8hr)}=a_{eq(4hr)} \times \sqrt{\frac{T}{8}} = 6.3 \times \sqrt{\frac{4}{8}} = 4.5m/s^2$

有一勞工之噪音暴露經監測結果如下表，試回答下列問題：

(一) 該勞工噪音暴露劑量（Dose）？是否符合現行勞工行政法令規定？（5 分）

(二) 八小時日時量平均音壓級（L_{TWA}）？（5 分）

(三) 該勞工噪音暴露的均能音量（L_{eq}）？（5 分）

(四) 依職業安全衛生法第 12 條第 3 項與職業安全衛生設施規則第 300 條規定雇主應採取之措施為何？（5 分）

時間	噪音類型	測得結果
08:00~10:00	穩定性噪音	85 dBA
10:00~12:00	變動性噪音	Dose=25%
13:00~15:00	穩定性噪音	95 dBA
15:00~17:00	變動性噪音	Dose=25%

【108】

(一) 已知勞工噪音暴露經監測結果，其暴露劑量計算如下：

時間	測得結果	容許暴露時間
2hr	85 dBA	$T = 8/2^{[(85-90)/5]} = 16hr$
2hr	Dose=25%	
2hr	95 dBA	$T = 8/2^{[(95-90)/5]} = 4hr$
2hr	Dose=25%	

∵暴露總劑量 $D = (2/16) + 25\% + (2/4) + 25\%$

$= 0.125 + (0.25 \times 2) + 0.5$

$= 1.125 > 1$

∴不符合現行勞工行政法令規定。

(二) 該勞工八小時日時量平均音壓級（L_{TWA}）：

$L_{TWA} = 16.61\log(112.5/100) + 90 = 16.61 \times 0.051 + 90 = 90.85dB$

6 作業環境監測

(三) 該勞工噪音暴露的均能音量（L_{eq}）：

已知變動性噪音 Dose = 25%，則其該 2hr 的時量平均音壓級為

$L_{TWA(2hr)} = 16.61\log[(25/(12.5\times2)] + 90 = 16.61\times0.051 + 90 = 90dB$

∴所求均能音量 Leq

$= 10\log[(10^{85/10}\times2 + 10^{90/10}\times2 + 10^{95/10}\times2 + 10^{90/10}\times2)/8]$

$= 10\log[(10^{8.5} + 10^{9} + 10^{9.5} + 10^{9})/4]$

$= 91.4dB$

(四) 依「職業安全衛生法」第 12 條第 3 項與「職業安全衛生設施規則」第 300 條規定，應採取之噪音防護措施如下：

1. 勞工八小時日時量平均音壓級超過 85dB 之作業場所，應訂定噪音作業環境監測計畫，每六個月實施噪音監測乙次。
2. 工作場所因機械設備所發生之聲音超過 90dB 時，應採取工程控制、減少勞工噪音暴露時間，使勞工噪音暴露工作日八小時日時量平均不超過規定值或相當之劑量值，且任何時間不得暴露於峰值超過 140dB 之衝擊性噪音或 115dB 之連續性噪音；對於勞工八小時日時量平均音壓級超過 85dB 或暴露劑量超過 50% 時，應使勞工戴用有效之耳塞、耳罩等防音防護具。
3. 工作場所之傳動馬達、球磨機、空氣鑽等產生強烈噪音之機械，應予以適當隔離，並與一般工作場所分開為原則。
4. 發生強烈振動及噪音之機械應採消音、密閉、振動隔離或使用緩衝阻尼、慣性塊、吸音材料等，以降低噪音之發生。
5. 噪音超過 90dB 之工作場所，應標示並公告噪音危害之預防事項，使勞工周知。

（一）某工廠廠房作業區長 14 公尺，寬 14 公尺，請規劃應如何進行全面照明量測（請以五點法量測，假設無機械設備等之影響）？（5 分）
（二）測定時應注意事項為何？（10 分）
（三）請列出全區域之平均照明計算式。（5 分）【108】

（一）已知廠房作業區之長與寬均為 14m，針對照度均勻的大區域作業場所，通常測定採全面照明之平均照度，其五點法之全面照明測量方法規劃如下：

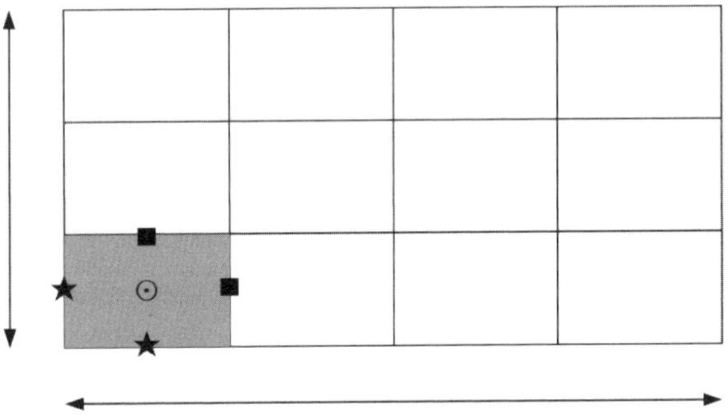

將待測區域分為 m×n 個區域，於區域邊之中點與中心點測量照度值，其全面照明之平均照度 $E = (1/6mn) \times (\Sigma E_{\bigstar} + 2\Sigma E_{\blacksquare} + 2\Sigma E_{\odot})$，其中 $E_{\bigstar}$ 為區域外邊點；$E_{\blacksquare}$ 為區域內邊點；$E_{\odot}$ 為區域中心點，如上圖；$\Sigma E_{\blacksquare}$ 與 $\Sigma E_{\odot}$ 皆乘 2，因 $E_{\blacksquare}$ 與 $E_{\odot}$ 二者比例為 1：2。

（二）為避免影響照明測量之正確性，測定時應注意事項：

1. 量測前應先移除非測定光源的干擾。
2. 待測定的基準面與照度計的感光面應要求一致性。
3. 操作量測人員勿著反光衣，且人員陰影勿遮住照度計感光面，以免造成量測誤差。

4. 採取全面照明的量測，離地面高度約 75 至 85cm。

5. 操作使用的照度計應定期實施校正，確保量測數值之準確度。

(三) 全面照明量測之全區域平均照明計算式如下：

E = (1/6mn)×(ΣE★ + 2ΣE■ + 2ΣE⊙)

(一) 試問「高溫作業勞工休息時間標準」係以何種指標為判定依據？(5 分)

(二) 試說明人體對外在環境的冷熱舒適感覺受那四種因素影響及上述題 (一) 之指標如何反映此四種因素？(14 分)

(三) 試由熱生理觀點說明「高溫作業勞工休息時間標準」之緣由。(6 分) **【109】**

(一) 高溫作業勞工休息時間標準，係以綜合溫度熱指數（WBGT）作為判定依據。

(二) 人體對外在環境的冷熱舒適感覺受下列四種物理因素影響：

①氣溫、②風速、③相對濕度、④平均輻射溫度，此與 WBGT 指數之測量項目關係如下：

WBGT 測量項目	冷熱舒適度 四因素	代表意義
乾球溫度 T_{db}	氣溫	係由乾球溫度計測得之乾球溫度，它代表單純空氣中的溫度效應，即所謂空氣溫度。
自然濕球溫度 T_{nwb}	氣溫 風速 相對濕度	係指將乾球溫度計外面包裹濕潤的白色紗布後所測得之溫度，它代表空氣中的溫度、相對的濕度及空氣流動的風速等綜合效應，該數值對整體 WBGT 的影響比重最大（佔 70%）。
黑球溫度 T_g	平均輻射溫度	係指利用直徑 15 公分之中空黑色銅球，在其中央插入溫度計所測得之黑球中心的溫度，它代表環境中之輻射熱效應。

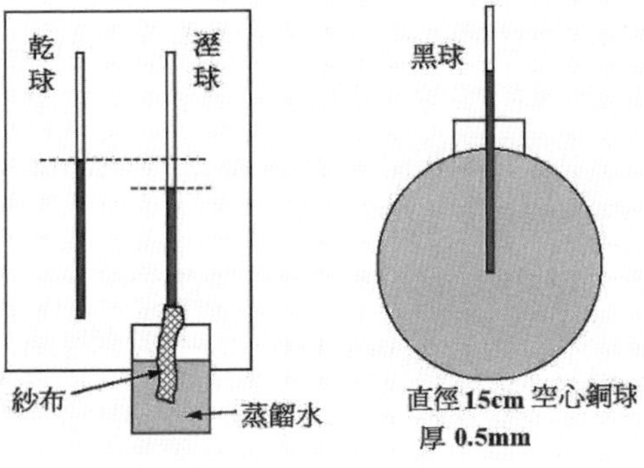

資料參考來源：*https://www.ilosh.gov.tw/*

（三）依據高溫作業勞工作息時間標準，綜合溫度熱指數計算公式如下：

時量平均綜合溫度熱指數 °C	輕工作	30.6	31.4	32.2	33.0
	中度工作	28.0	29.4	31.1	32.6
	重工作	25.9	27.9	30.0	32.1
每小時作息時間比例		連續作業	25% 休息 75% 作業	50% 休息 50% 作業	75% 休息 25% 作業

1. 戶外有日曬情形之 WBGT = 0.7 ×（自然濕球溫度 T_{nwb}）+ 0.2 ×（黑球溫度 T_g）＋ 0.1×（乾球溫度 T_{db}）。
2. 戶內或戶外無日曬情形之 WBGT = 0.7 ×（自然濕球溫度 T_{nwb}）+ 0.3 ×（黑球溫度 T_g）。
3. 依熱生理觀點，運動產生之能量只有＜ 20% 轉化成機械能，其餘的則以「熱」的形式釋放，因此勞工從事高溫作業其休息時間標準，會與其工作負荷相關。人體基本生理之熱產生反應，一般基礎產熱率為 70Kcal/hr，但經日照後之產熱率提升至 150Kcal/hr，工作後之產熱率不一。輕工作如簡易手部裝配作業，其產熱率約 108Kcal/hr，因此可承受之綜合溫度熱指數較高；但重度工作負荷如鏟土作業，其產熱率約 570Kcal/hr，因此能承受之綜合溫度熱指數較低，而且當熱指數提高時工作需要的休息時間就應拉長。

某工廠機器區域的噪音量（Noise level）為 83 dBA。若操作員工作位置預計安放新機器的噪音量為 82 dBA。從聽力保護計畫的觀點，請用「量化」的方式說明此安裝是否需要對工作區的職業衛生相關措施進行任何更改？（20 分） **【110】**

（一）依合成音壓級公式 $L_P = 10\log[10^{L1/10} + 10^{L2/10}]$

$$= 10\log[10^{83/10} + 10^{82/10}]$$

$$= 10 \times 8.55$$

$$= 85.5\text{dBA}$$

因本年度規定禁止使用電子計算器，另以聲音級合成概算表如下，計算其合成音壓。

L1-L2	0~1	2~4	5~9	10
加值	3	2	1	0

依題意 82dBA 與 83dBA，相差 1 分貝，可直接加值 3 分貝，故合成音壓級為 86dBA。

（二）因勞工八小時日時量平均音壓級 85dBA 以上或暴露劑量超過 50% 時，應啟動聽力保護計畫，執行職業衛生相關措施：

1. 噪音監測及暴露評估：執行噪音監測計畫，評估噪音區定點及個人年度暴露劑量，將超過 85dBA 之測量結果公告並知會工作區域之員工，且以醒目公告標示在噪音區域及提醒佩戴聽力防護具。

2. 噪音危害控制：可評估工程改善，如自動化作業，將高噪音區作業儘量減少人員暴露時間；或改變作業程序，將產生高噪音之作業，移至夜間或作業人員較少的時段執行，以降低其暴露之人數。

3. 防音防護具之選用及佩戴：依職業安全衛生設施規則 283 條及 300 條規定，雇主為防止勞工暴露於強烈噪音之工作場所，應置備耳塞、耳罩等防護具，並使勞工確實戴用；對於勞工 8 小時日時量平均音壓級超過 85 分貝或暴露劑量超過 50% 時，應使勞工戴用有效之耳塞、耳罩等防音防護具。

4. 聽力保護教育訓練：依職業安全衛生教育訓練規則第 17 條，雇主對新僱勞工或在職勞工於變更工作前，應使其接受適於各該工作必要之一般安全衛生教育訓練。故適時給予勞工正確認知，說明噪音對聽力之影響，及正確佩戴與使用防音防護具，以降低噪音之危害。

5. 健康檢查及管理：依勞工健康保護規則，暴露於噪音作業場所的勞工，在新進、在職、轉調時應實施體格檢查及定期特殊健康檢查，執行聽力檢查及相關健康分級管理。

6. 成效評估及改善：執行績效評估及行政管理改善，舉如調整工作輪班，避免暴露人員長期暴露於高噪音場所，降低其聽力損失之發生率；另降低工作暴露時間，將其作業時間縮短等措施。

> **「勞工作業環境監測實施辦法」中以綜合溫度熱指數（wet bulb globe temperature, WBGT）評估熱暴露，又勞動部 108 年訂定之「高氣溫戶外作業勞工熱危害預防指引」依熱指數評估熱危害風險等級，為防範高氣溫環境引起之熱疾病，上述兩種監測方式在應用上有何異同？請論述之。（20 分）** **【111】**

綜合溫度熱指數 (WBGT) 與熱指數在熱危害評估監測方式之異同如下：

評估指數	法源	相同性	熱危害評估監測方式在應用上之差異性
綜合溫度熱指數(WBGT)	勞工作業環境監測實施辦法	均為熱危害評估監測指標	1. 勞工於高溫作業場所（如鍋爐房、處理灼熱鋼鐵、鑄造間內處理熔融鋼鐵、處理金屬類物料之熔煉、處理高溫熔料或操作電石熔爐、輪船機房從事工作、從事蒸汽操作、燒窯等），應實施作業環境監測，勞工工作日時量平均綜合溫度熱指數在規定值以上者，應每三個月監測綜合溫度熱指數一次以上。 2. 高溫作業分三種工作型態：輕工作（代謝熱低於 200kcal/h）僅以坐姿或立姿進行手臂部動作以操縱機器者；中度工作（代謝熱低於 200~350kcal/h）於走動中提舉或推動一般重量物體者；重工作（代謝熱大於 350kcal/h）指鏟、掘、推等全身運動之工作者。 3. 綜合溫度熱指數之計算 (1) 戶外有日曬情形者：WBGT ＝ 0.7×(自然濕球溫度) ＋ 0.2×(黑球溫度) ＋ 0.1×(乾球溫度) (2) 戶內或戶外無日曬情形者：WBGT ＝ 0.7×(自然濕球溫度) ＋ 0.3×(黑球溫度) (3) 時量平均綜合溫度熱指數計算方法如下： $\frac{\text{第 1 次綜合溫度指數} \times \text{第 1 次工作時間} + \text{第 2 次綜合溫度指數} \times \text{第 2 次工作時間} + \cdots + \text{第 n 次綜合溫度熱指數} \times \text{第 n 次工作時間}}{\text{第 1 次工作時間} + \text{第 2 次工作時間} + \cdots + \text{第 n 次工作時間}}$ 以上測得溫度及 WBGT 均以 ℃ 表示之。 4. 高溫作業勞工之暴露時量平均綜合溫度熱指數，分配其作業及休息時間如下表：

<table>
<tr><th>評估指數</th><th>法源</th><th>相同性</th><th>熱危害評估監測方式在應用上之差異性</th></tr>
<tr><td>綜合溫度熱指數(WBGT)</td><td>勞工作業環境監測實施辦法</td><td rowspan="2">均為熱危害評估監測指標</td><td>
<table>
<tr><td rowspan="3">時量平均綜合溫度熱指數值°C</td><td>輕工作</td><td>30.6</td><td>31.4</td><td>32.2</td><td>33.0</td></tr>
<tr><td>中度工作</td><td>28.0</td><td>29.4</td><td>31.1</td><td>32.6</td></tr>
<tr><td>重工作</td><td>25.9</td><td>27.9</td><td>30.0</td><td>32.1</td></tr>
<tr><td colspan="2">每小時作息時間比例</td><td>連續作業</td><td>25%休息
75%作業</td><td>50%休息
50%作業</td><td>75%休息
25%作業</td></tr>
</table>
5. 依職業安全衛生法第 19 條規定，在高溫作業場所工作之勞工，雇主不得使其每日工作時間超過 6 小時；勞工於操作中須接近黑球溫度 50 度以上高溫灼熱物體者，雇主應供給身體熱防護設備並使勞工確實使用。對於首次從事高溫作業勞工，應規劃適當之熱適應期間，採取必要措施，增加其生理機能調適能力，並充分供應飲用水及食鹽，指導勞工避免高溫作業危害之必要措施。</td></tr>
<tr><td>熱指數</td><td>高氣溫戶外作業勞工熱危害預防指引</td><td>1. 熱指數：指透過溫度及相對濕度評估對人體造成熱壓力之指標；以防範高氣溫環境引起之熱疾病，保障從事戶外作業勞工健康。
2. 監測方式，依指引附表一（熱指數表）如現場溫度及相對濕度分別為 32.5°C 及 68%，則應以 33.3°C 及 70%評估其熱指數值為 44.4；再由附表二不同熱危害風險等級對應之熱指數值，找出其風險等級在第三級（熱指數值 40.6 以上，未達 54.4），應強化採取之危害預防及管理措施：避免使勞工於高溫時段從事戶外作業，另應採取附表三對應級別所列之相關措施，並注意勞工身體狀況。
3. 高溫指地面最高氣溫上升至 36°C 以上現象，交通部中央氣象局分黃燈 (氣溫達 36°C 以上)、橙燈 (氣溫達 36°C 以上且持續 3 天以上或氣溫達 38°C 以上)、紅燈 (氣溫達 38°C 以上且持續 3 天以上) 三等級。</td></tr>
</table>

評估指數	法源	相同性	熱危害評估監測方式在應用上之差異性
熱指數	高氣溫戶外作業勞工熱危害預防指引	均為熱危害評估監測指標	4. 雇主使勞工從事重體力作業時，應考量勞工體能負荷，減少作業時間，每小時至少 20 分鐘之充足休息；另依熱危害風險等級，採取相關措施且適當調整作息時間。

某噪音作業勞工每日需輪替從事 A、B、C、D 四種作業類型，觀察其每日的不同作業暴露時間及分別以噪音計或噪音劑量計（設定 80 dBA 恕限音壓級、90 dBA 基準音壓級、5 dB 交換率）進行作業環境監測結果如下表，試問：

（一）A 作業的噪音暴露劑量的估計值是多少百分比（請列出計算公式）？（4 分）

（二）B 與 D 作業的均能音量級估計值分別是多少 dBA（請列出計算公式）？（8 分）

（三）該勞工工作日八小時日時量平均音壓級是多少 dBA（請列出計算公式）？（4 分）

（四）如果 C 作業的噪音測定不小心設定為 80 dBA 恕限音壓級、90 dBA 基準音壓級、3 dB 交換率，請問其暴露劑量的估計值會是多少百分比（請列出計算公式）？（4 分）

（五）該勞工要如何選擇防音防護具並評估其防護效果（請寫明理由）？（5 分）

【112】

噪音作業類型	每日暴露時間（小時）	作業環境監測結果	
		噪音計測值	噪音劑量計測值
A 作業（穩定性噪音）	2	89(dBA,slow)	?
B 作業（變動性噪音）	3	?	33%
C 作業（衝擊性噪音）	1.5	135(dBC,peak)	27%
D 作業（三種同時暴露）	1.5	?	22%

（一）A 作業　穩定性噪音 $89 = 16.61\log\dfrac{D\times 100}{12.5\times 2} + 90$

$$\rightarrow \log(4D) = \frac{89-90}{16.61} = -0.0602$$

$$\rightarrow 4D = 10^{-0.0602} = 0.871$$

$$\rightarrow D = 0.218 = 21.8\%$$

（二）B 作業　$L_{TWA(3hr)} = 16.61\log\dfrac{0.33\times 100}{12.5\times 3} + 90$

$$= 16.61\log(1.136) + 90$$

$$= -0.92 + 90 = 89.1dB$$

均能音壓級 $Leq_B = 10\log(f_n\times 10^{\frac{L_n}{10}})$

$$= 10\log(\frac{3}{8}\times 10^{\frac{89.1}{10}})$$

$$= 84.8dB$$

D 作業　$L_{TWA(1.5hr)} = 16.61\log\dfrac{0.22\times 100}{12.5\times 1.5} + 90$

$$= 16.61\log(1.173) + 90$$

$$= 1.15 + 90 = 91.2dB$$

均能音壓級 $Leq_D = 10\log(f_n\times 10^{\frac{L_n}{10}})$

$$= 10\log(\frac{1.5}{8}\times 10^{\frac{91.2}{10}})$$

$$= 83.9dB$$

（三）C 作業　衝擊性噪音 135dB 是一個尖峰值並非 TWA，若採 135dB 計算所得如下：

$$\frac{89\times 2+89.1\times 3+135\times 1.5+91.2\times 1.5}{2+3+1.5+1.5} = \frac{784.6}{8} = 98.1dB$$

數值偏高(不合理)，應採劑量值計算如下

作業環境噪音劑量 $D = 21.8\% + 33\% + 27\% + 22\%$

$= 103.8\% > 1$ (不符合法規)

即工作日八小時日時量平均音壓級

$$L_{TWA(8hr)} = 16.61\log\frac{1.038\times100}{12.5\times8} + 90 = 90.3dB$$

(四) $D_C = \dfrac{1.5}{x}\times100\% = 27\% \rightarrow$ 得 $\dfrac{1.5}{x} = 0.27$

$$\therefore x = \frac{1.5}{0.27} = 5.56hr(T_C)$$

$$T_C = \frac{8}{2^{\frac{(TWA-90)}{5}}} = 5.56$$

$$\rightarrow 5.56\times2^{\frac{(TWA-90)}{5}} = 8$$

$$\rightarrow 2^{\frac{(TWA-90)}{5}} = \frac{8}{5.56} = 1.44$$

$$\frac{(TWA-90)}{5} = \frac{\ln 1.44}{\ln 2} = \frac{0.365}{0.693} = 0.527$$

$$\rightarrow TWA = (0.527\times5) + 90 = 92.6dB$$

$$T_C = \frac{8}{2^{\frac{(TWA-80)}{3}}} = \frac{8}{2^{\frac{(92.6-80)}{3}}} = 0.435hr$$

$$\rightarrow D_C = \frac{1.5}{x} = \frac{1.5}{0.435}\times100\% = 344.8\%$$

(五) 耳塞、耳罩若全程確實佩戴，一般可衰減 20dB 左右。目前防音防護具，包裝皆附有八音度頻帶聲衰減平均值及標準差。大部分之耳塞佩戴可達 NRR 的 50% 以上之聲音衰減量，而耳罩佩戴可達 NRR 的 75% 以上之聲音衰減量。

依作業環境噪音分級管理，該勞工作業環境噪音值＞ 90dB，屬中度危害風險；監測建議採頻譜分析，其防音防護具採耳塞 / 耳罩 (以耳罩為佳 / 亦可耳塞加耳罩) 且要適配性測試。目前採用之防音防護具適配性評估系統有下列三種：

1. 聽力檢查計測試法：利用聽力檢查計測試佩戴前後的不同頻率純音之聽力閾值。
2. 響度平衡法：利用儀器測量佩戴前後之左右耳間的音壓級差異。
3. 耳內麥克風評估法：同時進行耳內外之噪音暴露音壓級的測量，該差值即為防音防護具之聲音衰減量。

另勞工亦可評估每日噪音暴露音量 (選擇聲音衰減量佳的耳罩)、氣候 (舒適性)、個人喜好 (耳塞 / 耳罩 / 亦可耳塞加耳罩)、聽覺溝通 (警示音響需求)、體能限制 (輕便性)、工作條件 (醒目性) 及維護保養 (主動式較貴) 等因素，經綜合評估後來選擇適合個人的防音防護具。

八小時日時量平均音壓級 (8-hour time-weighted average, LTWA)，依據職業安全衛生設施規則所採用的噪音管制 5 分貝規則 (5 dB rule)。

(一) 假設暴露劑量為 D，試證明：

$$L_{TWA} = 16.61 \log_{10} \frac{D}{100} + 90$$

請詳列計算過程並解釋 (提示：$T = \frac{8}{2^{\frac{L-90}{5}}}$，令 $L = L_{TWA}$、$D = \frac{8}{T}$，$\log_{10}{}^{2} = 0.3010$)。(7 分)

(二) 下表為使用 3 分貝與 5 分貝規則的容許暴露時間，試完成下表空格處之數值。(8 分)

(三) 由分貝計算公式，音量 (dB)=10 $\log_{10}(\frac{I}{I_0})$，(I = 所測得的音量強度 W/m^2；I_0 = 基準音量強度 W/m^2)，當音量強度由 I 變為原來兩倍 (2I) 時，會增加幾分貝？(5 分)

工作日容許暴露時間 (小時)	3 分貝規則	5 分貝規則
	容許之噪音暴露值 (dBA)	容許之噪音暴露值 (dBA)
8	90	90
4		
2		
1		
0.5		

【113】

（一）已知 $L = L_{TWA}$、$D = \frac{8}{T}$；將 $T = \frac{8}{2^{\frac{L-90}{5}}}$ 帶入

得 $D(\%) = \frac{8}{T} = \frac{8}{\frac{8}{2^{\frac{L_{TWA}-90}{5}}}} = \frac{8 \times 2^{\frac{L_{TWA}-90}{5}}}{8} = 2^{\frac{L_{TWA}-90}{5}}$ 兩邊取對數 $\log_{10}$

$$\log_{10} D(\%) = \log_{10} 2^{\frac{L_{TWA}-90}{5}} = \frac{L_{TWA}-90}{5} \times \log_{10} 2 = \frac{L_{TWA}-90}{5} \times 0.3010$$

因此 $L_{TWA} - 90 = \frac{5}{0.3010} \log_{10} \frac{D}{100}$　得證 $L_{TWA} = 16.61\ \log_{10} \frac{D}{100} + 90$

（二）

工作日容許暴露時間（小時）	3 分貝規則	5 分貝規則
	容許之噪音暴露值 (dBA)	容許之噪音暴露值 (dBA)
8	90	90
4	93	95
2	96	100
1	99	105
0.5	102	110

（三）已知音量 (dB) = $10\ \log_{10}\left(\frac{I}{I_0}\right)$

I = 所測得的音量強度 W/m^2；I_0 = 基準音量強度 W/m^2

當音量強度由 I 變為原來兩倍 2I 時

音量 (dB) = $10\ \log_{10}\left(\frac{2I}{I}\right) = 10\ \log_{10}2 = 10 \times 0.3010 = 3.01$

即音量會增加 3 分貝

某作業場所長寬高分別為 10 m×6 m×4 m，於場內一區域地面所測得的照度為下圖所示，圖中黑點為其量測位置。

（一）請說明何謂照度？(6 分)

（二）試以四點法 2×3 計算平均照度？(10 分)

（三）若光源位於天花板，請問該區域距離天花板 1 m 與 2 m 之平均照度為何？(10 分)

提示：平均照度 = $\frac{1}{4mn}$ (Σ角點＋ 2Σ邊點＋ 4Σ內點) 【113】

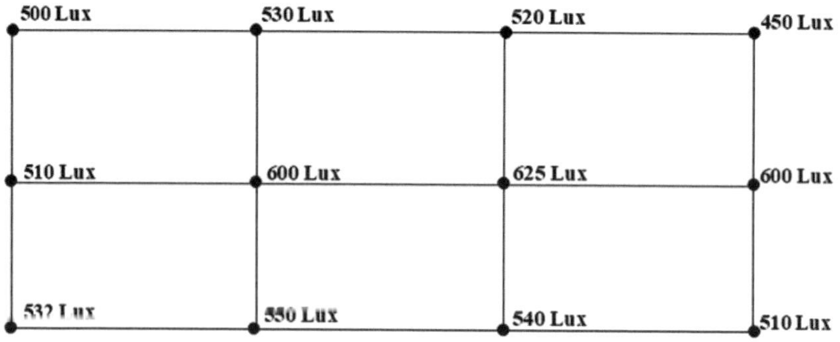

（一）所謂照度 E (illumination) 為受光面之單位面積 (m^2) 所承接的光通量 (流明 L_m)，其單位為勒克司 (Lux)，即 $1\ Lux = 1\ \frac{L_m}{m^2}$。

（二）Σ 角點 = 500 + 450 + 532 + 510 = 1992 (Lux)

Σ 邊點 = 530 + 520 + 510 + 60 + 550 + 540 = 3250 (Lux)

Σ 內點 = 600 + 625 = 1225 (Lux)

平均照度 E = $\frac{1}{4mn}$ (Σ 角點＋ 2Σ 邊點＋ 4Σ 內點)

$$= \frac{1992+2\times3250+4\times1225}{4\times3\times2} = \frac{13392}{24} = 558\ (Lux)$$

（三）若光源位於天花板，即作業場所高 d = 4m，

因照度 $E = \frac{I(\text{光通量 } L_m)}{d^2}$ 會隨距離平方成反比

即 $558(Lux) = \frac{I(\text{光通量 } L_m)}{4^2}$

得 $I(\text{光通量 } L_m) = 558 \times 16 = 8{,}928$ 流明 (L_m)

若該區域距離光源 1m，則平均照度

$$E = \frac{I(\text{光通量 } L_m)}{d^2} = \frac{8{,}928}{1^2} = 8{,}928Lux$$

若該區域距離光源 2m，則平均照度

$$E = \frac{I(\text{光通量 } L_m)}{d^2} = \frac{8{,}928}{2^2} = 2{,}232Lux$$

6-2-2 化學性危害之測量與評估

某一粉塵作業場所懸浮微粒之游離二氧化矽含量經分析後為 23%，今於現場環境溫度 25°C、大氣壓力 760 mmHg 條件下使用 10 mm 耐龍旋風分離器，做個人可呼吸性粉塵採樣，採樣時間與結果如下表：

採樣時間	濾紙前稱重 (mg)	濾紙後稱重 (mg)
08:00~11:00	12.675	12.726
11:00~12:00	12.731	12.851
13:00~16:00	12.589	12.637
16:00~17:00	12.447	12.502

假定 2 張空白樣本前後稱重分別減重 0.003 與 0.005 mg，試問：

（一）該勞工該日八小時時量平均暴露濃度為何？（10 分）（答案請取至小數點下二位）

（二）又勞工暴露情況是否符合規定？（5 分） 【104】

(一) 已知作業場所懸浮微粒之游離二氧化矽含量 23%，超過 10% 屬第一種粉塵，採樣場所溫度 25°C，壓力 760mmHg，使用 10mm 耐龍旋風分離器採樣，若設定其可呼吸性粉塵泵浦的流量為 1.7L/min，依法規其

可呼吸性粉塵容許濃度 = $10(mg/m^3)/(\%SiO_2 + 2) = 10/(23 + 2) = 0.4mg/m^3$。

∵ 2 張空白樣本前後稱重分別減重 0.003mg 與 0.005mg

∴取其平均值空白樣本減少之重量為 (0.003 + 0.005)/2 = 0.004mg

樣品	採樣時間	採樣體積	粉塵量	採樣濃度
R1	3hr = 180min	$1.7L/min \times 180min \times 10^{-3}m^3/L = 0.306m^3$	(12.726 – 12.675) + 0.004 = 0.055mg	C1 = 0.055/0.306 = $0.18mg/m^3$
R2	1hr = 60min	$1.7L/min \times 60min \times 10^{-3}m^3/L = 0.102m^3$	(12.851 – 12.731) + 0.004 = 0.124mg	C2 = 0.124/0.102 = $1.22mg/m^3$
R3	3hr = 180min	$1.7L/min \times 180min \times 10^{-3}m^3/L = 0.306m^3$	(12.637 – 12.589) + 0.004 = 0.052mg	C3 = 0.052/0.306 = $0.17mg/m^3$
R4	1hr = 60min	$1.7L/min \times 60min \times 10^{-3}m^3/L = 0.102m^3$	(12.502 – 12.447) + 0.004 = 0.059mg	C4 = 0.059/0.102 = $0.58mg/m^3$

(二) ∴可呼吸性粉塵 $TWA_{8hr} = [(0.18 \times 180) + (1.22 \times 60) + (0.17 \times 180) + (0.58 \times 60)]/480 = 0.356mg/m^3$

∵ $0.356mg/m^3 < 0.4mg/m^3$，即勞工暴露於可呼吸性粉塵情況，符合法規要求。

環境條件為 30°C，750 mmHg 條件下實施一噴漆作業工人甲苯（C_7H_8）暴露之空氣採樣，相關資料如下所示：

採樣時間	流量率	甲苯採樣總量
8 AM ~ 9 AM	100 ml/min	0.003 g
9 AM ~ 12 Noon	100 ml/min	0.009 g
1 PM ~ 3 PM	100 ml/min	0.005 g
3 PM ~ 5 PM	100 ml/min	0.004 g

試問該工人暴露之八小時時量平均濃度應為多少 ppm？（答案請取至小數點下一位）（10 分） **【104】**

（一） 已知採樣環境溫度 $T_1 = (273 + 30)K$，

氣壓 $P_1 = 750mmHg$，體積 V_1

換算校正其常溫常壓（25°C、大氣壓力 760mmHg）下之體積 V_2

利用波以爾定律 $\frac{P_1 \times V_1}{T_1} = \frac{P_2 \times V_2}{T_2}$，即 $\frac{750 \times V_1}{273+30} = \frac{760 \times V_2}{273+25}$

可得校正體積 $V_2 = V_1 \times (750/760) \times (298/303) = 0.97V_1(m^3)$

已知甲苯（C_7H_8）分子量 92，採樣流率 100ml/min，則各時段之採樣濃度如下：

採樣時間	採樣之校正體積	甲苯採樣量	甲苯採樣濃度
1hr = 60min	$60min \times 100ml/min \times 10^{-6}m^3/ml \times 0.97 = 5.82 \times 10^{-3}m^3$	0.003g = 3mg	$3mg/(5.82 \times 10^{-3}m^3) = 515.5mg/m^3$
3hr = 180min	$180min \times 100ml/min \times 10^{-6}m^3/ml \times 0.97 = 17.46 \times 10^{-3}m^3$	0.009g = 9mg	$9mg/(17.46 \times 10^{-3}m^3) = 515.5mg/m^3$
2hr = 120min	$120min \times 100ml/min \times 10^{-6}m^3/ml \times 0.97 = 11.64 \times 10^{-3}m^3$	0.005g = 5mg	$5mg/(11.64 \times 10^{-3}m^3) = 429.6mg/m^3$

採樣時間	採樣之校正體積	甲苯採樣量	甲苯採樣濃度
2hr = 120min	$120min\times100ml/min\times10^{-6}m^3/ml\times0.97 = 11.64\times10^{-3}m^3$	0.004g = 4mg	$4mg/(11.64\times10^{-3}m^3) = 343.6mg/m^3$

（二）八小時時量平均濃度 $= [(515.5\times60) + (515.5\times180) + (429.6\times120) + (343.6\times120)]/480 = 451.1mg/m^3$

即所求 $TWA_{8hr} = 451.1\times(24.45/92) = 119.9ppm$

某環測人員實施粉塵濃度測定時，其採樣空氣流率為 2.0±0.1 L/min，採樣時間為 480±5 min，所捕集之粉塵重量為 24±2.3 mg。試問所測得之粉塵濃度之最佳估計值為何？（5 分）其誤差值又為何？（10 分）【105】

（一）已知採樣空氣流率 2.0±0.1L/min，採樣時間 480±5min，捕集之粉塵重量 24±2.3 mg。

∵採氣量體積 V±ΔV = (採樣空氣流率 F× 採樣時間 t)±ΔV

∴體積 V =(2L/min)×(480min) = 960(L)

$$\frac{\Delta V}{V}=\sqrt{\left(\frac{\Delta F}{F}\right)^2+\left(\frac{\Delta t}{t}\right)^2}=\sqrt{\left(\frac{0.1}{2}\right)^2+\left(\frac{5}{480}\right)^2}=\sqrt{0.0025+0.0001}=0.051$$

即體積誤差 ΔV = 960×0.051 = 49(L)，
採氣量為 $960\pm49(L) =(960\pm49)\times10^{-3}(m^3)$。

∵粉塵濃度 C±ΔC = (粉塵濃度重量 m/ 採氣量體積 V)±ΔC

∴粉塵濃度 $C = [24mg/(960\times10^{-3}(m^3))] = 25(mg/m^3)$

同理

$$\frac{\Delta C}{C}=\sqrt{\left(\frac{\Delta m}{m}\right)^2+\left(\frac{\Delta V}{V}\right)^2}=\sqrt{\left(\frac{2.3}{24}\right)^2+\left(\frac{49}{960}\right)^2}=\sqrt{0.0092+0.0026}=0.109$$

即粉塵濃度誤差 $\Delta C = 25 \times 0.109 = 2.73(mg/m^3)$

（二）所測得粉塵濃度之最佳估計值 $C = 25.00(mg/m^3)$。

（三）粉塵濃度之誤差值 $\Delta C = \pm 2.73(mg/m^3)$。

某環測人員在 25°C，1 大氣壓時，以衝擊採樣瓶（Impinger）內置 21 mL 吸收液進行甲化學物質（分子量 27.3 g/mole）之採樣，採樣流量設定為 2.5 L/min，採樣時間為 7 小時，假設採樣瓶之捕集效率為 95%，採樣結束後取出 3 mL 進行化學分析，發現內含甲化學物質 2 mg。採樣過程亦同時設置現場樣本空白測試，依前述分析步驟發現內含 0.05 mg 之該化學物質。

（一）試計算該化學物質之濃度為多少 ppm？（15 分）

（二）試描述影響衝擊採樣瓶之捕集效率之因子有那些？（5 分）

【105】

（一）已知採樣環境溫度 25°C，氣壓 1atm，以衝擊採樣瓶（內置 21mL 吸收液）執行甲化學物質（M = 27.3g/mole）採樣，其採樣流率 2.5L/min，採樣時間 7 小時（420min），採樣瓶捕集效率 95%，採樣結束後取出 3mL 進行化學分析，發現內含甲化學物質 2 mg；現場樣本空白測試，分析結果內含化學物質 0.05mg。

則採樣物質體積 = 採樣流率 × 採樣時間

$= 2.5L/min \times 420min \times 10^{-3}m^3/L = 1.05m^3$

採樣物質之重量 = (21 mL 吸收液 / 取出 3 mL) × (化學物質 2 mg – 內含 0.05mg) × (1/ 捕集效率為 95%) $= 7 \times 1.95 \times 1.053 = 14.37mg$

採樣物質之濃度 = 採樣重量 / 採樣體積

$= 14.37mg/1.05m^3 = 13.69\ mg/m^3$

即所求化學物質濃度 $= 13.69\ mg/m^3$

$= 13.69 \times (24.45/27.3) = 12.26\ ppm$

（二）影響衝擊採樣瓶之捕集效率的因子如下：

1. 需評估其採樣體積，考慮其衝擊採樣瓶之可能的破出效應。
2. 採樣過程中需留意採樣污染物之水溶性，若採樣環境含水率 ≥ 20 % 時，可能導致其採樣回收率降低。
3. 在樣品分析時可能之偏差或干擾，須經實驗室空白測試來確認。
4. 若採樣分析有異常高濃度樣品時，應確認是否有交互污染的現象。
5. 若樣品內含有懸浮物質，宜先以濾紙過濾，以免影響捕集及後續分析成效。

> 依據「行政院勞工委員會採樣分析建議方法」（2318 石綿 Asbestos），A、B 兩種石綿計數規則已經被證實對不同石綿種類均有相等之平均計數值，但在實際計數時，這兩種規則不可互相混合使用。試闡述石綿計數 A 規則之要點。（14 分）又，根據此採樣分析建議方法，計數視野時間的要求為何？（4 分）　　【106】

（一）依「行政院勞工委員會採樣分析建議方法」（2318 石綿 Asbestos），選擇石綿計數規則有 A、B 兩種，且已被證實對不同石綿種類均有相等之平均計數值，目前 OSHA 規定使用 A 規則，但這兩種規則不可互相混合使用；針對 A 規則（與 P&CAM239 同）要點如下：

1. 計數長度大於 5 μm 之纖維且整根纖維完全在計數板視野內。
   a. 如纖維呈綣曲狀則應沿其綣曲曲線測量其長度。
   b. 僅計數長寬比等於或大於 3：1 之纖維。

2. 如果纖維橫越該計數板視野邊緣，則依下列方式計數：

   a. 合乎上述條件 1 之纖維，但只有一端在該計數板視野內，計數 1/2 根纖維。

   b. 若纖維橫過該計數板視野邊緣超過 1 次以上（2 次或以上）則不予計數。

   c. 合於上述規定以外之纖維，則不予計數。

3. 成束的纖維除了其中有兩端都能明顯看出是個別纖維，才可予以個別計數，否則應計數為 1 根纖維。

4. 若計數所得之纖維數累計≧ 100 根，即可停止計數，但其計數的視野數不得少於 20 個。若所計數的視野數已達 100 個，則不論計數的纖維數有多少，均應停止計數。

(二) 此採樣分析建議方法，其計數視野時間之要求如下：

1. 從濾膜頂部沿著半徑線至外面邊緣計數，在相反的方向向上或向下移動，以接目鏡簡略地選擇不規則之視野，確保每一計數區域濾膜中間半徑線至濾膜邊緣，如果有團狀顆粒蓋住視野之 1/6 或更多時，放棄之，選擇另一視野被放棄之區域不包括在總計數視野數內，同時在計數時以微調聚焦連續掃瞄聚焦平面範圍內可能被隱藏的細小纖維，直徑小的微細纖維非常不明顯，但是對整個計數卻有很大的影響，其計數時間最短是每一視視野 15 秒，100 個視野最短時間為 25 分鐘。

2. 另根據 AIHA 鏡檢規則，只有直徑＜ $3\mu m$ 才接受其為合格纖維，即使與粉塵相連，其直徑＞ $3\mu m$ 之纖維亦不計數。

資料參考來源：行政院勞工委員會採樣分析建議方法（2318 石綿 Asbestos）

以可呼吸性旋風分離器在一粉塵作業環境，進行 8 小時連續分徑採樣後，發現濾紙採樣前重平均為 1.68625 g，濾紙採樣後重平均為 1.68745 g（採樣前後均置放於恆溫恆濕箱內調節）。秤重時除了以靜電中和器減少濾紙秤重干擾以外，並以濾紙標準片（持續置放於恆溫恆濕箱內調節）進行比對校正，且已知採樣前濾紙標準片平均重量為 1.68812 g，採樣後濾紙標準片重量平均為 1.68802 g。此採樣組合於採樣前之幫浦採樣流率校正值平均為 2.500 L/min，採樣後幫浦採樣流率校正值平均為 2.405 L/min。而採樣後之濾紙以標準 X 射線繞射分析（X-Ray Diffraction, XRD）其成分，得知含有結晶型游離二氧化矽成分占 16 %。

(一) 8 小時採樣中，可呼吸性粉塵內含之結晶型游離二氧化矽平均濃度為多少 mg/m^3？（7 分）

(二) 8 小時採樣中，含結晶型游離二氧化矽之可呼吸性粉塵平均濃度，是否超過法規容許濃度值？請列出計算式證明。（9 分）

(三) 若廠內進行工程控制一段時間後，選擇以總粉塵進行 8 小時連續採樣，發現採樣後濾紙以標準 XRD 分析後，仍含有結晶型游離二氧化矽平均濃度 11%，請問在此種狀況時，含結晶型游離二氧化矽粉塵之法規總粉塵容許濃度值為多少 mg/m^3？（4 分） **【106】**

(一) 已知含有結晶型游離二氧化矽成分占 16%，超過 10% 屬第一種粉塵，依法規其

可呼吸性粉塵容許濃度 $= 10(mg/m^3)/(\%SiO_2 + 2)$

$= 10/(16 + 2) = 0.56\ mg/m^3$。

採樣前幫浦採樣流率校正值平均為 2.5 L/min，採樣後幫浦採樣流率校正值平均為 2.405 L/min，即採樣流率平均

$= (2.5 + 2.405)/2 = 2.453$ L/min。

∵濾紙採樣前重平均為 1.68625g，濾紙採樣後重平均為 1.68745g

另其濾紙標準片採樣前平均重量為 1.68812g，採樣後平均重量為 1.68802g。

∴實際粉塵作業環境採樣所得可呼吸性粉塵重量為

$(1.68745 - 1.68625) - (1.68802 - 1.68812)$

$= (0.0012 + 0.0001)g = 1.3mg$。

∵採樣後濾紙含有結晶型游離二氧化矽平均濃度 11%

∴結晶型游離二氧化矽平均重量為 $1.3mg \times 11\% = 0.143mg$。

採樣體積 = 採樣流率 × 採樣時間 $= 2.453L/min \times (8 \times 60)min$

$= 1177.4L = 1.1774m^3$。

即所求 8 小時採樣中，可呼吸性粉塵內含之結晶型游離二氧化矽平均濃度為 $0.143mg / 1.1774m^3 = 0.12mg/m^3$。

(二) 所求 8 小時採樣中，含結晶型游離二氧化矽之可呼吸性粉塵平均濃度為 $1.3mg / 1.1774m^3 = 1.1mg/m^3 > 0.56mg/m^3$，即不符合法規容許濃度值。

(三) 因總粉塵含有結晶型游離二氧化矽平均濃度占 11%，超過 10% 屬第一種粉塵，依法規其總粉塵容許濃度值 $= 30(mg/m^3)/(\%SiO_2 + 2)$ $= 30/(11 + 2) = 2.3mg/m^3$。

某作業環境區域內溫度為 30°C，壓力為 1 大氣壓，作業環境採樣結果顯示苯（C_6H_6）濃度幾何平均值（GM）為 40ppm，請問：

（一）在同為 30°C，1 大氣壓下，此濃度相當於若干 mg/m^3？（請列出計算式說明）（10 分）

（二）若將此環境苯濃度標準化為常溫常壓（25°C，1 大氣壓）之濃度，則其值又為若干 ppm？（請說明理由）（10 分）

（三）又若此苯濃度幾何平均值的幾何標準差（GSD）為 2，試問此苯濃度幾何平均值正負二個幾何標準差下其上下限為何？（5 分）【107】

（一）已知作業環境溫度 30°C，壓力為 1atm，採樣苯濃度 40ppm，其 mg/m^3 計算如下：

$$C\left(mg/m^3\right)=\frac{X\left(ppm\right)\times M.W.}{Vm}$$

$C(mg/m^3)$ = 濃度；X(ppm) = 濃度

Vm = 莫爾體積 24.86(L/mole)

M.W. = 物質之分子量 (g/mole)(C_6H_6 = (12×6) +(1×6) = 78)

則其濃度 $C\left(mg/m^3\right)=\frac{X\left(ppm\right)\times M.W.}{Vm}=\frac{40\times 78}{24.86}=\frac{3120}{24.86}=125.5mg/m^3$

（二）環境苯濃度標準化為常溫 25°C，常壓 1atm，

其莫爾體積 Vm = 24.45(L/mole)

若作業環境溫度 30°C，壓力為 1atm，假設體積為 $1m^3$

利用波以爾定律 $\frac{P_1\times V_1}{T_1}=\frac{P_2\times V_2}{T_2}$，即 $\frac{760\times 1}{273+30}=\frac{760\times V_2}{273+25}$

可得常溫體積 V_2 = 1×(760/760)×(298/303) = 0.983(m^3)

則其苯濃度 $C(mg/m^3)$ = 125.5/0.983 = 127.7mg/m^3

$\therefore$ 濃度 $C(ppm) = \frac{127.7 \times Vm}{M.W.} = \frac{127.7 \times 24.45}{78} = \frac{3122.3}{78} = 40.03\,ppm$

(三) 若苯濃度幾何平均值之幾何標準差 (GSD) 為 2，其苯濃度幾何平均值正負二個幾何標準差下，其上下限

$= \exp(\ln 40 \pm 2 \times \ln 2)$

$= \exp(3.69 \pm 1.39)$

$= \exp(2.3) \sim \exp(5.08)$

即所求上下限為 9.97~160.77ppm。

某工廠有石綿暴露狀況，今擬進行勞工個人暴露評估，假設現場的濃度為 0.5 f/cc，為達到石綿鏡檢的可行範圍 100-1300 f/mm^2，若規劃 2 個 4 小時採樣及規劃為 8 小時採樣，請問採樣流率之上限及下限分別應為多少？（20 分）【108】

(一) 已知石綿暴露作業現場濃度 0.5f/cc，石綿鏡檢可行範圍 100-1300 f/mm^2，則規劃 2 個 4 小時採樣之採樣流率上下限範圍：

依行政院勞委會石綿採樣分析建議方法，採樣介質纖維素酯濾紙之直徑為 25mm，但其有效收集面積為 385mm^2，即

$\pi \times [(25 \times 88.56\%)/2]^2 = 3.14 \times 122.5 = 385\text{mm}^2$。

1. 採樣流率上限 Q_{max} 為

鏡檢上限 (1300f/mm^2) × 有效收集面積 (385mm^2)

= 濃度 (0.5f/mL) × 流率上限 Q_{max}(mL/min) × 採樣時間 (4hr) × 60 (min/hr)

即 Q_{max}(mL/min) = (1300 × 385)/(0.5 × 4 × 60) = 500500/120

= 4170.8(mL/min)

6 作業環境監測

2. 採樣流率下限 Q_{min} 為

鏡檢下限 (100f/mm^2)×有效收集面積 (385mm^2)

= 濃度 (0.5f/mL)×流率下限 Q_{min}(mL/min)×採樣時間 (4hr)×60 (min/hr)

即 Q_{min}(mL/min) = (100×385)/(0.5×4×60) = 38500/120
= 320.8(mL/min)

(二) 條件同上，規劃 8 小時採樣之採樣流率上下限範圍：

1. 採樣流率上限 Q_{max} 為

鏡檢上限 (1300f/mm^2)×有效收集面積 (385mm^2)

= 濃度 (0.5f/mL)×流率上限 Q_{max}(mL/min)×採樣時間 (8hr) ×60(min/hr)

即 Q_{max}(mL/min) = (1300×385)/(0.5×8×60) = 500500/240
= 2085.4(mL/min)

2. 採樣流率下限 Q_{min} 為

鏡檢下限 (100f/mm^2)×有效收集面積 (385mm^2)

= 濃度 (0.5f/mL)×流率下限 Q_{min}(mL/min)×採樣時間 (8hr) ×60(min/hr)

即 Q_{min}(mL/min) = (100×385)/(0.5×8×60) = 38500/240
= 160.4(mL/min)

某工廠噴漆作業使用有機溶劑，其成分為為甲苯、二甲苯，以最大暴露危害群採樣時，用活性碳管為吸附介質評估勞工之暴露情形，測定條件及測定結果如下，試評估該勞工之暴露是否符合規定。採樣現場之溫度、壓力：27°C，760mmHg，校準現場之溫度、壓力：25°C，750mmHg。（20 分）【108】

使用計數型採樣設備 $F_{Tc,Pc}$=100 ml/min

樣本編號	採樣時間	樣本分析結果 W（mg）	
		甲苯[a]	二甲苯[b]
1	08:00~12:00	4.7	6.1
2	13:00~17:00	5.4	5.8

a. 甲苯脫附效率 95%

b. 二甲苯脫附效率 96%

（一）已知採樣現場溫度 27°C、壓力 760mmHg，校準現場溫度 25°C、壓力 750mmHg，使用計數型採樣設備 $F_{Tc,Pc}$ = 100ml/min。

利用波以爾定律 $\frac{P_1 \times V_1}{T_1} = \frac{P_2 \times V_2}{T_2}$，即 $\frac{760 \times V_1}{273+27} = \frac{750 \times V_2}{273+25}$

可得校準體積 $V_2 = V_1 \times (760/750) \times (298/300) = 1.0066 V_1 (m^3)$

另已知甲苯脫附效率 95%，二甲苯脫附效率 96%；

甲苯分子量 M = 92，二甲苯分子量 M = 106。

樣本	採樣時間	採樣量 V_1（m^3）	校準量 V_2（m^3）	樣本分析結果 W（mg）		樣本濃度 mg/m^3	
				甲苯[a]	二甲苯[b]	甲苯[a]	二甲苯[b]
1	4hr = 240min	100ml/min × 240 min × $10^{-6}m^3/ml$ = $0.024m^3$	0.024 × 1.0066 = $0.02416m^3$	4.7	6.1	4.7/0.02416 = 194.54	6.1/0.02416 = 252.48
2	4hr = 240min	100ml/min × 240 min × $10^{-6}m^3/ml$ = $0.024m^3$	0.024 × 1.0066 = $0.02416m^3$	5.4	5.8	5.4/0.02416 = 223.51	5.8/0.02416 = 240.07

(二) 考量脫附效率及單位轉換，可得：

樣本	脫附效率之濃度		單位轉換 ($mg/m^3 \rightarrow ppm$)	
	甲苯[a] (95%)	二甲苯[b] (96%)	甲苯[a] (M = 92)	二甲苯[b] (M = 106)
1	194.54×(100/95) = 204.78	252.48×(100/96) = 263.0	204.78×(24.45/92) = 54.42 (ppm)	263.0×(24.45/106) = 60.66 (ppm)
2	223.51×(100/95) = 235.27	240.07×(100/96) = 250.07	235.27×(24.45/92) = 62.53 (ppm)	250.07×(24.45/106) = 57.68 (ppm)

(三) 有機溶劑甲苯及二甲苯之 8hr 時量平均暴露濃度如下：

1. 甲苯 8hr 時量平均暴露濃度 = (54.42×4 + 62.53×4)/8

= 116.95/2 = 58.5ppm

2. 二甲苯 8hr 時量平均暴露濃度 = (60.66×4 + 57.68×4)/8

= 118.34/2 = 59.2ppm

(四) 考量有機溶劑之相加效應，其整體暴露劑量如下：

∵ (58.5/100) + (59.2/100) = 117.7/100 = 1.18 > 1

∴不符合法令規定。

林君平日工作同時接觸甲、乙、丙、丁四種有機溶劑，一日作業暴露時間為 10 小時，假定於溫度 33°C、大氣壓力 755 mmHg 條件下實施全程個人空氣採樣，採樣流量率 50 mL/min，樣本分析如下表，試問林君當日之暴露是否符合法令？（25 分） 【109】

有機溶劑 / 莫爾分子量	採集質量 (mg)	8 小時日時量平均容許濃度	毒性標的器官
甲 / 124	6.6	100 ppm	中樞神經毒性
乙 / 148	8.4	200 ppm	中樞神經毒性
丙 / 114	6.2	100 ppm	肝臟毒性
丁 / 96	2.1	50 ppm	肝臟毒性

（一）已知採樣環境溫度 $T_1 = (273 + 33)K$，

氣壓 $P_1 = 755mmHg$，體積 V_1

換算校正其常溫常壓（25°C、大氣壓力 760mmHg）下之體積 V_2

利用波以爾定律 $\frac{P_1 \times V_1}{T_1} = \frac{P_2 \times V_2}{T_2}$，即 $\frac{755 \times V_1}{273+33} = \frac{760 \times V_2}{273+25}$

可得校正體積 $V_2 = V_1 \times (755/760) \times (298/306) = 0.967V_1\ (m^3)$

已知採樣流率 50ml/min，採樣時間 10hr = 600min，則採樣之校正體積如下：

$600min \times 50ml/min \times 10^{-6}m^3/ml \times 0.967 = 2.9 \times 10^{-2}m^3$

（二）八小時日時量平均濃度 $TWA_{8hr} = TWA_{10hr} \times (10/8)$

甲、乙、丙、丁四種有機溶劑之採樣濃度 TWA_{8hr} 如下：

有機溶劑／莫爾分子量	採集質量 (mg)	採樣濃度	轉換濃度單位 (ppm) 之八小時日時量平均濃度 TWA_{8hr}
甲／124	6.6	$6.6mg/(2.9 \times 10^{-2}m^3)$ = 227.6mg/m3	$227.6mg/m^3 \times (24.45/124) \times (10/8)$ = 56.1ppm ＜ 100ppm
乙／148	8.4	$8.4mg/(2.9 \times 10^{-2}m^3)$ = 289.7mg/m3	$289.7mg/m^3 \times (24.45/148) \times (10/8)$ = 59.8ppm ＜ 200ppm
丙／114	6.2	$6.2mg/(2.9 \times 10^{-2}m^3)$ = 213.8mg/m3	$213.8mg/m^3 \times (24.45/114) \times (10/8)$ = 57.3ppm ＜ 100ppm
丁／96	2.1	$2.1mg/(2.9 \times 10^{-2}m^3)$ = 72.4mg/m3	$72.4mg/m^3 \times (24.45/96) \times (10/8)$ = 23.0ppm ＜ 50ppm

（三）甲、乙、丙、丁有機溶劑之各別 TWA_{8hr} 均小於其法定之容許濃度值

但因有機溶劑具有加成累積效應，即

甲及乙有機溶劑對中樞神經毒性之加成累積效應為

$(56.1/100) + (59.8/200) = 0.561 + 0.299 = 0.86 < 1$ 符合法規要求

丙及丁有機溶劑對肝臟毒性之加成累積效應為

(57.3/100) ＋ (23/50) = 0.573 ＋ 0.46 = 1.033 ＞ 1 不符合法規要求

即林君當日之有機溶劑暴露不符合法令，有引起肝臟傷害之虞，必須執行改善。

濾紙卡匣 (Filter cassette) 常用於工作場所粉塵採樣之用，請說明濾紙卡匣組裝程序以及如何測漏。(20 分) 【110】

(一) 濾紙卡匣使用於粉塵的採樣，其組裝程序如下：

1. 將濾紙先置於電子乾燥箱過夜。
2. 以精密微量天平稱重並記錄採樣前之濾紙重量。
3. 將濾紙放入濾紙匣中並加以蓋緊，用塞子將濾紙匣兩端小孔塞住，並以纖維素製的收縮帶包緊濾紙匣，收縮帶乾燥後標註辨識號碼。
4. 若濾紙安置在採樣用二片式濾紙匣，接用於旋風分離器之組裝結構圖如下。

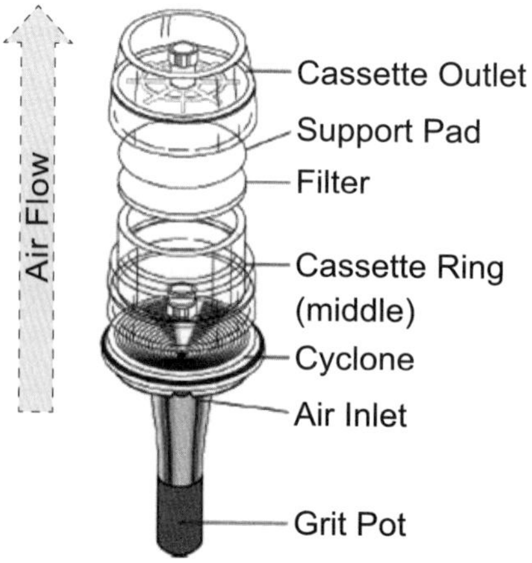

5. 若採用濾紙固定器組合，連接空氣導管將濾紙放入並密封，此一固定器位於空氣導管後水平位置與氣流垂直，使氣流可以均勻表面風速向下通過濾紙。

(二) 依空氣中懸浮微粒（PM2.5）檢測方法 - 手動採樣法（NIEA A205.11C），外部與內部測漏執行程序可能因採樣器廠牌不同而異，執行時依原廠建議步驟規範或依下列步驟執行測漏試驗：

1. 外部測漏：需執行外部測漏者包括所有單元及連接器，以免因外氣洩漏導致經過濾紙的空氣總體積量測值發生誤差；外部測漏的執行程序如下：

(1) 移除採樣器進氣口並接上流率量測轉接器。

(2) 關閉轉接器的閥門，利用抽氣馬達將整個採樣器包括衝擊器、濾紙匣（含濾紙）、流量量測裝置和接頭等抽部分真空，並在濾紙匣下游維持負壓至少 55mmHg。

(3) 利用內建閥門之裝置阻斷採樣器下游以隔絕氣流。

(4) 停止抽氣馬達。

(5) 利用內建壓力量測裝置量測採樣器內之真空度。

(6) 至少經過 10 分鐘後再次量測採樣器內之真空度。

(7) 完成測試後，緩慢開啟轉接器閥門（使氣流緩慢流入採樣器，避免氣流太強將衝擊板上所塗佈的油吹出），移除轉接器及氣流阻斷閥，恢復正常操作之採樣器組裝。

(8) 兩次量測之壓力差值不大於製造商所指定者，且採樣器洩漏率小於 80mL/min 時，則視為通過洩漏試驗。

2. 內部測漏（不經濾紙），其執行程序如下：

(1) 完成且通過上述之外部測漏。

(2) 將濾紙匣裝上一張不透氣膜片於濾紙匣中以有效防止氣流流經濾紙。

(3) 開啟馬達抽氣使採樣器呈部分真空，同時維持濾紙匣下游負壓至少 55mmHg。

(4) 利用內建閥門之裝置阻斷採樣器下游以隔絕氣流。

(5) 停止抽氣馬達。

(6) 至少經過 10 分鐘後再次量測其採樣器內之真空度。

(7) 移除氣流阻斷閥及膜片，恢復正常操作之採樣器組裝。

(8) 兩次量測之壓力差值不大於製造商所指定者，且採樣器洩漏率小於 80mL/min 時，則視為通過洩漏試驗。

目前空氣盒子（或稱低成本微粒傳感器、Low-cost PM sensor）在臺灣地區佈點甚多。做為空氣品質監測站不足的輔助參考，請說明此類儀器之原理，以及性能上的限制。（20 分）【110】

（一）空氣盒子（低成本微粒傳感器或空氣品質感測器）之原理

1. 偵測原理：使用簡易感測器將空氣中的微粒導入光學散射原理之感測區域內，在未經粒徑篩選方式下，採用光學方式（光散射原理）間接量測空氣中所含不同粒徑之微粒子數量，再經轉換為 $PM_{2.5}$ 空間質量濃度等資訊。

2. 優點：空氣盒子是市售的簡易空氣品質微型感測器，透過通訊模組傳輸，可提供即時 $PM_{2.5}$ 監測資料、溫度與相對濕度資訊；具有體積小、易於整合及安裝，且價格便宜等優點；另因易操作，可提升民眾的參與度，共同監測以維護生活周遭之空氣品質，使空污資訊更佳透明。

（二）空氣盒子為提供價格便宜且方便安裝的需求，未設計排除可能干擾的因子，因此測值容易出現誤差；所以，在使用空氣盒子之性能上會有所限制。

1. 偵測光學原理：儀器採光學原理偵測，感測器品質不一，且因微粒形狀、粒徑及表面粗糙情形而不同，當光線照射到微粒表面，會有反射及散射等效應，即空氣中的微粒散射易受微粒折射率、散射角度、微粒形狀、粒徑及表面特性等影響，進而影響到偵測的結果，易造成誤判。

2. 採樣流量控制：因使用空氣擴散原理或馬達抽取空氣樣品，會導致採樣不穩定，可能造成量測誤差；換言之，儀器使用精準流量控制器進行不同控制，其偵測結果也會不一樣。

3. 易受環境溫濕度與灰塵等干擾：當空氣中的微粒含有吸水成分（硝酸鹽或硫酸鹽等），微粒粒徑或外形會因吸收空氣中水分而改變，無法分辨霧珠與污染微粒，會影響量測結果。

4. 設備老化因素：若儀器本身缺乏校正與維護保養機制，無法判定偵測元件感測效能是否老化，無法判定測值是否出現誤差；即會因光源衰減、光源污染、遮蔽效應及進風風扇等因素，容易導致量測誤差。

採樣泵（pump）是主動式採樣的驅動裝置，請回答下列問題：

（一）為確保運作正常，需有良好的維護和紀錄。試述其維護及記錄保存的重點？（10 分）

（二）採樣泵（pump）所引起之採樣體積誤差的可能原因為何？（10 分） **【111】**

（一）主動式採樣驅動裝置 - 採樣泵（pump）之維護與記錄保存重點如下：

1. 採樣泵（pump）維護：

(1) 採樣泵設備其內鍵物件，包含計時器、流量計、計數器、電力顯示器、微電子控器及顯示模組等，所有的電子或 3C 產品，無論是浮子顯示流量型採樣泵或液晶顯示流量型採樣泵，在使用上均有產品的壽期限制，應定期維護保養或更換。

(2) 為配合採樣時間能達 8 小時，其充電電池需先充電 12-14 小時，以滿足使用效率。

(3) 採樣泵前端吸引測所加裝之過濾材質，應定期清潔或更新濾材，以避免雜質異物進入採樣泵內。

(4) 若有其他配套之控制組件，應依其保養手冊，執行定期維護保養，以確保採樣品質。

2. 記錄保存重點：

(1) 採樣泵的保樣及使用狀況，應填報於紀錄表單內，若有異常失效情形，應維修或更換新品；另過濾濾材，除定期清潔保養外，亦應適時更新濾材並紀錄。

(2) 採樣介質均有保存使用期限，其保存現況與材質規格，如重量、密度及顆粒大小等，應做好管制維護及紀錄。

(3) 採樣泵的相關附屬配件需定期維護檢視並紀錄，如介質夾套是否變形或生鏽、連接管是否老化或表面沾附污染物、若使用衝擊瓶其玻璃表面清潔或連接部位是否密合完整等。

(二) 採樣泵（pump）之採樣體積誤差的可能原因：

1. 採樣過程採樣泵本身的誤差：包含採樣泵的續電力或採樣泵的吸氣阻抗等。

2. 採樣環境中的誤差：包含環境中的電磁波干擾或採樣現場環境之溫濕度影響等，均會影響採樣泵（pump）採樣體積的準確性，所以當選用適當防電磁干擾的採樣器材。

3. 儀器分析的誤差：分析儀器及採樣泵（pump）均應定期校正，以避免儀器誤差的產生；另在新機首次啟用時，或維修保養後，及每批次採樣前後，使用不同樣品收集介質等，應校正分析儀器及採樣器。

關於採樣介質「活性碳管」，請回答下列問題：

（一）以活性碳管為採樣介質時，訂定最大及最小流率（一般建議為 200~10 mL/min）的原因及選定採樣流速的考量為何？（10 分）

（二）破出體積（breakthrough volume）為重要的參數，影響的原因為何？（10 分） 【111】

（一）採樣介質為活性碳管時，選定採樣流速的考量如下：

1. 一般活性碳管可吸附污染物 20 mg，以固定化合物（如甲苯及異丙醇，甲苯建議採樣流率為 200~10 mL/min，採樣體積為 2~8L；異丙醇建議採樣流率為 200~20 mL/min，採樣體積為 0.5~3L），若採樣流速訂在最大值 200 mL/min，則採樣時間 15min 時，200 mL/min×15min 即達總採樣量 3L，將可能產生破出；因同時兩混合物採樣時，應以較小採樣量的體積為主，即應避免＞3L。

2. 若採樣流速訂在最小值 10 mL/min，則採樣時間必須要拉長，若採樣時間太短，因採樣流率偏低，則整體總採樣量可能不足；當低於分析偵測極限時，恐怕會分析不到污染物。

（二）影響破出體積之可能原因如下：

1. 採樣流率：固定化合物的採樣，當其污染物濃度一定時，其破出時間會跟採樣流速成反比。

2. 污染來源：活性碳管內的吸附劑與污染源的種類和濃度都有密切關係，舉如揮發性低的污染物，其活性碳的吸附力較佳，若其環境濃度偏高時，則破出時間就會縮短。

3. 環境溫度：採樣時的環境溫度，也會影響破出體積；通常溫度上升，其破出時間會縮短。

4. 環境濕度：採樣時的環境濕度，對活性碳的吸附能力有顯著影響；當濕度＞65% 時，濕度增加會減少活性碳管的有效採集時間，而影響採樣的破出體積。

進行石綿及其他纖維採樣分析，使用之濾紙直徑 25 mm，有效收集面積 385 mm^2。方法的可量化最低纖維密度 (LOD)：7 fiber/mm^2，請回答下列問題：

(一) 工作環境中石綿濃度為 0.1 f/cm^3，為可以偵測到此濃度所需的最小採樣體積為多少？（10 分）

(二) 一玻璃纖維樣本，纖維計數結果為 10 fiber/100 視野，顯微鏡的視野為 0.008 mm^2，此計數結果是否合理？（10 分）

請詳列計算過程並解釋。【111】

(一) 依題意石綿纖維採樣分析使用之濾紙有效收集面積 385 mm^2，可量化最低纖維密度 7 fiber/mm^2，工作中石綿濃度為 0.1 f/cm^3，則可偵測到此濃度所需最小採樣體積為 V。

依據氣體樣品中之纖維濃度公式 (空氣環境中石綿濃度 C 為 0.1 f/cm^3)

$$C = \frac{ExA_c}{Vx1000}\left(f / cm^3\right)$$

E：濾紙上的纖維密度 (總纖維數 f/ 採樣體積 x 視野數) 為 7 fiber/mm^2

A_c：濾紙的採樣有效面積為 385 mm^2

V：在常溫 (298K) 及常壓 (101.3kPa) 之採樣體積 (cm^3)

則所求最小採樣體積 $V=\frac{7\times 385}{0.1\times 1000}=26.95cm^3$

(二) 依題意玻璃纖維樣本其纖維計數結果為 10 fiber/100 視野，顯微鏡的視野為 0.008 mm^2，此計數結果並不合理，應該超過 20 根纖維。

參考環保署公告之石綿檢測法，通常纖維計數密度相對標準偏差是以纖維計數在 100 個視野內計數至 100 根纖維為計算方式：要使濾紙上有適量的纖維數，當空氣較乾淨，其纖維濃度在 0.1 f/cm^3 時，以 1 至 4 L/min 流速採集 8 小時左右是適當的；假如空氣很髒，則採集的總空氣量在 400 公升就可得到容易計數的樣本，假設採集空氣量為 500 公升。

已知空氣環境中石綿濃度 C 為 0.1 f/cm^3，採集 500 公升空氣，計數 100 個視野，25 mm 濾紙之視野面積 0.008 mm^2，則氣體樣品中纖維濃度總纖維數為 E (fiber)。

$$C = \frac{E \times 385}{0.008 \times 500 \times 1000 \times 100} = 0.1\ f/cm^3$$

則所求 E 玻璃纖維樣本其纖維計數結果為 104 fiber。

某位勞工作業環境同時暴露在混合溶劑的情形下，某作業環境監測作業結果如下表所示（假如這些溶劑都會對中樞神經系統產生不良的健康效應）。

（一）請說明符號註記的「瘤」、「高」的意義。（5 分）

（二）甲溶劑暴露的時量加權平均濃度是多少 mg/m^3（請列出計算公式）？（5 分）

（三）乙溶劑暴露的相當 8 小時的暴露濃度分別為多少 ppm（請列出計算公式）？（5 分）

（四）丙溶劑的暴露是否符合法令要求（請寫明理由）？（5 分）

（五）該勞工的危害性化學品暴露分級管理屬於第幾級（請寫明理由）？（5 分）

溶劑名稱	分子量 (g/mole)	符號註記（標的器官）	容許濃度 (ppm)	暴露濃度 (ppm)	暴露時間（小時）
甲溶劑	76	皮（神經系統）	10	3.5	4.0
				4.6	1.5
				12.5	2.5
乙溶劑	54	瘤（神經系統）	5	2.5	6.0
				5.6	3.0
丙溶劑	147	高（神經系統）	50	20	0.5
				40	0.5
				55	0.3

【112】

（一）依據勞工作業環境空氣中有害物容許濃度標準第 2 條附表一（空氣中有害物容許濃度表）

1. 「皮」字表示該物質易從皮膚、黏膜滲入體內，並不表示該物質對勞工會引起刺激感、皮膚炎及敏感等特性。

2. 「瘤」字表示該物質經證實或疑似對人類會引起腫瘤之物質。

3. 「高」字之濃度為「最高容許濃度」，表示不得使一般勞工有任何時間超過此濃度之暴露，以防勞工不可忍受之刺激或生理病變者。

（二）甲溶劑：時量平均暴露濃度

$$TWA_{8hr} = \frac{C_1 \times t_1 + C_2 \times t_2 + C_3 \times t_3}{t_1 + t_2 + t_3} = \frac{3.5 \times 4 + 4.6 \times 1.5 + 12.5 \times 2.5}{4 + 1.5 + 2.5} = \frac{52.15}{8}$$

$= 6.52\text{ppm} < 10\text{ppm}$（第二級）

氣狀有害物之濃度 (mg/m^3) =

$$\frac{\text{氣狀有害物之分子量}\left(\frac{g}{mole}\right)}{24.45} \times \text{氣狀有害物之濃度 (ppm)}$$

$$\text{即所求濃度}(mg/m^3) = \frac{76\left(\frac{g}{mole}\right)}{24.45} \times 6.52(\text{ppm})$$

$$= \frac{495.52}{24.45} = 20.27 mg/m^3$$

（三）乙溶劑：時量平均暴露濃度

$$TWA_{9hr} = \frac{C_1 \times t_1 + C_2 \times t_2}{t_1 + t_2} = \frac{2.5 \times 6 + 5.6 \times 3}{6 + 3} = \frac{31.8}{9} = 3.53\text{ppm}$$

8 小時時量平均濃度

$$TWA_{8hr} = \frac{TWA_{9hr} \times 9}{8} = \frac{3.53 \times 9}{8} = \frac{31.77}{8} = 3.97\text{ppm} < 5\text{ppm}$$（第二級）

（四）丙溶劑：時量平均暴露濃度

$$TWA_{1.3hr} = \frac{C_1 \times t_1 + C_2 \times t_2 + C_3 \times t_3}{t_1 + t_2 + t_3} = \frac{20 \times 0.5 + 40 \times 0.5 + 55 \times 0.3}{0.5 + 0.5 + 0.3}$$

$$= \frac{46.5}{1.3} = 35.77\text{ppm}$$

8 小時時量平均濃度 TWA_{8hr}

$$TWA_{8hr} = \frac{TWA_{1.3hr} \times 1.3}{8} = \frac{35.77 \times 1.3}{8} = \frac{46.5}{8} = 5.81\text{ppm} < 50\text{ppm}$$

但丙溶劑有 0.3 小時暴露在 55ppm 濃度下，因符號註記為「高」，表示不得使勞工有任何時間超過「最高容許濃度 50ppm」之暴露，即丙溶劑的暴露不符合法規之要求。

(五) 此題意已知甲乙丙溶劑都會對中樞神經系統產生不良的健康效應，因作業環境空氣中有 2 種以上有害物存在，而其相互間效應非屬相乘效應或獨立效應時，應視為相加效應。

$$D = \frac{6.52}{10} + \frac{3.97}{5} + \frac{5.81}{50}$$

$$= 0.652 + 0.794 + 0.1162$$

$$= 1.5622 > 1 \text{ (不符合法規)}$$

依相似暴露族群暴露實態之評估結果分級原則

$\because \geq$ PEL 故為第二級管理

某作業環境的正己烷暴露濃度為 650 ppm，已知其容許濃度為 50 ppm，今針對正己烷暴露之作業勞工要求配戴具有防護係數達到 15 等級（APF=15）之呼吸防護具，如果該勞工在前述工作場所每日工作 10 小時，請回答下列問題：

（一）請說明正己烷作業環境監測時要選擇何種採樣介質並決定採樣時間。（4 分）

（二）如果勞工全程確實配戴呼吸防護具時，該勞工之正己烷暴露是否符合現行法令規定？（10 分）

（三）如果勞工在作業期間實際配戴時間為 9 小時，有 1 小時未配戴，請計算該勞工在配戴時之有效防護係數（effective protection factor, EPF）？（5 分）

（四）針對上述條件與分析結果，請您提出至少三項適當的改善建議（請寫明理由）？（6 分）

提示：$EPF=\dfrac{C_{outside}\times(t_{on}+t_{off})}{C_{inside}\times t_{on}+C_{outside}\times t_{off}}$

EPF：有效防護係數 (effective protection factor)

$C_{outside}$：外界空氣污染物暴露濃度

C_{inside}：呼吸防護具面體內污染物暴露濃度

t_{on}：呼吸防護具配戴時間

t_{off}：呼吸防護具未配戴時間 【112】

（一）依據勞動部勞動及職業安全衛生研究所標準分析參考方法：1228 正己烷 (C_6H_{14})

正己烷採樣介質：活性碳管 (100mg/50mg)

一般有機污染物：採樣流率多以 100ml/min 執行

最高採樣體積 = 0.67× 破出體積 (5.9l)=3.953l=4l=4000ml（採樣體積最高量）

則採樣時間為 $\frac{4000ml}{100ml/min}$ = 40min(一根活性碳管的採樣時間)

一般採樣時間至少是全程的 70~80%，通常採樣員多採 6hr。

若採樣時間為全程 10hr 的 80%，則為 10x80%=8hr；換言之

則要用 $\frac{8\times60}{40}$ = 12 根活性碳管執行全程採樣。

(二) APF = $\frac{MUC}{PEL}$；APF 為指定防護係數，MUC 為最高使用濃度，PEL 為容許濃度。

防護係數 (PF) = $\frac{環境中有害物之濃度\ C_{環境中}}{防護具面體內有害物之濃度\ C_{防護具內}}$

$\therefore 15 = \frac{650}{濃度\ C_{防護具內}}$

濃度 $C_{防護具內} = \frac{650}{15} = 43.3ppm < 50ppm(PEL)$ ∴符合法規。

(三) 有效防護係數 EPF = $\frac{C_{outside}\times(t_{on}+t_{off})}{C_{inside}\times t_{on}+C_{outside}\times t_{off}} = \frac{650\times(9+1)}{43.3\times9+650\times1}$

$$= \frac{6500}{389.7+650} = \frac{6500}{1039.7} = 6.25$$

有效防護係數 (EPF) = $\frac{環境中有害物之濃度\ C_{環境中}}{防護具面體內有害物之濃度\ C_{防護具內}}$

$\therefore 6.25 = \frac{650ppm}{濃度\ C_{防護具內}}$

濃度 $C_{防護具內} = \frac{650ppm}{6.25} = 104ppm > 50ppm(PEL)$

換言之，有戴好口罩密合度合格，其防護具內濃度 43.3ppm；若未戴好口罩，則口罩防護具內有害物濃度增加至 104ppm。

(四) 因作業環境正己烷暴露濃度 650ppm 高於容許濃度 PEL(50ppm)，所以應優先改善作業環境的暴露濃度；另防護係數 (APF=15) 及有效防護係數 (EPF=6.25) 均顯偏低，故應提高呼吸防護具的等級；同時，因勞工作業期間仍有 1hr 未配戴，故應落實員工教育訓練。

1. 危害辨識及暴露評估：從源頭設法降低有害物在空氣中的暴露濃度，如加裝局部排氣設備或通風換氣設施，並定期每季實施暴露風險評估。

2. 呼吸防護具之選擇：將淨氣式呼吸防護具半面體 (APF = 15)，提升為全面體 (APF = 50)，以達防護效果。

3. 執行密合度測試及呼吸防護教育訓練：可執行定量密合度測試，全面體密合度應大於 500；另執行教育訓練，確實要求勞工有效使用呼吸防護具。

某位勞工於一咖啡工廠進行烘焙、研磨與包裝工作，暴露於 180 ppb 之丁二酮 (diacetyl, NIOSH REL-IWA= 5 ppb)。

(一) 試問該勞工該選用指定防護係數 (Assigned Protection Factor, APF) 為多少的呼吸防護具？(7 分)

(二) 咖啡工廠該選用具備那種功能的呼吸防護具？（6 分）

(三) 試列出三項影響呼吸防護具密合度的主要因素？（6 分）

【113】

(一) 咖啡進行烘培、研磨與包裝作業，因暴露在 180ppb 之二丁酮，依據呼吸防護具選用參考原則，其危害比 (HR) = 空氣中有害物濃度 / 該汙染物之容許暴露標準 = 180/5 = 36；若長期吸入該有害蒸氣，可能肇生肺部及呼吸道感染或功能受損，導致閉鎖性細支氣管發炎等問題。防護係數 (PF) 是用以表示呼吸防護具防護性能之係數，其防護係數 (PF) = 1/(面體洩漏率 + 濾材洩漏率)；氣狀有害物之呼吸防護具，依據呼吸防護具選用參考原則，淨氣式呼吸

防護具防護係數 (PF) 建議，防護具型式以濾毒罐洩漏率為 1% 計算，因作業環境危害比 (HR) = 36 較高，建議防護係數應為 50 以上，可選用防毒全面體之面具配戴。

(二) 依據呼吸防護計畫及採行措施指引，作業場所其有害物濃度 180ppb 已超過容許暴露濃度 5ppb；應選用半面體或全面體之緊密貼合式呼吸防護具，並依勞工生理狀況及防護需求，實施生理評估及密合度測試。因有害物二丁酮屬有機化學氣狀蒸氣物質，應選用淨氣式防毒面具；其防護材質的濾材要選用可以有效過濾二丁酮的濾毒罐或濾匣。

(三) 呼吸防護具之使用於每次進入作業場所前，應正確戴用且實施正壓呼氣及負壓吸氣之密合檢點，並確實調整面體及檢點面體與勞工臉型間之密合；依據呼吸防護具選用參考原則，選用面體要確認有效密合，其影響密合度的主要因素如下。

1. 佩戴者臉型面部與呼吸防護具面體無法匹配密合。
2. 呼吸防護具之進排氣閥洩漏。
3. 呼吸防護具面體老化或其他部位有破損。
4. 呼吸防護具配件之連結不當。

(一) 請說明採樣時採樣管外速度 (U) 與採樣管內速度 (V) 在等動力採樣 (Isokinetic sampling)、超等動力採樣 (Super-isokinetic sampling) 及亞等動力採樣 (Sub-isokinetic sampling) 的關係。(9 分)

(二) 在採集微粒時，等動力採樣 (Isokinetic sampling)、超等動力採樣 (Super-isokinetic sampling) 及亞等動力採樣何者較容易捕集到圖中的 10 μm 微粒？請說明原因。(6 分)

(三) 在一直徑為 0.2 m 與流量為 $1m^3/s$ 的風管中，使用一管徑為 10mm 之採樣管進行等動力採樣，試問該採樣管流量 (m^3/s) 與流速 (m/s) 分別為何？(10 分) 【113】

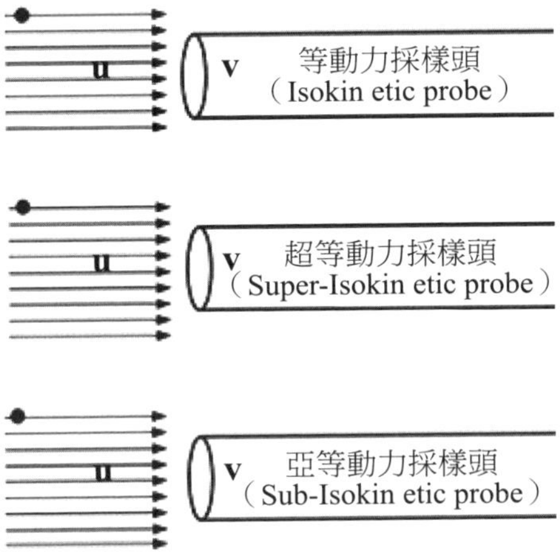

(一) 採樣管外速度 (U) 與採樣管內速度 (V) 的關係

等動力採樣為 V = U，採樣管內速度與管外相同，採樣微粒不受速度差影響。

超等動力採樣為 V > U，因採樣管內的吸力強，採集到的大粒徑微粒會偏高。

亞等動力採樣為 V < U，因採樣管內的吸力弱，無法有效達到完整採集效果。

（二）在採集微粒時，等動力採樣較容易捕集到 10μm 微粒，因等動力流速的採樣管與採樣管外速度一致時，其採樣的偏差最小，10μm 微粒不會因流速的差異性而肇生運動軌跡的誤差，較能精準的被捕集到。

（三）已知風管直徑 D = 0.2m，風管流量為 Qw = 1m^3/s；

即風管截面積 $A_W = \pi \times (\frac{0.2}{2})^2 = 3.14 \times 0.01 = 0.0314m^2$

則風管流速 $U = \dfrac{Q(\frac{m^3}{s})}{A_W(m^2)} = \dfrac{1}{0.0314} = 31.85m/s$

使用採樣管徑 d = 10mm = 0.01m 的截面積

$A_S = \pi \times (\frac{0.01}{2})^2 = 3.14 \times 0.005^2 = 7.85 \times 10^{-5}\ m^2$

已知該採樣管進行等動力採樣，即採樣管流速

V(m/s) = U = 31.8m/s

則採樣管流量 $Qs(m^3/s) = V(m/s) \times As(m^2)$

$= 31.85 \times 7.85 \times 10^{-5} = 0.0025(m^3/s)$

6-2-3　生物性危害之測量與評估

請列舉說明利用慣性衝擊、洗滌及過濾機制設計之生物氣膠採樣器的優點及缺點，並說明其採集生物氣膠後可應用於那些後續分析？（15 分）【104】

（一）採用慣性衝擊機設計之生物氣膠採樣器：

1. 優點：

(1) 針對非活性樣品，可執行較長時間採樣，不受限制。

(2) 針對活性樣品，可執行粒徑篩選，具操作便利及易於攜帶功能。

2. 缺點：

(1) 針對非活性樣品，執行樣本鑑定技術分析不易，人力較耗工時。

(2) 針對活性樣品，其樣本培養不易，再現性差，計數誤差高。

3. 可應用之分析方法：

(1) 非活性樣品，通常採顯微鏡之鑑定計數分析。

(2) 活性樣品，可選顯微鏡微生物鑑定分析，以及活性培養皿計數鑑定法。

(二) 採用洗滌機制設計之生物氣膠採樣器：

1. 優點：

(1) 對於短時間的微粒樣本採集效率較高。

(2) 可執行長時間採樣，並降低採集液揮發與微粒之氣膠化現象。

2. 缺點：

(1) 不易執行大規模環測，短時間採樣之微粒樣本易氣膠化。

(2) 玻璃設備之儀器操作方面有其難度。

3. 可應用之分析方法：可選顯微鏡微生物鑑定分析，以及活性培養皿計數鑑定法。

(三) 採用過濾機制設計之生物氣膠採樣器：

1. 優點：通常為非活性且長時間採樣，在環測暴露評估方面具有採養代表性。

2. 缺點：在過濾後易乾燥化，導致微生物樣本不具活性。

3. 可應用之分析方法：如分子生物分析或化學指標分析等。

> （一）生物偵測之生物指標，在選擇時應考量那些因素？（10分）
> （二）又如何決定生物偵測樣本的採集時間？（5分）【105】

（一）通常生物偵測之數據指直接能估算勞工對某化學物質的吸收，即測量該化合物或其代謝物在血液、尿液、呼出的氣體、毛髮或指甲中之濃度，但不包括該有害物所引起之生物效應。因此，生物偵測之生物指標，在選擇時應考量下列因素：

1. 接受度：偵測方法應為勞工所接受，且受測者生理變異應在可接受範圍。
2. 專一性：執行生物偵測指標物應確認，如血液中之重金屬鉛濃度。
3. 靈敏度：生物偵測之指標物應有適度的靈敏度特性，可被偵測得知。
4. 相關性：生物偵測所選擇之生物指標應與勞工個人之健康效應具有密切相關性。
5. 風險性：生物偵測對勞工採樣（如抽血）不應衍生其他感染風險，且檢體採集應降低受測者之不舒適感覺。

（二）一般生物偵測依不同受測物，其生物檢體（如尿液或血液）、背景濃度、臨床症狀濃度、指標值、樣本收集時間及半衰期等，皆有所不同，例如無機物重金屬如下表：

受測物	生物檢體	背景濃度	臨床症狀濃度	指標值	樣本收集時間	半衰期	注意事項
鉛	血液（μg/dl）	2-9	80	30μg/dl	皆可不重要	無	須使用無鉛的注射針及針筒，生物暴露指標：血中鉛為 50μg/dl。
砷	尿（μg/l）	<30	>300	50μg/gCr	一星期工作完畢	1-2 天	偵測採集前 48 小時應禁食海產。

通常生物偵測樣本之採集時間建議如下：

1. 生物性半衰期長者：因半衰期數天以上，且具有生物累積效應，應於每週工作前及週末執行採樣。
2. 生物性半衰期短者：如半衰期數數小時內，可於工作前或作業中進行偵測採樣。

（一）生物氣膠的採樣方法中，慣性衝擊（inertial impaction）捕集法及重力沉降（gravitational settling）落菌測試法為評估生物氣膠濃度的方法，請說明為何慣性衝擊器（impactor）在計數菌落濃度後，需要進行菌落數濃度校正？（4 分）

（二）並闡釋落菌測試法採樣所需的介質、功用及採樣優缺點為何？（8 分） **【106】**

（一）落菌測試法又稱為被動式採樣沉降盤法，可作為評估生物氣膠濃度的方法，以慣性衝擊器執行計數菌落濃度後，應執行菌落數濃度校正之原因如下：

1. 菌落數濃度校正，又稱正孔校正，其原因在於慣性衝擊器之捕集過程，因撞擊在捕集板之生物氣膠微粒數量隨採樣時間增加，導致微粒進入未佔據孔之機率變小。
2. 慣性衝擊採樣器執行生物氣膠微粒收集時，最佳狀態是一對一，即每個噴孔僅捕獲一個微生菌種，以免一個噴孔捕獲多個造成菌落重疊或微生物融合現象。
3. 若出現菌落重疊或融合現象，則微生物樣本濃度會被低估，因此培養後之菌落數應執行菌落數濃度校正（正孔校正），以提升落菌測試評估之準確度。

（二）落菌測試法採樣所需的介質、功用及採樣優缺點：

落菌測試法	採樣介質	功用	採樣優點	採樣缺點
又稱為沉降盤法	營養瓊脂培養基，通常用於一般細菌總數測定評估或保存培養菌種。	可在無動力設備下，執行評估採樣環境中生物氣膠活菌體濃度之初篩或定性與半定量評估分析。	1. 容易操作。 2. 設備價格便宜。	1. 微生菌種可能因乾燥，導致生物活性失效。 2. 採樣菌種必須被瓊脂培養皿收集到，才能執行後續的計數評估。 3. 因實際採樣量未知，缺乏定量監測基準。

請說明何種類型生物氣膠採樣器（含採樣機制、設計原理、優缺點、資料處理方式、樣本應用分析等）可用於評估空氣中微生物特性，做為呼吸防護具選擇或生物性危害控制之參考。（25 分）

【109】

（一）通常執行空氣中微生物評估，可採取玻璃液體衝擊瓶（AGI）或安德森微生物採樣器（AMS）來進行採集，經培養後再進行菌落計數評估；針對液體衝擊瓶而言，其採樣機制原理如下：

1. 將已知體積的空氣經由含有標準方法指定液體的衝擊瓶，使定量之空氣起泡。
2. 接著讓液體與相關之化學物發生化學反應或溶解作用。
3. 再將收集採樣完成之液體加以後續分析。

(二) 液體衝擊瓶執行生物氣膠採樣之整體採樣效率應注意事項：

1. 進氣口的採樣效率：採樣器進氣口從環境中補捉的微粒是否具有代表性，包括微粒的粒徑大小與形狀、氣動特性等。
2. 微粒移除效率：採樣器將微粒從採集氣流分離出，使其沉降在採樣介質的能力。
3. 生物性恢復效率：採樣器將生物氣膠傳遞至分析系統中，不改變其重要生物特性（如：活性、活動力、完整性等）。
4. 物種定性分析方式：可採用離子層析儀、X- 射線繞射儀、拉曼光譜儀、紅外線光譜儀及串接式液相或氣相層析 - 感應耦合電漿質譜儀等設備，執行物種定性分析。

(三) 液體衝擊瓶採樣器可執行微生物之濃度及菌種分析，經由樣本分析結果，可應用於評估不同場所空氣中之微生物種類與特性，能夠更準確的確認微生物與環境因子之相關性，以作為職場工作時之呼吸防護具選擇或生物性危害控制之參考依據。

資料參考來源：勞動部勞研所 - 作業環境生物膠監測暨控制技術手冊

如果採用六階安德森採樣器（400 孔）進行外科口罩之細菌過濾效率評估，採樣器流量率經校正後已知為 28.0 L/min，如果分析對照組（無外科口罩）與測試組（有外科口罩）的採樣分析結果列表如下：

細菌過濾效率	六階安德森採樣器	對照組細菌採樣時間為 5 分鐘					
		第一階	第二階	第三階	第四階	第五階	第六階
	細菌菌落生成數 (CFU)	9	12	25	38	20	15
	六階安德森採樣器	測試組細菌採樣時間為 8 分鐘					
		第一階	第二階	第三階	第四階	第五階	第六階
	細菌菌落生成數 (CFU)	0	0	0	0	0	3

（一）請說明何謂菌落生成數 (colony forming unit, CFU)？要選用何種培養基？細菌的培養條件？（9 分）

（二）分別計算對照組與測試組之空氣中細菌濃度值（以 CFU/m^3 表示）？（10 分）

（三）計算外科口罩之細菌過濾效率（請列出計算公式）。（6 分）

提示：$\dfrac{\ln\left[1-\dfrac{n}{400}\right]}{\ln\left[\dfrac{399}{400}\right]}$ (400 孔)

N：正孔修正後菌落生成數

n：培養基菌落生成數計數結果 【112】

（一）1. 所謂細菌菌落生成數 (CFU)，CFU 為菌落形成單位，係為計算細菌數量的方式，其數值愈大，表示所採集的樣本作業環境中所含的細菌數量愈多，CFU 是以在顯微鏡下所計算的活細菌數。

2. 可選用配製含環已醯亞胺之胰蛋白大豆瓊脂培養基，胰蛋白大豆瓊脂培養基為適合細菌生長的培養基，環已醯亞胺 (100 μg/mL) 可抑制真菌生長，減少真菌的污染。

3. 胰蛋白大豆瓊脂培養基 (Tryptic Soy Agar, TSA)，其每公升之胰蛋白大豆瓊脂培養基所含成分：胰化蛋白腖 15.0g、大豆蛋白腖或硫化蛋白腖 5.0g、氯化鈉 5.0g、瓊脂 15.0g，合計 40.0g，另環已醯亞胺環 100mg。

4. 依行政院環保署之空氣中細菌濃度檢測方法 (NIEA E301.15C)，使用衝擊式採樣器抽吸適量體積之空氣樣本，直接衝擊於適合細菌成長的培養基上。於 30±1°C 培養 48±2hr 後，計數生長於培養基上的細菌菌落數，並轉換為每立方公尺空氣中的細菌濃度。

(二) 1. 對照組 $N = \dfrac{\ln\left[1-\dfrac{119}{400}\right]}{\ln\left[\dfrac{399}{400}\right]} = \dfrac{-0.3531}{-0.002503} = 141.1(\text{CFU})$

$28.0(\text{l/min}) \times 5\text{min} = 140(\text{l}) \times 10^{-3}(\text{m}^3/\text{l}) = 0.14(\text{m}^3)$

∴空氣中細菌濃度值 $\dfrac{141.1}{0.14} = 1007.9(\text{CFU/m}^3)$

2. 測試組 $N = \dfrac{\ln\left[1-\dfrac{3}{400}\right]}{\ln\left[\dfrac{399}{400}\right]} = \dfrac{-0.0075283}{-0.002503} = 3.01(\text{CFU})$

$28.0(\text{l/min}) \times 8\text{min} = 224(\text{l}) \times 10^{-3}(\text{m}^3/\text{l}) = 0.224(\text{m}^3)$

∴空氣中細菌濃度值 $\dfrac{3.01}{0.224} = 13.4(\text{CFU/m}^3)$

(三) 外科口罩之細菌過濾效率 $= \dfrac{(\text{對照組}-\text{測試組})\text{細菌濃度}}{(\text{對照組})\text{細菌濃度}}$

$= \dfrac{1007.9-13.4}{1007.9}$

$= \dfrac{994.5}{1007.9} = 98.7\% > 95\%$ 符合標準

CNS 14774 一般外科手術口罩之細菌過濾效率≧ 95% 以上。

6-2-4 人因性危害之測量與評估

美國國家職業安全衛生研究所（National Institute for Occupational Safety and Health, NIOSH）分別在 1981 及 1991 年提出人工物料抬舉作業指引，試分別說明二者之內涵及差異。（15 分） 【105】

（一）美國國家職業安全衛生研究所（NIOSH）於 1981 年所提出人工物料抬舉作業指引之內涵如下：

1. NIOSH 在 1981 年從流行病學、生物力學、生理學及心理物理學等研討，發展出一套綜合評估多個作業變項之抬舉風險公式指引，作為人工物料抬舉作業之參考規範。

2. 該公式變項包括：負重離開腳踝之水平距離、負重開始抬舉時之垂直位置、抬舉時之垂直移動距離及抬舉之平均頻率等。

3. 該指引定義最大容許極限（MPL）為 3 倍的活動極限（AL），即 MPL = 3 × AL；並將人工物料抬舉作業區分成三類：

   (1) < AL 的作業；

   (2) 介於 AL 和 MPL 之間的作業；

   (3) > MPL 的作業。

（二）NIOSH 於 1991 年提出之人工物料抬舉作業指引內涵如下：

1. 建議重量極限（RWL）：

   $RWL = LC \times HM \times VM \times DM \times AM \times FM \times CM$

   其中 RWL 之組成要素為負重常數值 LC = 23Kg

   水平乘數 HM = 25/H、垂直乘數 $VM = 1 - (0.003|V - 75|)$

   距離乘數 $DM = 0.82 + \dfrac{4.5}{D}$

   不對稱乘數 AM = 1 – 0.0032A

   頻率乘數 FM 及偶合乘數 CM 可查表得知。

2. 抬舉指數（LI）：LI = L/RWL

其中 L 代表負重（load），即 NIOSH 1991 之抬舉指數（LI）為「抬舉負重」與「建議重量極限」之比值。

3. 人工物料抬舉作業，當 LI < 1 時，即抬舉作業無下背傷害風險；當 LI > 1 時，則抬舉作業具有傷害下背之潛在風險，職場雇主應設法改善工作環境，以免造成勞工職業性肌肉骨骼傷害。

6-3 參考資料

說明 / 網址	QR Code
作業環境生物氣膠監測暨控制技術手冊 編 / 著 / 譯者：林子賢、紀妙青、劉惠銘等 出版機關：勞動部勞動及職業安全衛生研究所 *https://gpi.culture.tw/books/1010501164*	
《人因工程－人機境介面工適學設計（第七版）》 許勝雄、彭游、吳水丕等編著 *https://www.tsanghai.com.tw/book_detail.php?c=218&no=4879#p=1*	
勞動部勞動及職業安全衛生研究所之「工安警訊」 *https://www.ilosh.gov.tw/90734/90811/136446/90775/lpsimplelist*	
勞動部勞動及職業安全衛生研究所之「研究季刊」 *https://www.ilosh.gov.tw/90734/90789/90795/92349/post*	
工業安全與衛生 (月刊) *http://www.isha.org.tw/monthly/books.html*	
作業環境監測指引 *https://www.osha.gov.tw/48110/48713/48735/60219/*	

說明 / 網址	QR Code
作業環境有害物採樣分析參考方法驗證程序 *https://ppt.cc/f9I46x*	
化學性因子作業環境測定計畫撰寫指引及物理性因子作業環境測定計畫撰寫指引 *https://reurl.cc/K8eRee*	
勞動部勞動及職業安全衛生研究所 - 電銲金屬燻煙採樣方法探討與評估 *https://www.sanmin.com.tw/product/index/004593985*	
人因性危害預防計畫指引 *https://www.osha.gov.tw/48110/48461/48517/48527/56577/*	
健康危害化學品 - 定量暴露評估推估模式 *https://reurl.cc/eMzAy7*	
行政院環境保護署環境檢驗所 - 廢棄物中石綿檢測方法 (NIEA R401.23C) *https://reurl.cc/NYQ9Y5*	
行政院勞工委員會採樣分析建議方法（CLA2318 石綿及其他纖維 Asbestos and other fibers by PCM） *https://www.ilosh.gov.tw/90734/90811/136449/90825/92445/*	
行政院勞工委員會採樣分析建議方法（CLA3009 鉛） *https://www.ilosh.gov.tw/90734/90811/136449/90825/92620/post*	
行政院勞工委員會採樣分析建議方法 - 二甲基乙醯胺 *https://www.ilosh.gov.tw/90734/90811/136449/90825/92421/post*	

暴露與風險評估 7

7-0 重點分析

依據美國工業衛生協會（American Industrial Hygiene Association, AIHA）定義，職業衛生係指致力於預期（anticipation）、認知（recognition）、評估（evaluation）、控制（control）和確認（Confirmation）發生於工作場所的各種環境因素或危害因子的科學（science）和藝術（art），而這些環境因素或危害因子，係指會使工作者或社區民眾發生疾病、損害健康和福祉，或使之發生身體嚴重不適及減低工作效率。

專技高考職業衛生技師的考試類科「暴露與風險評估」可算是目前讓考生難以捉摸的科目，考試範圍相較其他科目具體但實際上卻千變萬化，因此常有學員或考生希望老師或上榜技師提供一些參考書目供其閱讀。於工業衛生之基礎建立上，可閱讀高立圖書出版由莊侑哲等老師所著的《工業衛生》，華杏出版由郭育良等老師所著的《職業病概論》或《職業與疾病》，以及中華民國工業安全衛生協會所編撰的職業安全衛生管理員、職業衛生管理師訓練教材等，另外加上生物統計、流行病學、作業環境控制工程、工程控制與作業環境監測等專業科目觀念建構結合後，都是非常值得研讀的相關書籍與參考資料。

另外，專技高考由於及格標準與勞動部技能檢定的及格制不同，除了要回答正確的內容外，針對所問的題目提出不同的見解或更完整深入面向的回答，將是脫穎而出的關鍵，而此部分的能力養成則有賴於多方閱讀，多方閱讀可以讓你可以得到不同的資訊、深度與見解，所以對於這個考試科目的準備，除了扎實的工業衛生基礎外，還需要「廣泛閱讀」才能使答案深度有所提升，而閱讀來源建議以「勞動部勞動及職業安全衛生研究所」為主，特別是「熱線消息」與「研究成果」更是可常去追蹤閱讀的地方，但實際上場考試精要之處全在於考生統整解析考題的能力，理解出題老師想測驗的問題本質，對問題的答案要有破題並融會貫通才行。

7-1 定量風險評估

請以簡單之混合模式（Well Mixing Box Model），估算下述工作環境中甲苯之最高可能濃度（請以 ppm 表示）。（20 分）室溫：25°C；大氣壓：750 mmHg；甲苯產生速率：10 mg/hr；產生時間：8 小時；工作場所空間：100m^3；空氣交換次數：0.5 hr^{-1}。（20 分）

因題目未提到室內是否持續有汙染物質進入或者排入，因此假設條件如下：

$$C_{input} = 0；G > 0$$

採用公式如下：

$$C = \frac{G}{Q}\left(1 - e^{\frac{-Q}{V}(t)}\right)$$

其中：

C (mg/m^3) = 欲求濃度

G (mg/hr) = 10 (mg/hr)

Q (m^3/hr) = 50 (m^3/hr)

V (m^3) = 100 (m^3)

單位換算：

$$C=\frac{10}{50}\left(1-e^{\frac{-50}{100}(8)}\right)=0.1964(mg/m^3)$$

$$C\ (mg/m^3)=ppm\times\frac{化學物質之分子量}{莫爾體積}$$

進行體積校正：

$$\frac{P_1V_1}{T_1}=\frac{P_2V_2}{T_2}=\frac{760\times 24.45}{273+25}=\frac{750\times V_2}{273+25}$$

$$V_2=24.776\left(L/mole\right)$$

$$0.1964(mg/m^3)=ppm\times\frac{92\left(g/mole\right)}{24.776\left(L/mole\right)}$$

$$C=0.053\ ppm$$

一輸送管（操作錶壓力為 5 大氣壓，操作溫度為 25°C）負責 HCl 的傳輸。假設輸送管上有一 1.0cm 長及 1.0mm 寬之裂縫，試估算該裂縫中 HCl 質量洩漏率（Mass release rate；mg/sec），已知 HCl 之關鍵流量比（Critical flow ratio）為 0.5。（25 分） 【110】

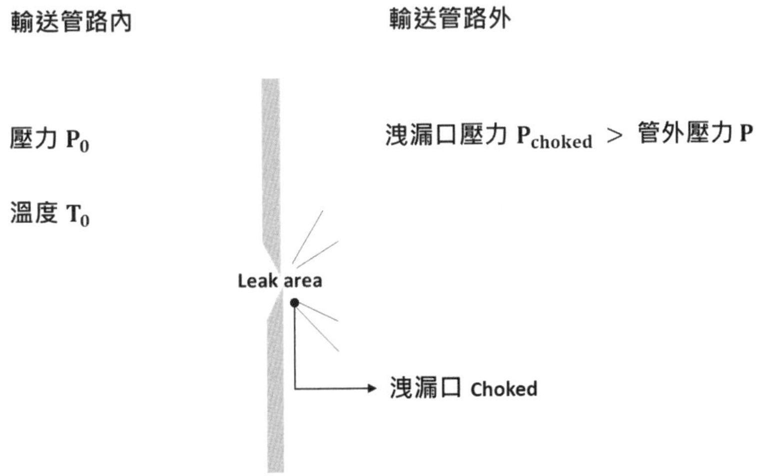

Q_m(mg/s) = HCl 質量洩漏率

C_0 = HCl 之關鍵流量比

A(m^2) = 破裂面積

P_0(atm) = 輸送管內洩漏之壓力

g_0(m/s^2) = 重力常數 9.81

R(m^3 • atm)/(k • mole) = 氣體常數 8.206 × 10^{-5}

T(k) = 溫度

M(g/mole) = 莫爾質量

經查表得 HCl 之熱容比 γ = 1.41

P_0(atm) = 輸送管內壓力 + 大氣壓力 = 5 + 1 = 6 atm

計算裂縫中 HCl 之質量洩漏率：

$$Q_m = C_0 \times A \times P_0 \times \sqrt{\frac{r \times g_0 \times M}{R_g \times T_0} \times (\frac{2}{r+1})^{(r+1)(r-1)}}$$

$$= 0.5 \times 1 \times 10^{-5} \times 6 \times \sqrt{\frac{1.41 \times 9.81 \times 36.5}{8.206 \times 10^{-5} \times 298} \times (\frac{2}{1.41+1})^{(1.41+1)(1.41-1)}}$$

$$= 3 \times 10^{-5} \times 130.24$$

= 0.0039(g/s) →單位換算 3.91(mg/s)

此解題公式參考 Chemical Process Safety Fundamentals with Application 2nd edition (Daniel A.Crowl/Joseph F.Louvar)–Chapter 4 Source Models

試比較暴露評估與生物偵測的異同，並說明為何生物偵測無法廣泛用於職業危害的評估。(15 分) 【111】

職業衛生領域常用之暴露評估之定量方法，可分為「作業環境監測」與「生物監測」，事實上，生物偵測也是暴露評估的一環，其相同與相異處說明如下：

暴露評估與生物偵測的相同相異表

比較項目	暴露評估	生物偵測
評估目的	相同處： ❑ 評估作業場所中的危害物質對人體健康危害的影響 ❑ 量化作業場所中勞工的暴露程度	
評估方向	多為評估人體外的暴露情形（如：作業環境與勞工個人的暴露濃度）	主要評估勞工個人體內的暴露劑量
採樣方式	透過以下三個暴露評估技術，來推估作業環境中的勞工的暴露狀態： ❑ 作業環境監測 ❑ 模式推估 ❑ 直讀式儀器	透過檢測分析生物檢體，如：呼氣、血液、尿液、頭髮和指甲等來獲得有害物或其代謝物之濃度。 目前常見之生物偵測方式可細分為 ❑ 生物暴露偵測 ❑ 生物效應偵測
評估方式（執行策略）	相同處： 危害辨識與資料收集： 根據作業場所危害特性及先期審查結果，以系統化方法辨識及評估勞工暴露情形	
	❑ 相似暴露群之建立 ❑ 採樣策略之規劃及執行 ❑ 樣本分析 ❑ 數據分析與評估（暴露結果之判定）	❑ 確認待了解的有害物質其於體內中物質或其代謝產物 ❑ 選擇適當之生物檢體或指標 ❑ 確認生物檢體之採集時間 ❑ 確認干擾因子之影響與來源 ❑ 生物偵測結果之分析與評估

暴露評估與生物偵測的相同相異表		
比較項目	暴露評估	生物偵測
採樣介質	活性碳管、矽膠管、衝擊式採集瓶、其他吸附管、採樣濾紙	血、尿液、呼出氣體、唾液、毛髮…等
容許暴露指標	容許暴露濃度（PEL）	❑ 生物暴露指標值（BELs） ❑ 生物容忍值（BAT）
暴露途徑鑑別	反應單一暴露途徑之結果（可鑑別主要的暴露來源）	反應多重暴露體內評估之結果
暴露評估結果之應用	❑ 作為危害暴露控制策略與計劃擬定的參考依據 ❑ 職業衛生專案績效的重要參考指標 ❑ 作為健康危害與職業病發生之診斷依據之一 ❑ 鑑定工程控制成效 ❑ 鑑定個人防護具之成效	❑ 輔助暴露評估或環境監測之結果 ❑ 進一步確認外在暴露、內在劑量與健康效應之相關性 ❑ 族群流行病學評估與應用 ❑ 確認工程控制或個人防護具的成效

生物偵測雖能有效反應有害物質進入人體體內的總量，但在實務上仍會面臨到以下問題：

(一) 執行面：

1. 在確認汙染源即評估暴露控制策略之效益，暴露評估優於生物偵測。
2. 生物偵測在執行面所需之資源遠高於暴露評估。
3. 生物偵測之樣本取得因涉及到侵入式採檢或個人隱私和意願，需克服勞工配合度意願較低之問題。

(二) 現階段能有許多職業環境中常用之有害物，其毒性反應資訊不足，像是劑量反應曲線效應不明確。難以發展有效之生物偵測方法來評估過量暴露所導致的健康影響，目前可執行生物偵測的物質尚不足。

(三) 已建立的生物暴露指標 (BELs) 有限，不像暴露評估之容許暴露濃度限值之資料庫這麼充足。

(四) 生物檢體採集分析技術的進程尚未發展成熟，現階段的生物偵測執行，大多著受限於暴露程度之評估。

(五) 環境中的有害物質多為混合暴露，在執行生物偵測前須先了解混合暴露物質之代謝機轉，才能有效評估實際暴露情形。

7-2 半定量風險評估

(一) 何謂「化學品分級管理制度」？（5 分）
(二) 執行時應包括那些步驟？（15 分）

(一) 化學品分級管理，主要係利用化學品本身的健康危害特性，加上使用時潛在暴露的程度（如：使用量、散布狀況），透過風險矩陣的方式來判斷出風險等級及建議之管理方法，進而採取相關風險減緩或控制措施來加以改善；為近年來國際勞工組織（International Labour Organization, ILO）及國際間針對健康風險積極發展的半定量式評估工具。

國際間常用之化學品評估及分級管理工具，包括：

1. 英國物質健康危害控制要點（COSHH Essentials）。
2. 德國工作場所危害物質管控計畫（EMKG）。
3. 荷蘭物質管理線上工具（Stoffenmanager）。
4. 新加坡評估職業暴露有害化學品之半定量方法。
5. 日本有害物質之危害指針。
6. 歐洲針對性風險評估（ECETOC TRA）。

(二) 而針對我國化學品分級管理（Chemical Control Banding, CCB）工具主要執行時應包括下列步驟：

1. 劃分危害群組：運用 GHS 健康危害分類，來劃分化學品的危害群組。

2. 判定散布狀況：化學品的物理化學特性會影響到空氣中的散布情形，通常以固體的粉塵顆粒尺寸大小及液體的揮發情況來進行判定。普遍來說，粉塵顆粒越小或液體沸點越小的化學品，代表越容易逸散於空氣中。

3. 選擇使用量：製程中的暴露量最直觀的參考依據就是化學品的使用量，因此，會考量到此部分。

4. 決定管理方法：整合前三個步驟的評估結果，包括：化學品的危害群組、逸散程度（粉塵度或揮發度）、透過風險矩陣的方式來評定化學品在此設定的環境條件下之風險等級。

5. 參考暴露控制表單：根據步驟四判斷出風險等級與管理方法後，按作業型態來選擇適當的暴露控制表單。相關的管理措施包括整體換氣、局部排氣、密閉操作、暴露濃度監測、呼吸防護具、尋求專家建議等。

試說明化學品暴露風險分級管理之意義與常用方法。(25 分)

由於目前國際間科技發展日新月異，各產業所使用的化學品種類與數量遽增，致使職業暴露限值建置速度遠遠不及每年產生的化學品數量，因此，國際相關研究機構，透過不同的研究與調查，最終發展出具經濟效益且可執行性高的評估方法—「危害性化學品評估及分級管理」。

根據「職業安全衛生法」第 11 條雇主對於危害性化學品，應依其健康危害、散布狀況及使用量等情形，評估風險等級，並採取分級管理措施。

暴露評估：指以定性、半定量或定量之方法，評量或估算勞工暴露於化學品之健康危害情形。

分級管理：指依化學品健康危害及暴露評估結果評定風險等級，並依分級結果採取相對應之管控措施。

化學品分類
應監測化學品（91種）
有PEL化學品（492種）
具有健康危害化學品
評估方法
作業環境監測
採樣分析 / 直讀式儀器 / 定量推估
CCB 工具 / 其他具同等科學基礎之評估及管理方法
評估/監測頻率
依監測辦法規定之期程（1年 / 6個月）
依暴露結果 / PEL比值分級（3年 / 1年 / 3個月）
每3年一次
管理區分&採行措施
第一級管理 暴露 < ½ PEL
第二級管理 ½ PEL ≦ 暴露 < PEL
第三級管理 暴露 > PEL
第一級管理 暴露 < ½ PEL
第二級管理 ½ PEL ≦ 暴露 < PEL
第三級管理 暴露 > PEL
參考CCB暴露控制表單 / 其他具同等科學基礎方法

✓ 若化學品之種類、操作程序或製程條件變更，而有增加暴露風險之虞者，應於變更前或變更後三個月內，重新進行評估與分級。

我國在進行化學品暴露風險分級管理時，還是以 CCB（Chemical Control Banding）為主要的暴露評估工具。CCB 方法會充分考量化學品本身健康危害的特性，並評估潛在的暴露程度，再透過劃分風險矩陣，進而得到風險積分，最終根據風險等級來採取相對應的風險控制措施。目前除 CCB 以外，尚還有其他考量更多的評估因子與參數的進階化學品分級管理工具，包含了以下：

1. 英國物質健康危害控制要點（COSHH Essentials）。
2. 德國工作場所危害物質管控計畫（EMKG）。
3. 荷蘭物質管理線上工具（Stoffenmanager）。
4. 新加坡評估職業暴露有害化學品之半定量方法。

5. 日本有害物質之危害指針。

6. 歐洲針對性風險評估（ECETOC TRA）。

7. 我國中央主管機關所公告之技術指引（Chemical Control Banding, CCB）。

依據現行法規，雇主對於具健康危害化學品、有容許濃度標準化學品，以及應實施環境測定之化學品，分別應採取何種暴露評估方式及評估頻率？而針對評估結果應採行何種管理措施？（30 分）

【109】

(一) 「職業安全衛生法」第 11 條，雇主針對具有危害性化學品，應依其健康危害、散布狀況及使用量等情形，評估風險等級，並採取分級管理措施。前項之評估方法、分級管理程序與採行措施及其他應遵行事項之辦法，由中央主管機關定之。

1. 暴露評估方式除參照我國中央主管機關所公告之技術指引（Chemical Control Banding, CCB），尚還有其他同等科學基礎之評估及管理方法可以參考。如：

   (1) 英國物質健康危害控制要點（COSHH Essentials）。

   (2) 德國工作場所危害物質管控計畫（EMKG）。

   (3) 荷蘭物質管理線上工具（Stoffenmanager）。

   (4) 新加坡評估職業暴露有害化學品之半定量方法。

   (5) 日本有害物質之危害指針。

   (6) 歐洲針對性風險評估（ECETOC TRA）。

2. 評估頻率：根據「危害性化學品評估及分級管理辦法」第 6 條，雇主應至少每 3 年執行一次，因化學品之種類、操作程序或製程條件變更，而有增加暴露風險之虞者，應於變更前或變更後 3 個月內，重新進行評估與分級。

(二)「危害性化學品評估及分級管理辦法」第 8 條，定有容許暴露標準，而事業單位從事特別危害健康作業之勞工人數在 100 人以上，或總勞工人數 500 人以上者，雇主應依有科學根據之之採樣分析方法或運用定量推估模式，實施暴露評估。

1. 具有容許濃度之暴露評估方法包含：

   (1) 作業環境監測。

   (2) 直讀式儀器。

   (3) 暴露推估模式（作業場所無通風推估模式、暴露空間模式、完全混合模式、二暴露區模式、渦流擴散模式、統計推估模式）。

   (4) 其他有效推估作業場所勞工暴露濃度之方法。

2. 「危害性化學品評估及分級管理辦法」第 8 及 10 條，化學品之暴露評估結果，應依下列風險等級，定期實施評估並分別採取管理措施：

   (1) 第一級管理：暴露濃度低於容許暴露標準 1/2 之者，至少每三年評估一次。在管理措施部分，除應持續維持原有之控制或管理措施外，製程或作業內容變更時，並採行適當之變更管理措。

   (2) 第 2 級管理：暴露濃度低於容許暴露標準但高於或等於其 1/2 者，至少每年評估一次。此外，需要就製程設備、作業程序或作業方法實施檢點，採取必要之改善措施。

   (3) 第 3 級管理：暴露濃度高於或等於容許暴露標準者，至少每 3 個月評估一次。並立即採取有效控制措施，並於完成改善後重新評估，確保暴露濃度低於容許暴露標準。

   化學品之種類、操作程序或製程條件變更，有增加暴露風險之虞者，應於變更前或變更後 3 個月內，重新實施暴露評估。

(三) 按「危害性化學品評估及分級管理辦法」第9條之規範，雇主應依勞工作業環境監測實施辦法所定之監測及期程，實施前條化學品之暴露評估，必要時並得輔以其他半定量、定量之評估模式或工具實施之。

1. 暴露評估方法：作業環境監測為主，半定量、定量之評估模式或工具為輔。

2. 依據「勞工作業環境監測實施辦法」所規定之期程進行環境監測。

3. 管理措施同具有容許濃度暴露標準之危害性化學品。

請就職業衛生專業觀點出發，說明「暴露評估（Exposure assessment）」、「風險評估（Risk assessment）」、「風險管理（Risk management）」之間的差異。（25分）

職業衛生的精神乃致力於危害預知、危害認知、危害評估、危害控制，並運用上述四個專業來解決職業上勞工所面臨到的危害因子。作業現場的危害因子，透過暴露評估得知勞工暴露於危害因子的程度，並以風險評估的方法推估勞工產生不良健康效應的機率，劃分其風險等級以作為風險管理的依據，藉由風險管理的手段，來控制或減緩風險所產生的衝擊，以下將分別描述「暴露評估（Exposure assessment）」、「風險評估（Risk assessment）」、「風險管理（Risk management）」之間的差異。

(一) 暴露評估（Exposure assessment）：暴露評估係為量測或估計人類在存有有害物質環境中之暴露期間、頻率及強度之過程；或指估計某一新化學物質進入環境中可能增加之假設暴露量。一般而言，完整之暴露量評估中應描述暴露之大小、期間、頻率、途徑；暴露人群之大小、特性、種類；以及在量測或估計過程中所有的不確定性。

(二) 風險評估（Risk assessment）：風險評估的目的在於運用現有職業衛生或其他科學領的科學知識與技術，針對我們所關心的危害進行分析與評估。風險評估係以定量的方式來估算潛在不良健康效應的機率，並由這些風險結果推估現場勞工實際的暴露情形，並預測人體可能產生不良健康效應的種類及機率，完整的風險評估包含了四大要素，分別為危害鑑定、劑量反應效應、暴露量評估與風險特徵描述，根據上述四個要素，以系統性的方式檢視作業環境的危害風險。

(三) 風險管理（Risk management）：係針對風險評估的結果，決定範疇並做通盤性的考量，用以產出最佳的風險決策。風險決策包含了四大面向，分別為風險規避、風險減輕、風險移轉與風險承受，決策者須充分考量事業單位的安全文化、成本效益、手邊現有資源等層面，來單獨或同時並行上述的風險策略，最後依據風險管理的策略採取工程控制、行政管理、健康管理、個人防護具等管控措施，以降低風險所產生的影響。

7-3 模式推估

試描述在一完全均勻混合空間（well-mixed room, WMR），當存在有一具穩定釋（generation rate）之蒸氣狀化學性因子時，該空間內勞工對該化學性因子之暴露推估模式為何？請自行設定與模式推估有關之因子及相關假說，並進行暴露推估模式之推導。（20 分）

暴露空間模式（Box Model）在進行前需有以下假設：

(一) 暴露空間內所有表面的物體皆無沉降或吸附反應。

(二) 室內空氣均勻混合。

(三) 化學品逸散率（G）不隨時間改變。

(四) 散布速率低，可以忽略背壓（室內壓力）所造成的影響。

(五) 由外進入暴露空間的化學品濃度不隨時間改變。

(六) 由外氣進入暴露空間的化學品濃度為零。

(七) 假設初始狀態時，室內空氣中化學品濃度為零。

空間參數假設：

V (m^3) = 室內空間體積

C (mg/m^3) = 環境中有害物濃度

C_{input} (mg/m^3) = 隨供氣系統進入室內化學品之濃度

Q (m^3/min) = 通風換氣量

T = 時間

T_0 = 初始時間

依質量平衡理論：有害物累積量（正值）或衰減量（負值）= 發散量 + 輸入量 - 輸出量

$$v\frac{dC}{dt} = G + QC_{input} - QC$$

$$\frac{V}{Q}\frac{dC}{dt} = \left(\frac{G}{Q} + C_{input} - C\right)dt$$

$$dC = \left(\frac{G}{Q} + C_{input} - C\right)dt\frac{Q}{V}$$

$$= \frac{dC}{\frac{G}{Q} + C_{input} - C} = \frac{Q}{V}dt$$

等式左右兩側積分：

$$=\int \frac{1}{C-C_{input}-\frac{G}{Q}}dc=\int \frac{-Q}{V}dt$$

等式右側積分：

$$\int \frac{-Q}{V}dt=\frac{-Q}{V}\left(t-t_0\right)$$

等式左側積分：

$$令\ f\left(c\right)=C-C_{input}-\frac{G}{Q}$$

$$=\int \frac{1}{f\left(c\right)}f\left(c\right)dt=\ln\left|f\left(c\right)\right|+C=\ln f\left(c\right)-\ln f\left(c_1\right)=\ln\frac{f\left(c\right)}{f\left(c_1\right)}$$

$$=\ln\left(C-C_{input}-\frac{G}{Q}\right)-\ln\left(C_1-C_{input}-\frac{G}{Q}\right)$$

$$=\ln\frac{\left(C-C_{input}-\frac{G}{Q}\right)}{\left(C_1-C_{input}-\frac{G}{Q}\right)}=\frac{-Q}{V}\left(t-t_1\right)$$

$$=e^{\frac{-Q}{V}\left(t-t_1\right)}=\frac{\left(C-C_{input}-\frac{G}{Q}\right)}{\left(C_1-C_{input}-\frac{G}{Q}\right)}$$

$$=\left(C_1-C_{input}-\frac{G}{Q}\right)e^{\frac{-Q}{V}\left(t-t_1\right)}=\left(C-C_{input}-\frac{G}{Q}\right)$$

$$=C=C_{input}+\frac{G}{Q}+\left[C_1-\left(C_{input}+\frac{G}{Q}\right)\right]e^{\frac{-Q}{V}\left(t-t_0\right)}$$

某一使用整體換氣之作業場所每工作日（8 小時）消耗甲苯（C_7H_8）500 毫升，假設甲苯消耗速率均一，使用後迅速汽化且均勻逸散至作業全場，試問為使作業現場甲苯蒸汽濃度控制在行動基準（Action Level）以下，該現場每分鐘應有多少立方公尺的換氣量？（假設環境條件為常溫常壓，甲苯密度為 0.867 g/cm^3，甲苯 8 小時時量平均容許濃度為 100 ppm）（20 分）

甲苯體積：500 mL = 500 cm^3

甲苯重量：$M = D \times V = 0.867(g/cm^3) \times 500(cm^3) = 433.5\ (g)$

每小時甲苯消耗量：$433.5 \div 8 = 54.19\ (g/hr)$

行動基準 Action Level：根據美國安全工程師協會所定義，行動基準相當於 1/2PEL = 50ppm

$$Q\left(m^3/\min\right)=\frac{24.45\left(L/mole\right)\times 1000\left(mg/g\right)\times 54.19\left(g/hr\right)}{60\left(\min/hr\right)\times 50\left(ppm\right)\times 92\left(g/mole\right)}=4.8\left(m^3/\min\right)$$

某作業場所中之三氯乙烷（PEL-TWA=350 ppm）以每分鐘 6 mg 之速率揮發至空氣中；在 25°C1 大氣壓下，若欲維持該場所空氣中三氯乙烷濃度不得超過 0.5 PEL-TWA 之水準，試問所需之理論與實際換氣量（Q, m^3/min）至少各為何？假設該工作場所之不均勻混合係數 K 為 5；原子量 H=1，C=12，Cl=35.5。（25 分）

三氯乙烷（$C_2H_3Cl_3$）分子量：$12 \times 2 + 1 \times 3 + 35.5 \times 3 = 133.5$

(一) 理論換氣量：

$$Q\left(m^3/\min\right)=\frac{24.45\left(L/mole\right)\times 1000\left(mg/g\right)\times 0.006\left(g/\min\right)}{175\left(ppm\right)\times 133.5\left(g/mole\right)}\times 5$$

$$= 3.14 \times 10^{-2}\ (m^3/min)$$

(二) 實際換氣量：

依「有機溶劑中毒預防規則」附表一規定：三氯乙烷為第二種有機溶劑。

再依「有機溶劑中毒預防規則」第 15 條第 2 項規定，每分鐘換氣量 Q (m^3/min) = 作業時間內 1 小時之有機溶劑或其混存物之消費量 (g/hr) ×0.04

$$換氣\ Q(m^3/min) = 6(mg/min)\times 0.001(g/mg)\times 60(min/hr)\times 0.04$$

$$= 1.44\times 10^{-2}(m^3/min)$$

危害性化學品評估及分級管理辦法第 9 條：雇主應依勞工作業環境監測實施辦法所定之監測及期程，實施前條化學品之暴露評估，必要時並得輔以其他半定量、定量之評估模式或工具實施之。請說明目前建議之定量暴露評估推估模式有那些？（20 分） 【108】

根據「危害性化學品評估及分級管理技術指引」所建議採用之定量暴露評估推估模式，包含以下：

(一) 作業場所無通風推估模式（Zero Ventilation Model）：

無通風模式故名思義就是假設該作業場所無通風換氣，且化學品全數散布於空氣中並均勻分布於室內空間。

(二) 飽和蒸氣壓模式（Saturation Vapor Pressure Model）：

此作業場所的假設條件為化學品的汽化與凝結的速率相同，即達到平衡，在此環境假設下，溫度越高，飽和蒸汽壓越大。

(三) 暴露空間模式（Box Models）：

將此作業場所模擬成為一個大箱子，且內部充滿著擾動不穩定的氣流流場，但內部空氣為均勻混合。

（四）完全混合模式（Well-mixed Room Model）：

此作業場所中之環境空氣為「完全均勻混合」，化學品持續逸散並瞬間成為均勻濃度，即表示化學品濃度不隨著任何位置所改變。但必須注意，此模式容易低估發生源附近的暴露強度。

（五）二暴露區模式（Two-Zone Model）：

作業場所中的空氣在實際情況下，並非完全均勻混合，此模式考量了空間變異性，將空間假設成為兩個鄰接的區帶（進場與遠場模式），在這樣的假設下可以有效評估化學品發生源周遭的個體暴露量。

（六）渦流擴散模式（Turbulent Eddy diffusion model）：

此模式考量到作業場所中化學品散布源周遭的濃度梯度現象，化學品在空氣中的濃度與距離成反比，越接近作業點，化學品在空氣中的濃度越高，反之，隨距離增加，濃度則隨之降低。

（七）統計推估模式（Statistical models）：

採用 AIHA 所建議之貝氏統計方法，評估相似暴露群的暴露實態。以最少的環境監測資料來進行暴露資料的重建，並推估出暴露決定因子、改善控制與風險管理所需的資訊，甚至能判斷與暴露模式推估之間的不確定性。

（八）其他具有相同效力或能夠有效推估勞工暴露之推估模式。

試說明利用貝氏統計法（Bayesian statistical approach）在暴露評估上的優點及其應用。（10 分） 【109】

（一）暴露評估採用貝氏統計分析後的優點有以下幾點：

1. 數據結果呈現方式與傳統統計相比，較容易為事業單位解讀。
2. 傳統的統計僅能提供事業單位環測結果屬於哪一個暴露等級，而貝氏統計可以清楚地描述在各個暴露等級的機率，事業單位也能根據此結果，採取更精準的管控手段。
3. 可以藉由少量的數據結果，來準確的推估相似暴露群之暴露實態。
4. 可以大幅降低現場作業環境監測的樣本數和其所產生相關人力、物力、費用及成本。
5. 可以根據當次的暴露分布結果，預測未來的趨勢，進而提前採取危害控制措施。
6. 應用範圍廣泛，如：暴露資料之重建、暴露因子再確認及暴露管理與決策分析。

（二）貝氏統計分析方法係透過少量的定量評估數據，結合半定量暴露評估推估結果，來對勞工現場的暴露實態做正確估算的描述。更具體一點，貝氏統計分析假設未知的參數為變數，參考「主觀的看法」或是「過往暴露的相關資訊」預測該場所之暴露分布，上述兩者又稱為事前機率分布（prior distribution），並結合實際量測數據對該參數所建構之概似函數（likelihood distributionrup），來校正實際的暴露機率分布狀況，進而得到事後機率分布。

試說明何謂完全混合盒模式（Well-mixed box model）、該模式假設、最終平衡濃度；另請說明作業場所體積與換氣率（Ventilation rate）與最終平衡濃度之關係。（25分）【110】

暴露空間模式將作業場所模擬為一個大箱子，其內部為高度擾動的室內氣流，並假設此空間中的空氣均勻混合，透過質量平衡及其他的條件假設，推導出化學物質的濃度。

完全混合暴露盒模式在進行前需有以下假設：

(一) 暴露空間內所有表面的物體皆無沉降或吸附反應。

(二) 室內空氣均勻混合。

(三) 化學品逸散率 (G) 不隨時間改變。

(四) 散步速率低，可以忽略背壓（室內壓力）所造成的影響。

(五) 由外進入暴露空間的化學品濃度不隨時間改變。

(六) 由外氣進入暴露空間的化學品濃度為零。

(七) 假設初始狀態時，室內空氣中化學品濃度為零。

當時間趨近於無限大時，無論起始濃度為何，暴露空間之有害物濃度最終皆會達到穩態，如下方程式。

$$t \rightarrow \infty \quad e^{\frac{-Q}{V}} \rightarrow 0$$

$$C = C_{input} + \frac{G}{Q}$$

通風量 (Q) 與作業場所體積 (V) 之比率為換氣率，在不考量時間的條件下，換氣率 (Q) 與作業場所體積 (V) 比值越大，化學物質濃度就越迅速達到穩態，換言之，Q/V 比值相當於單位時間內，通風量佔作業場所空間的比例，Q/V 比值越大代表著作業場所中的有害物濃度越能被迅速降低。

使用定量數值暴露模式時，常面臨之問題為如何選擇一個合適模式。因此，乃有分層方法（Tiered approach）被提出來。試說明其意旨，並列舉出目前常用之數值暴露模式要如何分層。（25 分） **【110】**

層次性暴露評估模式的概念，其設計是基於隨著評估層次的提升，漸進式的整合更多空間暴露的資訊而產出之評估方法。其暴露情境的假設與暴露參數的引用由簡單至複雜。

第一層為概算層：以保守的參數得到點估計值，並將其與容許暴露標準或無觀察危害反應劑量相比，初步篩選出暴露等級，期望透過少量的資訊來快速評估工作場所中的潛在風險。此模式所需的暴露參數有逸散率、通風量以及化學品之基本資訊如：蒸氣壓、分子量和濃度等。

第二層為級數層：透過高階的數學計算推估出合理範圍等級的暴露值，以決定後續的暴露管理等級。

第三層為機率統計層：以數學統計模型來降低暴露評估資料的變異性與不確定性，如蒙地卡羅模擬法，透過繁複的演算與大量隨機的重複抽樣來得到這些參數的變異特徵與機率分布情形（95% 百分位數）。

定量暴露評估推估模式建議選用表

模式層級	工具經濟性	推估模式	目的與功能
概算層	暴露參數明確，簡單且經濟，已有電腦工具供使用	無通風模式、飽和蒸汽壓模式、暴露空間模式	屬保守估計，用於大量初步篩選暴露等級，以及決定是否需要使用更精確之推估模式。
級數層	暴露參數需要量測獲合理推估，已有部分電腦工具可供使用	完全混合模式、二暴露區模式、渦流擴散模式	能夠推估出合理數值的範圍，以便與可接受暴露標準相比，決定暴露管理等級。
機率統計層	須具備統計與數學知識、多種電腦軟體應用	統計推估模式	暴露參數以統計分布的方式呈現，充分地考量參數變異性與不確定性。

試解釋職業暴露評估模式中之確定性暴露模式（Deterministic exposure model）之定義，並說明該模式中之依變項及自變項（Dependent and independent variables）為何？（25 分）【110】

確定性暴露模式亦即輸入之暴露參數多以點估計來描述特定對象的特徵。如果在一個暴露模型中，其兩個或多個以上的變數有著確切的相關性且沒有存在任何的隨機誤差，我們稱其為確定性暴露模式。

確定性暴露模式較機率統計暴露模式簡單和直觀，但所得到的結果也為一定值且無法考量到暴露參數的變異性與不確定性。

暴露量評估為健康風險評估的四大步驟之一，主要是計算勞工在作業環境中經由各個途徑受到有害物質之暴露程度，並根據不同的暴露途徑考量以下的自變項，如：暴露濃度、時間、頻率、體重及接觸率等暴露參數，進而得到依變項，人體在單位時間和體重之有害物質吸收劑量。

試說明二暴露區模式（Two-Zone moded）應用於職業暴露評估之適用情形、使用限制及數學概念模式。（25 分）【112】

(一) 二暴露區模式是以作業空間空氣完全均勻混合之條件為前提，然而實際作業場所可能非此情形。二暴露區模式將空氣濃度之空間變異性納入考量，將空間模擬成兩個接鄰的區帶，可評估接近化學品發生源之個體暴露量。如下圖所示：所示近場 (Near field) 為環繞化學品發生源和目標暴露者呼吸帶空間；空間中其他區域則為遠場 (Far field)。

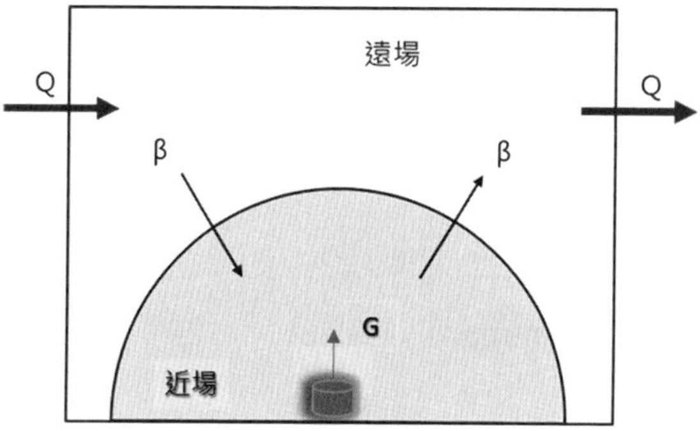

二暴露區模式

圖片來源：化學品評估及分級管理 健康危害化學品 - 定量暴露評估推估模式

（二）二暴露區模式須注意以下限制：

1. 在區帶內的空間中，氣體呈現均勻混合
2. 在兩區帶間空氣流通是有限的
3. 空氣同時以 β 通氣率進出遠場及近場
4. 作業場所（遠場邊界）的進氣率與排氣率相等

   $Q_{in} = Q_{out} = Q(m^3/min)$
5. 化學品散布速率為定值，G = (mg/min)
6. 無沉降發生。

（三）二暴露區模式近場和遠場化學品濃度之公式如下：

$$G_{N,t} = \frac{G}{Q} + \frac{G}{B} + G\left(\frac{B \times Q + \lambda_2 \times V_N(B+Q)}{B \times Q \times V_N(\lambda_1 - \lambda_2)}\right)e^{\lambda_1 \times t} - G\left(\frac{B \times Q + \lambda_1 \times V_N(B+Q)}{B \times Q \times V_N(\lambda_1 - \lambda_2)}\right)e^{\lambda_1 \times t}$$

$$G_{F,t} = \frac{G}{Q} + G\left(\frac{\lambda_1 \times V_N \times B}{B}\right) \times \left(\frac{B \times Q + \lambda_2 \times V_N(B+Q)}{B \times Q \times V_N(\lambda_1 - \lambda_2)}\right)e^{\lambda_1 \times t}$$

$$-G\left(\frac{\lambda_2 \times V_N \times B}{B}\right) \times \left(\frac{B \times Q + \lambda_1 \times V_N(B+Q)}{B \times Q \times V_N(\lambda_1 - \lambda_2)}\right)e^{\lambda_1 \times t}$$

其中，$G_{N,t}$ 和 $G_{F,t}$ 代表化學品在近場和遠場空間的濃度 (mg/m^3)

V_N 和 V_F：代表進場與遠場空間的體積 (m^3)

G：化學品散布（蒸發）速率 (mg/m^3)

B：近場及遠場間空氣流通率 (m^3/min)

Q：空氣通氣率 (m^3/min)

t：時間 (min)

下圖為近場／遠場模式（Near field/Far field Model）之示意圖。假設近場和遠場的體積（m^3）分別以 V_{NF}(m^3) 和 V_{FF}(m^3) 表示，二者的總和等於總空間體積 V(m^3)；在進出遠場空間的供氣與排氣之換氣量為 Q(m^3/min)；在遠場及近場間的通氣量為 β (m^3/min)；近場內污染物之產生率為 G(m^3/min)。請利用質量平衡方程式，以分別描述近場濃度（C_{NF}）及遠場濃度（C_{FF}）隨著時間之變化情形，並說明前述方程式之假設前提，及適用之作業環境。 **【113】**

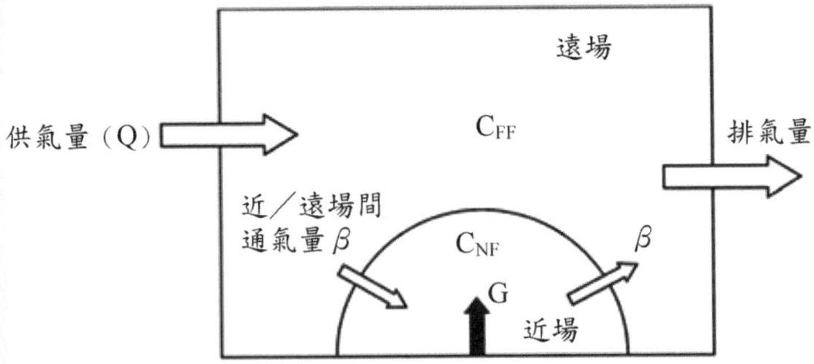

（一）近場／遠場模式質能平衡方程式描述如下：

近場：

$$G_{N,t}=\frac{G}{Q}+\frac{G}{B}+G\left(\frac{B\times Q+\lambda_2\times V_N(B+Q)}{B\times Q\times V_N(\lambda_1-\lambda_2)}\right)e^{\lambda_1\times t}-G\left(\frac{B\times Q+\lambda_1\times V_N(B+Q)}{B\times Q\times V_N(\lambda_1-\lambda_2)}\right)e^{\lambda_2\times t}$$

遠場：

$$G_{F,t} = \frac{G}{Q} + G\left(\frac{\lambda_1 \times V_N \times B}{B}\right) \times \left(\frac{B \times Q + \lambda_2 \times V_N(B+Q)}{B \times Q \times V_N(\lambda_1 - \lambda_2)}\right) e^{\lambda_1 \times t}$$

$$-G\left(\frac{\lambda_2 \times V_N \times B}{B}\right) \times \left(\frac{B \times Q + \lambda_1 \times V_N(B+Q)}{B \times Q \times V_N(\lambda_1 - \lambda_2)}\right) e^{\lambda_1 \times t}$$

$C_{N,t}$ = 近場空間濃度

$C_{F,t}$ = 遠場空間濃度

V_N = 空間之體積 (m^3)

G = 化學品散布（蒸發）速率 (mg/min)

β = 近場及遠場間空氣流通率 (m^3/min)

Q = 空間通氣率近 (m^3/min)

t = 時間 (min)

λ_1 和 λ_2 = 通風系統移除速率常數 (min^{-1})

(二) 上述方程式之假設前提及適用之作業環境：

1. 此模式的假設前提：
2. 在區帶內之空間，氣體為均勻混合。
3. 在兩區帶間空氣流通是有限的。
4. 空氣同時以 β 通氣率進出遠場及近場。
5. 作業場所（遠場邊界）之進氣率與排氣率相等，Q_{in} = Q_{out} = (m^3/min)，與均勻混合模式之空氣流通率意義相同。
6. 化學品散布速率為定值，G (mg/min) 。
7. 無沉降發生。

二暴露區模式（Two-Zone Model）均勻混合模式假設作業空間空氣完全均勻混合。二暴露區模式將空氣濃度之空間變異性納入考量，將空間模擬成兩個接鄰的區帶，可評估接近化學品發生源之個體暴露量。

某事業單位採用飽和蒸汽壓模式（Saturation Vapor Pressure Model）來實施勞工暴露評估，試說明其數學概念模式、適用情形與使用限制，並計算在 1 大氣壓作業環境下，A 化學品（飽和蒸汽壓＝ 76 mmHg；分子量＝ 24.45 g/mole）之暴露濃度（分別以 ppm 及 mg/m³ 表示之）。（25 分）【113】

（一）數學概念模式：一個密閉容器中，含有一半容積之液態純化學品及一半容積之純空氣，當純化學品分子具足夠動能時，能脫離液體表面蒸發進入空氣中，而空氣中之純化學品氣態分子可凝結為液態。當蒸發率與凝結率相同時，系統達到平衡狀態，此時容器空氣部分裡化學分子之分壓，稱為飽和蒸氣壓。

$$C(ppm) = \frac{VP_A}{P_{atm}} \times 10^6$$

$$C(mg/m^3) = \frac{VP_A}{P_{atm}} \times 10^6 \times \frac{MV}{24.45}$$

其中：

C_A = 化學品 A 之濃度 (ppm 或 mg/m³)

VP_A = 純化學品 A 之蒸氣壓 (mmHg)

P_{atm} = 大氣壓力 (760 mmHg)

MW = 化學品 A 之分子量

（二）適用情形：

1. 化學品持續散布。
2. 作業場所空間中無通風換氣，或供氣 / 排氣率 (Q) 為 0 m³/min。
3. 作業場所空間中及液體之溫度固定不變。
4. 有足夠時間達到平衡。

5. 作業場所空間中有足夠化學物質數量使液態化學物質保持在平衡狀態。

6. 適用理想氣體定律。

（三）使用限制：由於飽和蒸氣壓模式假設現場為一封閉且無通風換氣之作業環境，廠商應考量廠房實際作業環境及通風條件，將公式計算而來之飽和蒸氣濃度，乘以暴露濃度推估因子，使暴露濃度推估值其更貼近實際現場暴露程度，以評估是否低於法定容許暴露標準。

No	環境及通風條件	暴露濃度推估
1	局限空間或無通風	飽和蒸氣濃度 ×1/10
2	通風不良	飽和蒸氣濃度 ×1/100
3	整體換氣（假設每小時換氣率 6 次）	飽和蒸氣濃度 ×1/1000
4	局部排氣	飽和蒸氣濃度 ×1/10000
5	密閉作業	飽和蒸氣濃度 ×1/100000

（四）以飽和蒸氣壓模式推估化學品 A 在空氣中的暴露濃度為：

$$100000(ppm)=\frac{76}{760}\times 10^{6}$$

$$100000(mg/m^{3})=\frac{76}{760}\times 10^{6}\times\frac{24.45}{24.45}$$

7-4 暴露風險分級

請試述研究、風險評估及風險管理的範疇及內容。(25 分)
【108】

(一) 為使健康風險評估的結果和過程較為精準及順利,通常有人類資料、動物實驗、以生理學為基礎的藥物動力學研究需要進行,相關範疇及內容如下:

1. 流行病學研究可以有效協助我們了解危害與疾病間的因果關係,暴露是不是發生在疾病之前,過去的相關研究是否可以作為此職業疾病的佐證依據,另外也可以了解劑量與反應之間的相關性。

2. 動物實驗研究:在現實層面,即便有很好的流行病學研究,但可性度高的毒性數據也極為罕見,此時,以毒理學為基礎的動物實驗研究資料,就顯得有效且較易執行。通常會用以動物實驗的結果推論到人體。

3. 以生理為基礎的藥物動力學研究:由於動物實驗及生物偵測的執行成本較高,近年來,也慢慢發展以生理學為基礎的藥物動力學模式,以人體真實的生理、生化、化學等據以及暴露情境資料,經由大量的數值運算後,來模擬及預測生物體內特定生物指標之時間 - 劑量變化,並進一步應用於風險評估中的劑量反應評估研究上。

(二) 風險評估：

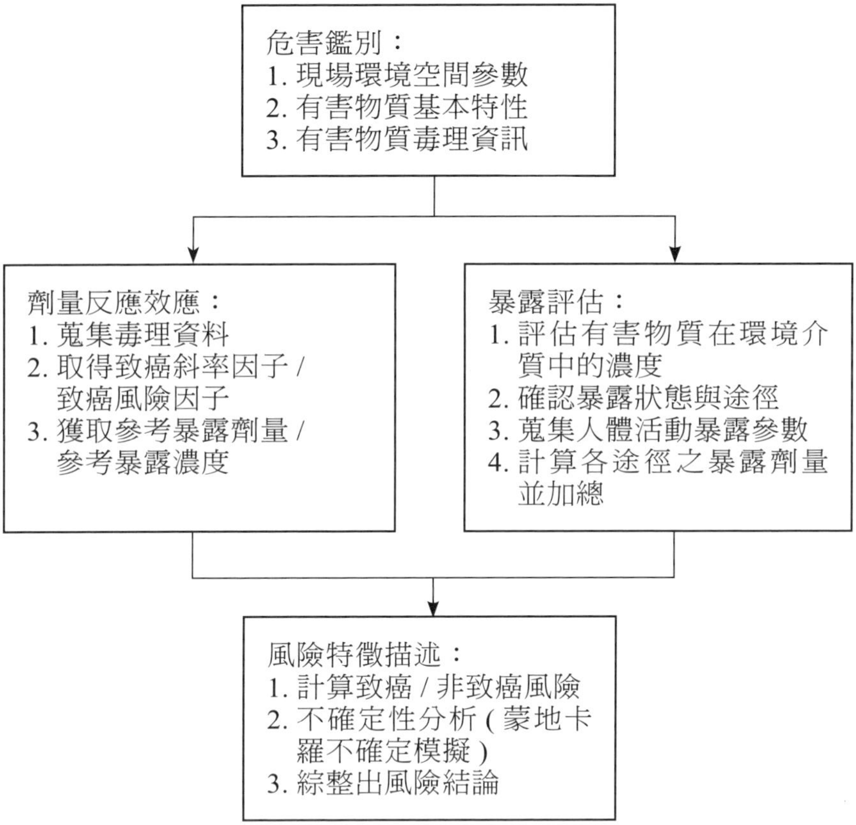
危害鑑別：
1. 現場環境空間參數
2. 有害物質基本特性
3. 有害物質毒理資訊
劑量反應效應：
1. 蒐集毒理資料
2. 取得致癌斜率因子 / 致癌風險因子
3. 獲取參考暴露劑量 / 參考暴露濃度
暴露評估：
1. 評估有害物質在環境介質中的濃度
2. 確認暴露狀態與途徑
3. 蒐集人體活動暴露參數
4. 計算各途徑之暴露劑量並加總
風險特徵描述：
1. 計算致癌 / 非致癌風險
2. 不確定性分析 (蒙地卡羅不確定模擬)
3. 綜整出風險結論

1. 危害鑑別：此步驟主要在調查及蒐集現場作業環境中有害物質的基本資料，並進一步了解暴露後，可能會產生那些健康損害或疾病。通常完整的危害鑑定過程會分析流行病學研究、動物實驗、體外試驗、分子結構比較等資料，來通盤的驗證目標有害物質與人體健康之間的相關性。

2. 劑量反應效應評估：此步驟主要在建立暴露劑量與不良健康影響發生機率之間的相關性，簡言之，就是量化不同暴露劑量下，可能產生的健康反應。主要的工作任務著重於透過結合實驗結果與統計分析方法來彙整及蒐集後續健康風險所需的資料，像是致癌性有害物質之致癌斜率因子；非致癌物質之參考劑量 RfD 或 RfC、基標劑量 BMD 等相關研究資訊。

3. 暴露評估：透過實際量測或是模式推估來通盤了解有害環境中的勞工，在不同途徑下，體內有害物質的暴露情形。此階段以化學物質在環境中的傳輸與宿命、目標人群的活動型態為主要的參數蒐集架構：

   (1) 化學物質在環境中的傳輸與宿命：此項目考量的參數有化學物質在環境介質中的濃度、排放速率、累積與分解效率等。

   (2) 目標人群的活動型態：需考量暴露頻率、暴露期間、攝入或呼吸率、體重、平均壽命等。

4. 風險特徵描述：整合前三步驟的風險評估結果，進行總致癌與總非致癌風險的計算，最終將計算後的結果，執行不確定性分析 - 蒙地卡羅不確定性模擬，以提升風險評估結果的精確性及其品質，並以 95% 上限值為判定標準。

(三) 風險管理大致分為六個部分：

1. 風險識別：針對風險評估的結果劃分範疇，並在這個範疇內做通盤性的考量與相關資料的蒐集綜整。

2. 風險方案研擬與評估：根據風險評估之結果，來研擬風險的策略，此階段需要靠大家集思廣益、腦力激盪。通常策略包含了風險規避、風險減輕、風險移轉及風險承接，這些策略可以單獨進行，也可以同時並行。

3. 風險策略決定：針對研擬完的風險策略方案，進行成本效益評估，透過這個階段，可以有效避免方案推行過程中，可能產生的疑慮或窒礙難行的部分。

4. 執行風險管理對策：在施行風險管理對策前，應能規劃對策施行的具體目標、權責分工、組織架構、人力配置、工作進度（甘特圖）、預期成果等項目。

5. 績效評估：風險評估的成敗必須要有一套評估依據，這套依據必須充分客觀且公正的衡量目標達成率指標。

6. 風險溝通：風險溝通在整個風險評估、風險管理的過程中扮演了一個舉足輕重的角色，對內，可以有效地協助風險訊息的交換，對外，可以降低現場勞工或大眾的恐慌，風險溝通在整個過程中，必須不間斷地進行，並根據各階段風險評估的結果，與相關利害關係人做詳細的討論，適時的針對風險溝通訊息，進行更正、修改和補充，最終達到降低風險衝擊的目的。

> **某鉛蓄電池工廠，實施環境控制管理計畫後，同時進行作業場所空氣中鉛濃度測定與作業員工血中鉛濃度測定，發現兩者濃度都有顯著下降；其後，每年進行空氣中鉛濃度測定都沒有明顯變化，然而，最近卻發現工人體檢時多位勞工之血中鉛濃度值明顯增加。請問空氣中鉛濃度測定與血中鉛濃度測定在暴露與風險評估中，分別是那種暴露評估法？此案例暴露評估結果，環境濃度與工人體內濃度不一致的可能原因為何？請依據你的判斷原因提出有效降低工人血中鉛濃度的措施。（20 分）　【109】**

(一) 按題意，前者環境監測，後者為生物偵測。

環境監測：藉由量測外在環境介質中之有害物質濃度，來評估工作者其作業環境暴露狀況。

生物偵測：係透過量測人體的有害物質、代謝物質等生物檢體組織，藉以推估人體曾接觸環境中有害物質劑量。

(二) 不一致的可能原因有以下因素：

1. 有其他暴露來源（如：非職業性暴露或途徑）。
2. 個人工作型態與生活或飲食習慣（如：吸菸、飲酒）習慣。
3. 基因影響與個體生理機能差異。
4. 藥物影響代謝及生理機制。
5. 環境監測過程產生隨機或者系統誤差。
6. 環境監測之採樣點不具代表性，無法反應真實的露暴狀況。

（三）依上述可能造成環境監測與生物偵測結果不一致的因素，有效地降低工人血中鉛濃度措施如以下說明：

1. 工程控制面：

(1) 消除：透過風險管理的手段，辨識出風險源，評量風險程度，進而消除風險。

(2) 取代：製程中採用低毒性取代高毒性的原料，如：在採購時，就納入職業安全衛生管理系統之規範。

(3) 密閉：將產生危害的製程段密閉與某空間中。

(4) 隔離：進行作業隔離，僅少部分人員暴露於危害中。

(5) 強化現場製程局部排氣或整理換氣能力。

(6) 導入自動化技術，以避免現場工人直接與現場危害因子接觸。

2. 行政管理面：

(1) 針對現場製程、原料、工作型態、機械設備、動線，重新規劃暴露評估方法與採樣點。

(2) 針對現場工人進行鉛危害相關教育訓練。

(3) 針對高風險工人縮短其工作時間，已出現相關職業疾病徵兆者，則永久或暫時調離原工作單位。

(4) 選工：在招募員工時，即評估其體格檢查結果，選擇適任之員工。

(5) 配工：按年度健康檢查結果並充分考量員工工作特性，安排適當的工作。

3. 健康管理面：

(1) 定期辦理健康講座。

(2) 定期使現場勞工接受健康檢查，在獲得健檢結果後進行分級，並針對個分級結果，採取相對應的健康管理手段，如：安排就醫和給予適當醫療協助。

(3) 積極安排各項職場健康促進活動，如：減重和減脂競賽、家庭日活動、肌力體能班等相關健康促進活動。

(4) 定期安排勞工健康服務人員臨廠服務，如：職醫、職護、物理 / 職能治療師及心理師等。

4. 個人防護具：危害控制的最後一道手段，依工作型態，提供呼吸或全身防護具給予現場勞工配戴。

我國「勞工作業場所容許暴露標準」中所稱的容許濃度有所謂的「8 小時日時量平均容許濃度」、「短時間時量平均容許濃度」，以及「最高容許濃度」，請說明這三種容許暴露標準的定義，以及為何需要訂定三種暴露標準？當環境中有兩種以上有害物存在時，該如何評估？（25 分） **【109】**

(一) 根據「勞工作業場所容許暴露標準」之定義。

8 小時日時量平均容許濃度：為勞工每天工作 8 小時，一般勞工重複暴露此濃度下，不致有不良反應。

短時間時量平均容許濃度：為一般勞工連續暴露在此濃度下任何 15 分鐘，不致有不可忍受之刺激、慢性或不可逆之組織病變、麻醉昏暈作用，事故增加之傾向或工作效率之降低者。

最高容許濃度：為不得使一般勞工有任何時間超過此濃度之暴露，以防勞工不可忍受之刺激或生理病變者。

(二) 訂定暴露標準的目的：

根據「職業安全衛生法」第 12 條規範，雇主對於中央主管機關訂有容許暴露標準之作業場所，應確保勞工之危害暴露低於標準值。

（三）作業環境空氣中有 2 種以上有害物存在而其相互間效應非屬於相乘效應或獨立效應時，應視為相加效應，並依下列規定計算，其總和大於 1 時，即屬超出容許濃度。

計算方式如下：

$$\frac{\text{甲有害物成分濃度}}{\text{甲有害物成分之容許濃度}}+\frac{\text{乙有害物成分濃度}}{\text{乙有害物成分之容許濃度}}+$$

$$\frac{\text{丙有害物成分濃度}}{\text{丙有害物成分之容許濃度}}+\cdots$$

請你分別判定圖 1~ 圖 3 這三種環境暴露評估結果是否可以被接受的風險？並說明在該環境狀況下，應採取何種管理機制？　【109】

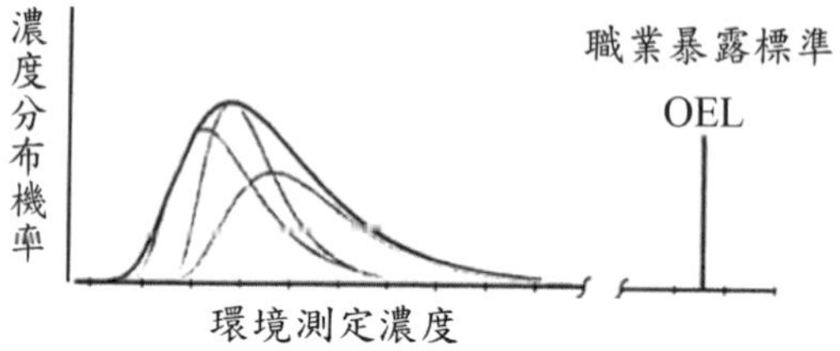

圖1

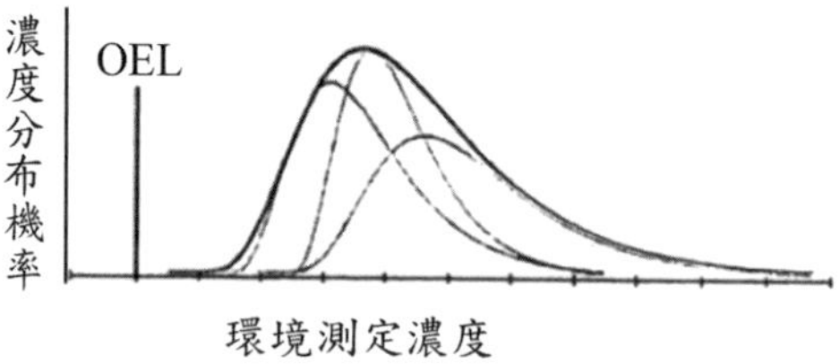

圖2

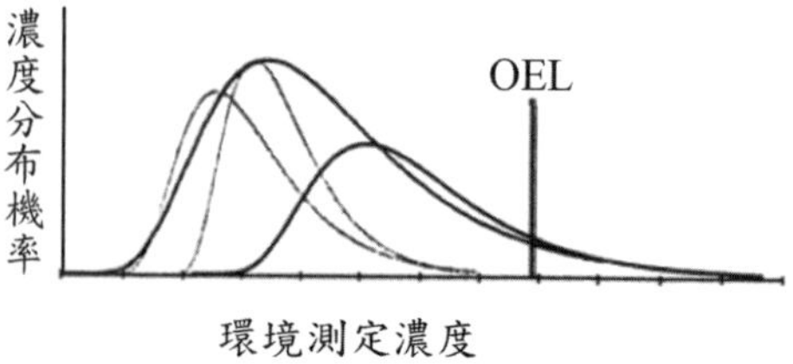

圖3

圖 1 ~ 圖 3 為作業環境中之暴露實態，亦即相似暴露群 (SEGs) 隨著時間進程改變，而反應出暴露強度的變化。

圖 1 - 可接受之暴露風險：應採取可接受暴露，應將其加入定期再評估之清單中，以確保該暴露未來仍於可接受範圍，此外，若製程或作業內容變更時，則需採行適當之變更管理措施。

圖 2 - 不可接受之暴露風險：應納入為優先控制之清單中。應立即採取有效控制措施，如：工程控制、行政管理、健康管理及提供個人防護具等手段，並於完成改善後重新評估，以確保暴露濃度低於容許濃度標準值。

圖 3 - 不確定之暴露風險：暴露之特性不夠清楚時，應將其加入優先收集更進一步資料之清單中，此外，應就製程設備、作業程序或作業方法實施相關檢點或自動檢查，並採取必要之改善措施。

請試述下列名詞之意涵：（每小題 5 分，共 25 分）

（一）相似暴露群；

（二）風險；

（三）危害性化學品；

（四）容許暴露標準；

（五）暴露分級。 **【111】**

(一) 相似暴露群：指工作型態、危害種類、暴露時間及濃度大致相同，具有類似暴露狀況之一群勞工。

(二) 風險：風險的定義是「危害發生機率與危害嚴重性的組合」。也可以用以下公式說明：

風險 = 危害嚴重性 × 危害發生機率

(三) 危害性化學品：係指以下危險物或有害物：

危險物：符合國家標準 CNS 15030 分類，具有物理性危害者。

有害物：符合國家標準 CNS 15030 分類，具有健康危害者。

(四) 容許暴露標準： 本標準所稱容許濃度如下：

1. 8 小時日時量平均容許濃度：係指勞工每天工作 8 小時，一般勞工重複暴露此濃度以下，不致有不良反應者。
2. 短時間時量平均容許濃度：係為一般勞工連續暴露在此濃度以下任何 15 分鐘，不致有不可忍受之刺激、慢性或不可逆之組織病變、麻醉昏暈作用、事故增加之傾向或工作效率之降低者。

雇主應確保勞工作業場所之危害暴露低於容許暴露標準。

(五) 暴露分級：依危害性化學品之健康危害特性及暴露，就評估結果評定其風險等級，並採取對應之控制或管理措施。

試列舉說明三種職業暴露評估的目的，並說明為何職業衛生相關規劃常須借重暴露評估結果。(20 分)【111】

暴露評估主要的宗旨，在於了解危害因子對人體健康危害的影響，並評估其暴露量是否在可接受的風險忍受範圍內。職業暴露評估的目的有以下三項：

(一) 評估作業場所中勞工的潛在健康影響：

在完成危害鑑別後，我們會需要量化作業場所中危害因子的暴露量，並蒐集勞工的暴露時態，來進一步了解勞工的在該作業場所的暴露風險，是否會造成潛在的健康效應。

(二) 確保作業場所中的危害物質暴露濃度低於容許暴露標準（PEL）：

事業單位須根據職業暴露評估結果，如：作業環境監測、模式推估或是直讀式儀器之結果低於容許暴露標準。另外也納入 95% 之上限值來判定暴露是否符合規定，用以強化保護勞工之功能，來避免職業病的發生。

(三) 進行暴露風險分級管理：

根據「危害性化學品評估及分級管理辦法」第 10 條提及「化學品之暴露評估結果，應依風險等級，分別採取控制或管理措施」。

1. 第一級管理：暴露濃度低於容許暴露標準二分之一者，除應持續維持原有之控制或管理措施外，製程或作業內容變更時，並採行適當之變更管理措施。
2. 第二級管理：暴露濃度低於容許暴露標準但高於或等於其二分之一者，應就製程設備、作業程序或作業方法實施檢點，採取必要之改善措施。
3. 第三級管理：暴露濃度高於或等於容許暴露標準者，應即採取有效控制措施，並於完成改善後重新評估，確保暴露濃度低於容許暴露標準。

為有效運用職業衛生資源，職業暴露評估之結果，經常作為作業環境工程控制的改善方向，我們需要依據暴露風險分級，決定現場適切之風險管理措施及未來執行暴露評估之頻率。另一方面，我們也須確保職業衛生管理計畫中 PDCA 的循環不間斷，職業暴露評估之結果，也會被考慮作為專案績效指標之一，以監測目前的專案方向與當初設定的目標一致，如有偏離，也可以及時修正，最終達成預防職業病的目的。

工作場所常有具潛在危害的化學物質，在現行法規中並沒有明確的管制標準，或者雖已明訂暴露限值，但不在必須定期實施作業環境監測之指定項目中。為了確保勞工在工作時不受這些潛在危害的威脅，雇主及職業衛生人員必須規劃有效的危害控制預防措施。試分別根據以下狀況，說明如何針對作業場所進行必要的暴露或風險評估。

（一）物質已訂有暴露限值，但不須實施定期作業環境監測？（10 分）

（二）物質未訂定暴露限值，但有明確的潛在健康危害。（10 分）

【111】

具有暴露限值之危害性化學物質，根據勞工作業場所容許暴露標準，使用訂有容許暴露標準之化學品，且事業單位從事特別危害健康作業之勞工人數在 100 人以上，或總勞工人數 500 人以上者，雇主應依有科學依據之採樣分析方法或運用定量推估模式進行暴露評估。並就暴露評估結果，定期實施評估和分級管理。

未訂有暴露限值之危害性化學物質，亦即具有健康危害之化學品，需參照中央主管機關公告之技術指引 - 我國化學品分級管理工具（CCB），或採用其他具等同科學基礎之評估及管理方式進行並至少每三年執行一次，如因化學品種類、操作程序或製程條件變更，而有增加暴露風險之虞者，應於變更前後三個月，重新進行評估與分級。

職業衛生界常應用貝氏決策分析技術（BDA：Bayesian decision analysis）於勞工暴露評估，試說明應用時事前機率分布（Prior distribution）、近似機率分布（Likelihood distribution）與事後機率分布（Posterior distribution）之意義，如何應用於暴露風險分級管理及使用貝氏決策分析技術應注意事項。（25 分）　【112】

(一) 貝氏決策分析是一種利用統計學方法來處理不確定性情境的決策技術，其基本原理是使用過去暴露資料來估計未知參數的事前機率 (Prior distribution)，再藉由進一步收集實際測量資料以估算近似機率分布 (Likelihood)，貝氏決策分析技術，採用貝氏統計方法結合這兩者的資訊，以修正並更新先前的未知參數分布，並透過這樣的過程產生了更準確的事後機率分布 (Posterior distribution)，而該機率分布可視為該資料的最有可能之估計結果。該技術所推估的暴露分布意義說明如下列：

1. 事前機率分布：根據「主觀看法」亦或是「過去的職業暴露相關資訊」進行適當的暴露分布預測，如：專家意見、過往的暴露評估資料庫等相關資料數據。

2. 近似機率分布：近似機率分布是在給定事前機率的條件下，結合實際量測的資料對該參數建立之近似函數。

3. 事後機率分布：事後機率分布是根據事前機率和近似計機率分布結合而成的結果。

(二) 貝氏決策分析技術的應用範疇廣泛，包括暴露資料的重建、暴露因子的再確認、暴露風險的管理以及決策分析等領域。此外，該技術與 AIHA 的暴露等級制度也有深度的結合。

該技術所推估的暴露分布包含三個部分：事前機率分布、近似機率分布以及事後機率分布。這些分布都被劃分為五個暴露等級，等級越高，代表該族群面臨的暴露危害風險越大。每個暴露等級都以機率來表示，這種方式對於管理決策者來說非常有用，因為他們可以快速地了解各種可能暴露的群體的分布狀況，並且可以清楚地知道這些群體在各個暴露等級的機率。

貝氏決策分析技術須注意如事前機率分布與近似機率分布相符的狀況，前二者會對事後機率分布有顯著的影響，因此在使用上，推估值應先進行校正，取得較接近事實的實際暴露狀況之事前機率分布，方能客觀且完整的描述各暴露等級的機率分布。除此之外，職業衛生技師也須注意以下事項：

1. 資料品質：確保使用的監測數據和相關信息具有高品質和可靠性，以確保貝氏分析的準確性。
2. 模型選擇：選擇適合情境的貝氏機率模型，需要考慮模型的適應性和可解釋性，以確保分析結果的可理解性。
3. 事前機率的正確性：事前機率的準確估計對於貝氏分析至關重要。這可能需要依賴歷史數據、專家判斷和相關文獻。
4. 專家判斷：需要平衡統計模型和專業判斷，以確保職業衛生專業工作者的知識和經驗得到充分考慮。
5. 溝通和解釋：應及時溝通決策分析的結果，以確保相關利害關係者能夠理解和接受模型的結論，並明確說明應對風險的控制措施。

針對不具容許暴露濃度之健康危害化學品，常利用控制分級（Control banding 或風險分級（Risk banding）方法來進行分級及後續管理。試分別解釋控制分級與風險分級之意義，及在分級後，其後續又應如何實施管理及控制？【113】

(一) 控制分級 (Control Banding)：

此管理方式適用於缺乏暴露數據或未具容許濃度的化學品。針對不同化學品的危害特性及使用情境所可能產生的暴露風險，應綜合考量其物理與健康危害特性、使用方式、逸散量、使用量及暴露途徑，進行全面的風險評估。依據評估結果，實施相應的危害控制措施與管理策略。

（二）風險分級 (Risk Banding)：

風險分級之主要目的主要透過風險指標 (通常以毒性與暴露程度之乘積作為指標依據) 來辨識暴露於化學品風險之高低程度，以便於後續制定相對應地控制分級管理措施，風險分級與控制分級的意義密切相關，兩者環環相扣。

風險指標 = 毒性 × 暴露程度

毒性：健康危害程度 (健康危害高低)

暴露程度：暴露程度 (散布量與使用量的情況)

（三）分級後之管理及控制說明如下：

根據「危害性化學品評估及分級管理技術指引第 11 條」，雇主應依分級結果，採取防範或控制之程序或方案，並依下列順序採行預防及控制措施，完成後評估其結果並記錄：

1. 消除危害：例如，使用毒性較低的化學替代物質，以減少對健康的危害。
2. 工程控制和管理制度：從源頭控制危害，如安裝通風系統和使用密閉設備，以防止有害化學品的散布。
3. 設計安全作業程序：制定標準作業程序（SOP）和高風險化學儲槽區域的作業管制，將危害影響降至最低。
4. 個人防護裝備（PPE）：當上述方法無法有效控制時，應提供適當且充分的個人防護裝備，如動力供氣式呼吸防護具，並確保其有效性。
5. 作業環境監測：定期或不定期監測工作環境中的化學品濃度，確保在安全範圍內。
6. 緊急應變計劃：建立完整的應變機制，以應對可能的意外事件，確保在緊急情況下能迅速有效地處理。

透過上述措施，可以涵蓋各種化學品暴露風險層級，確保工作場所的安全和健康並避免職業傷病的發生。

7-5 生物偵測

皮膚吸收是有機溶劑暴露很重要的途徑之一，這時候需要生物偵測來彌補作業環境空氣採樣的不足，請問何謂生物偵測及生物指標？並說明生物偵測的優缺點。請以甲苯為例，說明如何以生物偵測進行勞工的暴露評估；又為了彌補生物偵測之缺點，如何進行有效的勞工有機溶劑暴露評估？（25 分）

(一) 生物偵測：係透過分析生物檢體中有害物質或其代謝物之種類與濃度，來評估現場作業勞工體內的暴露與健康危害情形。

(二) 生物指標：又可稱為生物標誌或生物標記，係透過客觀量測、評估可能導致生物體疾病的化學物質，從暴露到疾病一系列的過程中，包含了內在劑量、生物有效劑量、早期生物效應、結果或功能異常等，這些反應可用來評估外在暴露與疾病發生間之關係。在醫學上，通常是指在血液中的某種蛋白質，通過測量它，可以反映出某種疾病是否出現或嚴重程度。比較廣義的生物標記是指任何一種可以標記出特殊疾病狀況，或是能夠反映有機體的生化機能狀態的物質。

(三) 生物偵測的優缺點

優點：

1. 生物偵測可以考慮到所有可能的暴露途徑與來源，如：吸入、攝入及皮膚接觸。
2. 生物偵測結果可以反應個體暴露情形，並提供比環境監測更精準的健康風險評估。
3. 生物偵測較環境監測更貼近真實暴露情況。

缺點：

1. 現階段在作業現場的有害物質，其毒理資訊仍不足以發展有效的生物偵測方法。

2. 現階段的已建立生物暴露容許濃度（BEL）之物質種類與環境監測相比，還是稍嫌不足。

3. 生物偵測在執行的過程中仍有諸多限制需要克服，如：人力物力和成本考量、生物樣本的獲取，程序繁雜且困難、現場勞工的接受度普遍不高、暴露控制策略還是以環境監測的結果為主要依據。

(四) 以生物偵測進行甲苯之暴露評估說明如下：

1. 生物偵測透過生物樣本，進行毒性物質本身或其代謝產物濃度的測量，甲苯主要是經由呼吸道進入人體，進入人體後大約15~20% 會以原態隨空氣呼出，剩下的甲苯主要在肝臟進行代謝，約 80% 會轉化成馬尿酸；0.05% 轉化成鄰 - 甲酚，並經由尿液排出人體。

2. 現場的員工會收集其工作前與下班前之尿液，以尿中的代謝物馬尿酸與甲基馬尿酸作為生物指標，同時須以尿比重或肌肝酸濃度進行尿液校正，確認暴露評估的可靠性，後續再透過氣相層析儀及質譜儀進行分析這兩個代謝物的濃度，以推估員工在作業現場的暴露狀況。

3. 以生物偵測進行暴露評估的結果，需再充分考量是否有干擾因子的存在，有害物在人體的代謝機制，可能會受到內在或外的干擾因素。內在因素如：基因、生理或個體差異；外在如：疾病史、家族史、生活習慣和藥物使用等。以上項目，皆有可能會影響生物偵測結果的精確性。

(五) 有效的暴露評估必須符合外在暴露、內在劑量及健康效應間相關性之既有知識，才能有效的推估暴露風險。生物偵測的結果雖能反應個人內在的暴露情形，但無法判定是否有潛在健康危害，若能確定內在劑量與健康效應的關係，則可以作為評估健康危害的指標。假設已知外在環境監測的暴露量與健康效應的相關性，則可以建立容許暴露濃度標準，確保現場有機溶劑低於容許濃度。因此，為彌補生物偵測不足之處，需再收集外在暴露量、內在劑量與健康效應等資訊，並確立三者之間的相關性，方能使暴露評估之結果具意義，且能應用於後續的健康風險評估，亦或是其他職業衛生領域。

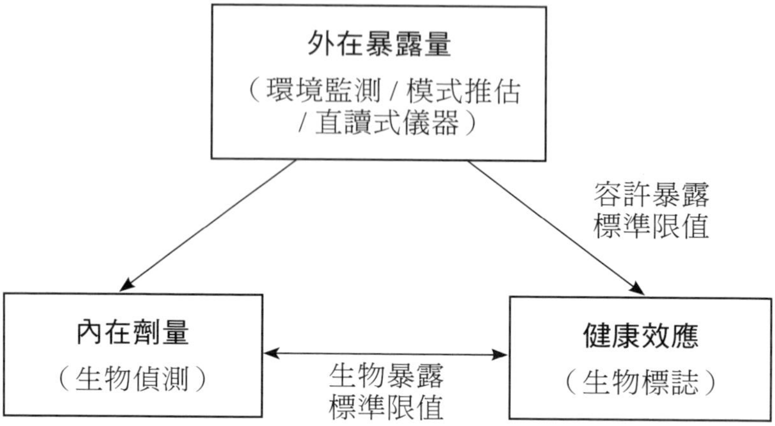

（外在暴露量、內在劑量、健康效應三者間之相關性）

請說明何謂生物偵測（biological monitoring）及其在應用上之限制。（20 分）

（一）生物偵測透過分析生物體樣本（生物組織、分泌物、排泄物、呼出氣體）中的有害物及其代謝物濃度，來評估體內的內在暴露劑量與健康風險。

（二）生物偵測方法雖然可以有效反應人體體內的暴露情形，但執行層面仍有眾多限制：

1. 執行層面限制：

(1) 環境監測結果仍比生物偵測直觀有效且易執行。

(2) 生物偵測執行的成本、人物力及時間皆比環境監測高。

(3) 需要克服受試者接受度低、生物檢體屬個人隱私、IRB 審議流程等議題。

2. 毒理資訊不充足：例如，劑量反應效應資訊不足，會影響生物偵測技術發展的進程。

3. 具有容許暴露標準的生物暴露指標種類有限：現階段以建立之生物暴露指標容許濃度種類仍不多。

4. 環境中目標的有害物質多為混合暴露：在進行生物偵測前，需花費大量時間來了解混合有害物質對生理代謝機轉的影響。

5. 生物採檢與分析技術發展進程：現階段生物偵測技術僅侷限於暴露程度的評估，尚無法執行到生物效應偵測的階段。

在職場暴露評估中，生物偵測可以代表真正進入勞工體內之污染物量，亦即可獲得吸收劑量，請說明生物偵測之定義，（4 分）以及生物偵測指標之選擇基準。（6 分）

（一）美國職業安全健康局、職業安全衛生研究所與歐洲共同體對生物偵測之共同定義為「生物偵測係以生物組織、分泌物、排泄物、呼吸氣體或前項綜合之複合物為生物樣本，用以評估作業場所中有害物或者其有關之代謝物質的暴露量與健康風險。」

（二）生物偵測指標選擇基準：

1. 敏感度（靈敏度）：在暴露物質濃度與生物指標物濃度之間有良好的線性關係前提下，生物指標物可以有效反應低劑量時的暴露情況。

2. 特異性（專一性）：生物指標物必須可以有效反應特定物質的暴露情況。普遍來說，暴露物質種類越少，代表生物指標樣本的特異性也越高。

3. 持續性：生物指標在體內的持續性，是否可以有效評估指標物濃度在各時間軸（過去、近期、當下）的暴露情形。

4. 可行性：生物指標物須考量到採檢時的難易程度、儀器分析是否有高敏感度、特異度以及足夠的偵測極限、人力與儀器分析成本是否合理、樣本保存等相關項目的可行性評估。

5. 生物檢體之採檢過程應盡可能提高受檢者的接受度，並降低其不適感。

毒性物質進入生物體體內後會進行吸收（Absorption）、分布（Distribution）、代謝（Metabolism）及排泄（Excretion）等作用，其中排泄是生物體將毒性物質排出體外的重要階段。請說明人體內能進行排泄作用的三大器官及可被移除的毒性物質種類，並請解釋其作用機制。（20 分）

（一）人體最重要的三大排泄器官為肝臟、腎臟與肺臟，人體一般會透過尿液、糞便以及呼出氣體來排除化學物質本身和其代謝產物，較少量的物質會藉由身體其他的器官排除，常見的途徑如：皮膚、頭髮、指甲等人體器官。

（二）可被移除毒性物質種類：

肝臟和腎臟：極性或者水溶性較高的物質，比較容易被排泄器官所移除，但針對極性較低、不具極性或者脂溶性較高的物質，需經過代謝過程後，才能被腎臟所排出。

肺臟：可排泄具揮發性的氣態毒性物質。

（三）代謝機制：

肝臟：毒性物質在進入肝臟後，會經由蓄積與去毒化的過程，使毒性物質變成水溶性較高的產物，而後這些代謝完的物質會進入膽汁中，透過膽管進到腸道，最終形成糞便排出體外。

腎臟：腎臟藉由產生尿液的方式將毒性物質排出體內，首先在腎元中進行過濾、接著腎小管收集形成尿液，最後由尿道排出。此外，尿液的酸鹼值對於排出速率也是顯著的影響因子，鹼性的尿液，酸性毒性物質則較容易排出，相反地，酸性的尿液，則鹼性的毒性物質較容易排出。

肺臟：具揮發性毒性物質從呼吸系統進入到肺泡後，藉由擴散作用的方式將毒性物質從人體體內移除。此外，肺臟的排泄速率，也受血液與肺泡中毒性物質的濃度梯度影響。

請說明應用生物偵測（biological monitoring）進行暴露評估（exposure assessment）時所可能遭遇之限制。（20 分）

以生物偵測來執行暴露評估，雖能反應危害物質進入人體後的暴露劑量及不良健康效應之機率，但在執行層面仍有以下限制：

（一）現行工程改善仍是以作業環境監測結果為依據：作業環境監測在執行層面上仍是較生物偵測可行且有效。

（二）執行人力及成本：生物偵測在執行過程中，包含了人體採檢技術、生物檢體的前處理、樣本保存、化學儀器分析、數據統計分析與結果闡述，皆需耗費大量的人力、物力與金錢成本。

（三）生物檢體樣本取得困難：生物樣本的取得通常要經過繁複的程序（如：人體試驗委員會，IRB）與眾多研究倫理的考量，多數的受試者採檢意願低，因此，在執行上會較困難。

（四）生物暴露標準較少：目前已建立的生物暴露指標標準值仍較環境監測物質少。

（五）毒性資訊不足：現階段在作業場所中的有害物質，仍缺乏毒理動力學與毒理作用學的相關訊息，因此，無法發展出完整且有效地生物偵測技術，來評估暴露過量所造成的健康效應。

（六）生物樣本採檢與分析技術發展進度：目前的生物偵測技術大多偏重於暴露程度的評估，較少著墨在生物效應偵測的估計。

試說明何謂生物偵測（biomonitoring）？為何生物偵測較一般作業環境測定更能反映勞工之暴露實況？並舉出四種生物偵測常用之生物檢體及其優缺點。（20 分）

(一) 生物偵測係透過分析生物組織中的特定代謝物質（生物指標）濃度，來推估人體曾經接觸過的化學物質劑量。

(二) 相較於環境監測，生物偵測可以評估個人在作業環境中的內在暴露劑量，而這個內在暴露劑量除了可以反應不同的進入途徑外如：吸入、攝入、皮膚接觸，此外，也包含了非職業性與個人生活習慣等影響，考量的面向較環境監測廣且深入。

(三) 生物檢體之優缺點：

生物檢體項目	優點	缺點
指甲 / 頭髮	1. 可反應長期累積暴露情況 2. 樣本採取方便 3. 不具侵入性 4. 樣本處理流程都有標準化方法	1. 易受外在環境影響 2. 生物樣本清洗繁複且不易去除外在汙染，可能會影響分析結果
血液	1. 其分析結果可以反應近期暴露劑量或累積暴露劑量 2. 血液分析結果與環境監測結果相關性高 3. 毒理動力學研究資料充足	1. 受試者接受度低 2. 生物樣本採檢技術高 3. 樣本分析技術及成本高 4. 樣本存放條件嚴謹 5. 有血液傳染之風險（B 肝、愛滋）
尿液	1. 生物樣本採檢流程簡易 2. 受試者接受度高 3. 生物偵測技術開發方法種類多	1. 樣本採取較不具侵入性 2. 肌酐酸、比重、滲透壓參數的標準化過程所產生的變異，大於生物偵測的過程

生物檢體項目	優點	缺點
呼出氣體	1. 生物樣本採檢方便 2. 重複測試容易 3. 不需要進行樣本前處理	1. 僅適用於半衰期短之化學物質 2. 肺部功能異常者，其結果無法正確反應真實暴露情形 3. 終端呼氣與混合呼氣之收集方式與代表意義不同，必須謹慎解釋其分析結果 4. 樣本儲存體積大，且無法放置太久

生物暴露指標值已被許多國家廣泛訂定及使用，試定義及比較美國政府工業衛生師協會（ACGIH）之 BEI 與德國工業保險協會（DFG）之 BAT 間有何差異？（20 分）

生物暴露指標與生物容忍值皆屬於生物暴露限值的一種，透過生物偵測的方法來評估人體體內的暴露劑量狀況，用以輔助作業環境監測之結果，進而降低個體差異所產生的不確定性。

生物暴露指標（Biological Exposure Indictor, BEI）：代表一個健康工人暴露於某有害物質後，其生物暴露指標值不超過生物暴露限值，則不致產生不良的健康效應。

生物容忍值（Biological Tolerance Value, BAT）：即為人體暴露於有害化學物質的最大容許量，若超過此最大容許值，則可能會產生不良健康影響。

ACGIH 所建議之生物暴露指標值，是指體內暴露劑量的「平均值」，經常因為個體差異導致體內暴露劑量超過 BEI 值，而 DFG 所定義之 BAT 值代表體內容許暴露的「最高值」，也代表著不允許任何一個個體超過這個標準值。

何謂生物標記（biomarkers）？要開發某一種化學物質的生物偵測方法時，它必須符合那些條件？（20 分）

（一）根據美國國家衛生研究院將其定義為「藉由客觀的評估與量測方法後所獲得的生物特徵，而這個生物特徵，可以作為評估正常生理活動或疾病產生的一個生理指標。」

生物指標主要站在客觀的角度，評估與量測受體從暴露至產生疾病一連串過程中之生理指標反應，其中這些一連串得反應過程包含了：內在劑量、生物有效劑量、生物效應劑量、早期生物效應、結構或功能異常等階段，根據上述階段又可細分為生物暴露指標、生物效應指標及易感受性指標三大類，用以觀察及評估危害物暴露與疾病之間的關係。

（二）要開發某一種生物偵測方法，需滿足以下條件，此方法才可行且有意義。

1. 目標有害物或代謝物，必須存在於生物檢體樣本中。
2. 儀器分析須具備足夠的敏感度與效度。
3. 此生物偵測方法所收集的生物樣本應具備足夠的代表性。
4. 採檢方式需被大家所接受。
5. 生物偵測結果必須提供合理的解釋因素。

現代社會使用大量化學物質，其種類繁多，也與環境污染、勞工安全衛生以及食品安全息息相關，於是風險溝通顯得十分重要。
（一）請定義風險溝通為何？（10 分）
（二）風險溝通主要目的為何？（10 分）

（一）風險溝通是在整個風險分析程序中，就風險、風險相關因子與風險認知在風險評估者、風險管理者、消費者、產業、學界與其他利益相關團體之間所進行的互動式資訊與意見交換，包括說明風險評估的發現與風險管理決策的基礎等。

(二) 風險溝通的目的有以下四點：

1. 告知民眾對風險的認識，並使原先不能接受風險者可以轉而接受風險。
2. 引導民眾對風險議題形成正確的討論與結論，並從事個別或集體的行動來降低風險。
3. 風險溝通組織必須解決衝突，並出面調停因風險問題而造成的利益衝突。
4. 建立風險溝通組織、民眾及利益關係人之間的正面互動模式。

作業環境有機溶劑的暴露評估，除了空氣採樣之外，還可以透過生物偵測來評估，請以室內裝潢油漆工人為例，說明如何進行其油漆工作之有機溶劑暴露量的生物偵測？（20 分）

油漆粉刷作業中的油性或水溶性塗料中，皆存在著法令列管的有機溶劑，如：甲苯、二甲苯、丙酮、乙酸乙酯、乙酸丁酯、異丙醇、乙二醇丁醚、松節油、丙二醇甲醚等，上述化學物質會透過呼吸吸入、皮膚接觸、攝入等途徑進入人體，進而造成肝臟、腎臟、血液、中樞神經系統、生殖系統有著不同程度的健康損害，長期暴露下，很可能導致癌症的產生。

作業場所中的油漆工人，最主要受到甲苯和二甲苯的暴露，當吸入體內後會被分別代謝成馬尿酸、鄰位 - 甲氧甲酚（o-Cresol）與甲基馬尿酸（Methyl-hippuric acid, MHAs），最終以尿液的形式排出體外，而在進行生物偵測時，會以尿液中之馬尿酸及甲基馬尿酸作為生物暴露指標，因此，需要收集油漆工人上、下班前的尿液，而後以高效率液相層析法（HPLC-UV）監測馬尿酸及甲基馬尿酸在尿液中的代謝量，其結果通常會再進行尿液濃度校正（尿比重或以肌酸酐的濃度為基準），以確保生物偵測結果有一定的可信度。

常見警察使用呼出酒精濃度來評估駕駛人喝酒量，請說明其原理及可能干擾呼氣酒精濃度的因素。（25 分）【108】

（一）酒精進入到血液中以後會遵循亨利定律（Henry's Law），自由地擴散至肺部的各個角落，在常溫常壓下，呼出氣體之酒精濃度會與血液中的酒精濃度成正比，約為 1：2100，若酒測儀器測得 2100 mL 之呼氣酒精濃度，則可推估血液中酒精濃度為 1 mL。

（二）可能干擾呼氣酒精濃度的因素，概略可分為四個面向：

1. 周遭環境條件：例如環境中的溫度、相對溼度、振動以及大氣壓力等物理性影響因子，另外也須考量到環境中乙醇的背景值是否過高。

2. 儀器分析之誤差：酒測儀器是否有定期進行校正、性能測試、維修與保養，儲存空間是否符合國際法定劑量組織之要求。

3. 樣本收集之誤差：採檢人員是遵照採樣的標準作業流程來進行。

4. 生物個體差異：受測者是否有肝臟或肺臟方面的疾病，另外像是飲食習慣、服用藥物，疾病遺傳史，也是需要考量的干擾因素。

請試述評估暴露二手菸（Second-hand Smoke）的生物指標及有害化學物濃度之方法（15 分），並請說明其優劣點。（10 分）【108】

（一）二手菸中較具代表性的危害物質為尼古丁，在進入人體以後，會代謝成不同尼古丁物質，因尼古丁的半衰期較短，目前還是以尼古丁的主要代謝物質 - 可丁寧（cotinine）作為暴露於二手菸的生物指標。因其半衰期在體內可達 16-20 小時，通常會採檢受體的尿液進行定量分析進而得到可丁寧濃度。

（二）二手菸的暴露評估方法有作業環境監測與生物偵測兩種方法，以下分別進行描述：

1. 作業環境監測：鑑於尼古丁為人體較具代表性的危害物質，約 95% 是以氣態形式存在於空氣中，目前多以鐵氟龍濾紙、XAD-4 採樣管捕集氣態形式的尼古丁。

2. 生物偵測：如第一段所述，可丁寧在體內的半衰期 16~20 小時，目前多採集尿中或者唾液中的可丁寧作為人體暴露後的生物指標，在定量分析方法的部分，常見的有酵素連結免疫吸附分析法、放射免疫分析法及高效率液相層析儀等方法。

	作業環境監測	生物偵測
優點	1. 採樣成本相對低 2. 現場勞工較能夠接受 3. 採樣方法和分析技術較為簡易 4. 環境中危害物質濃度判定直觀，且可以直接掌握實際濃度值 5. 比較可以作為工程改善的依據	1. 較能反應個體真實暴露實態 2. 提高暴露評估結果之準確度 3. 可以考量到多重暴露途徑 4. 可以解決個體差異所造成的不確定性 5. 可監測到非職業性之暴露 6. 可鑑定個人防護具的使用效能
缺點	1. 僅能評估單一暴露途徑（如：吸入） 2. 容易因個體差異，進而造成結果的不確定性 3. 無法反應個體暴露情況	1. 勞工接受度低 2. 採集檢體與儀器分析複雜 3. 採樣與分析成本較昂貴 4. 樣本數不易大量採集 5. 生物檢體保存條件多且複雜

試說明生物指標（Biomarker）及其分類。（25 分）【112】

（一）生物指標（Biomarker）為用來量化與監測有害物進入生物體內的狀態描述或生理過程，普遍多用於評估職場工作者的經過暴露後的健康狀態、疾病風險、疾病診斷、治療效果等。這些指標可以是生物體內的分子、細胞、組織，或者是生理功能的表現（如：甲苯的暴露的生物指標 - 馬尿酸和鄰 - 甲酚）。生物指標的應用範疇相當廣泛，在職業衛生領域，職業衛生專業工作者可以透過分析這些指標，評估工作環境中的暴露情況，並量化潛在危害對工作者的影響。這有助於制定有效的職業衛生措施，以降低風險並確保工作者的安全和健康。

此外，生物指標在臨床醫學、流行病學、藥物開發和疾病預防等領域同樣扮演重要角色。在臨床上，生物指標的使用能夠提供更早期的疾病診斷和個體化的治療方案。在流行病學研究中，其有助於理解疾病的發展和擴散機制。在藥物開發領域，生物指標可用於評估藥物的效果和安全性。

（二）根據其特性和應用，生物指標可以被分為多個類別：

1. 代謝物質生物指標（Metabolite Biomarkers）：這些生物指標是體內代謝物的產物，如尿液中的代謝物質、血液中的酶活性。它們常用於評估暴露於特定物質後的生物體代謝反應，提供有關潛在暴露和生物效應的信息。

2. 基因和蛋白質生物指標（Genetic and Protein Biomarkers）：基因和蛋白質水平的生物指標通常用於研究遺傳因素對健康和疾病的影響。基因變異和特定蛋白質的表達水平可以提供關於個體易感性和潛在風險的信息。

3. 環境暴露生物指標（Exposure Biomarkers）：這些指標反映個體曾受到的環境暴露，例如，血液或尿液中特定化學物質的存在。它們有助於評估工作環境中的危害物質暴露程度。

4. 臨床診斷生物指標（Clinical Diagnostic Biomarkers）：用於疾病診斷和分類的生物指標，如血液中的生化指標（例如膽固醇、血糖）或腫瘤標記物。這些指標可用於確定疾病的存在、程度和類型。

5. 預測性生物指標（Predictive Biomarkers）：提供有關個體對特定治療的反應預測的信息，例如，腫瘤患者對某種藥物治療的預測性標誌。

6. 臨床預後生物指標（Prognostic Biomarkers）：用於評估疾病預後和結局的生物指標，例如，某些腫瘤標記物可以預測癌症患者的生存期。

7. 治療性生物指標（Therapeutic Biomarkers）：用於評估患者對治療的反應，例如，血液中特定蛋白質的變化可能指示對藥物治療的效應。

生物指標的發現和應用逐漸在職業衛生研究領域中的愈發重要，對於個體化醫學（Precision Medicine）的實現和疾病管理具有重大影響。隨著科技的不斷發展，期望未來會有更多新的生物指標被發現，並且應用於職業衛生領域中。

試說明生物偵測與作業環境監測之關係。（25 分） 【112】

作業場所環境中存在的有害物質，對於勞工的健康可能構成潛在風險。這些有害物質可以透過吸入、皮膚接觸等多種途徑被人體吸收，並隨著血液循環分布到各個組織和器官。為了評估勞工的潛在暴露和確定暴露危害的程度，我們通常會進行作業環境監測，這包括測量環境介質中有害物質的濃度，例如空氣、工作環境表面或皮膚表面。這些監測結果能夠透過 PELs（容許暴露極限，Permissible Exposure Limits）等標準來評估和管理勞工的潛在風險。

生物偵測則進一步提供了深入了解勞工實際暴露狀況的工具。又可細分為生物暴露偵測和生物效應偵測兩部分。生物暴露偵測通過量測生物樣本中有害物質、代謝物或生物鍵結產物的濃度，評估有害物質進入人體的內在劑量和可能導致不良健康效應的機率。這些結果可以通過生物暴露指標值（BEIs）來判定健康危害風險的程度。另一方面，生物效應偵測則通過監測標的器官或組織的生化變化或毒性反應，早期發現可能導致職業病的危險因子。

理論上，生物偵測的結果應該與環境監測的結果呈現正比相關。若兩者的結果不一致，我們需要仔細檢視可能的因素，包括其他暴露來源、個人的工作型態和習慣、衛生習慣，以及生理功能的差異，如呼吸率、代謝能力和肥胖程度。這樣的比較和分析有助於確保我們全面評估了解勞工的潛在風險，從而制定有效的控制和預防管理措施，以確保工作環境的安全和健康。

7-6 生物統計及流行病學概論

某流行病學家欲研究塑化劑暴露與癌症發生的關係，以孕婦及新生兒為對象，收集他們的血液及尿液檢體，進行長期追蹤之世代研究，請說明如何判定塑化劑暴露與癌症發生之因果關係？（25 分）

根據美國公共衛生署所提出的 Hill Law，在判定塑化劑暴露與癌症之間的因果關係，需判定以下 5 個條件：

(一) 正確的時序性：時序性為因果關係判定的必要條件，因必須先發生於果，意即暴露必須發生在發病之前。

(二) 重複研究的相關一致性：不同的研究人員、採用不同的研究方法並在不同的情境條件下，依然得到相同的研究結果，則代表在這些不同的人、事、時、地、物及其他條件下所呈現的相關性，為因果關係的可能性極大。

(三) 相關強度：相關強度所表示的是相對危險性、勝算比、相差危險性及相關係數等指標參數的大小。若相關強度越強，也代表越難用「干擾因素偏差的結果」來解釋觀察到的相關性，其他可能的情況亦然。

(四) 相關特異性：特異性係指目標暴露變項，可以預測結果變項發生的準確能力。

(五) 相關的合理解釋：別名又為生物贊同性，危險因子與疾病的發生，若能用現今存在地生物學知識來加以解釋，則可以有效增加因果關係的相關性。而相關的合理解釋包含了可行性、合理性、劑量 - 反應效應、實驗證據、類推性等面向：

1. 可行 / 合理性：暴露與疾病的相關性必須在生物學上有合理的解釋，且不違背現存的生物學理論。
2. 劑量反應效應：若暴露劑量越高，疾病的發生率越高，則此相關性為因果關係的可能性就較大。
3. 相關實驗證據：此相關性必須有流行病學或動物實驗研究的證據，藉此來加強說明暴露與疾病的因果關係。
4. 類推性：此相關性有先前類似的案例。

兩個工廠各找 250 名員工進行職業安全衛生測驗，甲廠成績平均數為 89.60，標準差為 9.43，乙廠成績平均數為 85.30，標準差為 8.54，請問兩廠成績是否有差異 ($t_{1-0.05(\infty)}$ = 1.645)（20 分）

(一) 虛無假設 H_0 = 甲廠與乙廠成績無差異

對立假設 H_1 = 甲廠與乙廠成績有差異

(二) 顯著水準：

$\alpha = 0.05$

（三）臨界值：

$Z_{0.05} = 1.645$

（四）統計檢定：

$$Z = \frac{\left(\bar{X}_A - \bar{X}_B\right) - \left(\mu_A - \mu_B\right)}{\sqrt{\frac{\delta_A^2}{n_A} + \frac{\delta_B^2}{n_B}}} = \frac{(89.6 - 85.3) - (0)}{\sqrt{\frac{88.92}{250} + \frac{72.93}{250}}} = \frac{4.3}{0.81} = 5.31$$

$5.31 > 1.645$　　拒絕虛無假設

（五）結論：甲廠與乙廠成績有差異

某流行病學研究在 1990 年 1 月 1 日從 A 社區居民中隨機抽出 1,000 名 40-60 歲的居民，當時經過醫師檢查後發現，其中有 100 名居民患有心血管疾病。剩餘的 900 名當時沒有心血管疾病的居民經過追蹤觀察 25 年後（1990-2014），又發現其中有 110 名居民在追蹤期間罹患心血管疾病（假設沒有失去追蹤的問題）。

（一）請問 1990 年 A 社區研究樣本的心血管疾病盛行率是多少？（10 分）

（二）如果所有參與追蹤的居民都沒有失去追蹤，請問 1990-2014 期間 A 社區居民心血管疾病發生率是多少？（10 分）

（一）1990 年 A 社區研究樣本的心血管疾病盛行率：

$$\text{盛行率（Prevalence）} = \frac{\text{某特定時間點的現存病例數}}{\text{該時間點人口數}} \times 100\%$$

$$= \frac{100}{1000} \times 100\% = 10\%$$

（二）在未發生失去追蹤的情形下，1990-2014 期間 A 社區居民心血管疾病發生率為：

$$\text{發生率（Incidence）} = \frac{110}{100 \times 0 + 110 \times 25 \times \frac{1}{2} + 790 \times 25} \times 100$$

$$= \frac{110}{21{,}125} \times 100 = 0.52\ \%$$

某作業場所使用 1-2 環氧丙烷（容許濃度為 20.0ppm），某次監測得到四筆濃度數據：7.0ppm、9.0 ppm、10.0ppm 與 11.0ppm。假設濃度大小成常態分布。（每小題 4 分，共 20 分）

（一）濃度平均值為何？

（二）濃度樣本標準差為何？

（三）若要計算濃度的 95% 單側信賴區間上限，根據下表，關鍵 t 值應取何值？

（四）濃度的 95% 單側信賴區間上限為何？

（五）根據「危害性化學品評估及分級管理辦法」，此次量測結果屬第幾級管理區分？應多久評估危害一次？

關鍵 t 值：

自由度	顯著性 α			
	0.10	0.05	0.025	0.01
1	3.078	6.314	12.706	31.821
2	1.886	2.92	4.303	6.965
3	1.638	2.353	3.182	4.541
4	1.533	2.132	2.776	3.747

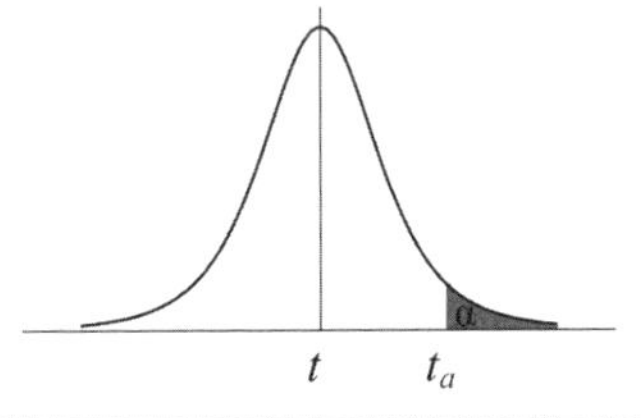

（一）(7 + 9 + 10 + 11)/4 = 9.25

（二）濃度標準差 (SD) = $\sqrt{\dfrac{\Sigma\left(X-u^2\right)}{n-1}}$

$$=\sqrt{\frac{(7-9.25)^2+(9-9.25)^2+(10-9.25)^2+(11-9.25)^2}{4-1}}$$

$$=\sqrt{\frac{5.0625+0.0625+0.5625+3.0625}{3}}=1.71$$

（三）關鍵 t 值：2.353（95% α Level = 0.05 自由度 (df) = 4 – 1 =3）

（四）濃度的 95% 單側信賴區間上限：

$$\bar{x}\pm Z_{0.05}\times\frac{s}{\sqrt{n}}=9.25\pm 2.353\times\frac{1.71}{\sqrt{4}}$$

$$UCL=9.25+2.353\times 0.855=11.26$$

（五）根據「危害性化學品評估及分級管理辦法」，此次量測結果屬第二級分級管理（$\frac{1}{2}PEL<9.25<PEL$），暴露濃度低於容許暴露標準但高於或等於其二分之一者，至少每年評估一次。

假設要比較二家公司的安全績效，若採同一基準年數平均意外事故件數 μ_1 及 μ_2 來比較，且提出二個假設：

H_0：$\mu_1 = \mu_2$（虛無假設）

H_1：$\mu_1 \neq \mu_2$（對立假設）

當要進行此種檢定測試時

（一）請解釋可能會發生那些錯誤？（10 分）

（二）這些錯誤的定義及機率值的名稱為何？（5 分）

（三）此安全績效的檢定力（power of test）會受到那些因素影響？（5 分）

（一）由於母群體真值之不確定性，進而導致型一或型二誤差的情況產生。

（二）型一誤差：H_0 為真，但統計結論卻拒絕 H_0 的假說，則稱為型一誤差，其誤差機率通常被表示為 α（拒絕 H_0/ 當 H_0 為真）。

型二誤差：H_1 為真，但統計結論卻接受 H_0 的假說，則稱為型二誤差，其誤差機率通常被表示為 β（接受 H_0/ 當 H_1 為真）。

（三）檢定力（$1-\beta$），檢定力越高，表示能夠拒絕 H_0 的機率越高，一般有以下影響因素：

1. 型一誤差機率，α 值越大，β 值越小，檢定力（$1-\beta$）越大，反之，亦然。
2. 兩母群體平均數的差異，若兩母群體的統計分布相似，越難檢定出其差異性。
3. 樣本數大小，α 與 $1-\beta$ 通常呈現相互消長的狀態，要兼顧兩者通常唯一的辦法就是增加樣本數。
4. 樣本變異性，母群體變異性越小，表示有較高的一致性，其檢定力也較高。

研究者想了解以身體質量指數（body mass index, BMI）分成過輕、正常與過重三組人的血液胰島素（Insulin）含量是否有顯著差異進行檢定。BMI 過輕有 42 人，胰島素含量平均值為 4.975，標準差為 2.858。BMI 正常有 89 人，胰島素含量平均值為 9.157，標準差為 5.99。BMI 過重有 141 人，胰島素含量平均值為 16.35，標準差為 12.235，經檢定後之變異數分析表如下表：

項目	平方和	自由度	均方和	F 值
組間	(　　)	(　　)	2723.98	
組內	(　　)	(　　)	(　　)	(　　)
總和	29897.65	271		

$F_{1,269,\alpha=1\%} = 6.63$，$F_{2,269,\alpha=1\%} = 4.60$，$F_{3,269,\alpha=1\%} = 3.78$

請寫出統計檢定的虛無假說與對立假說及完成上表，並請利用統計檢定結果說明身體質量指數不同，血液胰島素含量是否有顯著差異。（10 分）

BMI 情況	過輕	正常	過重
樣本數	42	89	141
胰島素平均數	4.975	9.157	16.35
標準差	2.858	5.99	12.235

三組加權平均：$\bar{\bar{X}} = \frac{42 \times 4.975 + 89 \times 9.157 + 141 \times 16.35}{42 + 89 + 141} = \frac{3329.273}{272} = 12.24$

$$SSB = n_1(\bar{X}_1 - \bar{\bar{X}})^2 + n_2(\bar{X}_2 - \bar{\bar{X}})^2 + n_3(\bar{X}_3 - \bar{\bar{X}})^2$$

$$= 42(4.975 - 12.24)^2 + 89(9.157 - 12.24)^2 + 141(16.35 - 12.24)^2 = 5444.49$$

$$SSW = (n_1 - 1)S_1^2 + (n_2 - 1)S_2^2 + (n_3 - 1)S_3^2$$

$$= (42-1)2.858^2 + (89-1)5.99^2 + (141-1)12.235^2 = 24449.68$$

SST = SSB + SSW

29894.17 = 5444.49 + 24449.68

項目	平方和	自由度	均方和	F 值
組間	5444.49	2	2724.75	29.98
組內	24449.68	269	90.89	
總和	29894.17	271		

令：過輕、正常、過重為 μ_1、μ_2、μ_3

(一) 虛無假設 $H_0 = \mu_1 = \mu_2 = \mu_3$

對立假設 $H_1 = \mu_i$ 不全等

(二) 顯著水準：

$\alpha = 0.01$

(三) 臨界值：

$F_{2,269,\alpha=1\%} = 4.60$

(四) 統計檢定：

29.98 > 4.60 拒絕虛無假設

(五) 結論：

三組不同 BMI 之胰島素平均值達顯著差異。

在一個追蹤研究發現，2,000 個吸菸者連續 10 年吸菸，有 6 個人發生肺腺癌。另外觀察一群 10,000 位非吸菸者，則有 2 個人發生肺腺癌，試問吸菸引起肺腺癌的相對風險（risk ratio, RR）為多少？另一個病例對照研究發現，8 個肺腺癌患者中，其中 6 位患者每天有吸菸的習慣，其餘患者從不吸菸。在 100 位對照組中，其中 20 位每天有吸菸習慣，其餘從不吸菸，請問吸菸對肺腺癌的勝算比（odds ratio, OR）為多少？（20 分）

(一) 相對風險（Risk Ratio）：

	肺腺癌		
吸菸	有	無	
有	6(a)	1,994(b)	2,000
無	2(c)	9,998(d)	10,000
	8	11,992	12,000

$$肺腺癌發生率 = \frac{發生肺腺癌人數}{吸菸者人數}$$

$$吸菸者發生率 = \frac{6}{2,000} = 0.003$$

$$非吸菸者發生率 = \frac{2}{10,000} = 0.0002$$

$$相對風險值（RR）= \frac{吸菸者肺腺癌發生率}{非吸菸者肺腺癌發生率} = \frac{0.003}{0.0002} = 15$$

(二) 勝算比（Odds Ratio）：

	肺腺癌	
吸菸習慣	病例組	對照組
有	6(a)	20(b)
無	2(c)	80(d)
	8	100

罹患肺腺癌且有吸菸習慣的機率 $=\frac{6}{2}=3$

未罹患肺腺癌且有吸菸習慣的機率 $=\frac{20}{80}=0.25$

$$勝算比（OR）=\frac{\frac{a}{c}}{\frac{b}{d}}=\frac{ad}{bc}=\frac{6\times 80}{20\times 2}=12$$

「罹患肺腺癌組」有吸菸習慣的勝算比是「未罹患肺腺癌組」的 12 倍。

請說明何謂「分子流行病學（molecular epidemiology）」？在工業衛生研究上有何重要性？（20 分）

(一) 分子流行病學以先進的生物偵測方法，來獲取生物體中生物標誌的反應情形，並運用流行病學之研究方法，從分子或者基因的角度來探討致病因子、致病機轉、易感受族群與疾病的相關性。

(二) 由於現今的作業環境中的新興汙染物眾多且複雜，傳統的流行病學研究僅針對個人基本的人口學特性、環境中的危險因子與疾病進行相關性的探討，無法考量到個體的易感受性。而分子流行病學係考量到眾多分子生物學與細胞生物學層面的影響因素並結合流行病學研究方法，來探討基因、細胞及其他生物標誌與目標疾病的相關性，在長期暴露於危害物質所造成的癌症、慢性疾病議題，分子流行病學可以強化傳統流行病學的因果推論能力，並解決個體易感受性所造成結果的不確定性，以盡早謀求有效的危害控制措施，以避免職業病的發生。

有 A 和 B 兩家工廠，它們的噪音量測的統計數據如下表。由過去的歷史資料得知它們的噪音量是常態分配的。請問在 95% 的信心水準下，這兩家工廠的噪音量是否有所差別？（$Z_{0.05}$ = 1.645；$Z_{0.025}$ = 1.960）（20 分）

噪音量的統計數據		
	工廠 A	工廠 B
Mean	84	88
S.D.	8	6
N	50	50

（一）擬定假說：

H_0：兩家工廠噪音量無差異

H_1：兩家工廠噪音量有差異

（二）顯著水平：

$\alpha = 0.05$

（三）臨界值：

$Z_{0.05} = 1.645$；$Z_{0.025} = 1.960$

（四）計算統計檢定量：

$$Z = \frac{\left(\bar{X}_A - \bar{X}_B\right) - \left(\mu_A - \mu_B\right)}{\sqrt{\frac{\delta_A^2}{n_A} + \frac{\delta_B^2}{n_B}}} = \frac{(84-88)-(0)}{\sqrt{\frac{64}{50}+\frac{36}{50}}} = \frac{-4}{1.414} = -2.83$$

（五）統計決策：

拒絕 H_0 $-2.83 < -1.96$

統計結論：工廠 A 及工廠 B 的噪音量有所差異。

某工作場所的作業環境監測紀錄及統計結果彙整如下：(20 分)

(一) 試根據附表資料，分別估計現場濃度的第 25、50 及 95 百分位值。

(二) 假設此次監測範圍皆位於同一工作區內，試估計當日空氣中粉塵平均濃度 95% 信賴區間（請詳列使用之公式及參數、計算流程及結果）。

(三) 試述本次監測結果是否符合法令規範，並針對現場粉塵作業現況提出後續管理建議。

作業環境監測結果彙整紀錄

檢測項目：總粉塵日時量平均濃度（容許暴露標準 10 mg/m^3）										
樣本編號	1	2	3	4	5	6	7	8	9	10
總粉塵（mg/m^3）	5	6	7	6	8	6	9	12	11	10
平均：8.0 mg/m^3　標準差：2.4 mg/m^3										

機率分配表：t 分布			
df	$t_{0.95}$	$t_{0.975}$	$t_{0.99}$
9	1.833	2.262	3.250
10	1.812	2.228	3.169
11	1.796	2.201	3.106

標準常態 (Z) 分布	
$Z_{0.90}$	1.282
$Z_{0.95}$	1.645
$Z_{0.975}$	1.960
$Z_{0.99}$	2.326

【111】

(一) 需先將數字由小排到大 5、6、6、6、7、8、9、10、11、12

第 25 百分位數：10×(25/100) = 2.5　第 3 個數字為 6

第 50 百分位數：10×(50/100) = 5　第 5 個數字為 7

第 95 百分位數：10×(95/100) = 9.5　第 10 個數字為 12

（二）標準差已知，使用 Z 分配求得 95% 信賴區間

$$\bar{X} \pm Z_{\alpha/2} \times \sigma_{\bar{X}} = \bar{X} \pm 1.96 \times \sigma_{\bar{X}}$$

$$\sigma_{\bar{X}} = \frac{\sigma}{\sqrt{n}} = \frac{2.4}{\sqrt{10}} = 0.75$$

$$8 \pm 1.96 \times 0.75 = 8 \pm 1.47$$

空氣中粉塵平均濃度 95%，信賴區間為 6.53 mg/m^3 - 9.47 mg/m^3

（三）本次作業環境監測結果之暴露實態第 95 百分位值低於 1 倍容許暴露濃（PEL），但高於或等於 1/2 倍容許暴露濃度，其暴露結果雖符合法令，但需進一步執行第二級管理，需要就製程設備、作業程序或作業方法實施檢點，採取必要之改善措施，並每年至少進行一次評估。

第一級管理：$X_{95} < 0.5$ PEL

第二級管理：0.5 PEL $< X_{95} <$PEL

第三級管理：$X_{95} >$ PEL

> **實施暴露評估時，假設樣本採樣及分析時之變異係數（Coefficient of Variation 分別為 CV_S 及 CV_A，試問樣本之總變異係數（CV_T）為何？某甲苯（PEL-TWA ＝ 100 ppm）作業勞工暴露之樣本分析結果為 80 ppm，已知 CV_S 及 CV_A 分別為 0.05 及 0.10，試計算其 95% 信心水準之上限及下限之暴露值，此時雇主又應採取那些作為？（25 分）【113】**

（一）總變異係數是一種呈現採樣樣本變異程度的指標，通常用於描述個體或群體暴露水平的變動性。總變異係數計算的目的是綜合考慮採樣、分析方法的隨機誤差，盡可能反映現場暴露時態的變化，樣本之總變異係數計算公式如下：

$$CV_T = \sqrt{(CV_s)^2 + (CV_a)^2}$$

$$CV_T = \sqrt{(0.05)^2 + (0.1)^2}$$

$$CV_T = 0.118$$

（二）95% 信賴之上限及下限之暴露值採 NIOSH 1977 年提出的符法性監測，計算如下：

$$Y（暴露嚴重度）= \frac{X}{PEL} = \frac{80}{100} = 0.8$$

X = 單一樣品監測值

$UCL = Y + 1.645 \times CV_T$

$0.99 = 0.8 + 1.645 \times 0.118$

$UCL = Y - 1.645 \times CV_T$

$0.61 = 0.8 - 1.645 \times 0.118$

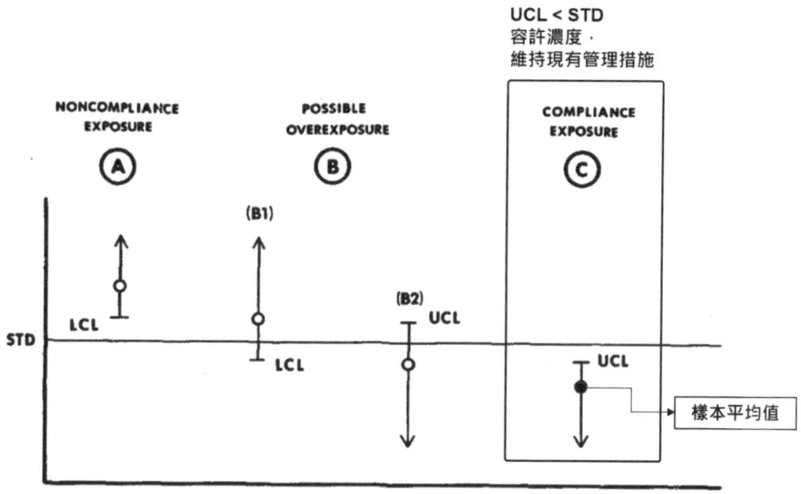

檢測結果顯示：0.99（95% 信賴上限，$UCL_{95\%} \leq 1$），表示未超出標準，根據 NIOSH（1977）職業暴露採樣策略手冊，所提出之合規性監測判定準則，該結果認定為符合法規要求，視為符合法定標準，顯示現行作業條件及環境控制措施已具有效性。建議維持既有之環境安全衛生管理策略，並依規定持續執行定期監測與風險溝通。

7-7 健康風險評估

因某段製程局部排氣系統長年換氣效率不佳，致使勞工每天暴露於含有氯乙烯（CH_2CHCl）之空氣中，經環境監測結果指出，一大氣壓 25°C 的條件下，空氣中之氯乙烯為 25 ppm，假設該勞工其呼吸量為 7.5m³/day，吸收率為 70 %，每天暴露 8 小時，每週 5 天（每年 50 週），暴露長達 4 年，平均體重為 70 kg，平均壽命為 70 年，試估算此為勞工終身每日平均暴露劑量？

氯乙烯 CH_2CHCl 分子量 $= 12 + 1 \times 2 + 12 + 1 + 35.49 = 62.49$

$$C\left(mg/m^3\right) = 25 \times \frac{62.49}{24.45} = 63.9\left(mg/m^3\right)$$

$$LADD = \frac{63.9 \times 7.5 \times (8/24) \times (5/7) \times 50 \times 4 \times 0.7}{70 \times 70 \times 365}$$

$$= \frac{15975}{1788500} = 8.93 \times 10^{-3}\left(mg/kg/day\right)$$

進行化學物質健康風險評估時，危害確認（Hazard Identification）需有毒理資料，請論述：

（一）化學物質之毒理資料如何取得？（8 分）

（二）在確認化學物質之危害特性時，應針對那些因素加以考慮分析，以獲得具體且有效之結果。（16 分）

(一) 化學物質之毒理資料可由以下四個方向獲取：

1. 流行學資料：

透過充分的流行病學結果，可以在危害源與健康效應之間的相關性中提供令人信服的證據，但在一般環境中，常因為危害物質濃度過低、暴露人數不足、從暴露到出現症狀的潛伏期太長以及複雜的暴露狀況等因素，導致要從流行病學研究獲得充分的佐證資訊並不容易。

2. 動物實驗資料：

毒理資訊來源中，最有效的資料。透過毒理學研究之基礎，將動物實驗之結果推論到人體，結果的精確性取決於有二：

(1) 實驗過程中所採取的生物觀點立場。

(2) 使用的藥劑在實驗時所產生的健康效應是否合乎邏輯。

3. 短期試驗資料：

動物實驗的過程需花費可觀的人力、物力、經費成本與時間，因此常使用迅速且實驗費用不昂貴的短期試驗方法（如：Ames test）來篩選物質是否具潛在的致癌性，此外，也經常被使用來輔佐支持動物實驗及流行病學調查結果。

4. 分子結構之比較：

許多的研究和實驗結果顯示，致癌能力確實與化學物質之結構與種類有相關性，將汙染物質之物理化學特性與已知的致癌性物質相比，有效釐清目標汙染物質的潛在致癌性。

以上四大項資料，在進行危害確認上，其證據權重以流行病學研究資料最高，而分子結構的比較結果最低。但在實際執行上，就篩選之觀點，大多以分子結構的比較、短期試驗、動物實驗、流行病學研究之順序來進行。

(二) 在確認化學物質之危害特性時，應針下列因素加以考慮分析，以獲得具體且有效的結果。

1. 污染物質之物化特性與暴露型態及途徑：需儘可能釐清汙染物質和發生癌症的相關變數，如：物理狀態、化學特性及其在環境中之存在特性與暴露途徑。

2. 構造與活性之關聯性（structure activity relationship）：需完整說明汙染物質物化特性與致癌性之間的相關性，有助於了解先前預測致癌性之結果是否可靠。

3. 代謝及藥理機轉特性：了解有害物質之代謝與藥理機轉特性，可以得知足以讓生物體產生致癌性的有效劑量為何，也可以釐清這些有害物質是直接對人體產生作用，還是透過生物轉化、代謝才轉變為作用因子，上述這些資料皆須經過嚴謹的討論與評估，才能得到具體且有效的結果。

4. 毒性效應：應考量下列三個層面：

   (1) 目標有害物質與其他化學物質之交互作用情形。

   (2) 慢性毒性生物標記及其他試驗結果是否能有助於了解標的器官的反應。

   (3) 作用時的劑量及時間之分析，是否有助於了解毒性效應。

5. 短期試驗資料：其結果可以提供充足的致癌性證據以及其致病機轉。短期體外試驗及體內試驗，將可以引導反應開始時的活性及效應發展中的活性；然而，有些研究毒性發生之短期試驗，由於缺乏陽性反應結果，因此，在不知道如何降低毒性反應結果之方法的情況下，無法作為長期動物實驗之參考依據。

6. 長期動物實驗資料：透過適當的統計分析後，可以了解是何種危害物質導致致癌作用的發生。

7. 流行病學研究資料：流行病學研究是唯一可以提供人體在暴露有害物質後，可能產生健康效應機率的資料來源，但鮮少對致病機轉作深入的推論及相關性的延伸。但整體來說，流行病學的研究分析資料仍是一個非常有效的依據。

作業場所中空氣含溴丙烷 60 ppm，一天暴露 8 小時，勞工呼吸量為 0.75 m^3/kg/day，假設該作業勞工之吸收率為 50%，試問此位勞工每日暴露量為多少？

假設該作業場所環境為常溫常壓

$$C\left(mg/m^3\right) = 60\ ppm \times \frac{123}{24.45} = 301.84\left(mg/m^3\right)$$

每日暴露量 = $301.84 mg/m^3 \times 0.75 m^3/kg/day \times (8/24) \times 0.5$

$= 37.73$ mg/kg/day

請試述風險特徵（Risk Characterization）的流程步驟。（25 分）【108】

風險特徵是整個健康風險評估的最後一個步驟，主要針對前三個步驟的風險資訊進行綜合性的評估，最終得出危害因子對人體產生健康效應的風險程度。

（一）整合危害鑑定、暴露量評估、劑量反應效應之資訊：特過危害鑑別得出危害物質的清單，並進行暴露評估獲得危害物質在各個途徑的暴露劑量，再透過劑量反應效應的過程得到致癌風險（slope factor）以及非致癌風險之 RfD 和 RfC 值。

（二）量化致癌與非致癌風險：計算並加總各個暴露途徑的致癌與非致癌風險。詳細計算過程如下：

單一暴露途徑之致癌風險 = 終身平均每日暴露劑量 × 致癌斜率因子 (slope factor)

總致癌風險 = ∑(各暴露途徑之致癌風險)

得到風險結果後，會與致癌與非致癌風險標準值進行比較，分別為 10^{-6} 及 1，若高於風險標準，則有相當的機率會發生不良的健康效應。

（三）進行不確定性分析：評估整個風險評估過程的不確定性，包含了暴露情境、暴露參數、模式等不確定性來源，並透過統計分析方法（蒙地卡羅模擬法）來降低不確性所造成的變異。

（四）總結風險評估資訊，以作為後續風險管理的決策、風險溝通以及成本效益分析之依據。

在健康風險評估流程中，必須要進行暴露評估（Exposure Assessment），請說明其主要工作項目。（25 分）

暴露評估的主要在了解勞工在有害環境中的暴露狀態，完整的暴露評估需要描述有害物之濃度、頻率、期間、途徑，暴露族群的特性及不確定性等參數，主要有以下工作項目需要執行：

（一）目標暴露族群所暴露到的危害性化學物質濃度：透過現階段的定量暴露評估方法，如：環境監測、生物偵測及適當模式推估，來獲得環境介質中危害性化學物質濃度。

（二）暴露族群之界定：進行暴露評估的首要工作，需要了解作業環境中的勞工基本人口學資訊（如：性別、懷孕與否、年齡、種族等）、有無健康不良狀況、製程特性、工作型態、歷年環境監測資料及相關健康檢查報告，根據上述的資料找出易感受的暴露族群。

（三）設定暴露情境：暴露情境應接近現場勞工的暴露實態，在此工作項目需清楚闡述相關的暴露途徑並給予定義，並充分考量危害性化學品物化特性、多介質傳輸模式模擬結果及其他相關資料後，進行總和分析及評估，最終完整建構暴露源、暴露途徑及目標暴露受體的情境架構。

（四）暴露參數之選擇：在進行暴露劑量計算的過程中，為了貼近真實地暴露實態並使健康風險評估的結果更具關鍵性的影響，合理的引用及選擇暴露參數就顯得非常重要。在此工作項目需要擬列所有使用到參數項目，並說明引用之數值及其來源，其中應包含：名稱、定義、單位、數值分布狀況、參數處理說明、主要應用公式等。

（五）總暴露劑量之推估：案前述之暴露評估步驟後，需針對暴露時間長短、頻率、體重等暴露參數進行充分考量，最終加總各暴露途徑的暴露劑量，進而得到總暴露劑量。

（一）何謂健康風險評估？

（二）何謂層次性健康風險評估？

（三）健康風險評估有那些內在的不確定性，會降低估計及預測人體健康效應的準確性？（25 分）

（一）根據美國國家研究委員會（NRC）之定義，風險評估為使用各種方法與技術來評估潛在危害性物質對人體造成健康效應的過程。

（二）「土壤及地下水污染場址健康風險評估方法」依暴露情境的假設及暴露參數，由簡單至複雜將健康風險評估分為三個層次：

1. 第一層次：暴露情境與參數皆為預設，現地調查較少。
2. 第二層次：暴露情境為預設，但暴露參數以現地調查數據為主，預設為輔。
3. 第三層次：暴露情境較一、二層次複雜，暴露參數以統計分布呈現，再進行蒙地卡羅模擬其風險分布情形。

層次性健康風險評估的目的，是要將極保守的預設參數值，逐層轉換成較不保守的現地調查參數，並依實地調查後的行為模式調整暴露時間與頻率。

（三）健康風險評估中的不確定性分類方法眾多，主要以下四大面向：

1. 危害物鑑定的不定性：
   (1) 危害物分類錯誤。
   (2) 危害鑑定方式的可信度不足。
   (3) 動物實驗的結果外推至人體的反應劑量，即存在著毒理模式的不確定性。
2. 劑量反應效應的不確定性：
   (1) 毒理模型無法完整模擬人體真實的健康危害反應。
   (2) 動物實驗中，高暴露劑量推估至低暴露劑量時所產生的估算誤差。
   (3) 人體與動物間存在的物種差異。
3. 暴露評估的不確定性：在估算暴露量時，所需的暴露參數本身即存在著變異性。而此變異，也進而導致造成不確定性的產生。
4. 風險特徵描述的不確定性：風險特徵描述主要在整合前三步驟的風險評估結果，因此，也會涵蓋前三步驟的不確定性。

健康風險評估可估算各種暴露狀況下，化學毒物對人體健康可能產生的危害。請說明可能用於食品、飲料、飼料、中藥材、化妝品、魚、肉、蔬菜、水果等，延長保鮮的「富馬酸二甲酯」（$C_6H_8O_4$），需要收集那些暴露參數，才能進行模式估算，評估其健康風險。（25 分）

富馬酸二甲酯別名又為防腐防黴劑，攝入後可能會抑制免疫系統和傷害消化道，屬於非致癌風險，以攝入途徑估算風險，暴露劑量公式估算所需暴露參數有以下項目：

$$LADD = \frac{C \times IR \times AF}{BW} \times \frac{ED}{AT}$$

LADD 終身平均每日暴露劑量（mg/kg/day）

C 汙染物濃度：需收集食品、飲料、藥物、化妝品等暴露介質中富馬酸二甲酯之濃度（mg/kg，mg/L）

IR 人體平均攝入率：人體每日攝入食物或飲水量（L/day，kg/day）

AF 人體吸收百分率：富馬酸二甲酯進入人體後並非 100% 被吸收，因此需得知它人體的吸收分率

ED 平均暴露時間：平均暴露時間會通常會考量暴露頻率與暴露期間這兩個參數

BW 人體平均體重：人體平均體重通常以 70 公斤進行計算（kg）

AT 暴露發生之平均年齡：平均年齡大多以 70 年進行計算

RfD 參考劑量：LD_{50} 大鼠攝入為 2240 mg/kg

（一）何謂參考劑量（Reference dose）及單位風險（Unit Risk）？（10 分）

（二）如何求得參考劑量及單位風險？（15 分）

（一）1. 參考劑量：在制定化學物質之安全容許量的過程中，扮演著重要的角色，用以評估非致癌物所導致的健康風險。在動物實驗中所得到的未觀察到不良反應之劑量，再考量一些不確定性因子（如：人體個體差異、物種差異）以及專家們額外加入的不確定性係數，就可得到人類暴露於非致癌物的參考劑量，只要人體暴露量低於參考劑量，就不太會有健康風險上的疑慮。

2. 單位風險：係指終其一生暴露於每單位濃度之致癌物質所導致的癌症風險。

（二）1. 參考劑量$(RfD)=\dfrac{NOAEL(or\ LOAEL)}{UF\times MF}$

NOAEL：未觀察到不良反應之劑量

LOAEL：最低可觀察到不良反應劑量

UF：不確定性因子係數

MF：專家額外再加入之不確定係數

2. 單位風險度（ppm^{-1}/ppb^{-1}）$=\dfrac{\text{個體終生致癌風險}}{\text{暴露濃度}}$

個體終身致癌風險：終身平均暴露日劑量 × 致癌斜率 (mg/kg/day)

在進行工業化學物之健康危害評估時，常利用動物實驗獲得之標的毒害效應劑量–反應關係，辨識該效應之暴露閾值劑量。請試述暴露閾值劑量之定義，及說明其在工業化學毒物健康風險評估上之重要性。請以非致癌性毒害效應為例，說明常用於急性效應與慢性效應評估之閾值劑量。（20 分）

（一）「會發生顯著效應的劑量」即為閾值，閾值效應主要用來評估非致癌物質的健康危害風險，致癌物質則沒有前項之閾值，必須以致癌性健康效應風險評估來進行。

非線性劑量反應效應評估須以 NOAEL 或 LOAEL 數值並充分考量不確定因子後，估算出行參考劑量（RfD）或參考濃度（RfC），在最終風險特徵描述的階段，整合暴露量評估的結果，進而獲得非致癌風險度。如果危害指標（HI）小於 1，預期將不會造成顯著的危害，反之，若大於 1，則表示暴露劑量超過閾值時，可能會產生毒性。

（二）急性效應：急性效應的閾值多使用致死劑量 50% 或半致死劑量（LD_{50}）和半致死濃度（LC_{50}）來表示。半致死劑量或濃度即代表在特定實驗條件下，導致 50% 受測對象死亡所需的劑量，針對不同暴露途徑，攝入與皮膚接觸以半致死劑量（LD_{50}）表示；吸入途徑以半致死濃度 LC_{50} 表示。

慢性效應：慢性效應的閾值常以 NOEL、LOEL、NOAEL 與 LOAEL 等四種數值呈現。

1. 無觀察到效應之劑量（No-observed-effect level, NOEL）。
2. 最低可觀察到效應之劑量（Lowest-adverse-effect level, LOEL）。
3. 未觀察到不良效應之劑量（No-observed-adverse effect level, NOAEL）。
4. 可觀察到效應之最低劑量（Lowest-observed-adverse effect level, LOAEL）。

NOEL/LOEL 和 NOAEL/LOAEL 兩者間的差別在於，前者的指標值是針對異常現象所評估，後者則針對代表不良健康效應情況的評估。前述四種慢性閾值劑量的準確性皆受到實驗條件的影響，因此，在進行閾值效應實驗時，須非常嚴謹，因為這些數值在建立暴露管制標準的過程中，經常作為推論健康風險的基礎。

環境影響評估作業時，應就開發行為在營運階段可能衍生之危害性化學物質，辦理影響範圍內居民之健康風險評估，請說明健康風險評估之四個主要部分的內容與方法。（16 分）終身致癌風險如何評估？（4 分）

美國國家委員會（NRC）對於健康風險評估的過程，訂出了四大步驟，分別為：危害鑑定（Hazard Identification）、暴露量評估（Exposure

Assessment）、劑量反應效應（Dose Response Assessment）、風險特徵描述（Risk Characteristic），以下分別進行描述：

（一）危害鑑定：為健康風險評估的第一個步驟，也是定性的健康風險評估方法，主要工作在蒐集工作場所中有潛在危害性化學物質的相關資訊（如：流行病學研究、動物毒理研究、生物體外試驗、結構活性關係研究等），評估其是否會對人體造成致癌作用或其他健康效應。

（二）劑量反應效應：此步驟主要以定量評估之資料，來建立暴露劑量與不良健康效應發生機率之相關性。而劑量反應相關性之建立，通常會建議採用流行病學資料為基礎，但考量到有些流行病學研究資料的缺乏，經常使用動物實驗之資料來進行。

（三）暴露量評估：此步驟目的主要在獲得人體在有害環境中的相關暴露參數，並針對不同種類的有害物質及可能的暴露途徑，進行全面的考量，包含了暴露濃度、期間、時間、頻率、接觸途徑、體重、種類以及暴露評估過程中的不確定性等。暴露評估的方法可藉由實際量測或者模式模擬來估算人體在承受有害物質後，不同途徑的暴露情形。

（四）風險特徵描述：此步驟需要整合前三步驟之風險評估結果，並計算勞工暴露於危害性化學物質之致癌與非致癌風險，計算方式如下：

1. 致癌風險：危害化學物質在各途徑的暴露量 × 致癌斜率因子（SF）或單位風險 × 危害性化學品濃度

2. 非致癌風險：危害化學物質在各途徑的暴露量 / 參考劑量（RfD）

在獲得上述結果後，會與致癌（10^{-6}）與非致癌風險（1）標準進行比較，若高於風險標準，則有相當的機率會發生不良的健康效應。

另外，在風險特徵描述的過程中，也需充分考量不確定性的影響，大多以蒙地卡羅模擬方法來評估其不確定性，並以 95% 之上限為判定基準值。

進行危害性化學物質健康風險評估之第一步驟為危害性鑑定（Hazard Identification），該步驟主要是針對危害性化學物質之固有毒性作一確認，因而須有毒理資料，請分別說明毒理資料之來源及其權重（Weighting）。（20 分）

有害物質的毒理資料可以從以下四個面向取得：

（一）流行病學研究資料：藉由適當的流行病學研究設計及生物統計方法，可以提供有利證據來解釋有害物質劑量與健康效應之間的相關性。但若環境中的有害物質濃度過低、人數太少、致病前的潛伏期過長及複雜的暴露狀況等因素，皆有可能導致流行病學之研究結果證據效力下降。

（二）動物實驗資料：為危害鑑定中最有效的毒理資料。動物實驗係將毒理試驗之結果推論到人體，此過程即為毒物學研究之基礎，其精確性會受到以下因素所影響：

1. 實驗過程中所採的生物觀點。
2. 實驗藥劑之使用。
3. 受試驗動物所產生的健康效應是否合理。

（三）短期試驗資料：此毒理資料結果取得快速，且實驗成本較動物實驗低許多（如：Ames test），因此常被用來佐證流行病學與動物實驗研究結果。

（四）分子結構比較：過去不少的研究顯示，有害化學物質之種類、結構與致癌能力有顯著的相關性。若將有害化學物質之物理化學特性與已知的致癌物質比較，能夠得知該有害化學物質之潛在致癌性。

上述四項毒理資料，證據權重以流行病學最高，動物實驗次之、接續是短期試驗，最後為分子結構比較。但在實務面之篩選觀點，會以分子結構比較、短期試驗、動物實驗、流行病學資料等先後順序來執行。

環境風險評估中的不確定性分析之意義如何？其不確定性的來源可分成那 3 大類？請詳細說明。（25 分）

（一）健康風險評估過程中不確定性的產生，是由於人們無法獲取充足的資料，來做適當的定性或定量的處置，即無法對暴露與劑量有完整的描述。

（二）不確定性的分類法眾多，具代表性的分類方法為美國環保署在 1997 年將不確定性來源分為 3 大類不確定性，分別為情境、參數與模式之不確定性，以下分別進行敘述：

1. 情境類之不確定性：在描述暴露評估與劑量結果的過程中，缺漏了完整的暴露劑量資訊而導致不確定性的產生。情境的不確定性產生，主要源自於人為疏失或者主觀差異，其中包含了描述性誤差、專業判斷上的誤差以及不完整分析等來源。

   (1) 描述型誤差：係指針對問題評估的過程，提供錯誤或不完整的描述性資料，如：新物質結構組成資訊錯誤，進而導致誤判。

   (2) 專業判斷上之誤差：風險評估的專家學者，皆有一套固有的風險評估系統，但並非所有的案例皆類似，在過程中就有可能產生專業判斷的誤差。

   (3) 不完整的分析：因暴露情境的假設有誤，導致某幾個暴露來源未考慮到，進而形成不完整分析的情況。

2. 參數類之不確定性：包含了量測誤差、採樣誤差、資料變異、替代資料使用之差異。

   (1) 測量誤差：係因為隨機誤差與系統誤差所導致。

(2) 採樣誤差：因採樣過程設計不當、樣本不具代表性，進而形成採樣誤差。

(3) 資料變異性：變異性來自於外在環境與暴露參數，如：季節性差異、種族、年紀、性別等變異來源。

(4) 替代資料之使用：評估過程中，若資訊不足，則常以替代的資料作為暴露參數使用的依據，此種情況也會增加不確定性。

3. 模型之不確定性：包含了關係型誤差與模式簡化誤差來源。

(1) 關係型誤差：係因為模式參數間的相關係數所導致。在風險評估的過程中，會對有害物質與環境宿命之相關性，有先入為主的判定，此現象即為關係型誤差，但大多可以透過統計分析方法來進行驗證。

(2) 模式簡化誤差：在進行數值模擬的過程中，若以簡化後的模型來模擬複雜的環境，則往往會過於依賴經驗模型，而背離真實的運作機制。

請說明在毒性試驗中，何謂未觀察到不良效應之劑量（No-observed-adverse effect level, NOAEL）？如何訂定一化學物質之每日容許攝取量（acceptable daily intake, ADI）？（20 分）

(一) 未觀察到不良效應之劑量（NOAEL）為動物毒理試驗實驗中，不致產生可觀察到健康危害的暴露水平。

(二) 每日容許攝取量（ADI）：係指人類終其一生，每日攝入該化學物質，不致產生不良健康效應的安全容許量。其訂定方式為將該化學物質之「無毒害作用劑量值」（NOAEL）除上安全係數，進而獲得每日容許攝取量，詳細計算式如下：

每日容許攝取量（ADI）= 無毒害作用劑量值（NOAEL）/ 安全係數（通常假設為 100）

某體重 70kg 之勞工，其工作內容為從事甲苯分裝作業。假設其 8 小時日時量平均暴露濃度為 2ppm，已知甲苯之參考劑量為 0.2 mg/kg/day，成人呼吸量為 20 m^3/day，甲苯之吸收率為 50%，試推估該勞工之非致癌性風險為何？（20 分）

甲苯 (C_7H_8) 分子量：92.14(g/mole)

$$C(mg/m^3) = 2\ ppm \times \frac{92.14}{24.45}$$

$$= 7.53(mg/m^3)$$

$ADI(mg/kg/day)$ = 欲求答案

$C\ (mg/m^3) = 7.53\ (mg/m^3)$

成人呼氣量 $(m^3/day) = 20\ (m^3/day)$

參考劑量 $(mg/kg/day) = 0.2(mg/kg/day)$

每日吸收劑量 $(ADI) = \frac{7.53 \times 20 \times (8/24) \times 0.5}{70} = 0.358(mg/kg/day)$

危害指標 $(HI) = \frac{0.358}{0.2} = 1.79 > 1$，具有非致癌風險，須進一步風險控管。

一個有害廢棄物場址附近之地下水中總共檢測七種揮發性有機化學物質，下表是這些化學物質的吸入斜率係數（inhale slope factor）和吸入參考劑量（inhale reference dose）和其所影響人群的長期慢性吸入量（intakes），請用風險分析法和表內提供的資訊來計算這些化學物質的風險值（risk values），並請用計算結果來描述這一個有害廢棄物場址的健康風險特徵（risk characteristics）。（30 分）

化學物質	慢性吸入量（mg/kg-day）	吸入參考劑量（mg/kg-day）	吸入斜率係數（mg/kg-day）$^{-1}$
1	1.01E-03	2.86E-02	4.19E-04
2	1.03E-01	1.71E-01	2.00E-03
3	4.65E-02	6.00E-03	6.00E-03
4	2.64E-02	9.00E-03	
5	2.06E-02	6.29E-01	
6	1.54E-02	1.00E-02	
7	3.11E-03	1.43E-01	

(一) 致癌風險計算：

$$Risk = LADD_{total} \times SF$$

$$Risk_1 = 1.01 \times 10^{-3} \times 4.19 \times 10^{-4} = 4.23 \times 10^{-7}$$

$$Risk_2 = 1.03 \times 10^{-1} \times 2 \times 10^{-3} = 2.06 \times 10^{-4}$$

$$Risk_3 = 4.65 \times 10^{-2} \times 6 \times 10^{-3} = 2.79 \times 10^{-4}$$

與風險標準值 10^{-6} 相比，化學物質 2 及 3 有致癌風險

(二) 非致癌風險計算：

$$HQ = \frac{LADD}{RfD}$$

$$HI = \sum HQ$$

$HQ_1 = 1.01 \times 10^{-3}/2.86 \times 10^{-2} = 3.53 \times 10^{-2}$

$HQ_2 = 1.03 \times 10^{-1}/1.71 \times 10^{-1} = 6.02 \times 10^{-1}$

$HQ_3 = 4.65 \times 10^{-2}/6 \times 10^{-3} = 7.75$

$HQ_4 = 2.64 \times 10^{-2}/9 \times 10^{-3} = 2.933$

$HQ_5 = 2.06 \times 10^{-2}/6.29 \times 10^{-1} = 3.28 \times 10^{-2}$

$HQ_6 = 1.54 \times 10^{-2}/1 \times 10^{-2} = 1.57$

$HQ_7 = 3.11 \times 10^{-3}/1.43 \times 10^{-1} = 2.4 \times 10^{-2}$

危害物質 (HQ)3、4、6 危害商數皆高於非致癌標準，皆有非致癌風險。

（三）7 類化學物質相加後結果：

$$HI = (3.53 \times 10^{-2} + 6.02 \times 10^{-1} + 7.75 + 2.933 + 3.28 \times 10^{-2} + 1.57 + 2.4 \times 10^{-2})$$

$$= 12.94$$

加總後危害指數 (HI) 高於非致癌標準 1，有非致癌風險。

> 有一化學物質之致癌風險（P）可以下列計算式表示：
> P ＝ 0.025 ×（dose in ppm）
> 其中 P 表示致癌風險之機率；（dose in ppm）表示以 ppm 為單位之劑量。今有一員工在 45 年的工作期間，長期暴露於濃度為 3 ppm 之該致癌性化學物質。若該員工每天工作 8 小時、每星期工作 5 天、每年工作 48 星期，試求該員工之致癌風險？此風險可以接受嗎？（20 分）

$$Dose = \frac{3 \times (8/24) \times (5/7) \times 48}{45 \times 365} = 2.1 \times 10^{-3} (mg/kg/day)$$

$$P = 0.025 \times 0.0021 = 5.18 \times 10^{-5}$$

一般公認總致癌風險之可接受範圍是介於 10^{-6}~10^{-4}（健康風險評估技術規範），經估計後的風險為 5.18×10^{-5} 符合可接受範圍，此員工無致癌風險。

某化學物質經長期動物吸入實驗結果顯示可導致腎臟癌症，實驗條件如下：

（A）實驗動物為大鼠，體重為 250 g，呼吸量為 0.96 m^3/kg/day。

（B）實驗時間為每日暴露 8 小時，每週五天，每年 50 週，連續 1.5 年。

（C）實驗結束後觀察期為 3 個月，大鼠平均壽命為 2 年。

暴露濃度（mg/Nm^3）	危害發生率
0	0/100
5	0/100
20	1/100
50	5/100
100	10/100
250	15/100
500	25/100

依上述資料：

試求動物暴露之 NOEL 及 LOEL。（請詳列計算式）（4 分）

試求人類暴露之參考濃度（Reference concentration）。（請詳列計算式）

（10 分）

$$NOEL=\frac{5\times0.96\times(8/24)\times(5/7)\times50\times1.5}{0.25\times2\times365}=\frac{85.71}{182.5}=0.47$$

$$LOEL = \frac{20 \times 0.96 \times (8/24) \times (5/7) \times 50 \times 1.5}{0.25 \times 2 \times 365} = \frac{342.86}{182.5} = 1.88$$

動物實驗外推到人類之不確定因子（UF）通常假設為 100，專家不確定係數（MF）假設為 10。

$$RfD = \frac{NOAEL\ or\ LOAEL}{UF \times MF}$$

$$LOAEL = \frac{20 \times 0.96 \times (8/24) \times (5/7) \times 50 \times 1.5}{0.25 \times 2 \times 365} = \frac{342.86}{182.5} = 1.88$$

$$RfD = \frac{1.88}{100 \times 10} = 1.88 \times 10^{-3}$$

試說明多階段模式（Multistage Model）之理論基礎（6 分），並依以下數據推導四氯化碳（carbon tetrachloride）之劑量效應模式，並計算某工廠工人在特定暴露條件下之終生致癌風險度。（請詳列計算式）

以大鼠進行四氯化碳之毒理試驗劑量為 0, 40, 80, 120 mg/kg/day，結果肝癌發生率分別為 2/100, 6/100, 10/100, 15/100。試以 Multistage Model 推導其劑量效應模式。（10 分）

某工廠位於某山谷中，此工廠之工人均居住於此山谷中並飲用地下水，經作業環境測定顯示該工廠空氣中工人之四氯化碳平均暴露濃度為 1.6 ppm，而地下水中四氯化碳平均濃度為 25μg/L，假設某一世居此山谷工人（壽命 75 年）在此工廠每日工作 8 小時，每週 5 天，連續工作 35 年；平均呼吸量為 $20m^3$/day，飲水量 2.0 L/day 下，試求其終生平均日暴露劑量及終生致癌風險度。（14 分）

【註：Multistage Model 之理論模式如下：
$P(D) = 1 - \exp(-(\lambda_0+\lambda_1 D+\lambda_2 D^2+\lambda_3 D^3+\cdots+\lambda_k D^k)$】（30 分）

（一）多階段模式（Multistage Model）之理論基礎：

劑量反應效應，在推估高劑量到低劑量時，有許多的數學模式，其中以多階段模式最為廣範應用，其多項式的係數及係數最高信賴限值是透過最大概似法估計而決定，並假設劑量效應反應之曲線為直線型和生物對毒性的反應分布為常態分布

（二）$P(D)=1-exp(-(\lambda_0+\lambda_1 D+\lambda_2 D^2+\lambda_3 D^3+....+\lambda_k D^k)$

$$0(mg/kg/day)\rightarrow\frac{2}{100}=1-e^{[-\lambda_0]}-\lambda_0=0.02$$

$$40(mg/kg/day)\rightarrow\frac{6}{100}=1-e^{\left[-(0.02+\lambda_1 40)\right]}，\lambda_1=1\times10^{-3}$$

$$80(mg/kg/day)\rightarrow\frac{10}{100}=1-e^{\left[-\left(0.02+\lambda_1 40+\lambda_2 80^2\right)\right]}，\lambda_2=7.8\times10^{-6}$$

$$120(mg/kg/day)\rightarrow\frac{15}{100}=1-e^{\left[-\left(0.02+\lambda_1 40+\lambda_2 80^2+\lambda_3 120^3\right)\right]}，\lambda_3=2.89\times10^{-8}$$

$$P(D)=1-exp\left[-\left(0.02+1\times10^{-3}D+7.8\times10^{-6}D^2+2.89\times10^{-8}D^3\right)\right]$$

（三）終生平均日暴露劑量及終生致癌風險度

暴露量估算公式與相關參數：

$$\text{LADD}=\frac{\text{C}\times\text{IR}\times\text{AF}}{\text{BW}}\times\frac{\text{ED}}{\text{AT}}$$

LADD 終身平均每日暴露劑量（mg/kg/day）

C：汙染物濃度：濃度（mg/kg，mg/L）

IR：人體平均攝入率

AF：人體吸收百分率

ED：平均暴露時間

BW：人體平均體重

AT：暴露發生之平均年齡

1. 攝入途徑終生平均日暴露劑：

$$LADD_{攝入}=\frac{25\times2\times10^{-3}\times(8/24)\times(5/7)\times52\times35}{70\times70\times365}$$

$$=\frac{21.65}{1916250}=1.13\times10^{-5}$$

2. 吸入途徑終生平均日暴露劑量：

$$LADD_{吸入}=\frac{10.1\times20\times(8/24)\times(5/7)\times52\times35}{70\times75\times365}$$

$$=\frac{87532.458}{1916250}=0.046$$

3. 加總後終生平均日暴露劑量：

$$LADD_{總}=0.046+1.13\times10^{-5}=4.60113\times10^{-2}$$

4. 終生致癌風險度：

$$Risk=(4.60113\times10^{-2})\times(7\times10^{-2})=3.22\times10^{-3}$$

※ 美國環保署整合性風險資料系統（Integrated Risk Information System, IRIS）之四氯化碳之致癌斜率因子為 SF = 7×10^{-2} $(mg/kg/day)^{-1}$，因此與風險標準值 10^{-6} 相比，此位工人有致癌的風險。

7-8 參考資料

說明 / 網址	QR Code
《職業病概論》，郭育良 *https://www.sanmin.com.tw/product/index/000697754*	
《工業衛生》，莊侑哲、陳秋蓉、孫逸民 *https://www.sanmin.com.tw/product/index/000326263*	
《工業通風》，林子賢 *https://www.wun-ching.com.tw/book_detail.asp?seq=13424*	
《土壤地下水污染場址的風險評估與管理：挑戰與機會》 馬鴻文、吳先琪 *https://www.books.com.tw/products/0010732111*	
土壤及地下水污染場址健康風險評析方法及撰寫指引 行政院環保署 *https://reurl.cc/gRG1xz*	
健康風險評估技術規範 環境部 *https://reurl.cc/mxMA7W*	
《風險評估與風險管理》，許惠悰 *https://www.sanmin.com.tw/product/index/000496420*	
職業衛生 - 危害認知 蔡朋枝 中國醫藥大學	紙本資料
職業衛生 - 危害評估 蔡朋枝 中國醫藥大學	紙本資料

說明 / 網址	QR Code
職業衛生 - 危害控制 蔡朋枝 中國醫藥大學	紙本資料
Chemical Process Safety Fundamentals with Application 2nd edition (Daniel A.Crowl / Joseph F. Louvar)	紙本資料
化學品評估及分級管理 - 健康危害化學品 - 定量暴露評估推估模式 勞動部職業安全衛生署 *https://reurl.cc/eMzAy7*	
化學品分級管理運用手冊 勞動部職業安全衛生署 *https://reurl.cc/VYzll5*	
《生物統計學試題彙編剖析》，王雪 *https://www.sanmin.com.tw/product/index/010711287*	
《基礎生物統計學》 Jan W. Kuzma、Stephen E. Bohnenblust *https://www.sanmin.com.tw/product/index/000741393*	
《流行病學計算題精解》，王雪 *https://www.sanmin.com.tw/product/index/010301067*	
《尿中汞生物偵測分析方法驗證及應用》 行政院勞工委員會勞工安全衛生研究所、楊秀宜、謝俊明 (編) *https://reurl.cc/YYEpoa*	
Occupational exposure sampling strategy manual January 1977 By Leidel, Nelson A. ; Busch, Kenneth A. ; Lynch, Jeremiah Series: NIOSH Numbered Publications *https://stacks.cdc.gov/view/cdc/11158*	

專技高考--職業衛生技師歷屆考題彙編｜第三版

作　　者：蕭中剛 / 余佳迪 / 劉鈞傑 / 鄭技師
徐英洲 / 徐強 / 葉日宏 / 章家銘 / 劉誠
企劃編輯：郭季柔
文字編輯：王雅雯
設計裝幀：張寶莉
發 行 人：廖文良

發 行 所：碁峰資訊股份有限公司
地　　址：台北市南港區三重路 66 號 7 樓之 6
電　　話：(02)2788-2408
傳　　真：(02)8192-4433
網　　站：www.gotop.com.tw
書　　號：ACR013300
版　　次：2025 年 06 月三版
建議售價：NT$590

國家圖書館出版品預行編目資料

專技高考：職業衛生技師歷屆考題彙編 / 蕭中剛, 余佳迪, 劉鈞傑, 鄭技師, 徐英洲, 徐強, 葉日宏, 章家銘, 劉誠著. -- 三版. -- 臺北市：碁峰資訊, 2025.06
面；　公分
ISBN 978-626-425-067-2(平裝)
1.CST：職業衛生　2.CST：勞工安全
412.53　　　　114005060